메타버스 기술

Metaverse Technology Analysis & Application

남상엽 · 강민구 · 서정욱 · 정세미 · 정득영 · 고대화 공저

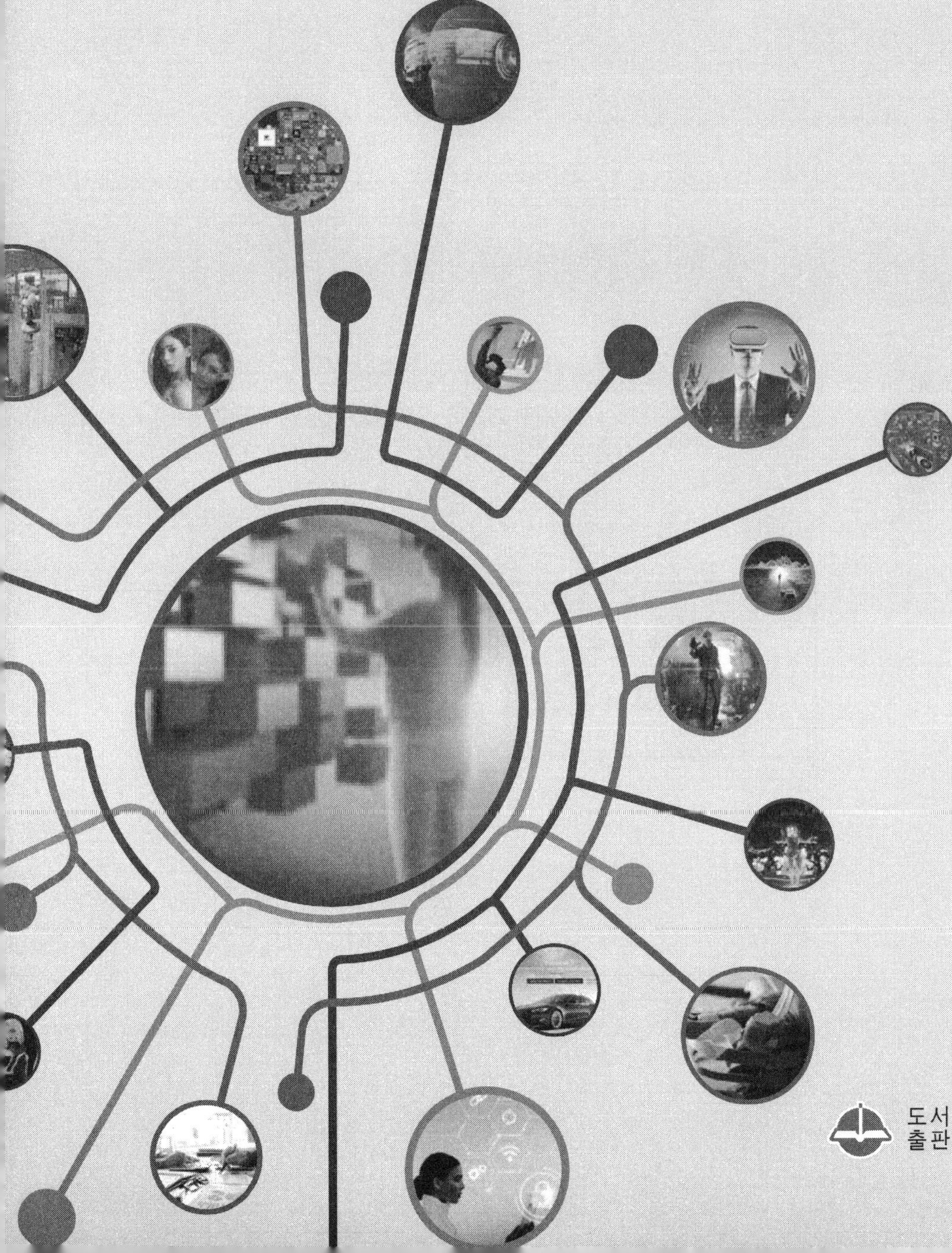

도서출판 상학당

欲爲大者 當爲人役

크고자 하거든 남을 섬기라

메타버스 기술
(Metaverse Technology Analysis & Application)

머리말

메타버스(Metaverse)는 가상·초월(Meta)과 세계·우주(Universe)의 합성어로, 현실세계와 같은 사회적 경제적 활동이 통용되는 3차원 가상공간 세계가 실감기술을 통해 매개·결합되어 만들어지는 융합세계로 정의한다. 실감기술은 헤드 마운티드 디스플레이, 3D매핑, 모델링, 시청각 사용자 인터페이스 등 실제와 유사한 경험을 가능케 하는 기술이다. 미래에는 메타버스가 인터넷의 뒤를 잇는 가상현실 공간의 주류가 되면서 인터넷과 SNS를 잇는 차세대 서비스로 자리잡을 것이다.

코로나19 팬데믹으로 뮤지션들이 가상세계에서 공연을 진행하면서 최근 메타버스에 대한 논의가 더욱 활발해졌다. 보다 구체적으로는 정치·경제·사회·문화의 전반적 측면에서 현실과 비현실 모두 공존할 수 있는 생활형 가상세계, 실생활과 같이 사회·경제·문화적 활동을 하게 되는 가상현실공간 세계라는 의미로 폭넓게 사용되고 있다. 현실과 가상의 경계를 넘어 새로운 미래공간이 된 메타버스 콘텐츠가 급부상하고 있다.

메타버스는 가상공간에서 창작물 콘텐츠를 능동적으로 무한히 생산하고 상호 공유할 수 있으며, 생산된 창작물이 지적재산권 IP(Intellectual Property)와 블록체인의 대체 불가능한 토큰 NFT(Non-Fungible Token)과 결합하여 가치의 저장·증대·교환이 가능해 새로운 경제 활동영역이 창조되어 창의적인 아이디어를 현실세계보다는 다양한 방법으로 새로운 비즈니스를 만들어 낼 수 있어, 기존의 단순 콘텐츠 생성·활용과 차별성이 있기 때문에 매력적이다.

다양한 메타버스 서비스가 확산되면서 디지털휴먼(Digital Human) 활용이 증가하고 있는데 과거에는 디지털휴먼 제작에 많은 비용·시간, 전문기술이 필요하였으나 최근 AI, Cloud, CG 등의 기술발전으로 이용이 증가하고 있어 디지털휴먼의 활용분야는 엔터테인먼트, 유통, 교육, 금융, 방송, 교육 등 전 산업으로 확대되고 있다.

메타버스가 상호작용과 공간의 확장성 측면에서는 기존의 인터넷과 분명히 다른 지점이 있다. 하지만 메타버스 구성기술이 기존 기술과의 융복합으로 해당 기술의 촉진을 유도했으나 '혁명'을 견인하지는 않는다는 시각도 있다.

진화된 편의성, 상호작용, 화면·공간 확장성 그리고 범용기술 특성과 경제가치의 진화를 고려해 볼 때 메타버스는 인터넷의 뒤를 잇는 혁명적 변화를 가져올 전망이다. 메타버스는 온라인 혁명을 주도했던 인터넷 시대를 넘어, 가상과 현실이 융합된 새로운 혁명을 예고하고 있다.

최근 현대차, 네이버, 카카오, 통신 3사 등 국내 대표기업과 기관 25곳이 참여한 '메타버스 얼라이언스'가 출범하면서 메타버스 관련 기술혁신 및 발전분야의 전개에 대한 많은 관심이 모이고 있다. 수천만 명의 이용자가 동시에 접속해 지연시간 없이 실감나는 메타버스 체험을 하려면 모바일 엣지 컴퓨팅(MEC), IoT, 5G와 같은 네트워크 기술 등이 핵심이다.

메타버스의 기술기반은 메타버스를 만드는 플랫폼, 사용자들이 자신의 창의성으로 새로운 아이템을 끊임없이 만들어낼 수 있는 도구, 사용자 간 상호작용과 안전한 거래를 이루게 할 수 있는 기능, 수억 명이 사용할 수 있도록 하는 클라우드 서비스, 다양한 유형의 메타버스 간 연결과 이동을 도와줄 수 있는 커넥터 등이 될 것이며 조금씩 진화하면서 빌딩블록으로 하나씩 쌓아갈 것이다.

인공지능(AI) 콘텐츠는 '메타버스(Metaverse)'화 될 것이다. 사람들의 생활공간은 '메타버스' 공간으로 더욱 확장, 아니 '창조'되고 있다. 앞으로 박물관과 같은 전통적인 오프라인 공간에서 벗어나 메타버스 공간에서 '디지털 헤리티지(Digital Heritage)' 전시도 이뤄질 것이다. 이를 '메타버스 타임머신(Metaverse Time Machine)'이라 한다.

메타학습은 사람과 같이 과거의 경험과 지식을 사용해 학습하는 방법을 머신러닝(ML)에 도입한 것이다. 기존 ML 및 딥러닝(DL) 방식에서는 사전경험이나 지식 없이 처음부터 모델학습을 시작한다. 이와 달리 사람이나 동물은 적은 데이터만으로도 학습이 가능한데, 이는 경험이 학습에 쓰이기 때문이다. 메타학습에서는 이처럼 적은 데이터, 즉 이전의 경험만으로도 새로운 다양한 태스크를 처리하고자 한다. 메타버스가 전세계 빅테크 기업들의 관심을 끄는 이유는 차세대 빅데이터 플랫폼으로서의 발전 가능성 때문이다.

메타버스는 유저 연령층, 가입자 수 증가 추이, 선순환 생태계 조성 등 차세대 빅데이터 플랫폼으로서의 조건을 갖추었다. 메타버스가 메신저 → SNS → 동영상으로 이어져 온 주도 플랫폼의 역사를 이을 것으로 기대하는 이유로 젊은 유저층을 꼽았다.

최근 디지털, IT기업들이 가장 주목하는 공통 키워드는 '메타버스'와 'XR(가상융합)'이다. 기업은 모바일을 이을 차세대 컴퓨팅 플랫폼으로 메타버스를 꼽는다. 정부 역시 최근 메타버스 산업 생태계 발전을 위해 민관 협력체계를 구성하는 얼라이언스를 출범했다. 범용기술로서 XR의 잠재력과 파급효과도 주목하고 있다. XR이 현실화되면 또 하나의 활동공간이 생겨나는 만큼 과거에 없던 경험과 경제적 가치를 만들어 낼 수 있기 때문이다. 美·英·中 등 주요국과 구글·애플·MS 등 글로벌 ICT 기업은 범용기술로서 XR의 잠재력과 파급효과에 주목하고 경쟁력 확보에 집중하고 있다.

디지털트윈은 메타버스의 하위개념이다. 메타버스가 가상의 거대한 영역에서 온라인 캐릭터(아바타)의 가상현실 탐험을 타의적으로 움직이게 한다면 디지털트윈은 가상이 아닌 실제세계와 상호작용한다.

머리말

메타버스(Metaverse) 기술의 근간은 가상현실(Virtual Reality)과 증강현실(Aurgemented Reality)을 물리적·시간적 제약없이 현실과 가상(디지털)세계로 융합·확장한 XR(eXtended Reality) 기술이다. 가상현실은 특정환경이나 상황을 컴퓨터러 만들어 실제 사람이 상호작용하도록 지원한다. 증강현실은 사용자가 눈으로 보는 현실세계에 가상물체를 겹쳐서 제시한다.

메타버스도 생소하고 이해하기 쉽지 않은데, 이제 더 낯설고 생소한 이야기를 해보려고 한다. 바로 대체불가토큰으로 불리는 NFT(Non-Fungible Token)다. 요즘 연일 매스컴에 소개될 정도로 굉장히 뜨거운 관심을 받고 있다. 뜬금없이 NFT 이야기를 하는 것은 메타버스가 성장할수록 가상세계에서 여러 아이템을 거래할 수 있어야 한다. 이 때는 현실세계가 아닌 가상세계에서의 룰이 필요하기 때문이다. 그리고 그중 가능성이 높은 것이 바로 NFT다. 테슬라의 일론 머스크가 자신의 트위터를 통해 2분 분량의 음성게시물을 NFT로 팔겠다고 하면서 많은 사람들의 관심을 받았고, 세계적인 경매회사인 크리스티와 소더비(Sotherby's)가 NFT 시장에 진출하겠다고 선언하며 NFT에 대한 궁금증은 커지고 있다.

NFT란 대체불가토큰(Non-Fungible Token)의 약자로 하나의 토큰을 다른 토큰으로 대체 불가능한 토큰을 의미한다.

메타버스 시장이 국내 이동통신 3사의 차세대 먹거리로 급부상하고 있다. 코로나19로 인해 온라인 가상 플랫폼의 필요성이 대두된 데다가, 5G 기반 킬러 콘텐츠를 확보할 수 있다는 점에서다.

5G는 데이터 전송속도와 용량 등에서 이전 세대보다 훨씬 효율적이므로 AR 공간에서 이런 기반이 매주 중요하다. VR 헤드셋이나 AI기반 봇은 클라우드 서버와 장치 간에 엄청난 양의 데이터를 압축할 수 있게 지연시간이 짧고 빠른 네트워크가 필요하다. 비디오와 몰입형 사운드 미디어로 가득찬 인터랙티브 3D 메타버스를 구성하려면 기존보다 훨씬 밀도가 높은 디지털 파일이 필요하므로 업로드와 다운로드 속도가 4G보다 훨씬 빠른 5G는 이런 큰 파일들 처리가 가능하다. 대용량 정보를 고속으로 전송할 수 있는 5G(5세대 이동통신) 통신망이 확충되면서 메타버스 붐이 일고 있다.

메타버스와 IoT의 융합기술은 가상세계와 현실세계로 연결하는 사물인터넷 시스템이다. 가상세계와 현실세계를 연결하는 사물인터넷 시스템은 여기에 동원되는 모든 사물이 상호인지반응하고 교감하는 하나의 가상현실 플랫폼에 꾸려진 레이싱 경기장에 접속한 유저들이 자신의 아바타인 자동차를 몰고 다른 유저의 아바타인 자동차와 경주할 수 있는 환경인 레이싱 게임 XR플랫폼이 하나의 예이다.

다양한 종류의 지능트윈 간 연계를 기반으로 트윈 구성을 자유롭게 재조합하고 조작함으로써 복잡한 실세계 재현을 위한 스케일 및 정확도를 보장하고 자율적으로 동작하는 가상사회 실현을 위한 자율트윈 시스템이다.

이 시스템은 자율트윈 간 인터네트워킹 코어 프로토콜 기술, 자율트윈 컴퓨팅/네트워킹 오케스트레이션 기술과 자율트윈 인터넷을 위한 보안기술을 개발하면 신뢰성 있는 자유트윈 인터넷을 실현할 수 있다.

개방형 메타버스 환경에서 자율트윈 인스턴스 라이프사이클 관리기술 및 자율트윈 간 상호작용, 집단학습기술 등의 개발을 통하여 자율트윈 사회화(Socialization)를 실현할 수 있다.

메타버스 연동을 통하여 트윈 간의 상호작용하는 링크드 자율트윈, 개별화된 지능화를 통하여 자율트윈 간의 집단지능, 소셜 학습 및 지능을 통하여 자율트윈 Socialization 등의 기술들을 구현함으로써 물리적인 현실을 가상세계로 구현되는 메타버스 자율트윈 환경이 구현되는 것이다.

메타버스 자율트윈 시스템을 구현하기 위하여 물리세계에서 가상세계로의 확장이 되는 사물인터넷, 가상세계에서 물리세계로 확장하는 기술로 사용되는 인공지능, 자율지능화의 디지털트윈 기술, 디지털트윈의 파편화를 해결하는 메타버스의 융합의 방향으로 기술이 발전하고 있다.

사물이 공간을 이동하는 것만큼이나 메타버스의 다양한 반응을 현실에서 느끼는 것도 중요한 부분이다. 메타버스에서 일어난 각종 현상을 눈으로 보는 것은 더 이상 어려운 일이 아니지만, 그것이 주는 효과를 눈으로만 보는 것은 충분하지 않다. 메타버스에서 벌어진 현상을 눈 이외에 사람의 감각에 전달하는 것도 메타버스의 상호작용을 현실로 확장하는 주요한 요소 중 하나이다. 다만 사람의 감각기관에 직접 신호를 보낼 수는 없으므로 그 효과를 낼 수 있는 하드웨어들이 필요하다.

본격화될 새로운 혁명, 메타버스 시대에 대한 준비가 필요하다. 다양한 메타버스 플랫폼의 확산, 지속되는 기술혁신, 투자의 증가로 인해 확산이 본격화 될 것으로 전망된다.

인간, 시간, 공간에 대해 기존에 가지고 있던 상식과 관성을 넘어선 새로운 전략 구상이 필요하다. 다양한 분야에 인간×시간×공간을 결합한 새로운 메타버스 경험을 설계하여 미래 경쟁력을 확보가 절대적으로 필요하다. 이제 복합범용 기술기반의 메타버스 시대에는 현실의 나, 가상의 나, 제3의 인물 등 새로운 인간의 모습을 구현할 수 있고, 시간 · 공간을 초월한 경험설계가 가능하다.

현재 메타버스는 게임과 놀이(Play), SNS 등 소통(Communication) 영역에서 상대적으로 많이 활용되고 있으나, 확산은 이제 시작단계로 전 산업과 사회영역에서 활용방안을 강구하고 있다.

이 메타버스 기술의 분석과 응용은 전기, 전자, 컴퓨터, 정보통신, 디지털 트윈, IoT, AR/VR/MR, 인공지능, 콘텐츠, 핀테크 엔지니어링, 보안, 에너지, 전력전자 등 4차산업 관련 공학, 환경, 위생, 금융 및 경영분야의 입문자를 대상으로 메타버스 기술의 분석과 응용에 대한 기본적인 지식이 없어도 단계별 필요지식 및 수행과정을 꾸준히 따라오면 메타버스 기술의 분석과 응용에 관련 지식을 얻어 이해하는 단계로 발전하여 능력향상이라는 숲을 볼 수 있도록 눈높이를 맞추는 데 1차적인 목표를 두었다.

《메타버스 기술》의 주요구성은 다음과 같다.

학습 1. 메타버스의 개요, 학습 2. 메타버스의 혁명, 학습 3. 메타버스의 융합기술, 학습 4. 메타버스와 인공지능 기술융합, 학습 5. 메타버스와 빅데이터 기술융합, 학습 6. 메타버스와 XR 기술융합, 학습 7. 메타버스와 디지털트윈 기술융합, 학습 8. 메타버스와 블록체인 기술융합, 학습 9. 메타버스와 5G 네트워크 기술융합, 학습 10. 메타버스와 IoT 기술융합, 학습 11. 메타버스의 플랫폼, 학습 12. 메타버스의 활용, 학습 13, 메타버스의 미래와 진화로 구성되어 있다.

특히 각 장에서는 메타버스 기술의 분석과 응용에 대한 교재의 수행 질문에 따라 임의적으로 해법을 제시하여 창의적인 사고로 각장의 본문 및 수행과제를 수행할 수 있다.

이 《메타버스 기술》이 출간되기까지 가장 많은 지원과 아낌없는 격려를 보내주신 도서출판 상학당의 남승우 사장님 및 메타버스 기술 관련 자문 및 논문 · 보고서, 사이트 등 자료제공을 해주신 관련 교수님, 기업 및 단체에 대하여 지면을 빌려 깊은 감사의 말씀을 드린다. 특히 메타버스 기술의 분석 관련 자료를 인터넷 블로그 및 관련 연구소 자료집에 올려주신 저자들 등 관련 관계자 여러분에게 감사의 마음을 전한다. 이 《메타버스 기술》에서 부족했던 점이나 기타 문의사항과 관련한 자료 제공 및 지원은 도서출판 상학당을 통해 지속적으로 지원할 계획이며, 메타버스 기술에 필요한 자료 등, 기타 보충자료 또한 지속적으로 업데이트할 예정이므로 독자 여러분의 따뜻한 질책과 조언을 부탁드린다.

저자 씀

차 례

1. 학습모듈의 목표

메타버스 기술에 대한 시장 및 특허동향과 응용 관련 기술에 대한 기본적인 이해를 통하여 메타버스를 파악하여 그 목표와 응용 및 기술활용 범위를 정의하고, 이를 구축하기 위한 기술과 활용방향을 계획할 수 있다. 메타버스 플랫폼 및 응용기술들의 분석 및 활용을 구축하기 위하여 기능설계에 따라 학습, 추론, 인지, 모델링, 플랫폼 관리기능을 구현할 수 있다.

2. 선행 학습

인공지능, 범용기술(General Purpose Technology), 빅데이터, XR(eXtended Reality) 기술, 디지털트윈, 블록체인, 5G 네트워크, 모바일 엣지 컴퓨팅(MEC), IoT, 플랫폼, 세컨라이프, 3D 그래픽, 클라우드, 사이버스페이스(Cyber Space), 가상세계(Virtual World), 가상현실(Virtual Reality), 가상환경(Virtual Environment), CAVE(Cave Automatic Virtual Environment), GUI(Graphical User Interface), 디지털휴먼(Digital Human), 증강현실(Augmented Reality), Natural Language Processing, Video Synthesis, Audio Synthesis, 3D Rendering, 정보기술 환경분석, IT프로젝트 범위관리, IT프로젝트 일정관리, IT프로젝트 원가관리, 소프트웨어공학, 요구공학

3. 핵심 용어

메타버스, 인공지능, 빅데이터, XR(eXtended Reality) 기술, 디지털트윈, 블록체인, 5G네트워크, IoT, 플랫폼, 인공지능 플랫폼, 세컨라이프, 3D 그래픽, 클라우드, NFT, IP, 사이버스페이스(Cyber Space), 가상세계(Virtual World), 가상현실(Virtual Reality), 가상환경(Virtual Environment), CAVE(Cave Automatic Virtual Environment), GUI (Graphical User Interface), 디지털휴먼(Digital Human), 가상 인플루언서(Influencer), 교차점(Junction), 결합(Nexus), 융합(Convergence), 증강(Augmentation), 라이프로깅 (Lifelogging), 거울세계(Mirror Worlds), ASF(Acceleration Studies Foundation), Intelligent Assistant, Companion, 요구사항, 요구사항 수집, 요구사항 정의, 요구사항 명세, 요구사항 검증, 요구사항 관리

4. 교육과정 학점 및 이수시간

학 습	교육과정 학점 및 이수시간	
	학점	이수시간
1. 메타버스의 개요	3	3
2. 메타버스의 혁명	3	3
3. 메타버스의 융합기술	3	3
4. 메타버스와 인공지능 기술융합	3	3
5. 메타버스와 빅데이터 기술융합	3	3
6. 메타버스와 XR 기술융합	3	3
7. 메타버스와 디지털트윈 기술융합	3	3
8. 메타버스와 블록체인 기술융합	3	3
9. 메타버스와 5G 네트워크 기술융합	3	3
10. 메타버스와 IoT 기술융합	3	3
11. 메타버스의 플랫폼	3	3
12. 메타버스의 활용	3	3
13. 메타버스의 미래와 진화	3	3

메타버스 기술 학습모듈 명세서

학습명	학습내용명
1. 메타버스의 개요	1-1 메타버스의 개념 1-2 메타버스의 유형
2. 메타버스의 혁명	2-1 메타버스의 재부상 2-2 메타버스의 분석 2-3 메타버스의 가상융합경제 2-4 인터넷 시대의 한계와 메타버스의 혁신요소
3. 메타버스의 융합기술	3-1 메타버스의 융합기술 3-2 메타버스의 기술혁신
4. 메타버스와 인공지능 기술융합	4-1 메타버스의 인공지능기술 4-2 메타버스와 인공지능 기술융합
5. 메타버스와 빅데이터 기술융합	5-1 메타버스의 빅데이터기술 5-2 메타버스와 빅데이터 기술융합
6. 메타버스와 XR 기술융합	6-1 메타버스의 XR 기술 6-2 메타버스와 XR 기술융합 6-3 XR 기술융합의 차세대 플랫폼
7. 메타버스와 디지털트윈 기술융합	7-1 메타버스의 디지털트윈 기술 7-2 메타버스와 디지털트윈 기술융합
8. 메타버스와 블록체인 기술융합	8-1 메타버스의 블록체인 기술 8-2 메타버스와 블록체인 기술융합
9. 메타버스와 5G 네트워크 기술융합	9-1 메타버스의 5G 네트워크 기술 9-2 메타버스와 5G 네트워크 융합기술
10. 메타버스와 IoT 기술융합	10-1 메타버스의 IoT 기술 10-2 메타버스의 IoT 기술융합

학습명	학습내용명
11. 메타버스의 플랫폼	11-1 서비스의 플랫폼 11-2 메타버스의 플랫폼
12. 메타버스의 활용	12-1 메타버스의 시장동향 12-2 메타버스의 주요활용
13. 메타버스의 미래와 진화	13-1 메타버스 시대의 미래준비 13-2 메타버스의 진화전략

학습 1	메타버스의 개요
학습 2	메타버스의 혁명
학습 3	메타버스의 융합기술
학습 4	메타버스와 인공지능 기술융합
학습 5	메타버스와 빅데이터 기술융합
학습 6	메타버스와 XR 기술융합
학습 7	메타버스와 디지털트윈 기술융합
학습 8	메타버스와 블록체인 기술융합
학습 9	메타버스와 5G 네트워크 기술융합
학습 10	메타버스와 IoT 기술융합
학습 11	메타버스의 플랫폼
학습 12	메타버스의 활용
학습 13	메타버스의 미래와 진화

학습 목표	1. 메타버스의 개요를 이해할 수 있다.

1-1 메타버스의 개념

1. 메타버스의 정의

메타버스(Metaverse)는 가상 · 초월(Meta)과 세계 · 우주(Universe)의 합성어로 현실세계와 같은 사회적 경제적 활동이 통용되는 3차원 가상공간 세계가 실감기술을 통해 매개 · 결합되어 만들어지는 융합세계로 정의한다. 실감기술은 헤드 마운티드 디스플레이, 3D매핑, 모델링, 시청각 사용자 인터페이스 등 실제와 유사한 경험을 가능케 하는 기술이다. 미래에는 메타버스가 인터넷의 뒤를 잇는 가상현실 공간의 주류가 되면서 인터넷과 SNS를 잇는 차세대 서비스로 자리잡을 것이다.

코로나19 팬데믹으로 뮤지션들이 가상세계에서 공연을 진행하면서 최근 메타버스에 대한 논의가 더욱 활발해졌다.

보다 구체적으로는 정치 · 경제 · 사회 · 문화의 전반적 측면에서 현실과 비현실 모두 공존할 수 있는 생활형 가상세계, 실생활과 같이 사회 · 경제 · 문화적 활동을 하게 되는 가상현실공간 세계라는 의미로 폭넓게 사용되고 있다.

메타버스 돌풍의 원인은 MZ세대에 익숙한 게임플랫폼의 사용으로 소비가 늘고 코로나로 인하여 비대면 언택트 시대로 인하여 집에서 머무는 동안 메타버스를 교류의 장으로 택하여 시간과 공간의 한계를 극복해 이용자에게 더 많은 경험을 제공할 수 있는 방안을 찾으면서 메타버스를 찾기 시작했다.

출처 : https://science3m.tistory.com/238

[그림 1-1] 메타버스의 개념

메타버스는 2000년 초반에 가상현실 서비스 세컨트라이프(Second Life)가 등장하면서 새롭게 주목받기 시작했다.

세컨드라이프는 가상세계에서 아바타를 통해 전세계 사람들과 교류하면서 경제적 활동까지 가능한 높은 자유도로 인기를 모았다.

10년이 지난 오늘날 메타버스가 주목 받는 이유는 일차적으로 메타버스 서비스가 현실과 유사하게 구현하는 3D 그패픽, 5G, 빅데이터, AI, 클라우드 플랫폼, XR, 블록체인, IoT 등 다양한 기술들의 수준이 급격한 향상이다. 두번째는 5G를 비롯해 관련 기술들의 비용이 현실과 유사한 수준의 가상공간을 보다 낮은 가격을 제공할 수 있기 때문이다.

전세계를 강타한 코로나19 역시 메타버스에 대한 수요를 키웠고, 코로나가 장기화되면서 사람들은 온라인 공간에서도 오프라인 공간과 유사한 경험을 하기를 원했고, 메타버스는 이러한 욕구를 충족시켜줄 강력한 도구였다.

2. 가상현실을 넘어 새로운 미래공간 메타버스로 진입

현실과 가상의 경계를 넘어 새로운 미래공간이 된 메타버스(Metaverse) 콘텐츠가 급부상하고 있다.

메타버스는 가상공간에서 창작물 콘텐츠를 능동적으로 무한히 생산하고 상호 공유할 수 있으며, 생산된 창작물이 지적재산권 IP(Intellectual Property)와 블록체인의 대체 불가능한 토큰 NFT(Non-Fungible Token)과 결합하여 가치의 저장・증대・교환이 가능해 새로운 경제 활동영역이 창조되어 창의적인 아이디어를 현실세계보다는 다양한 방법으로 새로운 비즈니스를 만들어 낼 수 있어 기존의 단순 콘텐츠 생성・활용과 차별성이 있기 때문에 매력적이다.

컴퓨터를 기반으로 제공되는 네트워크 환경을 통해서 새로운 사회・문화적 공간이 등장했다. 이러한 인간 문명의 공간을 사이버 스페이스(Cyber Space), 가상세계(Virtual World), 가상현실(Virtual Reality), 가상환경(Virtual Environment)이라고 한다. 사이버 스페이스는 깁슨의 SF소설 '뉴로맨서(Neuromance)'(1984)에서 후기산업사회에서 데이터베이스를 공간각적으로 재현한 환상 내지 환각을 뜻하는 표현으로 등장했다. 이것이 계기가 되어 이후 디지털 커뮤니케이션의 물적 인프라를 지칭할 뿐만 아니라, 정보의 바다 그리고 그 공간에 자료를 공급하고 항해하는 사용자까지 포함하는 개념으로 활용되고 있다.

엄밀한 의미에서 사이버 스페이스와 가상현실, 가상세계와 가상현실의 용어 사용은 구별되어야 한다.

메타버스는 물리적 공간의 한계를 넘을 수 있다는 장점을 앞세워 일부 콘텐츠에서 오프라인의 경험을 가상의 공간으로 확장해왔다. 즉 현실세계와 가상세계의 경계가 소멸된 것이다.

이제는 고도화된 관련 기술을 바탕으로 다양한 콘텐츠가 개발되어 플랫폼을 능숙하게 다루며 새로운 경험을 즐기는 MZ세대들에게 확산되는 추세다.

가상현실의 본질은 ① 시뮬레이션, ② 상호작용, ③ 인공성, ④ 몰입, ⑤ 원격현

전, ⑥ 온몸몰입, ⑦ 망으로 연결된 커뮤니케이션, ⑧ 능동성과 수동성, ⑨ 조작과 수용성, ⑩ 격리된 현전감, ⑪ 증가된 실재이다.

사이버 스페이스는 고성능 컴퓨터와 광범위한 통신망에 의해 열려진 공간 혹은 장소이고, 가상현실이란 그 속에 존재하는 사물 · 사건 혹은 경험이라고 두 용어를 구별한다. 가상공간의 기술을 다시 네트워크 공간과 가상현실로 구분하는데, 이때 가상현실 영역은 인터페이스의 확장을 통해 상호작용성을 통한 몰입을 발생시키는 기술적 수단으로 축소해 이해한다고 본다.

즉 가상현실은 협의의 기술적 공간이며, 가상세계란 기술이 아닌 기술을 매개로 탄생한 광의의 사회적 · 문화적 공간인 것이다. 이처럼 가상현실은 주로 인간의 신체가 가상현실 속에 일부로 흡수되는 시스템이나 물리적 장치를 지칭한다. 공간의 현실감, 즉 '거기에 있는 것 같은 느낌'을 전달하는 가상현실은 여러 가지 시각신호(Visual Cues)에 의해 이뤄지는데, 그 중 가장 강력한 것이 시각(Perspective)이다.

전형적인 예로 1968년 이반 서덜랜드(Ivan Edward Sutherland)가 고안한 HMD(Head Mounted Display), 촉감 인터페이스인 와이어드 글러브(Wired Glove), 몰입형 투명 디스플레이 CAVE(Cave Automatic Virtual Environment)를 들 수 있다. 이처럼 시각에 중점을 둔 가상현실의 작업을 '은유적 형상화'라고 칭하기도 한다.

그러나 기술이 발달함에 따라 인간의 신체 전부를 가상세계 안에 몰입시키는 신체형 가상현실보다, 오히려 스크린 기반의 인터넷 가상세계가 활성화되고 있다. 현실이나 실재를 인위적으로 재현하거나 체험한다는 의미에서의 가상현실은 늘 현실을 모방(Imitation)하는 보조 도구로서의 역할밖에 하지 못한다.

일부학자는 입체안경을 끼고 매끄럽지 못한 재현 그래픽을 보는 기계적 가상현실을 '목경련을 일으키는 현상(Neck Jerk Reaction)'이고, "두 눈에 분리된 시각영상을 전달하는 머리에 쓰는 디스플레이를 내던져야한다"고 말한다.

가상세계의 감각경험이 현실세계의 감각경험과 꼭 일치하거나 같은 속성을 갖는 것이 아니라는 것이 입증되면서, 협의의 가상현실에서 나아가 광의의 가상세계 개념이 구축되기에 이르렀다. 가상세계는 〈표 1-1〉처럼 6가지 특징을 제시한다.

〈표 1-1〉 가상세계의 6가지 특징

항 목	내 용
공용 공간 (Shared Space)	다수의 사용자들이 동시에 참여할 수 있어야 한다.
GUI(Graphical User Interface)	공간을 시각적으로 표현해야 하며, 2D나 몰입형의 3D 환경에서 구현되어야 한다.
즉시성(Immediacy)	상호작용이 실시간(Real Time)으로 발생해야 한다.
상호작용성 (Interactivity)	사용자들이 맞춤형 콘텐츠(Customized Content)를 변형, 개발, 제시할 수 있어야 한다.
지속성(Persistence)	개별 사용자의 접속 여부에 상관없이 세계 자체의 존재가 유지되어야 한다.
사회화(Socialization)/ 커뮤니티(Community)	길드, 클럽, 당, 가족, 이웃 등 사회적 집단을 가상세계 내에서 형성할 수 있도록 허용하고 권장해야 한다.

컴퓨터 인터페이스의 기능과 역할이 확대 및 발전하고 가상에 대한 패러다임이 전환됨에 따라, 이제 가상은 현실을 복제하는 단계를 넘어서서 상상력을 통해 독자적인 '가상세계(Virtual World)'를 구현하기에 이른 것이다. 가상세계란 본질적으로는 가상현실 설계자에 의해서 설계된 것임에도 불구하고, '빈 공간'이 존재하기 때문에 그 공간의 사용자가 빈 공간을 활용해 자기를 표현하고 발견하는 대안적 장소가 될 수 있다. 메타버스, 말 그대로 현실세계(Universe)를 초월(Meta)하며 이제는 새로운 미래공간이 되었다.

3. 디지털휴먼의 성장

디지털휴먼(Digital Human)은 인간의 모습·행동과 유사한 형태를 가진 3D 가상인간(아바타)을 의미한다.

다양한 메타버스 서비스가 확산되면서 디지털휴먼(Digital Human)활용이 증가하고 있는데, 과거에는 디지털휴먼 제작에 많은 비용·시간, 전문기술이 필요하였으나 최근 AI, Cloud, CG 등 기술발전으로 이용이 증가하고 있어 디지털 휴먼의 활용 분야는 엔터테인먼트, 유통, 교육, 금융, 방송, 교육 등 전산입으로 확내되고 있다.

디지털휴먼 기술로 제작된 가상 인플루언서(Influencer)가 증가하고 있다. 가상 인플루언서들은 인스타그램 등 SNS 플랫폼을 활용하여 실제 사람과 같이 활동을 하고, 기업 홍보 모델 또는 가상 가수(㉧ 일본 '하츠네 미쿠'), 배우 등으로 활동하며 수익을 창출한다.

Modeling Cafe(이마)(가상 인플루인서/모델) | 디오비 스튜디오 루이(RUI)(가상 가수) | EVR스튜디오 프로젝트 TH(가제)(게임 캐렉터)

삼성전자 레온(고객상담 서비스 등) | LG전자 김래아(제품 홍보등) | WHO 플로렌스(금연상담)

IP 소프트 이멜리아 | soul Machines will | 미니브랜드 AI아나운서

[그림 1-2] 디지털휴먼

4. 메타버스 기술의 고도화로 콘텐츠의 진화

메타버스를 두고 과연 포스트 인터넷 혁명이라 할 수 있을까? 관련 이슈도 뜨겁다.

메타버스가 상호작용과 공간의 확장성 측면에서는 기존의 인터넷과 분명히 다른 지점이 있다. 하지만 메타버스 구성기술이 기존 기술과의 융복합으로 해당 기술의 촉진을 유도했으나 '혁명'을 견인하지는 않는다는 시각도 있다.

메타버스 플랫폼 기업들은 여러 지식재산권(IP-Intellectual Property)사업자와 제휴 · 협력 관계를 맺으면서 사업 분야를 급속히 확장 중인데, 메타버스 주요 이용자층인 10~20대를 주요 소비자, 홍보 · 소통 대상으로 보는 패션, 엔터테인먼트, 제조, 방송, 교육, 공공 등 다양한 분야의 IP 사업자가 참여하여 홍보 및 아이템 구매 · 착용을 통한 수익창출을 하고 있다.

메타버스는 XR, AI, 빅데이터, 5G 네트워크, 블록체인, 디지털트윈 등 범용기술로 불리는 것들의 복합체다. 최근의 산업이 관련 기술의 융복합으로 형성되듯 메타버스 역시 개별기술로 구현되지 않는다.

'가상(Virtual)'이란 '사실상 그렇지 않으나, 마치 …인 듯한'을 의미한다. 이때 가상을 '현존하지 않는 가짜'로 인식하느냐, '잠재성의 발현'으로 인식하느냐에 따라서 가상세계에 대한 낙관론과 비관론으로 나뉜다.

보드리야르는 '완전한 범죄(Perfect Crime)' 등의 글을 통해 시뮬라시옹(Simulation)과 가상(Virtual)을 혼용적으로 사용하기 시작했으며, 현대의 인간은 기술을 이용하는 것이 아니라 기술에 전도된 환영 속에서 일상을 영위하고 있다고 비판한다.

보드리야르의 경우 낙관론에 속하는데, 그는 사실성과 상관없는 '환영(Illusion)'이 오히려 실제세계를 전복시키고 있다고 지적한다. 그러나 엄밀한 의미에서 가상이란 보드리야르의 '시뮬라시옹'과 일치하지 않는다. 마리 로르 라이언은 "'가상(Virtual)'과 '가짜(Fake)'가 혼동되어서는 안된다"고 지적한다. 가상세계가 활성화된다고 해서 실재와 가상이 구분되지 않거나, 가상이 실재의 가치들을 무마시켜 버리는 SF적 디스토피아가 도래하는 것은 아니기 때문이다.

국내에서 'Virtual'을 일반적으로 '가상'으로 번역하는 경우, 용어 자체에 대한 불신이 함의되어 있다. 어떤 학자는 "엄밀한 의미에서 '실제로는 존재하지 않는 거짓된 모습'이라는 뜻을 지닌 가상이라는 단어는 'Virtual'의 바람직한 번역어가 아니다."라고 지적한다. 즉 'Virtual Reality'의 경우 보다 엄격히 번역할 경우에는 '가상적 실재'로 번역하는 것이 타당하다고 본다.

〈표 1-2〉처럼 가상과 실재의 차이를 비교한다.

가상은 현실(Real)이 아닌, 실재(Actual)에 대립되는 개념이다. 여기서 말하는 가상이란 실제로 존재하지 않는 비현실적인 것을 지칭하는 것이 아니다. 가상은 현실감을 상실하는 것이 아니라, 정체성의 변환이다. 실재가 '지금 가지고 있음'의 개념이라면, 가상은 '앞으로 받게 됨' 또는 환상의 개념이다. 때문에 '현실화'에 대한 반대 개념은 '가상화'와 '현실화'가 '바로 여기'에 존재한다면 '가상화'는 '여기 밖'에 존재한다는 뜻이다.

가상세계는 그 자체로 현실의 하부구조, 혹은 상부구조로 존재하는 것이 아니라 독립적으로 존재하고 기능한다.

〈표 1-2〉 실제와 대립되는 가상의 의미

실제(Actual)	가상(Virtual)
규정된(Enacted)	잠재하는(Potential)
닫힌(Closed)	열린(Open)
물질적인(Material)	정신적인(Mental)
구체적인(Concrete)	추상적인(Abstract)
특정한(Particular)	일반적인(General)
육체적인(Corporeal)	영혼적인(Spectral)
단일한(Singular)	복수의(Plural)
현전(Presence)	원격현전(Telepresence)
면대면(Face to Face)	매개적인(Mediated)
신원(Identity)	역할놀이(Role-Playing)
사실(Fact)	허구(Fiction)

아울러 실재를 전도하거나 왜곡하는 기능을 행하는 것도 아니다. 가상세계가 꼭 현실을 있는 그대로 반영할 필요는 없다. 오히려 비현실, 반현실적 욕망과 상상력을 통해서 완성될 수 있기에 유의미하다.

XR, AI, 빅데이터, 5G 네트워크, 블록체인, 디지털트윈, 사물인터넷(IoT) 등의 범용기술은 역사적으로 영향력이 큰 소수의 파괴적 기술로서 여러 산업에 공통으로 활용되어 혁신을 촉진하고 기술진화가 빠른 기술을 의미한다. 메타버스는 복합 범용기술로 고도화되고 있다.

실제로 메타버스를 지원하는 범용기술들의 R&D 특허가 증가 추세지만 관련 디바이스의 가격은 하락하는 패턴을 보인다. 때문에 이미 메타버스 SW-Contents 사용자는 지속적으로 증가하고 있으며, 그 확산속도는 매우 빠르다. 과거에 기술혁신이 새로운 산업 생태계를 만들어낸 것과 같이 메타버스가 전형적인 네트워크 효과를 보인다는 평가를 받는 이유다.

글로벌 ICT 기업들은 이러한 추세에 민감하게 반응하며 다양한 프로젝트를 통한 혁신경쟁을 예고하고 있다. 일부 기업들은 메타버스 핵심기술 생태계가 성숙기에 들었다고 판단하고 다양한 아이디어와 콘텐츠, 신기술 스타트업에 대해 적극적인 투자 유치를 실행하고 있다. 메타버스를 단기간의 트렌드 이상으로 인식하고 있음을 방증한다.

다양한 플랫폼의 확산, 지속도는 기술혁신, 투자의 증가로 메타버스의 확산이 본격화될 것이다. 그리고 다양한 분야에 인간×시간×공간을 결합한 디지털트윈 방식의 새로운 메타버스 경험을 설계하여 미래 경쟁력을 확보할 필요가 있다.

이제는 본격적인 메타버스 시대, 새로운 미래공간의 콘텐츠를 준비할 때이다.

1-2 메타버스의 유형

비영리 기술 연구단체인 미국 기반의 가속연구재단ASF(Acceleration Studies Foundation)은 2007년에 발표한 메타버스 로드맵에서 현실세계의 대안 또는 반대로 보는 이분적 접근에서 벗어나 현실세계와 가상세계의 교차점(Junction), 결합(Nexus), 융합(Convergence)으로 이해할 것으로 제안했다. 또한 가상환경의 구현과 이용에 있어서 사물, 기기, 행위자, 인터페이스, 네트워크 등 현실세계의 요소들이 필수적으로 수반되고 '증강과 시뮬레이션', '사적인 것과 외적인 것'이라는 두 축을 가지고 [그림 1-3]와 같이 4가지 범주로 분류했다.

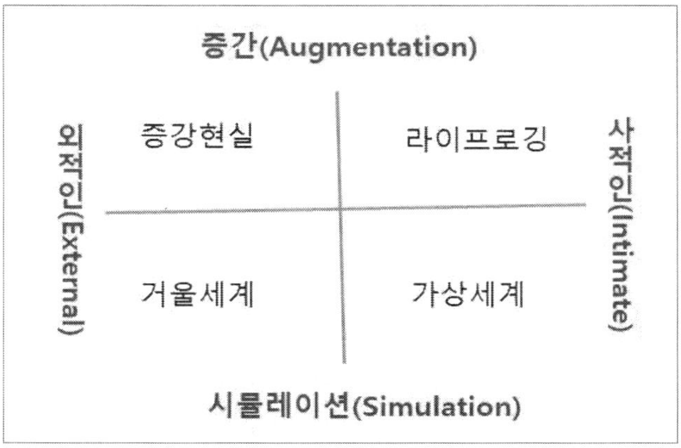

[그림 1-3] 메타버스의 유형

① 사적(Intimate) : 아바타, 온라인 프로필, 직접 등장 등의 방법으로 이용자의 정체성과 행위성의 발현에 초점을 둔 기술이다.

② 외적(External): 이용자를 둘러싸고 있는 바깥 세계에 대한 정보와 통제력을 제공하는 기술이다.

③ 증강(Augmentation) : 이용자가 인식하는 물리적 환경 위로 새로운 제어·정보시스템 레이어를 쌓아 올리는 기술이다.

④ 시뮬레이션(Simulation) : 이용자 및 객체 간 상호작용을 위한 장소로서 현실을 모방한 가상의 세계를 제공하는 기술이다.

메타버스는 크게 증강현실, 거울세계, 라이프로깅, 가상세계로 분류되며 각 유형은 명확하게 분리되기 보다는 점차 유형간 경계가 허물어지는 경향을 보이고 있다.

1. 증강현실

증강현실(Augmented Reality)은 현실공간에 2D 또는 3D로 표현되는 가상의 물체를 겹쳐 보이게 하면서 상호작용하는 환경을 의미하며, 이용자가 일상에서 인식하는 물리적 환경에 가상의 사물 및 인터페이스 등을 겹쳐 놓음으로써 만들어지는 혼합현실이다.

출처 : https://science3m.tistory.com/238

[그림 1-4] 증강현실의 사례

〈표 1-3〉 증강현실의 주요내용

대표 서비스	주요내용
포켓몬고 (나이언틱)	• 2016년 나이언틱(Niantic)이 닌텐도와 합작으로 출시한 게임으로 개발된 지 5년이 지났으나 엔터테인먼트 분야에서는 현재도 증강현실 대표 서비스로 꼽힘 • 나이언틱은 구글어스의 전신인 어스뷰어(EarthViewer)를 기반으로 성장한 회사로 공간정보, 3D 모델링, 증강현실 기술에 대한 전문성에 기반하여 '12년 최초의 위치기반 증강현실 게임인 인그레스(Ingress)를 출시한 바 있으며, 포켓몬고는 전작에 스토리와 문화적 감수성이 더해져 다양한 이용자에 소구하는 대표게임으로 발전
제페토 (네이버Z)	• 네이버가 증강현실 카메라 앱인 스노우(SNOW)를 별도 법인으로 분사시켜 제공 중인 증강현실 아바타 서비스로 2018년 출시 후 2021년 1월까지 전세계적으로 1억 9천명의 누적 가입자 확보 • AI 기반 안면인식 기술을 통해 3D 아바타를 생성하는 것에서 나아가 제페토 월드를 구축해 셀레브리티 아바타와의 소통 기능 및 소셜 미디어 기능 등을 추가하여 증강현실, 가상세계, 라이프로깅이 모두 결합된 서비스로 확장

사람들에게서 적은 거부감으로 보다 높은 몰입감을 유도할 수 있는 특징이 있다. 사용자가 단말기의 카메라를 통해 현재는 전소된 남대문을 촬영하면 디지털로 구축된 남대문이 사용자의 단말기에 중첩되어 보이는 것이 증강현실의 한 예라고 할 수 있다.

2. 라이프로깅

라이프로깅(Lifelogging)는 인간의 신체, 감정, 경험, 움직임과 같은 정보를 직접 또는 기기를 통해 기록하고 가상의 공간에 재현하는 활동정보를 캡처하고 저장·묘사하는 기술이다. 사용자는 일상생활에서 일어나는 모든 순간을 텍스트, 영상, 사운드 등으로 캡처하고 그 내용을 서버에 저장하여 이를 정리하고, 다른 사용자들과 공유할 수 있다. 센서가 부착된 스포츠 웨어를 네트워크 연결이 가능한 MP3 플레이어와 연동하여 사용함으로써 달린 거리, 소비 칼로리, 선곡음악 등의 정보를 저장하고 공유하는 등의 행위가 라이프로깅의 예시가 될 수 있다.

출처 : https://science3m.tistory.com/238

[그림 1-5] 라이프로깅의 사례

〈표 1-4〉 라이프로깅의 주요내용

대표 서비스	주요내용
페이스북360 (페이스북)	• 페이스북은 2016년 360도 사진 및 영상을 게시할 수 있게 하는 페이스북360 서비스를 도입하였으며, 2017년 자회사인 오큘러스(Oculus) 기기를 통해 콘텐츠를 이용할 수 있도록 공식 앱 출시 • 페이스북은 2018년 디지털 비디오카메라 제조사인 RED와 합작으로 3D 비디오 카메라를 출시하는 등 플랫폼-3D 기기-이용자 콘텐츠를 유기적으로 연동하는 서비스 추진
트레이닝 클럽 (나이키)	• 2000년대 말부터 부상한 자기 수치화(Quantified Self) 운동의 연장선상에 있는 서비스로, 나이키에서 2009년 출시한 앱 • 개인별 맞춤형의 피트니스 프로그램을 제공하며, 이용자는 개인이 달성한 기록을 소셜미디어를 통해 공유

3. 거울세계

거울세계(Mirror Worlds), 즉 미러월드는 실제 물리적 세계를 가능한 한 사실적으로 있는 그대로 반영하되 추가정보를 더한 '정보적으로 확장된(Informationally Enhanced)' 가상세계를 말한다.

대표적인 예로 구글 어스(Google Earth)를 들 수 있다. 구글 어스는 세계 전역의 위성사진을 모조리 수집하여 일정 주기로 사진을 업데이트하면서 시시각각 변화하는 현실세계의 모습을 그대로 반영하고 있다.

기술의 발전이 계속될수록 미러월드는 점점 현실세계에 근접해갈 것이며, 이는 향후 가상현실의 커다란 몰입적 요소가 된다. 이같은 미러월드의 사용자는 가상세계를 열람함으로써 현실세계에 대한 정보를 얻게 된다.

출처 : https://science3m.tistory.com/238

[그림 1-6] 거울세계의 사례

〈표 1-5〉 거울세계의 주요내용

대표 서비스	주요내용
구글어스 (구글)	• 구글이 2004년 인수한 키홀(KeyHole)의 어스뷰어 서비스를 전신으로 하며, 위성 이미지를 3D로 재현하여 실제 공간 정보를 제공하는 대표적 거울세계 서비스 • 어스스튜디오, 어스엔진, 어스VR 등의 응용 서비스를 통해 영상 제작, 시간별 공간 변화 파악, 지형·기후자료 수집, VR 체험 가능
업랜드 (업랜드미)	• 업랜드미(Uplandme)에서 2019년 출시한 가상의 부동산 게임으로 대체불가토큰(NFT)을 사용하여 부동산 투자 및 거래 가능 • 2020년 미국 대선일에 업랜드상에서 트럼프 타워를 경매에 붙이고, 같은 해 10월부터 실제 통화와 업랜드상의 부동산 간 거래를 가능케하는 등 현실세계와의 연동성을 높이며 사업 확장

4. 가상세계

가상세계(Virtual World)는 디지털 기술을 통해 현실의 경제, 사회, 정치적 세계를 확장시켜 유사하거나 혹은 완전히 다른 대안적 세계를 디지털 데이터로 구축한 것이다.

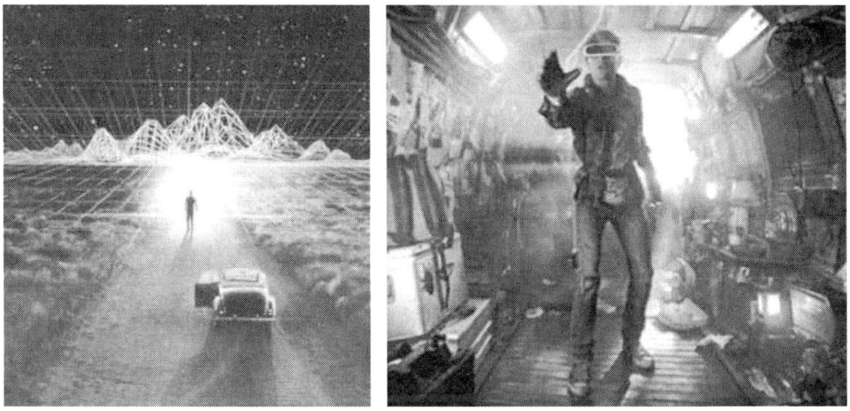

출처 : https://science3m.tistory.com/238

[그림 1-7] 가상세계의 사례

〈표 1-6〉 가상세계의 주요내용

대표 서비스	주요내용
세컨드라이프 (린든랩)	• 2003년 린든랩(Linden Lab)이 출시한 온라인 가상 세계 서비스로 로블록스, 마인크래프트 등에 앞선 초창기 샌드박스형 서비스 • 정부기관, 민간기업, 교육기관 등의 디지털트윈 구축, 공연 · 전시회 개최, 가상일자리 제공, 현실세계 화폐와의 환전 시스템 도입 등 메타버스 비즈니스 모델의 원형 제공
포트나이트 (에픽 게임즈)	• 에픽 게임즈(Epic Games)가 2017년 출시한 3인칭 슈팅 게임으로 최근 가장 주목할 만한 메타버스 서비스로 성장 • 실제 뮤지션과 협업한 콘서트 개최, 패션 브랜드(나이키, 루이비통 등)와 라이센스를 맺은 스킨 출시, 업무회의 공간제공 등 게임을 넘어 현실과 가상을 잇는 종합적 문화 · 생활 서비스로 성장 • 에픽 게임즈의 CEO인 팀 스위니(Tim Sweeney)는 오픈 메타버스의 옹호자로 포트나이트를 크로스 플랫폼 게임으로 성장시키는 한편, 이용자 관점에서 자유로운 이동이 가능한 메타버스 생태계 구축을 위한 논의 확산
STRIVR	• 2014년 스탠포드 대학교의 연구 프로젝트로 시작해 2015년 공식 설립된 기업으로 VR 기술을 실생활에 섭복시킨 서비스 제공 • 월마트(Walmart) 직원을 대상으로 한 상황기반 교육 · 훈련이 대표적 이며, 운동선수 훈련, 고객응대 훈련, 기계작동 훈련, 안전교육 등의 분야에서 활용사례 증가

가상세계에서 사용자들은 아바타를 통해 현실세계의 경제적, 사회적인 활동과 유사한 활동을 한다는 특징이 있다. 가상세계는 우리에게 가장 친숙한 형태의 메타버스로서, 리니지와 같은 온라인 롤플레잉게임에서부터 린든 랩에서 개발된 세컨드 라이프와 같은 생활형 가상세계에 이르기까지 3차원 컴퓨터그래픽환경에서 구현되는 커뮤니티를 총칭하는 개념이다

[그림 1-8] 포트나이트에서 열린 래퍼 트레비스 스캇의 콘서트

수행 내용

재료 · 자료

• 메타버스 관련 자료

기기(장비 · 공구)

• 컴퓨터, 문서작성 프로그램, 프린터, 주변기기

안전 · 유의사항

• 메타버스 관련 장비의 안전 및 유의사항을 숙지한다.

수행 순서

01 닐 스티븐슨이 1992년 발표한 소설인 '스노우 크래쉬' 속에서 처음 사용한 메타버스을 분석하라.

메타버스는 1992년 닐 스티븐슨(Neal Stephenson)의 소설 '스노우 크래쉬'에서 유래한 개념이다. 다음은 작품 속 메타버스에 대한 묘사를 인용한 것이다.

[그림 1-9] 닐 스티븐슨의 소설 〈스노우 크래쉬〉

양쪽 눈에 서로 조금씩 다른 이미지를 보여 줌으로써, 3차원적 영상이 만들어졌다. 그리고 그 영상을 1초에 72번 바뀌게 함으로써 그것을 동화상으로 나타낼 수 있었다. 이 3차원적 동화상을 1면당 이 1k픽셀의 해상도로 나타나게 하면, 시각의 한계 내에서는 가장 선명한 그림이 되었다. 게다가 그 작은 이어폰을 통해 디지털 스테레오 음향을 집어넣게 되면, 이 움직이는 3차원 동화상은 완벽하게 현실적인 사운드 트랙까지 갖추게 되는 셈이었다. 그렇게 되면 히로는 이 자리에 있는 것이 아니었다. 그는 컴퓨터가 만들어내서 그의 고글과 이어폰에 계속 공급해주는 가상의 세계에 들어가게 되는 것이었다. 컴퓨터 용어로는 '메타버스'라는 이름으로 불리는 세상이었다.

이처럼 작품 속에서 메타버스의 기술적 근간이 상세히 설명되는데, 이를 통해 메타버스는 고글과 이어폰이라는 시청각 출력장치를 이용해 접근할 수 있는 가상세계로 규정된다.

그들은 빌딩들을 짓고, 공원을 만들고, 광고판들을 세웠다. 그뿐 아니라 현실 속에서는 불가능한 것들도 만들어냈다. 가령 공중에 여기저기 흩어져 떠다니는 조명쇼, 3차원 시공간 법칙들이 무시되는 특수지역, 서로를 수색해서 쏘아 죽이는 자유전투지구 등이 있다. 단 한가지 다른 점이 있다면, 이것들은 물리적으로 지어진 것들이 아니라는 점이었다. 더 스트리트 자체가 실재하는 것이 아니기 때문에, 더 스트리트는 다만 종이에 적힌 컴퓨터 그래픽 규약일 뿐이었다. 아니, 그것들은 광섬유 네트워크를 통해 전세계에 공개된 소프트웨어 조각들일 뿐이었다.

이런 것들을 건설하기 위해서는 '세계 멀티미디어 규약단체협의회'의 허락을 받아야했다. 더 스트리트의 빈터를 사들이고, 지역 개발 승인을 받고, 각종 허가 사항을 득하고, 검사원들을 매수하고 하는 따위의 일들을 해야 했다. 기업들이 더 스트리트에 건물을 짓기 위해 내는 돈은 '규약단체협의회'의 신탁 기금으로 들어갔다. 그 기금은 다시 더 스트리트를 유지하고 확장하는 비용으로 사용되었다.

메타버스는 소프트웨어 조각들을 통해 표현되는 그래픽일 뿐이고 실존하지 않기에 현실세계와는 달리 물리법칙의 한계에 제약받지 않는다. 그러나 이런 차이에도 불구하고 메타버스 속에서의 경제적 · 사회적 활동은 현실세계의 그것과 흡사한 형태를 띄고 전개된다는 것이 주목할 만한 점이다.

02 메타버스에 대한 정의에 대하여 분석하라.

메타버스라는 개념의 뚜렷한 정의는 아직까지 확립되지 않았다. 일반적으로는 '현실세계와 같은 사회적 · 경제적 활동이 통용되는 3차원 가상공간' 정도의 의미로 사용되고 있으나, 학자나 기관마다 나름의 정의를 내리고 있어 넓은 의미로 통용되고 있다.

1. 한국의 경우

손강민 등은 메타버스를 '모든 사람들이 아바타를 이용하여 사회 · 경제 · 문화적 활동을 하게 되는 가상의 세계'라고 정의했으며, 류철균 등은 메타버스를 '생활형 가상세계', '실생활과 같이 사회 · 경제적 기회가 주어지는 가상현실공간'이라 정의했다.

또한 서성은은 메타버스를 '단순한 3차원 가상공간이 아니라, 가상공간과 현실이 적극적으로 상호작용하는 공간이며 방식 그 자체', '현실과 가상세계의 교차점이 3D 기술로 구현된 또 하나의 세계'라고 정의했다.

김국현의 경우 메타버스의 현실의 재구성이라는 측면에 주목했다. 「메타버스 내 게임형 가상세계와 생활형 가상세계에 대한 연구」에 따르면 그는 『웹 2.0의 경제학』에서 메타버스를 '기존의 현실 공간이었던 현실계(도구로서의 가상공간)와 현실의 것을 가상세계로 흡수한 것이었던 이상계(현실의 모사공간), 그리고 현실과 다른 상상력에 의한 대안의 가상현실인 환상계(인간의 환상과 욕망이 표출되는 공간)가 융합된 공간"이라 정의했다.

2. IEEE의 경우

출처 : https://science3m.tistory.com/238

[그림 1-10] 3차원 가상공간

미국전기전자학회(Institute of Electrical and Electronics Engineers)의 표준에 따르면 메타버스는 "지각되는 가상세계와 연결된 영구적인 3차원 가상 공간들로 구성된 진보된 인터넷"이라는 의미를 지닌다.

3. ASF의 경우

비영리 기술 연구 단체인 ASF(Acceleration Studies Foundation)은 메타버스를 "가상적으로 향상된 물리적 현실과 물리적으로 영구적인 가상공간의 융합"이라고 정의했다

03 메타버스의 발전방향과 문제점에 대하여 분석하라.

1. 현황 및 발전방향

현재 메타버스에 대한 관심이 증가하면서 메타버스의 발전이 기대되고 있다. 이러한 상황에는 린든 랩의 세컨드 라이프가 인기를 끈 것이 가장 큰 역할을 해냈는데, 이를 계기로 메타버스는 웹 2.0 시대의 새로운 비즈니스 모델이자 3D 기반 인터넷 플랫폼으로 주목받고 있다.

[그림 1-11] 세컨드라이프 린드랩

또한 세컨드 라이프의 성공 후 데어닷컴, 웹킨즈 등 다수의 가상세계 서비스가 출시되었다. 이로 인해 다양한 메타버스가 출현하고 상호 연결되는 거대한 가상세계인 멀티버스(Multiverse)의 시대의 도래가 가까워졌다.

특히 이러한 움직임은 가상세계 오픈소스 소프트웨어 개발, 가상세계 플랫폼 공급기업의 등장으로 가속화되고 있다. 린든 랩은 최근 세컨드 라이프 아바타를 전혀 다른 가상세계로 이동시키는 데에 성공해, 서로 다른 메타버스 간 상호운용성의 증진이 기대된다.

또한 가상세계와 기존 웹 2.0 서비스가 융합되고 있는 추세다. 구글의 Lively가 대표적 사례로, 이러한 서비스들은 통상 2.5D라 불리며 가벼운 소통 도구로서의 가상공간을 제공하고 있다.

2. 문제점

메타버스의 발전에 있어서 몇몇 문제점이 지적되고 있다.

1) 메타버스 내의 불법행위와 사법권

세컨드 라이프와 같은 가상세계에서 도박, 사기, 매춘 등의 범죄가 발생하고 있어 새로운 사회적 문제로 떠오르고 있다. 현실세계에서의 법질서를 가상세계에도 동일하게 적용하자는 것이 주요한 견해이나, 이러한 견해를 수용한다고 해도 두 가지 문제점이 남는다.

첫번째는 가상세계는 전통적인 물리적 장소개념을 적용할 수 없어, 법적 문제가 발생할 경우 재판관할에 관한 문제가 발생가능하다는 것이다.

두번째는 사이버 마약의 예시에서 볼 수 있듯, 현행법이 규정하고 있지 않은 새로운 유해물 혹은 범죄가 발생할 경우 이를 통제할 수 없다는 것이다.

2) 가상화폐의 현금화

가상세계의 경제규모가 커지면서 가상화폐의 현금화에 관한 논쟁이 발생하고 있다.

국내의 경우 '게임산업진흥법'에 의해 가상화폐를 환전하는 것은 불법으로 취급되지만, 미국에서는 린든 달러 등의 가상화폐가 미화로 환전 가능한 상태이다.

첫번째는 가상화폐를 정당한 노동의 대가로 얻은 부가가치로 인정할 수 있느냐 하는 점이다. 가상세계 가입자가 아바타 의상을 디자인하여 판매해 얻은 가상화폐와 사행성 게임을 통해 발생된 가상화폐를 동일시할 수 없지만, 가상세계 내에서 양자를 명확히 구분할 수도 없기에 문제가 발생한다.

두번째는 가상화폐를 새로운 거래수단으로 인정할 것이냐에 관련된 문제다. 인정 여부와 관련해 가상경제 활성화라는 긍정적 효과에 대한 기대와 게임중독 및 불법 거래, 탈세에 대한 우려가 교차하고 있는 상황이다.

3) 가상세계 중독

가상세계, 특히 현실과 사회적 · 경제적 활동 양상이 닮아있는 메타버스의 경우, 기존 온라인 게임과 달리 일상 생활로 인식되어 중독성 심화가 가능하다는 지적이 존재한다.

가상세계에의 지나친 몰입은 현실에서의 일상을 황폐화시키고 정체성 장애를 발생시킬 수 있다는 점에서 문제를 지닌다.

04 메타버스의 서비스 사례에 대하여 분석하라.

코로나19로 팬 미팅과 해외 투어가 취소되자 아이돌들도 팬들과의 소통 공간으로 메타버스를 택하고 있다.

방탄소년단(BTS)은 에픽게임즈가 만든 세계 최대 온라인 게임 플랫폼인 '포트나이트'를 통해 신곡 '다이너마이트'의 뮤직비디오를 가장 먼저 공개하기도 했다.

포트나이트의 '파티로얄 모드'에서는 이용자들이 아바타에서 BTS 뮤직비디오를 함께 감상하고 안무를 따라 할 수 있도록 지원했다.

SKT는 '점프VR' 플랫폼을 이용해 국내 최초 혼합현실 입학식을 진행했다. 신입생들은 각자의 집에서 점프VR로 가상의 입학식 현장에 접속해 같은 과 동기, 담당 교수님 아바타와 인사를 나누었다. 신입생 아바타들은 메타버스 대운동장 한가운데 마련된 스크린 앞에 모여 총장님의 인사말씀과 신입생 대표의 입학선서, 대학소개 영상을 함께 시청했다.

닌텐도 스위치로 발매한 〈모여라 동물의 숲〉 역시 코로나 19시대에 전세계적으로 인기를 누리고 있는 게임이자 메타버스 서비스이다. 이 게임에서 플레이어는 자신만의 섬을 꾸미고 타인 섬을 방문하며 경제생활도 한다. 귀여운 동물친구들과 교류하면서 소소한 일상을 즐기는 것만으로도 답답한 마음이 치유되는 느낌이다. 게임이 인기를 얻으면서 이를 현실과 연계하려는 움직임도 늘었다.

미국에서는 조 바이든 대통령 후보시절에 〈모여라 동물의 숲〉을 활용해 선거운동을 했고, 유명 브랜드 마크제이콥스와 발렌티노는 자신들의 신상품을 게임 아이템으로 제작해서 배포하기도 했다.

[그림 1-12] 모여라 동물의 숲에서 선거운동하는 조 바이든 미국대통령 케렉터

국내 메타버스 서비스는 네이버제트가 운영하는 〈제페토〉가 있고 블록체인 기술과 결합한 XR 3차원 메타버스 〈디센트롤랜드〉는 부동산과 블록체인 기반으로 가상현실 서비스로 현실 세계와 유사하게 작동된다. 도심은 가격이 비싸고 외곽지역은 부동산 가격이 저렴한데 가상공간의 부동산을 암포화폐를 통해 거래되고 소유권을 블록체인에 의해 기록된다.

05 메타버스의 디지털휴먼 사례에 대하여 분석하라.

메타버스의 디지털휴먼(Human)은 가상 이든 현실이든 공간이 있다면 그 안에서 돌아다니는 사람들이 존재해야 한다. 그 사람은 '나'를 대변하는 캐릭터일 수도 있고 현실 세계에는 존재하지 않고 가상세계에만 존재하는 다른 가상인간일 수도 있다.

메타버스 공간의 사람이라고 하면 실제 인간을 대변하는 아바타, 실존하지 않는 가상인간이라는 크게 두 종류로 나눠서 볼 수 있다. 실제인간을 대변하는 아바타라고 하면 Apple의 미모지, Zepeto의 캐릭터 등이 예시가 될 수 있다.

실존하지 않는 가상인간을 디지털휴먼(AI휴먼)이라고 정의하고 이 존재가 현실세계에서 사람들에게 '진짜 인간'처럼 인식되는 현상과 원인에 대해서 자세하게 살펴보겠다.

1. 디지털휴먼(Digital Human)의 발달단계

같은 공간에서 진짜 사람처럼 디지털휴먼이 생활하고 소통하기 위해서는 영화 'Her(그녀)'에 나오는 수준의 고도화된 AI 알고리즘 기반의 기술이 필요하다. 하지만 아직까지는 그 디지털휴먼을 만들기 위한 모든 분야의 AI기술의(ex. Natural Language Processing, Video Synthesis, Audio Synthesis, 3D Rendering)발전이 충분하지 않은 상태이다.

〈표 1-7〉 디지털휴먼의 발전단계

① influencer	② Virtual Assistant	③ Intelligent Assistant	④ Companion
연애인, 패션모델 같은 유명인	세비스/일상에서 사람을 도움(단순/보편적인 CS)	사람처럼 행동, 대화, 코치 (personalization 극대화)	인간과 구분 가지 않은 AI 친구

릴미켈라	UneeQ	머니브레인	이루다

완벽한 인간이기보다 사람과 구분이 가지 않는 쌍방향 소통/대화를 어느 정도 할 수 있느냐를 기준으로 잡았을 때, 디지털휴먼의 발전 단계는 〈표 1-7〉과 같은 4단계로 구분할 수 있다.

① Influencer : 1단계의 인플루언서 디지털휴먼은 쌍방향 소통이 거의 없는 일방향 IP기반 컨텐츠를 제공해주는 연예인, 패션모델 같은 존재를 말한다.

② Virtual Assistant : 2단계는 Siri나 빅스비의 디지털휴먼 버전이라고 보면 된다. 호텔, 공항, 은행에서 단순한 Customer Service에 대해서 인간을 대체할 수 있는 디지털휴먼이다.

③ Intelligent Assistant : 3단계는 좀 더 발전해서 맞춤형으로 사람과 대화하고 요가, 언어교육 등에 대해서 코치를 해줄 수도 있는 디지털휴먼이다.

④ Companion : 진짜 친구와 대화하는 것 같은 느낌을 받을 수 있는 수준의 자연스러운 AI가 마지막 단계의 디지털휴먼이다. 스캐터랩의 '이루다'가 그 역할을 시도했다고 볼 수 있다.

이루다 사건에서 볼 수 있듯이 아직 발전된 형태로 사람들과 대화 가능한 디지털휴먼에 대해서는 기술도 미숙하고 그에 따른 거부감도 많이 존재한다. 대부분의 성공적인

Application은 1단계 인플루언서 디지털휴먼에서 많이 등장하고 있는 상황이다.

2. 디지털휴먼(Digital Human)의 첫단계, 인플루언서 디지털휴먼

인플루언서 디지털휴먼은 AI로 비즈니스가 가능함을 증명한 영역이기도 하다. 몇 명의 디지털휴먼 기업들은 이미 다양한 컨텐츠, 광고 활동을 기반으로 수익을 창출하고 있다.

대표적인 인플루언서 디지털휴먼으로는 미국 Brud사에서 개발한 릴미켈라(Lil Miquela), 일본 Aww사에서 개발한 Imma, 올해 CES에서 LG가 공개한 김래아가 있다. 이들을 CGI 모델(Computer Generated Imagery Model)이라고 부르기도 한다. Imma는 33만명의 인스타그램 팔로워를 보유하고 있는 인플루언서로 이미 IKEA, Porche, SK-II와 같은 탑 브랜드들의 광고를 진행한바 있다.

인플루언서 디지털휴먼의 시초이자 가장 큰 파급력을 일으키고 있는 모델은 바로 릴미켈라(Lil Miquela)이다. 19년도부터 굉장히 적극적으로 인스타그램 포스팅을 하였고 음반활동도 꾸준히 하고 있다. 릴미켈라의 현재 인스타그램 팔로워수는 306만명, 유튜브 구독자수는 대략 27만명으로 웬만한 실제 인플루언서를 뛰어넘는 영향력을 보이고 있다.

그녀의 인스타그램 포스팅 하나의 광고단가는 약 $8,500의 가치가 있고, 그녀를 만든 Brud사는 2019년 광고 등의 활동으로 130억 매출을 냈다고 한다. 이미 Chanel, Givenchy, Louis Vuitton과 같은 명품 브랜드들의 광고를 한 적이 있으며 19년에는 삼성 갤럭시 광고를 하기도 했다.

3. Epic Games — MetaHuman의 등장

2021년 3월 Unreal Engine에서 릴미켈라와 같은 디지털휴먼을 굉장히 쉽고 빠르게 만들어낼 수 있는 툴 서비스인 MetaHuman을 공개했다.

몇 주 또는 몇 개월이 소요되는 리얼타임 디지털휴먼 제작시간을 한 시간 이내로 단축시켰으며 최고의 퀄리티와 사실감 기반의 디지털휴먼 제작이 가능해졌다.

디지털휴먼의 대량생산이 가능해졌다면, 제2의 릴미켈라와 같은 파급력 있는 디지털휴먼 인플루언서의 등장을 위해서는 무엇이 중요한 걸까?

릴미켈라를 만든 Brud사의 Chief Design and Innovation Officer인 Issac Bratzel은 성공적인 디지털휴먼 제작을 위해서는 외모도 중요하지만 '스토리텔링에 기반한 페르소나 설정'이 더 중요하다고 한다.

학습활동.1 교수 · 학습 방법

교수 방법

- 메타버스의 개요에 대한 관련 용어, 구성, 방식 이해 정도를 파악한 후 수업을 진행한다.
- 교수자의 주도로 메타버스의 개요 등의 내용을 PPT 자료로 제시한 후 설명한다.
- 가능하면 사전에 개인별 학습 자료를 준비하여 모든 학생이 참여할 수 있는 문제 해결식 수업, 협력 수업이 가능하도록 한다.
- 메타버스의 개요 전 과정을 작업의 순서에 따라 단계적으로 실습이 이루어질 수 있도록 지도한다.
- 교재를 통해 수업을 준비하는데 있어서 필요한 모든 정보나 팁, 힌트 등 도움이 될 만한 내용들을 확인할 수 있다.
- 학생들이 만들게 될 각 모델들은 수업시간에 중점적으로 다뤄질 부분과 어휘, 질문, 답을 포함하고 있으며 또한 탐구할만한 추가적인 아이디어들도 포함하고 있다.

학습 방법

- 메타버스 개요에 대한 관련 용어를 숙지하고, 메타버스의 개요에 대해 이해한다.
- 메타버스의 개요의 각 단계별 중점 사항을 체계적으로 학습한다.
- 메타버스의 개요의 수행순서의 전 과정을 실습한다.
- 메타버스의 개요의 내용을 이해한다.
- 메타버스의 개요를 이해하고 숙달이 될 때까지 학습한다.

학습활동.1 평가 및 피드백

평가 준거

- 평가자는 피평가자가 수행 준거 및 평가 내용에 제시되어 있는 내용을 성공적으로 수행할 수 있는 지를 평가해야 한다.

학습내용	평가항목	성취수준		
		상	중	하
메타버스의 개요	메타버스의 개요를 이해할 수 있다.			

평가 방법

• 작업 포트폴리오

학습내용	평가항목	성취수준		
		상	중	하
메타버스의 개요	메타버스의 개요를 이해할 수 있다.			

• 필기시험

학습내용	평가항목	성취수준		
		상	중	하
메타버스의 개요	메타버스의 개요를 이해할 수 있다.			

• 체크리스트를 통한 관찰

학습내용	평가항목	성취수준		
		상	중	하
메타버스의 개요	메타버스의 개요를 이해할 수 있다.			

• 피드백

1. 작업 포트폴리오
   - 제출한 보고서를 평가한 후 주요 사항에 대하여 표시하여 돌려준다.
2. 필기시험
   - 평가 결과 성적이 저조한 학생은 보고서 제출 기회를 부여한다.
3. 체크리스트를 통한 관찰
   - 실습 과정에서 평가한 후 개선해야 할 사항 등을 정리하여 돌려둔다.

참 | 고 | 문 | 헌

- 김현정, 새로운 미래공간이 된 메타버스, 사이언스타임즈, 2021.3.31.
- 남현숙, 미국 VR · AR 기술정책의 진화. https://spri.kr/posts/view/22823?code=industry_trend, 2019.
- 라도삼, 비트의 문명, 네트의 사회, 서울 : 커뮤니케이션북스, 1999.
- 류철균, 가상세계형 SNS 개발 컨셉 설계, KTF 전략보고서, 2007.
- 박보성, 메타버스와 디지털휴먼, https://medium.com/curg/
- 신정아, 뉴미디어와 스토리두잉. 칠월의 숲, 2009.
- 여명숙, 사이버스페이스의 존재론과 그 심리철학적 함축, 이화여자대학교 철학과 박사학위논문, 1998.
- 오현주, 메타버스가 다시 오고 있다. nia, 2021.03.
- 이상우, 메타버스가 온다, NCONTENT, Vol.18, 2020.11.
- 이진규, 메타버스와 프라이버시, 그리고 윤리-논의의 시작을 준비하며, 2021.3.2.
- 이채리, 가상현실의 비실재론적 현실성, 과학철학, Vol.6, No.2, 2003.
- 카메츠 아츠시, "멀티버스시대로 향하는 가상세계", 도쿄 : 지적자산창조, 8월호, 2007.
- 한혜원, 메타버스 내 가상 세계의 유형 및 발전방향 연구, 디지털콘텐츠학회 논문지, 제9권 제2호, 2008.6.2.
- 현대자동차그룹, VR technology for mobility development. https://www.youtube.com/watch?v=Wdawq_s1Zzg,
- Accenture. A responsible future for immersive technologies, https://www.accenture.com/us-en/insights/technology/responsible-immersive-technologies, 2019.5.15.
- AR MR XR. The Metaverse is coming : Nvidia Omniverse. https://www.youtube.com/watch?v=IcuGpLLeGWM, 2020.10.6.
- Betsy Book, "Moving Beyond the Game : Social Virtual Worlds", State of play 2 Conference, http://www.virtualworldsreview.com, 2004.10.
- Bill Gates, 이규행 역, 미래로 가는 길, 서울 : 삼성출판사, 1997.
- Boost VC, Perkins Coie, & XR Association. 2020 augmented and virtual reality survey report. https://www.perkinscoie.com/images/content/2/3/231654/2020-AR-VR-Survey-v3.pdf, 2020.
- David Gelernter, Mirror Worlds, New York : Oxford University Press, 1993.
- Dean Takahashi, Crucible is creating agents to keep the metaverse open. https://venturebeat.com/2021/01/27/crucible-is-creating-agents-to-keep-the-metaverseopen/, 2021.1.27.
- Dean Takahashi, Tim Sweeney : The open metaverse requires companies to have enlightened self-interest. https://venturebeat.com/2021/01/27/tim-sweeney-the-open-metaverse-requires-companies-to-have-enlightened-self-interest/, 2021.1.27.
- Edward Castronova, "The Right to Play", http://www.nyls.edu/pdfs/castronova.pdf, 2003.
- Erica Naone, "Creating a Web of Worlds", Technology Review, MIT, 2008.1.11.
- Gartner, Gartner top 10 strategic technology trends for 2019. https://www.gartner.com/smarterwithgartner/gartner-top-10-strategic-technology-trends-for-2019/, 2018.10.15.
- Genies. (n.d.). Celebrity avatars. http://avatars.genies.com/celebrity-avatars/
- https://ko.wikipedia.org/wiki/
- https://www.ajunews.com/view/20210512155443174

- ITBear, 증강현실 AR 내비 등장!! U+내비게이션, https://www.youtube.com/watch?v=a7RuuizGnlQ, 2020.8.11.
- James Paul Gee, What video games have to teach us about leaning and literacy. St. Martin's Griffin, 2007.
- Jane McGonigal, Reality is broken : Why games make us better and how they can change the world. Penguin Books, 2011.
- Jean Baudrillard, "the Perfect Crime", Selected Writi ngs, California : Standford University Press, 2001.
- John Smart, Jamaais Cascio, Jerry Paffendorg, Meta verse Roadmap, acceleration studies foundations, 「Metaverse Roadmap Summit」, SRI International
- John Smart, Jamis Cascio, & Jerry Paffendorf. Metaverse Roadmap Overview, 2007, Acceleration Studies Foundation, http://www.metaverseroadmap.org/overview/
- Kevin Westcott, Jeff Loucks, Kevin Downs et al, Digital media trends survey, 14th edition. https://www2.deloitte.com/us/en/insights/industry/technology/digital-media-trends-consumption-habits-survey/summary.html, 2020.6.23.
- Lauren Kirchner. AOL settled with unpaid "volunteers" for $15 million. https://archives.cjr.org/the_news_frontier/aol_settled_with_unpaid_volunt.php, 2011.2.10.
- LG CNS, 사람이 눈 앞에 있는데 비대면? 가상융합(XR)이 온다!. 2021.1.5. https://blog.lgcns.com/2454
- Marie-Laure Ryan, Narrative as Virtual Reality, Balt imore: The Johns Hopkins University Press, 2003.
- Menlo Park, Canada, 2006.5.5.~6, SRI, www.metaver seroadmap.org
- Michael Heim, 여명숙 옮김, 가상현실의 철학적 의미, 서울 : 책세상, 1997.
- Michael Spring, "가상현실과 종합적 정보전달", Sandra K. Helsel & Judith Roth, 노용덕 옮김, 가상현실과 사이버스페이스, 서울 : 세종대학교 출판부.
- Neal Stephenson, Snow Crash. Bantam Books, 1992.
- Neal Town Stephenson, 김장환 옮김, 스노우크래쉬(Snow Crash), 서울 : 새와 물고기, 1996.
- Nicholas Negroponte, being digital, New York : Rand om House, 1995.
- North, Snow Crash. Bantam Books, 1992.
- Paul Jackson, "the Real Business of Virtual World", Forrester Research, http://www.forrester.com/Rese arch/Document/Excerpt/0,7211,40701,00.html, 2007.3.23.
- Peter Lewis, Metaphor in Visualization, Working Paper, Department of Information Science, Pennsylvania: University of Pittsburgh, 1989.
- Pierre Levy, 권수경 옮김, 집단지성, 서울 : 문학과지성사, 2002.
- Pierre Levy, 전재연 옮김, 디지털 시대의 가상현실, 서울 : 궁리, 2002.
- SMTOWN, SM 신인 걸그룹 aespa, 11월 17일 데뷔 확정! 싱글 'Black Mamba' 전격 공개!. https://www.smtown.com/artist/newsDetail/4154, 2020.11.2.
- Unity. (n.d.). What is AR, VR, MR, XR, 360?. https://unity3d.com/what-is-xr-glossary
- VentureBeat, The Metaverse is coming. https://www.youtube.com/watch?v=rbhC6wokNGc, 2020.4.29.
- VT Staff. The blockchain-based virtual world that can help usher in the metavrse. https://venturebeat.com/2021/02/04/the-blockchain-based-virtual-world-thatcan-help-usher-in-the-metaverse/, 2021.2.4.
- William Gibson, 김창규 옮김, 뉴로맨서(Neuromancer), 서울 : 황금가지, 2005.

학습 목표

1. 메타버스의 혁명을 이해할 수 있다.

2-1 메타버스의 재부상

메타버스에 대한 논의는 2007년 ASF가 「메타버스 로드맵」을 발표한 후 점진적으로 발전해 왔으나, 엔비디아(NVIDIA)가 2020년 개방형 3D 디자인 협업 플랫폼인 옴니버스(Omniverse) 베타버전을 출시하며 증폭되었다.

출처 : SPRi

[그림 2-1] 메타버스의 전망

메타버스의 재부상은 최근 5~10년간 있었던 사회 · 문화 · 경제 · 기술적 요인의 복합적 작용에 기인한 것으로 분석된다.

1. 사회적인 측면(망가진 현실에 대한 대안)

게임 연구가이자 디자이너인 제인 맥고니걸(Jane McGonigal)은 게임수요 증가에 대해 망가진 현실(Reality is Broken)에 대한 대안을 찾으려는 욕구에서 비롯됨을 주장한다.

게임비트(GamesBeat)에서도 2020년 메타버스 속으로(Into the Metaverse)라는 주제의 기획 패널을 소개하면서 크게 실패하고 있는 현실(Reality is Losing Big Time)에 대한 안식처로서 메타버스가 주목받고 있음을 언급하였다.

메타버스는 현실의 외면 또는 현실로부터의 도피가 아닌 더 나은 세계를 상상하고 창조하는 공간으로 기능을 다했다.

2. 기술적인 측면(기기-플랫폼-네트워크 성장)

2015년 삼성기어 VR, 2016년 페이스북 오큘러스와 HTC의 Vive 등을 선두로 VR 기기가 상용화되기 시작했으며, 2010년대 후반 고도화하기 시작했다.

2010년대 중반 이후 유니티(Unity)를 비롯하여 아마존 수메리안(Sumerian), 구글 폴리(Poly) 툴킷 등 AR/VR 콘텐츠 개발 플랫폼이 증가하였다.

2019년 5G 상용화로 지연(Latency) 문제를 감소시킬 수 있는 네트워크적 환경이 마련되었다.

가트너(Gartner)는 2022년 이후 몰입형 디스플레이에 대한 수요가 급증하여 관련 기술이 대중화 단계에 이를 것으로 예상하고 있다.

3. 문화적 측면(창작과 소통의 문화)

디지털 미디어의 확산으로 이용자는 수동적 소비자에서 콘텐츠를 능동적으로 향유하고 창작하는 주체로 성장하였다.

샌드박스형 가상세계를 비롯하여 많은 메타버스 서비스들은 이용자가 상상력과 창의력을 구체화하여 재현할 수 있는 개방적인 창작툴을 세공하었다.

더불어 콘텐츠 소비 목적보다 사회적 관계형성과 유지를 목적으로 메타버스 서비스를 이용하는 세대들의 이용이 코로나19 팬데믹을 겪으며 증가하였다.

4. 경제적인 측면(산업 급성장 전망과 가상융합경제)

액센츄어(Accenture)는 2019년 XR 기술이 2023년까지 급성장할 것으로 전망하고 있다.

향후 3년 간 B2B와 B2C에서 최소 2~3배의 소비증가가 예상되면서 국가 및 민간투자 활성화 추세이다.

메타버스 시대의 경제 패러다임으로 가상융합경제에 주목되었다. 메타버스는 기술 진화의 개념을 넘어, 사회경제 전반의 혁신적 변화를 초래하였다.

메타버스 시대의 경제전략으로 '실감경제(Immersive Economy)', '가상융합경제'의 개념이 제시되었다. 영국은 범용기술 XR의 가치에 주목하고 이를 활성화하기 위한 국가전략 'Immersive Economy'*를 발표('18)하였다.

한국정부는 메타버스 시대의 대응전략으로 '가상융합경제 발전전략'을 발표('20)하였다. 가상융합경제는 XR을 활용해 경제활동(일 · 여가 · 소통) 공간이 현실에서 가상융합공간까지 확장되어 새로운 경험과 경제적 가치를 창출하고자 한다.

2-2 메타버스의 분석

편의성, 상호작용, 화면 · 공간 확장성 측면에서 기존 인터넷 시대와 메타버스 시대는 차이가 존재하는가? 편의성, 상호작용 방식, 화면 · 공간 확장성 측면에서 기존 PC, 모바일 기반의 인터넷 시대와 메타버스 시대는 차이가 존재한다.

진화된 편의성, 상호작용, 화면 · 공간 확장성 그리고 범용기술 특성과 경제가치의 진화를 고려해 볼 때 메타버스는 인터넷의 뒤를 잇는 혁명적 변화를 가져올 전망이다.

메타버스는 온라인 혁명을 주도했던 인터넷 시대를 넘어, 가상과 현실이 융합된 새로운 혁명을 예고하고 있다.

---

* Immersive Economy : XR 등 Immersive 기술을 활용해 기존 디지털 정보와 상호 작용하는 방식을 바꾸고 현실세계를 가상으로 확장하여 경제, 사회, 문화가치를 창출하는 것이다.

1. 편의성 측면

AR Glass 등 기존 휴대에서 착용(Wearable)의 시대로 전환되면서 편의성이 증대하였다.

2. 상호작용 측면

상호작용 측면에서 인터넷 시대에는 키보드와 터치방식을 활용하였으나, 메타버스 시대에는 음성 · 동작 · 시선 등 오감(五感)으로 진화하였다.

3. 화면 간 확장성 측면

2D Web 화면에서 화면의 제약이 사라진 3D 공간(Spatial) Web으로 진화하였다.

PC, 스마트폰은 3차원 현실세계의 정보를 2D 화면으로 제공하나, AR은 화면제약을 넘어 현실이 화면이 되고, VR은 3D 공간에서 정보를 구현하였다. 화면을 내려다보는 것은 자연적인 한계에 도달했다.

다음 화면은 우리가 절대 내려보지 않는다. 세상이 곧 화면이고, 우리가 보는 것과 완벽하게 통합될 것이기 때문이다"(Mark Pesce Columnist, ABC 인터뷰 中).

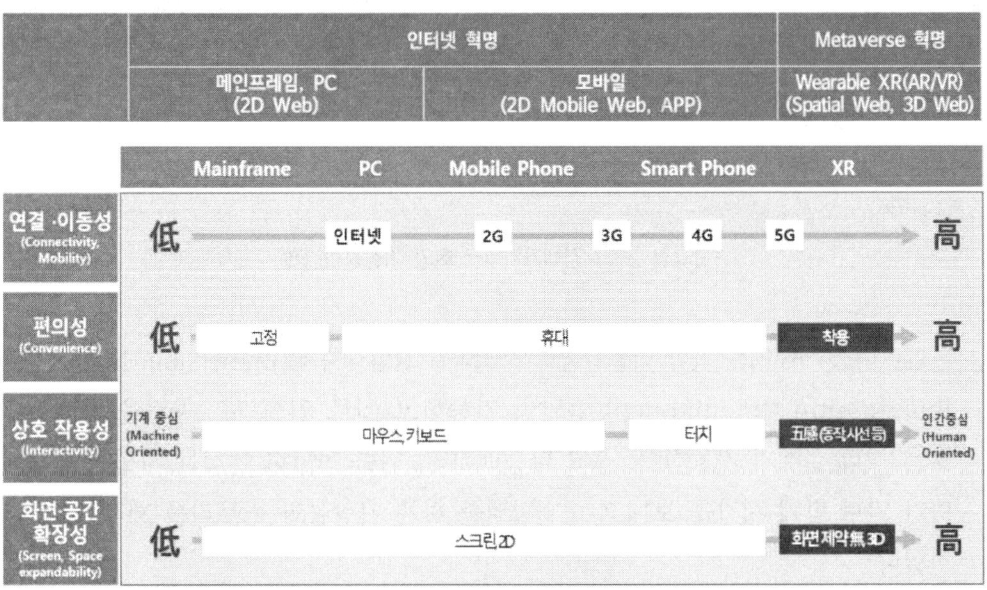

[그림 2-2] 속성별 메타버스와 인터넷 시대의 차이점(출처 : SPRi)

2-3 메타버스의 가상융합경제

가상융합경제는 경험경제(Experience Economy)가 고도화된 개념이다.

경제가치는 제조 → 서비스 → 경험으로 진화하였는데, 산업혁명 이전의 경제구조에서는 미 가공 재료를 추출하여 사용하였고, 대량생산 체제가 갖추어지면서 제품 중심의 경제로 변모하였으며, 이후 서비스 경제로 발전하였다.

서비스 경제 이후 새로운 경제가치의 핵심개념으로 경험이 등장하였고, 소비자들은 기억에 남을 만한 개인화된 경험에 대한 지불의사가 높아 이에 맞는 제품과 서비스를 제공하는 것이 경험경제의 핵심이다.

경험가치는 오프라인 → 온라인 → 가상융합 형태로 고도화하고 있다.

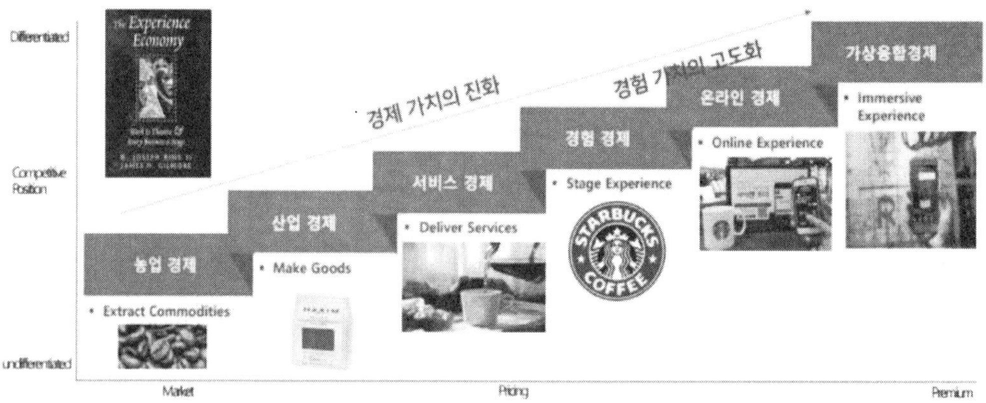

출처 : SPRi

[그림 2-3] 경제가치의 진화와 가상융합경제

메타버스 시대에는 복합 범용기술로 차별화된 경험가치 4I(Immersion, Interaction, Imagination, Intelligence) 전달이 가능하고 이로 인해 시·공간을 초월한 새로운 경험 설계가 가능하다. VR 다큐멘터리 '너를 만났다'에서는 사별한 딸과 엄마가 만나 함께 시간을 보내고 생일파티를 하는 가상융합 스토리를 제작하여 방영하였다.

진화된 편의성, 상호작용, 화면·공간 확장성 그리고 범용기술 특성과 경제가치의 진화를 고려해 볼 때 메타버스는 인터넷의 뒤를 잇는 혁명적 변화를 가져올 전망이다.

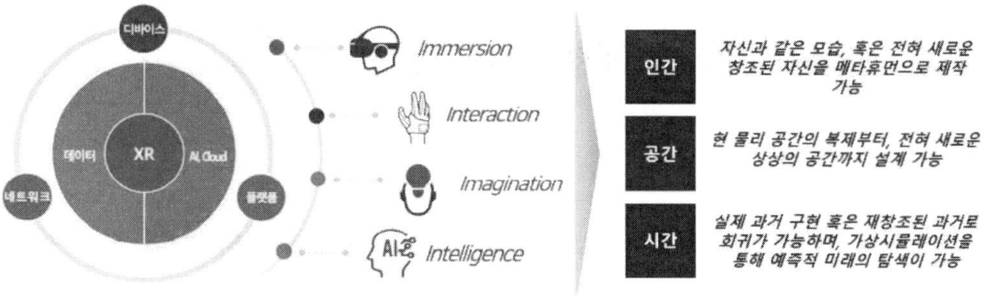

출처 : SPRi

[그림 2-4] 복합 범용기술이 제공하는 차별화된 경험가치 4I

메타버스는 온라인 혁명을 주도했던 인터넷 시대를 넘어, 가상과 현실이 융합된 새로운 혁명을 예고하고 있다.

메타버스 혁명은 기존 인터넷 시대의 한계점을 새로운 혁신으로 극복하며 경험가치를 창출한다. 또한 메타버스 혁명의 영역은 특정 산업에 국한되지 않고, 전 산업과 사회전반에 영향을 미칠 것으로 예측한다. 교육, 의사소통, 쇼핑, 시설관리, 디자인 및 신제품 개발 등 산업과 사회 전영역에서 시공간을 초월한 혁신을 창출할 것으로 예측한다.

출처 : SPRi

[그림 2-5] 포스트 인터넷 혁명, 메타버스

2-4 인터넷 시대의 한계와 메타버스의 혁신요소

1. 교육 분야

인터넷 시대의 한계점	메타버스 시대의 혁신요소
(2D 영상기반의 화상 교육)	(증강현실 기반의 3차원 공간활용 교육)
• 개개인의 화면 밖 행동 파악 어려움 • 실환경에서 동물 개입 등의 외부요인 차단 어려움 • 2D 화면 수준의 상호작용으로 교육집중 어려움	• 무한공간 및 자료활용 가능 • 대면교육 수준의 상호작용 가능 • 개개인의 행동확인 가능

2. 쇼핑 분야

인터넷 시대의 한계점	메타버스 시대의 혁신요소
(오프라인 매장 아이쇼핑 및 온라인 구매)	(집의 AR거울 활용 피팅 및 구매)
• 오프라인 매장방문, 피팅 등 장시간 소요 • 온라인 상 사이즈가 실제 사이즈와의 차이점 발생	• 개인에 특화된 주문 제작상품의 가상경험 가능 • 매장 방문시간 피팅 등에 소요되는 시간 급감

3. 해외시설관리 분야

인터넷 시대의 한계점	메타버스 시대의 혁신요소
(시설방문/출장관리)	(디지털트윈 기반 시설관리)
• 해외 시살까지 이동에 소요되는 비용 및 시간 불가피 • 문제 발생시 즉각 대응 불가 • 국가/정부 Risk 회피 불가	• 분사에서 해외 소재 시설에 대한 실시간 모니터링 및 관리 가능 • 시설 Layout 재배치 등 다양한 혁신 활동을 손쉽게 수행

4, 신개발 분야

인터넷 시대의 한계점	메타버스 시대의 혁신요소
(컴퓨터 디자인 및 검증모델 생산)	(가상 디자인 및 검증)
• 시제품 모델 생산까지 실질 크기의 검증 불가 • 디자인 확장까지 장기간의 개발 소요시간 필요	• 개발자 소재지에 구애 받지 않는 협동 디자인 가능 • 시제작 모델에서 검증하기 힘든 오류 검증 • 저비용으로 다품종 개발 가능

수행 내용

재료 · 자료

- 메타버스 관련 자료

기기(장비 · 공구)

- 컴퓨터, 문서작성 프로그램, 프린터, 주변기기

안전 · 유의사항

- 메타버스 관련 장비의 안전 및 유의사항을 숙지한다.

수행 순서

01 메타버스의 새로운 기회에 대하여 분석하라.

본격적으로 사람들이 메타버스라는 세계에 관심을 보이기 시작한 것은 스티븐 스필버그(Steven Spielberg) 감독의 영화 '레디 플레이어 원(2018)'이 흥행에 성공한 후부터다. 동명의 SF 소설을 원작으로 한 영화에선 '오아시스'라는 매력적인 가상세계가 나오고 그 세계에서는 자신만의 아바타를 꾸미거나 혹은 유명한 사람이나 캐릭터의 모습을 빌릴 수도 있다. 영화 속 가상세계는 현실에서 꿈꾸지 못하는 다양한 것들을 현실감 있게 겪을 수 있는 매력적인 세계로 묘사된다.

사람들이 매력적이고 다양한 색채로 그려진 가상세계에 관해 큰 관심을 가질 무렵 세계에는 역사에 남을 만한 코로나19라는 전염병이 퍼진다. 팬데믹 상황에서 사람들은 기존에 사람들과 대면해서 즐기던 것들을 제한받게 된다. 자연스럽게 직접 대면하지 않고도 다양한 즐거움을 누릴 수 있는 가상세계 '메타버스'가 폭발적인 관심을 받게 된다.

메타버스는 지금까지 겪어본 적 없는 세계로 우리를 데려갈 것이다. 경제 · 산업 · 사회 등 우리를 둘러싼 생활이 새로운 방식으로 다시 쓰일 것이며, 이제는 단순히 사람들 간의 대화뿐만 아니라 AI와 같은 디지털휴먼과의 소통도 중요해질 것이다.

과거 우리는 지금보다는 덜하지만 놀라운 세계의 변화를 경험한 적이 있다. 바로 스마트폰이 가져온 혁신이다. 사람들은 스마트폰의 등장이 세상을 바꿀 두번째 IT 빅뱅이라며 찬사를 보내었다. 이후 애플의 인기는 하늘을 찔렀고 결국 전세계 최초로 시가총액이 2조 달러(약 2,400조원)를 넘는 기업이 됐다.

지금 메타버스는 스마트폰을 이은 〈표 2-1〉처럼 세번째 IT 혁명으로 불리고 있다. 메타버스는 단순히 잠시 지나가는 트렌드가 아니다. 혁명이 아니라 새로운 문명으로 불러야 할 정도로 거대하고 빠른 변화가 우리를 휩쓸고 있다. 과거 중세시대 향신료가 가져온 문명의 혁신처럼 메타버스도 세상을 뒤흔들 새로운 변화가 될 것이다. 지금부터라도 '메타버스는 가상현실이야!'라는 일차원적인 생각을 벗어던지고 새로운 디지털 지구가 가져올 변화에 대비해야 한다. 메타버스 시대에는 비즈니스 형태의 대변혁이 일어나 기업들에게 퀀텀점프의 기회가 될 것이기 때문이다.

〈표 2-1〉 메타버스의 3번째 혁명

	인터넷	SNS	메타버스
주요 기능	• 커뮤니티 활동 • 정보제공 및 소비 • 포털사이트를 활용한 정보검색	• 소셜활동 • 실시간 콘텐츠 생성 및 소비	• 현실과 가상의 연결 • 경험확장 • 사회, 문화적 활동 가능 • 생산, 소유, 투자, 보상 • 현실세계와 연관하여 경제적 가치창출 가능
활용기기	PC	모바일, 태블릿 PC	모바일, AR · VR 기기
주요 플랫폼	구글, 네이버, 다음 등	트위터, 페이스북, 틱톡, 인스타그램 등	로블록스, 제페토, 어스2 등

이미 미국 IT를 주도하는 상위 1% 기업들은 다음 먹거리로 메타버스를 꼽고 있고, 마이크로소프트와 아마존닷컴의 주력 비즈니스모델인 클라우드 컴퓨팅이 메타버스와 같이 가고 있다. 페이스북은 라이프로깅 메타버스의 대표적인 사례이기도 하면서, 현재 '오큘러스 퀘스트'라는 VR 기기에 심혈을 기울이고 있다. 애플 역시 자사의 VR기기 개발에 열중하며, 2020년 5월에는 가상현실 기술기업 중 콘텐츠 규모가 가장 큰 '넥스트VR'을 인수하기도 했다. 구글은 '구글 글래스'라는 AR 안경을 출시하며 메타버스 시장에서 앞서나가고자 했으나 참패를 당하기도 했다.

이처럼 벌써 상위 1%의 글로벌 기업들은 앞다퉈 메타버스 세계를 주도하려는 움직임을 보이는 중이다. 엄청난 정보량과 기술력을 가진 그들이 그저 메타버스가 재밌어 보여서 프로젝트를 진행하고 있을까? 절대 아니라고 생각한다. 만약 당신이 과거 스마트폰

혁명 때 이 기업들을 알아보지 못해 아쉽다고 생각한다면 지금부터라도 메타버스를 주목하길 바란다. 하지만 빠르게 움직여야 한다. 기회는 지각한 사람에게는 주어지지 않는다.

이제 메타버스는 단순히 가상현실 게임만을 이야기하는 단어가 아니다. 전방산업의 융합체 모빌리티, 사람의 생명을 다루는 의료, 미래를 설계하는 교육 등 다양한 분야에서 필수 요소로 자리잡고 있다. 아우디는 소비자에게 자사의 모빌리티 모델의 내외장 색상, 인테리어 디자인 등을 VR로 간접경험을 할 수 있도록 제공하여 자사의 제품을 홍보하고 있다. 미국의 유명 건축기업 몰텐슨은 병원설계를 VR로 시뮬레이션하며, 환자치료 절차와 동선을 간소화하고 직원의 업무 효율성을 높여주는 동선을 병원설계에 적용한 결과로 많은 건축비용을 절감했다고 한다.

메타버스 멀티 교육 플랫폼은 한번 만들어 둔 콘텐츠를 여러 플랫폼에 배포하기 편하며, 짧은 시간 내에 적은 비용으로 사업을 안전하게 진행할 수 있게 만든다. 실시간 3D 엔진을 통해 경험을 반복적으로 진행하는 것도 큰 장점이다. 이를 통해 단순히 언어의 전달이 아닌 감각을 통한 경험학습이 가능해져 학습자와 교사 모두 빠르게 실력이 향상시킬 수 있다. 이처럼 이제 다양한 산업에서 메타버스는 선택이 아닌 필수요소가 됐다. 이런 움직임은 무서운 속도로 벌어지고 있고, 산업의 분야를 가리지 않는다.

다섯 가지 핵심 산업구조는 '유저 베이스', '경험의 접점', '플랫폼', '인프라', '콘텐츠'로 이루어져 있다.

첫번째 요소인 사용자 기반을 뜻하는 '유저 베이스'는 메타버스 산업의 전반적인 특징을 담은 요소로 한동안 해외 증권 시장의 뜨거운 감자였던 '로블록스'를 대표적으로 꼽을 수 있다.

두번째 요소인 '경험의 접점'은 하드웨어 시장에서 첨예하게 벌어지고 있는 글로벌 거대 기업들 간의 VR 전쟁이다. 여기에 참전한 기업은 페이스북, 애플, 마이크로소프트처럼 이름만 들어도 알만한 기업들이 다수다. 현재는 페이스북의 약진이 돋보이며 향후 가장 많은 다툼이 벌어질 영역으로 점쳐진다.

'플랫폼'과 '인프라'는 메타버스 산업의 근간이 되는 구조로 반도체, 통신망, 데이터센터, 클라우드 서버 등 미래산업의 핵심 산업들은 모두 관여하고 있다. 특히 인프라 부분에서는 세계에서 가장 부자인 아마존의 창립자 '제프 베이조스'와 테슬라의 CEO '일론 머스크'가 서로를 깎아내리며 전쟁을 벌이고 있다. 국내에서도 '삼성전자', 'SK' 같은 굴지의 대기업들이 앞다퉈 메타버스라는 넥스트 시장을 선점하기 위해 노력하는 중이다. 이처럼 메타버스는 상위 1% 기업들이 군침을 흘리는 매력적인 시장이다. 우리는 이런 시장의 흐름을 미리 알고 디지털 지구에서의 투자기준을 세우고 넥스트에 투자해야 한다.

02 메타버스의 새로운 비즈니스 모델 사례에 대하여 분석하라.

1. 게임, 공연 등 엔터테인먼트와의 제품 마케팅 플랫폼

메타버스가 빠른 속도로 대중화될 수 있었던 것은 게임의 역할이 크다. 게임제작 기술이 크게 발전하면서 로블록스, 마인크래프트와 같이 플랫폼 내 가상공간을 제공하고, 이용자들에게 자유도를 부여하여 다양한 활동을 할 수 있도록 하였다. 또한 소셜과 경제활동이 가능한 환경을 제공하면서 이용자들이 급증하였다.

온라인 게임이 메타버스 영역으로 확장하기도 하는데, 대표적인 예로 포트나이트를 들 수 있다. 에픽게임즈가 제공하는 포트나이트는 배틀로얄 장르의 게임이지만 다른 이용자들과 함께 콘서트나 영화를 관람할 수 있는 파티로열 모드를 제공한다.

2020년 4월 미국의 유명 래퍼 트래비스 스캇은 파티로열 모드에서 온라인 콘서트를 개최하였는데, 공연 당시 1,230만명이 동시 접속하였으며, 공연 관련 수익은 2,000만 달러로 집계되었다.

콘서트 이후 트래비스 스캇의 음원 이용률이 25% 상승하였으며, 트래비스 스캇의 아바타가 착용하고 있던 나이키 신발도 인기를 끌었다. 뿐만 아니라 같은 해 9월 BTS도 신곡 '다이너마이트(Dynamite)'의 안무 버전 뮤직비디오를 파티로얄 모드에서 전세계 최초로 공개하였다.

제페토에서는 가상공연, 팬사인회 등의 공간으로 활용되고 있다. 2020년 9월 제페토에서 열린 블랙핑크의 가상 팬 사인회에는 전세계 팬 4,600만명이 모였으며, 블랙핑크와 셀레나 고메즈가 함께한 'Ice Cream'의 아바타 퍼포먼스 영상은 1억뷰를 넘었다. 최근 빅히트, SM엔터테인먼트, JYP 엔터테인먼트 등 국내 대표 엔터테인먼트사로부터 170억 원의 투자를 유치하였다.

2. 플랫폼의 수익창출

구독과 인앱결제 시스템의 메타버스 플랫폼은 구독모델과 콘텐츠 및 아이템 판매, 광고와 인앱(In-App)결제 시스템 등으로 수익을 창출한다.

메타버스 플랫폼은 자체 재화를 사용하여 결제 및 보상을 하고 있다. 로블록스는 'Robux', 포트타이트는 'V-bucks', 제페토는 'Coin'과 'ZEM'이라는 자체 재화를 사용한다.

1) 로블록스의 수익창출 사례

로블록스는 무료로 가입이 가능하나 게임을 만들거나 아이템을 구매하려면 Robux를 구매해야 한다. 이용자는 4.99(400Robux)달러부터 99.99(1만 Robux)달러까지 Robux를 구매할 수 있다.

또한 프리미엄 회원들에게는 월 4.99달러(450Robux), 9.99달러(1만 Robux), 19.99달러(2,200Robux) 등 3가지의 구독요금제를 제공하며, 일회성 구매자들보다 좀더 많은 Robux를 지급하고 있다.

2) 포트나이트의 수익창출 사례

포트나이트는 매월 1만 1,880원을 지불한 월 구독자인 크루회원에게 매월 1,000V-bucks와 배틀패스, 크루 팩(한정판 아이템)을 제공한다. 또한 아티스트의 공연 이후 다양한 콘텐츠를 판매하는데 결제시 V-bucks을 사용한다.

3) 제페토의 수익창출 사례

제페토는 아이템 판매료, 브랜드와의 제휴마케팅 등으로 수익을 창출하고 있다. 이용자가 광고를 시청할 경우 일정 재화를 얻을 수 있으며, 제페토는 광고수익을 창출할 수 있다. 또한 콘텐츠 개발 시 구찌, 나이키 등과의 협업을 통해 B2B 수익도 창출하고 있다. 제페토는 크리에이터가 만든 아이템이 판매될 때마다 결제 수수료(30%)를 받는 구조이다.

3. 이용자의 수익창출

[그림 2-6]처럼 이용자의 수익창출은 콘텐츠 제작 및 판매이다.

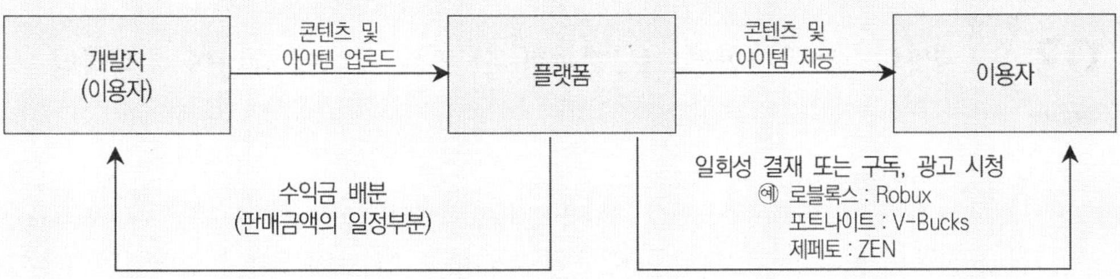

[그림 2-6] 메타버스의 수익창출 구조 사례

현재 메타버스 플랫폼은 이용자들이 직접 콘텐츠를 제작, 소비할 수 있는 환경을 제공하고 있다.

1) 로블록스의 이용자 수익창출 사례

로블록스는 이용자인 Player와 아바타 아이템을 개발하는 Creator, 게임을 제작하는 Developer로 구성된다. 이용자들은 로블록스가 제공하는 스튜디오에서 Creator와 Developer가 되어 직접 아이템과 게임을 만들어 제공하고 있으며, 약 800만명의 개발자와 5,000만개가 넘는 게임이 플랫폼 내에 존재한다.

스튜디오에서 제작된 게임은 클라우드를 통해 모바일, PC, 콘솔 등 다양한 플랫폼에서 이용이 가능하다.

로블록스는 게임 개발자에게는 70%, 아바타와 아이템 개발자에게는 수익의 30%를 Robux로 지급한다. 이는 개발자 환전(DevEX) 프로그램을 통해 실제 달러로 환금이 가능한데 환금은 10만 Robux(1Robux당 0.0035달러)부터 가능하다.

2) 제페토의 이용자 수익창출 사례

제페토도 이용자와 크리에이터로 구성된다. 이용자는 제페토의 콘텐츠 및 서비스를 소비도 하고, 크리에이터가 되기도 한다. 이용자가 제페토 스튜디오에서 아바타의 패션 아이템을 디자인하여 등록하면 심사를 거쳐 판매가 가능하다.

판매수익은 자체 재화인 ZEM을 통해 이루어지고, 추후 환금이 가능하다. 또한 내가 꾸민 아바타를 주인공으로 활용하여 드라마로 만들어 공유하기도 한다. 현재 제페토에서 판매되는 아이템의 80% 이상이 이용자가 직접 만든 것이며, 누적 창작자 수는 약 6만명이다.

03 메타버스가 5차혁명으로 전환할 수 있는 기회에 대하여 분석하라.

1. 왜 5차 산업혁명인가

다가오는 미래는 5차 산업혁명으로 진행되어야 하고 AI는 이 5차 산업혁명을 위해 혁신적으로 개발되어야 한다. 4차 산업혁명이 시작된지 얼마나 되었다고 또 5차 산업혁명인가, 사실 5차 산업혁명이라고 부르지 않아도 된다.

그러나 진정 포스트코로나 시대로 가기 위해서는, 4차 산업혁명의 연장이나 가속적 성장이 아니라 4차 산업혁명을 넘어서는 심층적 혁신이 필요하다는 뜻이다.

또한 4차 산업혁명으로는 4대 고통인 '일자리 고통, 교육비 고통, 노후불안 고통, 사회

양극화 갈등'의 해소에는 한계가 있다.

언제부터인가 산업혁명을 1차에서 4차까지 구분하는 것이 시대의 통념이 되었지만, 사실 1차에서 4차 산업혁명까지 그 기적에 있어서는 전혀 변화가 없다고 해도 과언이 아니다. 4차 산업혁명이란 메가트렌드에 가려진 경제구조를 잘 살펴보면, 1차에서 4차까지 그 변혁을 관통하며 오히려 강화된 상태로 자리잡고 있는 경제구조가 발견되기 때문이다. 바로 선형경제(Linear Economy)이다. 근대 산업혁명 이후 오늘날에 이르기까지의 경제는 사실상 선형경제라는 점에서 혁신도 혁명도 없다. 다만 선형경제를 성장시키는 기술이 더욱 고효율화되고 지능화되고 있을 뿐이다.

2. 4차 산업혁명 : 스마트 선형경제의 급팽창과 온토신데믹

선형경제의 작동 양상은 다음과 같다.

자연의 모든 것은 자원으로만 존재하며, 따라서 자연으로부터 최대한 효율적으로 자원이 채굴된다. 그러나 자원은 상품으로 제조될 때만 존재가치가 있다. 그리고 제조된 상품은 인간에 의해 소비됨으로써만 존재가치를 실현한다. 이 과정에서 인간은 인간이 아니라 소비자로서 활동하도록 유혹받으며, 제품을 소유하고 소모하여 결국 폐기물을 양산해 낸다. 이제 이 선형경제는 디지털 전환을 가속화하는 4차 산업혁명을 통해 스마트 선형경제로 변신하여 초고속으로 천문학적 규모의 폐기물 양산 문명으로 급팽창하고 있다. 이는 기후위기로 치달아 인간의 세계와 동물의 환경이 뒤섞이는 존재론적 혼돈으로 귀착된다. 이 존재론적 혼돈은 다시 새로운 인수공통 감염병으로 발병하여 인간의 전 지구적 이동을 통해 증폭됨으로써 팬데믹이 창궐한다. 팬데믹은 현대인의 삶과 생명체의 삶 전반을 파멸로 몰아넣는 상황이다. 따라서 스마트 선형경제는 선형경제의 작동을 마비시키는 역습으로 되돌아 오고 선형경제의 굴레 안에서 그 경제에 의존하여 살아가는 인간들의 경제생활 자체를 위기에 몰아넣는다. 코로나 팬더믹은 보건이나 의료영역의 문제가 아니라 기후, 경제, 생명 공동체 전반의 존재론적 파멸의 상황으로 비화한다. 그러한 의미에서 코로나 팬데믹은 '복합적인 존재론적 위기(Onto-Syndemic)'라 해야 할 것이다.

3. 5차 산업혁명 : 메타버스와 스마트 순환경제 그리고 AI

이 온토신데믹(Onto-Syndemic, 복하벅인 존재론적 위기)을 어떻게 극복할 수 있을까? 물론 요즘 한창 회자되고 있는 ESG[(Environment(환경), Social(사회), Governance(지배구조) : 지속가능한 경영)]는 어쩌면 이 온토신테믹의 긴급 처방으로 유효할지 모른다. 수많은 기업들은 다양한 목적을 가지고 활동하는데 무조건적인 자본 우선주의보다 투명하고 올바른 방향으로 활동을 해야 한다. 기업은 사회적인 책임을 다하고 친환경적인 활동을 하며 윤리적이고 지배구조를 개선하는 등 투명한 경영활동이 있어야 꾸준히 발전한다는 의미이다.

그러나 그 ESG를 주축으로 한 새로운 미래가 다가오기 위해서는 4차 산업혁명이 급팽창시킨 스마트 선형경제를 심층적으로 혁신하는 새로운 산업혁명이 절실하다. 그렇다고 4차 산업혁명과는 완전히 다른 기술혁명이 필요하다는 것이 아니다. 긴박하게 요청되는 것은 4차 산업혁명의 기반기술을 적용하는 방향을 전환하는 생각의 혁신이다. 그리고 그렇게 되면 미래는 초과잉소비와 폐기물 양산으로 성장하는 선형경제를 극복할 수 있다. 즉 AI에 의해 조율되는 '비물질적 창조감상경제'와 '스마트 선형경제'가 연동되는 새로운 산업혁명의 길이 열리는 것이다.

사실 현재 메타버스라는 가상현실(VR) · 증강현실(AR) · 혼합현실(MR) 등 가상융합기술(XR)로 구현한 디지털공간에서 일어나는 MZ세대의 경제활동을 보면, 어떤 물질적 상품이 생산, 소비, 소모, 그리고 폐기되는 것이 아니다.

메타버스에서 'DC 히어로' 결성하고 참여하고 있는 미래세대들의 경제활동은 디지털 캐릭터, 웹툰, 디지털 드라마, 디지털 음원과 같은 비물질적 디지털 콘텐츠가 구매 · 소비되고 있다.

DC 히어로의 메타버스 얼라이언스는 SK텔레콤, KT, LG유플러스 등 통신 · 플랫폼 사업자와 현대자동차, CJ ENM 등 자동차 · 콘텐츠 업체, 거기에 정부, 협회까지 '메타버스 생태계'를 만들기 위해 25개사가 총출동해 동맹을 맺었다.

메타버스 얼라이언스는 참여기업과 영역을 확장해 나가면서 △메타버스 산업과 기술동향을 공유하는 공개토론회(포럼), △관련 시장의 윤리적, 문화적 이슈 검토 및 법제도 정비를 위한 법제도 자문집단(그룹), △기업간 협업하여 플랫폼을 발굴 · 기획하는 프로젝트 집단(그룹)으로 나뉘어 운영되며, 정부는 얼라이언스에서 제시한 결과물을 바탕으로 다양한 지원방안을 모색한다.

그런데 이 메타버스에서 소비되는 디지털 콘텐츠는 어떤 물리적 기능이 구매되고 사용되어 소멸됨으로써 결국 폐기되는 과정 속에 있지 않다. 비물질적인 디지털 콘텐츠를 구매하는 소비자는 그 콘텐츠에서 어떤 가치와 의미를 발견하고 그에 공감하는 일종의 감상을 하고 있는 것이다. 즉 물질을 가상화하는 디지털 기술의 기능에는 인간을 물질세계로부터 탈출시켜 비물질 세계로 진입시킬 수 있는 중요한 가능성이 잠재되어 있다. 그리고 이를 잘 활용하면 모두가 감상자이자 창작자가 되어 경제활동을 하는 미래로 나아갈 수 있다.

즉 '물질과잉소비 소모경제(Material Hyper Production&Consumption Economy)'로

부터 '비물질적 창조감상경제(Mental Creation&Appreciation Economy)'로 전환이 가능하다.

예를 들면 지금까지 음악작곡은 고도의 악기 연주 실력이 있어야 가능했으나, 앞으로는 떠올린 멜로디를 휘파람이나 음성으로 표현해 내어 녹음하면 인공지능의 도움으로 악보화되고, 또 원하는 악기로 연주된다. 개인들이 악기를 잘 다루지 못하더라도 메타버스에서는 그것을 음악으로 연주해낼 수 있는 AI가 기술적인 조력자 역할을 하게 된다.

이렇게 메타버스에서 AI를 잘 활용하면, 모든 인간이 모든 인간에 대해 생산자와 소비자가 아니라 창작자와 감상자가 됨으로써 활성화되는 경제활동이 실현될 수 있다. 그리고 이는 물질과잉 생산소비경제를 메타버스라는 비물질적 시장을 통해 비물질적 창조감상경제로 전환하는 결과가 될 것이다.

그리고 그렇게 되면 경쟁이 아니라 공감이 경제활동의 기초가 된다. 또 공감은 공동체 의식으로 고양될 수 있는 잠재력을 갖고 있다. 따라서 공감이 기초되는 경제는 예술적 창의력이 활성화되는 공동체 경제로 고양될 수 있다. 인간의 창조적 예술활동은 인간 간의 공감을 이루어내는 중요한 사회문화적 활동이며, 따라서 예술활동은 공감을 통한 사회문화적 공동체의 형성에 지대한 역할을 하기 때문이다

4. 미래의 AI : 메타버스와 스마트 순환경제를 연동시키는 AI의 개발

이렇게 메타버스의 비물질적 경제활동은 공감을 거쳐 사회적 가치 창조능력인 공동체 의식으로 고양될 수 있다. 그리고 그것은 복합적 존재론적 위기의 병인이 되는 스마트 선형경제를 스마트 순환경제로 전환시킬 수 있는 공동체적 책임감으로 발전할 수 있다.

이 전환에서 디지털 테크놀로지의 극정밀 추적 감시를 통해 축적되는 빅데이터와 AI처리 능력을 지금까지와는 달리 역적용시키는 방식이 중요한 역할을 한다.

예를 들면 제품의 생산과정과 소비과정을 총체적으로 추적하여 빅데이터를 구축하고 AI를 통해 수요공급을 실시간으로 파악하여 일치시키는 플랫폼이 구축될 수 있다. 이는 어떤 소비자에게 불필요해진 제품을 회수하는 스마트 역물류시스템으로 또 나아가 그 제품을 재활용하거나 거기서 다른 가치를 창조하는 다른 소비자에게 전달하는 가치 재창조 순환물류시스템으로 작동한다.

이렇게 빅데이터와 AI 처리기술을 다른 방향으로 적용시키면, 우리가 사용하고 있는 모든 제품으로부터 또 다른 가치를 발견하여 그 가치를 다시 창조해내는 경제 시스템인 스마트 순환경제를 이룰 수 있다.

이러한 기제들을 실질적으로 구현하는 디지털 인프라 기술은 'Cyber Physical Systemscross-industry Collaboration, Sensoring, Intelligent market and Logistics Platform, the Internet of Things'이다.

그리고 이 모든 것을 총괄 · 조율하고 메타버스와 연동시켜 스마트 순환경제로 전환시키는 역할은 바로 미래의 AI가 해야 하는 것이다.

이번 코로나 위기를 겪으면서 우리나라는 선진국의 대열에 들어섰다는 것이 확인되었다. 진정한 선진국은 인류의 역사를 더 높은 가치를 향한 미래로 선도하는 나라이다.

이제 우리나라는 4차 산업혁명을 넘어 스마트 순환경제로 향하는 5차 산업혁명의 선구자 역할을 해야하지 않을까. 이를 위해서는 우리나라의 과학기술자들은 스마트 순환경제와 메타버스를 연동시키는 AI의 개발을 향해 담대한 연구에 도전해야 하지 않을까 생각한다.

학습활동.2 교수 · 학습 방법

교수 방법

- 메타버스의 혁명에 대한 관련 용어, 구성, 방식 이해 정도를 파악한 후 수업을 진행한다.
- 교수자의 주도로 메타버스의 혁명 등의 내용을 PPT 자료로 제시한 후 설명한다.
- 가능하면 사전에 개인별 학습 자료를 준비하여 모든 학생이 참여할 수 있는 문제 해결식 수업, 협력 수업이 가능하도록 한다.
- 메타버스의 혁명 전 과정을 작업의 순서에 따라 단계적으로 실습이 이루어질 수 있도록 지도한다.
- 교재를 통해 수업을 준비하는데 있어서 필요한 모든 정보나 팁, 힌트 등 도움이 될 만한 내용들을 확인할 수 있다.
- 학생들이 만들게 될 각 모델들은 수업시간에 중점적으로 다뤄질 부분과 어휘, 질문, 답을 포함하고 있으며 또한 탐구할만한 추가적인 아이디어들도 포함하고 있다.

학습 방법

- 메타버스의 혁명에 대한 관련 용어를 숙지하고, 메타버스의 혁명에 대해 이해한다.
- 메타버스의 혁명의 각 단계별 중점 사항을 체계적으로 학습한다.
- 메타버스의 혁명의 수행순서의 전 과정을 실습한다.
- 메타버스의 혁명의 내용을 이해한다.
- 메타버스의 혁명을 이해하고 숙달이 될 때까지 학습한다.

학습활동.2 평가 및 피드백

평가 준거

- 평가자는 피평가자가 수행 준거 및 평가 내용에 제시되어 있는 내용을 성공적으로 수행할 수 있는 지를 평가해야 한다.

학습내용	평가항목	성취수준		
		상	중	하
메타버스의 혁명	메타버스의 혁명을 이해할 수 있다.			

학습 2

평가 방법

• 작업 포트폴리오

학습내용	평가항목	성취수준		
		상	중	하
메타버스의 혁명	메타버스의 혁명을 이해할 수 있다.			

• 필기시험

학습내용	평가항목	성취수준		
		상	중	하
메타버스의 혁명	메타버스의 혁명을 이해할 수 있다.			

• 체크리스트를 통한 관찰

학습내용	평가항목	성취수준		
		상	중	하
메타버스의 혁명	메타버스의 혁명을 이해할 수 있다.			

• 피드백

1. 작업 포트폴리오
   - 제출한 보고서를 평가한 후 주요 사항에 대하여 표시하여 돌려준다.
2. 필기시험
   - 평가 결과 성적이 저조한 학생은 보고서 제출 기회를 부여한다.
3. 체크리스트를 통한 관찰
   - 실습 과정에서 평가한 후 개선해야 할 사항 등을 정리하여 돌려둔다.

참 | 고 | 문 | 헌

- 김광우, 메타버스는 차세대 플랫폼 혁명, tech42, https://www.tech42.co.kr, 2021.5.18.
- 김상균 · 신병호, 메타버스 새로운 기회, 메가북스, 2021.
- 김현정, 새로운 미래공간이 된 메타버스, 사이언스타임즈, 2021.3.31.
- 남현숙, 미국 VR · AR 기술정책의 진화, https://spri.kr/posts/view/22823?code=industry_trend, 2019.
- 노중호, 5차산업혁명의 실체를 분석한다, 노블사이언스, http://www.nobelscience.net, 2017.10.6.
- 라도삼, 비트의 문명, 네트의 사회, 서울 : 커뮤니케이션북스, 1999.
- 류철균, 가상세계형 SNS 개발 컨셉 설계, KTF 전략보고서, 2007.
- 박경일, 메타바스 새로운 기회, 로봇신문, 2021.05.16.
- 박지혜, 다가오는 메타버스 시대 차세대 콘텐츠산업의 방향과 시사점, KIER, 산업경제, 2021.05.
- 신정아, 뉴미디어와 스토리두잉. 칠월의숲, 2009.
- 여명숙, 사이버스페이스의 존재론과 그 심리철학적 함축, 이화여자대학교 철학과 박사학위논문, 1998.
- 오현주, 메타버스가 다시오고 있다. nia, 2021.03.
- 이종관, ESG, 메타버스 그리고 AI; 5차혁명? 한경닷컴, https://www.hankyung.com/it/article/202106166511i, 2021.6.17.
- 이진규, 메타버스와 프라이버시, 그리고 윤리-논의의 시작을 준비하며, 2021.3.2.
- 이채리, 가상현실의 비실재론적 현실성, 과학철학, Vol.6, No.2, 2003.
- 카메츠 아츠시, “멀티버스시대로 향하는 가상세계”, 도쿄 : 지적자산창조, 8월호, 2007.
- 한혜원, 메타버스 내 가상 세계의 유형 및 발전방향 연구, 디지털콘텐츠학회 논문지, 제9권 제2호, 2008.6.2.
- 현대자동차그룹. VR technology for mobility development. https://www.youtube.com/watch?v=Wdawq_s1Zzg, 2019.12.18.
- Accenture. A responsible future for immersive technologies. https://www.accenture.com/us-en/insights/technology/responsible-immersive-technologies, 2019.5.15.
- AR MR XR. The Metaverse is coming : Nvidia Omniverse. https://www.youtube.com/watch?v=lcuGpLLeGWM, 2020.10.6.
- Betsy Book, “Moving Beyond the Game : Social Virtual Worlds”, State of play 2 Conference, 2004.10.
- Bill Gates, 이규행 역, 미래로 가는 길, 서울 : 삼성출판사, 1997.
- Boost VC, Perkins Coie, & XR Association. (2020). 2020 augmented and virtualreality survey report, https://www.perkinscoie.com/images/content/2/3/231654/2020-AR-VR-Survey-v3.pdf
- David Gelernter, Mirror Worlds, New York : Oxford University Press, 1993.
- Dean Takahashi, Crucible is creating agents to keep the metaverse open, https://venturebeat.com/2021/01/27/crucible-is-creating-agents-to-keep-the-metaverseopen/, 2021.1.27.
- Dean Takahashi, Tim Sweeney : The open metaverse requires companies to have enlightened self-interest. https://venturebeat.com/2021/01/27/tim-sweeney-the-open-metaverse-requires-companies-to-have-enlightened-self-interest/, 2021.1.27.
- Edward Castronova, “The Right to Play”, http://www.nyls.edu/pdfs/castronova.pdf, 2003

- Erica Naone, "Creating a Web of Worlds", Technology Review, MIT, 2008.1.11.
- Gartner. Gartner top 10 strategic technology trends for 2019. https://www.gartner.com/smarterwithgartner/gartner-top-10-strategic-technology-trends-for-2019/, 2018.10.15.
- Genies:. (n.d.). Celebrity avatars. http://avatars.genies.com/celebrity-avatars/
- http://www.virtualworldsreview.com
- https://ko.wikipedia.org/wiki/
- https://www.ajunews.com/view/20210512155443174
- ITBear, 증강현실 AR 내비 등장!! U+내비게이션. https://www.youtube.com/watch?v=a7RuuizGnIQ, 2020.8.11.
- James Paul Gee, What video games have to teach us about leaning and literacy. St. Martin's Griffin, 2007.
- Jane McGonigal, Reality is broken : Why games make us better and how they can change the world. Penguin Books, 2011.
- Jean Baudrillard, "the Perfect Crime", Selected Writi ngs, California : Standford University Press, 2001.
- John Smart, Jamaais Cascio, Jerry Paffendorg, Meta verse Roadmap, acceleration studies foundations, "Metaverse Roadmap Summit", SRI International
- John Smart, Jamis Cascio, & Jerry Paffendorf. Metaverse Roadmap Overview. Acceleration Studies Foundation. http://www.metaverseroadmap.org/overview/, 2007.
- Kevin Westcott, Jeff Loucks, Kevin Downs et al. Digital media trends survey, 14th edition. https://www2.deloitte.com/us/en/insights/industry/technology/digital-media-trends-consumption-habits-survey/summary.html, 2020.6.23.
- Lauren Kirchner, AOL settled with unpaid "volunteers" for $15 million. https://archives.cjr.org/the_news_frontier/aol_settled_with_unpaid_volunt.php, 2011.2.10.
- LG CNS, 사람이 눈 앞에 있는데 비대면? 가상융합(XR)이 온다!. https://blog.lgcns.com/2454, 2021.1.5.
- Marie-Laure Ryan, Narrative as Virtual Reality, Baltimore : The Johns Hopkins University Press, 2003.
- Menlo Park, Canada, 2006.5.5.~6, SRI, www.metaver seroadmap.org
- Michael Heim, 여명숙 옮김, 가상현실의 철학적 의미, 서울 : 책세상, 1997.
- Michael Spring, "가상현실과 종합적 정보전달", Sandra K. Helsel & Judith Roth, 노용덕 옮김, 가상현실과 사이버스페이스, 서울 : 세종대학교 출판부
- Neal Stephenson. Snow Crash. Bantam Books. 1992.
- Neal Town Stephenson, 김장환 옮김, 스노우크래쉬(Snow Crash), 서울 : 새와 물고기, 1996.
- Nicholas Negroponte, being digital, New York : Random House, 1995.
- North, Snow Crash, Bantam Books, 1992.
- Paper, Department of Information Science, Pennsylvania : University of Pittsburgh, 1989.
- Paul Jackson, "the Real Business of Virtual World", Forrester Research, http://www.forrester.com/Rese arch/Document/Excerpt/0,7211,40701,00.html, 2007.3.23.
- Peter Lewis, "Metaphor in Visualization", Working
- Pierre Levy, 권수경 옮김, 집단지성, 서울 : 문학과지성사, 2002.
- Pierre Levy, 전재연 옮김, 디지털 시대의 가상현실, 서울 : 궁리, 2002.

• SMTOWN, SM 신인 걸그룹 aespa, 11월 17일 데뷔 확정! 싱글 'Black Mamba' 전격 공개!. https://www.smtown.com/artist/newsDetail/4154, 2020.11.2.
• Unity.(n.d.), What is AR, VR, MR, XR, 360?. https://unity3d.com/what-is-xr-glossary
• VentureBeat. The Metaverse is coming. https://www.youtube.com/watch?v=rbhC6wokNGc, 2020.4.29.
• VT Staff, The blockchain-based virtual world that can help usher in the metavrse. https://venturebeat.com/2021/02/04/the-blockchain-based-virtual-world-thatcan-help-usher-in-the-metaverse/, 2021.2.4.
• William Gibson, 김창규 옮김, 뉴로맨서(Neuromancer), 서울 : 황금가지, 2005.

학습 2

학습 1	메타버스의 개요
학습 2	메타버스의 혁명
학습 3	**메타버스의 융합기술**
학습 4	메타버스와 인공지능 기술융합
학습 5	메타버스와 빅데이터 기술융합
학습 6	메타버스와 XR 기술융합
학습 7	메타버스와 디지털트윈 기술융합
학습 8	메타버스와 블록체인 기술융합
학습 9	메타버스와 5G 네트워크 기술융합
학습 10	메타버스와 IoT 기술융합
학습 11	메타버스의 플랫폼
학습 12	메타버스의 활용
학습 13	메타버스의 미래와 진화

학습 목표

1. 메타버스의 융합기술을 이해할 수 있다.

3-1 메타버스의 융합기술

1. 메타버스와 복합범용기술

범용기술(General Purpose Technology)은 경제전반에 적용되어 생산성 향상을 유발하고 다른 기술과의 상호 보완작용을 통해 기술적 조력자로서 산업혁신에 기여하는 기술이다. 범용기술은 역사적으로 영향력이 큰 소수의 파괴적 기술을 의미하는 용어로 여러 산업에 공통으로 활용되어 혁신을 촉진하고 기술진화가 빠른 기술을 의미한다. 과거부터 범용기술은 산업과 사회에 혁명을 견인해 왔으며 18세기 말 증기기관, 20세기 초 전기, 20세기 말 인터넷이 범용기술의 역할을 수행한다.

최근 현대차, 네이버, 카카오, 통신 3사 등 국내 대표기업과 기관 25곳이 참여한 '메타버스 얼라이언스'가 출범하면서 메타버스 관련 기술혁신 및 발전분야의 전개에 대한 많은 관심이 모이고 있다.

수천만명의 이용자가 동시에 접속해 지연시간 없이 실감나는 메타버스 체험을 하려면 모바일 엣지 컴퓨팅(MEC), IoT, 5G와 같은 네트워크 기술 등이 핵심이다.

MEC란 통신 에지(Edge) 기지국에 분산 클라우드 컴퓨팅을 적용해 네트워크의 지연시간을 줄이고, 속도와 보안성을 강화하는 기술이다. 메타버스에서 많은 접속자가 동시에 몰릴 때 부하를 분산하기 위해서는 MEC가 필수이다.

메타버스가 단순 가상현실을 넘어 사물인터넷(IoT)과 연동을 통해 도시의 '디지털트윈(Digital Twin)'으로써 통합적인 모니터링, 관리 플랫폼 역할을 할 것으로 기대되기 때문이다.

메타버스에서 인공지능(AI) 기반의 가공인물을 만드는 기술도 필요하다. 예를 들어 언리얼 엔진으로 만드는 메타휴먼 크리에이터는 고품질의 디지털휴먼을 1시간 안에 만들어내게 한다. 여기에 음성인식과 자연어 처리기능을 통합하면 우리가 메타버스에서 만나는 게 인간인지 로봇인지 구별하기 힘들어진다.

앞으로 요구되는 기술은 현실세계에 존재하는 다양한 아이템을 그대로 디지털 공간에서 재현하게 할 수 있는 기술이나, 다양한 유형의 디지털 공간을 서로 연결하는 기술일 것이다.

3차원 데이터와 지리공간 정보기술을 이용해 실세계를 오픈 메타버스로 구현하고자 하는 접근이 에픽게임스의 비전 중 하나인데, 최근 언리얼 엔진과 세슘(Cesium)을 연결해 글로벌 고해상도 3D 콘텐츠를 만들려는 협업이 이루어지고 있다.

최근에는 블록체인 기반의 가상세계가 하나의 해결방안이라는 주장도 나타나고 있다. 이에 참여하는 기업은 디센트럴랜드, 크립토복셀스, 솜니움스페이스 그리고 샌드박스다. 특히 NFT(Non-Fungible Token · 대체불가능토큰)를 기반으로 가상세계 간 아이덴티티와 자산의 이동을 가능하게 할 수 있을 것이라 기대하고 있다.

대규모 사용자를 위해서는 클라우드 컴퓨팅 제공기업인 구글, 아마존, MS의 역할이 중요하다. 구글의 '클라우드 스트리밍 기술', 아마존의 '수메리안', MS의 '애저 스페이셜 앵커(Azure Spatial Anchor)'와 '애저 리모트 렌더링(Azure Remote Rendering)' 등은 메타버스를 지향하는 많은 플랫폼이 클라우드 서버에서 작업하게 함으로써 브라우저와 하드웨어의 부담을 줄인다.

메타버스를 구축하기 위한 플랫폼 기술은 아직 하나의 기대 세계를 만들어내는 것이 아니라 사용자를 나누어서 서로 다른 공간에서 만나게 하는 것이다. 지금 나타나는 많은 플랫폼은 결국 작은 규모의 디지털 공간이지 아직 '메타버스'라고 부를 수준이 아닌 것이다. 따라서 앞으로 메타버스 플랫폼은 좀 더 많은 사용자를 동시에 지원하는 클라우드와 연계한 서비스가 더 발전해야 한다.

메타버스의 기술기반은 메타버스를 만드는 플랫폼, 사용자들이 자신의 창의성으로 새로운 아이템을 끊임없이 만들어낼 수 있는 도구, 사용자 간 상호작용과 안전한 거래를 이루게 할 수 있는 기능, 수억 명이 사용할 수 있도록 하는 클라우드 서비스, 다양한 유형의 메타버스 간 연결과 이동을 도와줄 수 있는 커넥터 등이 될 것이며 조금씩 진화하면서 빌딩블록으로 하나씩 쌓아갈 것이다.

하드웨어의 경우, 8K 이상 고해상도에 안정감 높은 영상을 지원하면서 사람의 시각 기능 특징을 반영하는 기술 적용이 필요하다.

나아가 메타버스에서 만나는 사람과 객체에 대한 감각을 느낄 수 있는 글러브나 슈트의 개발 역시 앞으로의 과제다. 그러므로 메타버스를 구현하는 핵심기술은 범용기술(General Purpose Technology)의 복합체, XR(eXtended Reality) +D(Data). N(Network). A(Artificial Intelligence)+IoT(Internet of Tings)+BC(BlockChain)+DT(Digital Twin)+PF(Platform Cloud) 등이다.

메타버스는 다양한 범용기술이 복합 적용되어 구현되며, 이를 통해 현실과 가상의 경계가 소멸되었다. XR(eXtended Reality), BigData, 5G 등 네트워크, AI, IoT, Blockchain, Digital Twin, platform 등 각각의 기술은 전 산업에 다양한 용도로 영향을 미치며 혁신을 유도하는 범용기술이다.

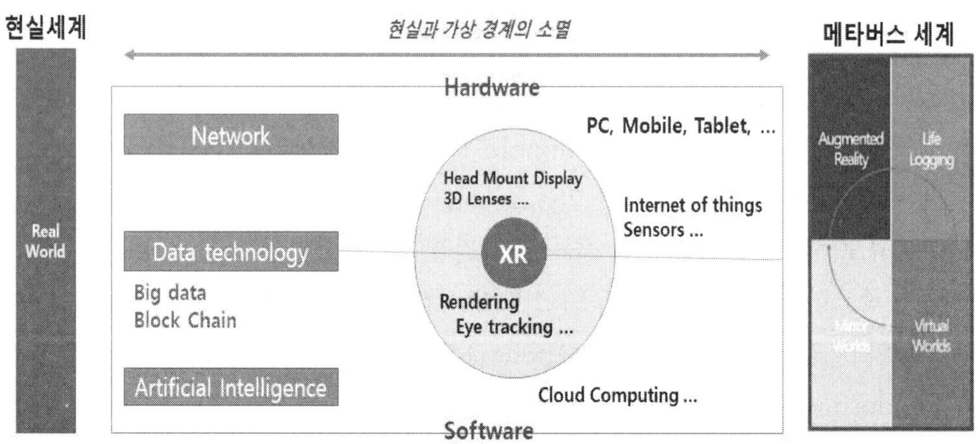

[그림 3-1] 메타버스의 복합범용기술

2. 메타버스 활용기술

1) 사운드 활용기술

사운드 활용기술은 소리가 감정을 전달하기 때문에 사운드는 설득력 있는 가상 세계를 만드는 핵심 기능이다. 모든 사용자가 동일한 가상세계에 있을 수 있지만, 다른 마이크와 헤드폰을 사용하므로 한계가 존재한다. 진짜 옆에 있는 것처럼 전체 감정을 전할 수 있는 3D 오디오 기술이 필요하다.

3D 오디오는 XR 영상에서 몰입감을 주기 위한 몰입형(Immersive) Audio 라고 한다. 일반적으로 우리가 알고 있는 5.1 서라운드 시스템에서 Height, 즉 일반 스피커들의 위쪽에 별도의 스피커를 높이를 추가하여 올려서 설치하는 것을 3D 오디오의 기본으로 한다. [그림 3-2]처럼 서라운드의 기본인 5.1에서 앞쪽에 두 개의 높이(Height)를 올리게 되면 7.1이 되고, 뒤쪽 높이에 두 개를 더 하면 9.1 이고 더 확장하면 11.1이 된다. 일본의 NHK의 경우에는 22.2 시스템까지 구축하고 있다.

3D 오디오의 목적은 스테레오 시스템이 청자에게 들려줄 수 있는 공간감의 한계를 넘어서 좀 더 현실감있는 공간감을 부여하고 3D 레코딩 테크닉을 이용한 좀 더 정교한 어쿠스틱 공간의 소리를 녹음, 그리고 3D 시스템으로 재생하고 영화관 사운드, 공연음향 등과 접목할 수 있다.

메타버스에서 주로 활용되는 XR 가상현실기술과의 접목하여 가상현실게임 사운드, 음악 등에 사용되고 있다.

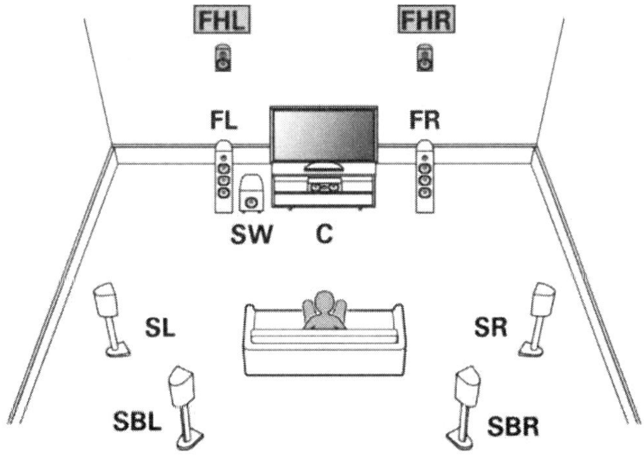

[그림 3-2] 9.1 3D 오디오의 예

학습 3

2) 블록체인 활용기술

블록체인 활용기술은 블록체인 기반으로 신뢰성, 안정성이 보장되어 구축된 디지털 통화가 플랫폼 안팎에서 사용되는 형태이다. VCOIN은 사용자가 디지털 재화 구매나 실제 돈으로 바꿀 수 있는 디지털 화폐이다. 디지털 화폐 인프라가 갖춰지면 사용자가 창의성을 발휘하고 플랫폼 안팎에서 진정한 가치를 얻을 수 있는 기회의 확보가 가능하다.

블록체인과 결합된 새로운 가상현실 서비스가 등장하였다. 새로운 메타버스 서비스의 대표주자는 '디센트럴랜드(Decentraland)'이다. 웹 VR 방식의 3차원 가상세계인 디센트럴랜드는 도시국가인 싱가포르의 6배 정도 크기로 설계되었다.

부동산과 블록체인을 기반으로 하는 가상현실 서비스인 만큼, 디센트럴랜드의 부동산 거래는 현실세계와 유사하다. 도심지의 부동산 값은 비싸고, 외곽으로 나가면 저렴하다. 실제로 1평방킬로미터(km^2) 정도의 땅이 우리 돈으로 6500만원 정도에 거래된 사례도 있다. 이와 관련하여 가상의 공간에 있는 부동산은 암호화폐인 '마나'를 통해서 거래가 되고, 토지소유권도 블록체인에 의해 기록되므로 위·변조를 걱정할 필요가 없기 때문에 권리가 확실히 보장된다.

블록체인 시스템을 채택하고 있기 때문에 중앙서버와 관리자가 없고, 거래와 계약도 이더리움의 기반의 암호화폐로 이루어진다.

게임의 특성상 블록체인 업계는 초기부터 게임을 유력한 블록체인 활용분야 중 하나로 꼽았다. 게임 내 각종 요소는 기본적으로 디지털 데이터 형태로 구현되어 있다. 플레이어 캐릭터와 아이템, 게임 내 설정과 시스템, 골드와 같은 인게임 재화 등 사실상 모든 요소가 데이터 형태로 존재한다. 그런데 이런 게임 데이터들은 개발자가 직접 코딩으로 구현한 것들이며, 손쉽게 복제 및 변조가 가능하므로 블록체인의 기술을 도입하고자 하는 것이다. NFT(Non-Fungible Tokens : 대체불가 토콘)도 블록체인 기술을 기반으로 하고 있으므로, 게임이 NFT를 수용한다는 것은 사실 블록체인 시스템을 받아들인다는 것과 큰 틀에서는 같은 의미다. NFT를 적용한 게임이 제시하는 미래상은 블록체인 게임이 그동안 표방했던 비전과 유사하다.

3) 5G 네트워크 활용기술

5G 네트워크 활용기술은 데이터 전송속도와 용량 등에서 이전 세대보다 훨씬 효율적이므로 XR 공간에서 이런 기반이 매주 중요하다. VR 헤드셋이나 AI기반

봇은 클라우드 서버와 장치 간에 엄청난 양의 데이터를 압축할 수 있게 지연시간이 짧고 빠른 네트워크가 필요하다.

비디오와 몰입형 사운드 미디어로 가득찬 인터랙티브 3D 메타버스를 구성하려면 기존보다 훨씬 밀도가 높은 디지털파일이 필요하므로 업로드와 다운로드 속도가 4G보다 훨씬 빠른 5G는 이런 큰 파일들의 처리가 가능하다.

3-2 메타버스의 기술혁신

1. 메타버스 기기의 기술혁신

기술혁신으로 메타버스를 지원하는 VR · AR 등 몰입기기의 가격이 감소하는 추세이다. 손목밴드, 반지, 장갑 등 다양한 메타버스 경험기기들이 지속적으로 개발 · 출시되면서 다가올 미래의 새로운 혁신을 예고하고 있다. 새로운 메타버스 경험의 접속점이 될 다양한 기기들이 지속적으로 개발 및 출시 중이다.

몰입기기의 평균가격은 '91년 41만 달러에서 '20년 2만 달러 수준으로 감소하였고, 이러한 혁신이 휴대폰의 추세를 따라간다면 '30년에는 1700달러까지 하락할 것으로 전망하고 있다.

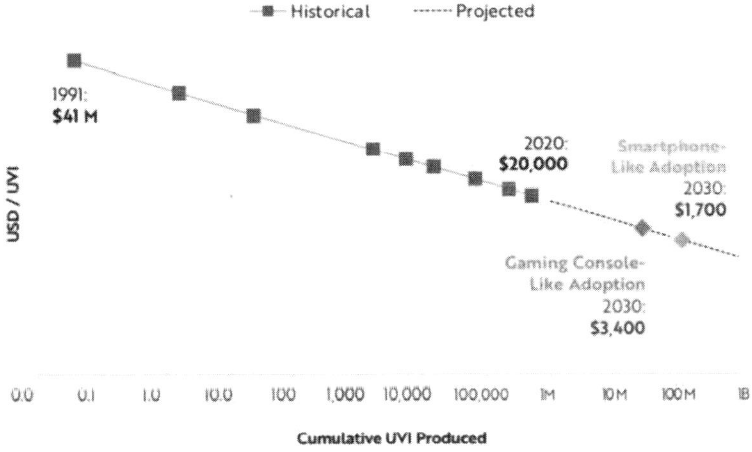

출처 : SPRi

[그림 3-3] 메타버스의 몰입기기 비용 감소 곡선

Tip UVI

Unit of Visual Immersion, 아직 홀로렌즈 등의 가격이 고가로 형성되어 있어 평균가격은 다소 높으나, 최근 출시된 오큘러스2의 가격은 299$까지 하락하여 평균가 차이가 존재

〈표 3-1〉처럼 대표적인 몰입기기인 Oculus Quest2에서 성능의 향상에도 불구하고, 가격은 하락하는 전형적인 기술혁신 패턴을 확인하였다.

〈표 3-1〉 주요 VR 기기 비교

	Oculus Quest2	Oculus Quest	Valve Index	HTC Vive Cosmos	HP Reverb G2
가격($)	299	399	999	699	599
Pixel Per Eye	1832×1920	1440×1600	1440×1600	1440×1700	2160×2160
무게(Gram)	503	571	809	645	550
Screen Refresh Rate(Hz)	72~90	72	80~144	90	90

* 출처 : The verage(2020.9.16.), "Oculus Quest vs. Oculus Quest 2: what's the difference?"

메타버스는 최근 세계 산업계의 가장 '뜨거운 감자'로 꼽힌다. 로블록스, 제페토, 포트나이트 등 주요 메타버스 서비스 가입자는 각각 2~3억명에 이른다. 페이스북, 애플, 구글, 마이크로소프트(MS) 등 굴지의 글로벌 기업도 모두 이 시장에 참여하고 있다. 프라이스워터하우스쿠퍼스(PwC)는 메타버스의 핵심인 가상·증강현실(VR·AR) 시장이 2019년 455억달러에서 2030년 1조 5,429억달러(약 1,741조원)로 불어날 것으로 내다봤다.

가상물체 제어

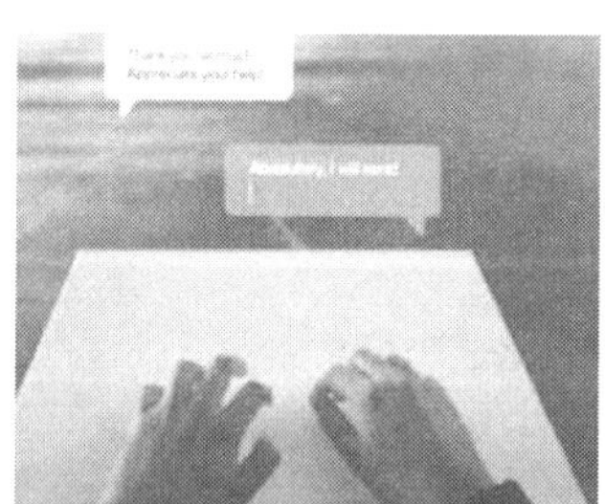

가상키보드 입력

가상상황 제어

[그림 3-4] Facebook의 AR 손목밴드

AR 손목밴드의 경우, 페이스북의 Reality Labs가 개발중인 AR 손목밴드를 소개('21.3월)하였다. AR Glass와 함께 손목밴드는 가상의 물체 및 상황을 제어하는데 손의 힘과 각도 1mm의 움직임도 포착이 가능하다. '19년 인수한 CTRL랩스 기술을 토대로 제작되었다(CTRL랩스는 생각으로 컴퓨터를 조작하는 기술을 개발하는 기업이다).

반지, 장갑의 경우 애플은 가상과 현실을 연계하는 인터페이스로 반지, 장갑 등을 활용하는 방식의 특허를 출원하였다.

〈표 3-2〉 다변화되는 메타버스 기기

구 분		AR시장 기회
Care OS의 Poseidon (거울)	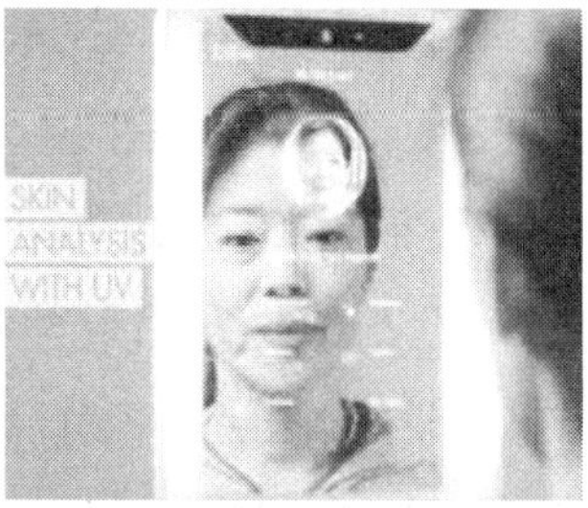	• 개인위생, 피부관리 및 Well Being 중점을 둔 가정용 화장실용 스마트거울 • 사용자의 피부건강을 분석해 필요한 기능성 화장품을 추천(깨끗한 치아 유지 방법, Hair 추천도 포함)
Gate Box Grande (Tower)		- 네이버 라인의 자회사 'Gate Box'는 기존 탁상용 Ai 홀로그램 Assistant 'Gate Box'의 크기를 키운 'Gate Box Grande'를 공개('21.3월) - 2M 높이의 접객용으로 개발된 대형 캐릭터 소환 기기 - 심도센서를 통해 사람이 접근 시 반응
HaptX Gloves (장갑)	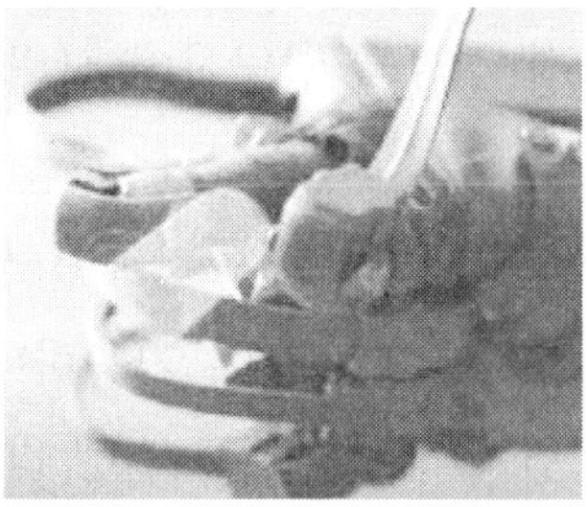	- Vr의 촉각 경험을 극대화한 글러브 - 133개의 촉각 Feedback 센서가 부착 가상에서도 실제 물건을 만지는 듯한 경험을 제공
Virtuix Omni One (트레드밀)		- 2021년 하반기 출시 가정용 보행 가상현실 기기 - 가상공간에서 사용자가 웅크리기, 쪼그리고 앉기, 뒤로 젖히기, 점프하기 등 자유로운 움직임을 지원 - 시선과 움직임을 일치시켜 '인지 부조화'를 줄일 수 있어 가상현실 기기의 문제점 중 하나인 멀미 문제를 해소

센서가 탑재된 반지는 착용자의 동작을 해석하고 주변 물체와의 관계를 파악하며, 센서가 많을수록 3D 환경에서 정확한 움직임을 인지할 수 있다. 반지를 엄지와 검지에 착용해 두 손가락으로 집기, 확대 및 축소, 회전을 식별한다.

이외에도 거울, 타워, 트레드밀 등 다양한 형태의 메타버스 기기들이 개발 및 출시되어 대중화를 위해 노력중이다. 향후 다변화되는 메타버스 기기들이 기존의 PC, 모바일, 콘솔, VR HMD, AR Glass, 스마트 시계 등과 연계되어 혁신적인 메타버스 경험을 제공할 것으로 전망이다.

2. 디지털휴먼의 기술혁신

다양한 메타버스 서비스가 확산되면서 디지털휴먼(Digital Human) 기술혁신의 활용이 증가되고 있다. 디지털휴먼은 인간의 모습/행동과 유사한 형태를 가진 3D 가상인간을 의미한다. 고수준의 컴퓨터 그래픽스(Computer Graphics, CG) 기술을 활용해 실제 인간얼굴과 구분이 어려울 정도의 극사실적 형태를 구현하는 기술이다. AI 기술을 접목한 음성인식, 자연어 처리, 음성합성 등을 활용해 실제 사람처럼 반응하고 대화 가능한 수준으로 완성도가 거의 인간이랑 유사한 정도의 기술개발이 궁극적인 목표이다.

비대면 메타버스 공간에서 실제 대면상황에 가까운 효과적 소통을 위해서는 실제 사람 얼굴, 표정, 행동과 유사한 형태로 가상 캐릭터의 고도화가 필요하다. 사람들이 의사소통하는데 언어가 차지하는 비중은 7%에 불과하며, 나머지 93%는 목소리(38%) · 몸짓 · 표정 · 자세 등 비언어적 부분(55%)이다. 얼굴을 통해 웃음, 찡그림 등 정서적 반응을 포함한 비언어적 정보를 전달하여 상대방과의 감정연결 및 공감대를 형성한다.

인간의 얼굴과 표정을 닮은 디지털휴먼은 메타버스 공간에서 사람들이 더욱 편하고 친근하게 대할 수 있는 서비스 접점으로의 역할이 가능하다. WHO(World Health Organization)는 비대면 금연상담서비스 제공을 위해 디지털휴먼 플로렌스(Florence)를 활용중이며, 플로렌스는 실시간 표정변화 및 감정반응이 가능하다.

디지털휴먼의 활용분야는 엔터테인먼트, 유통, 교육, 금융, 방송, 교육 등으로 확대 활용중이다.

엔터테인먼트의 경우에는 가상 모델 · 가수 · 배우 · 인플루언서(Influencer), 게임 캐릭터 등에 활용되고 있다. 유통 · 금융 · 방송의 경우에는 브랜드 · 상품 · 서비스 홍보, 고객응대, 아나운서 등에 사용되고 있다.

교육 · 훈련의 경우 교사, 교육 · 훈련 대상(피상담자 · 환자 · 고객 등 역할) 등이다. 헬스케어의 경우에는 건강상담, 운동코칭 등에 활용되고 있다.

과거에는 디지털휴먼 제작에 많은 비용 · 시간, 전문 기술이 필요하였으나 최근 AI, 클라우드, CG 등 기술 발전으로 디지털휴먼 제작의 기술적 제약이 완화되었다.

수요기업들이 디지털휴먼을 직접 빠르게 제작할 수 있는 개발도구가 출시되면서 디지털휴먼 제작 전문성의 민주화(Democratization of Expertise)가 확대될 전망이다. 언리얼 엔진의 경우에는 과거 수개월이 소요되던 디지털휴먼 제작 기간을 한 시간 미만으로 줄일 수 있는 메타휴먼 크리에이터(Metahuman Creator) 발표('21.2.)하였다.

ModelingCafe, '이마(Imma)'
(가상 인플루언서/모델)

디오비스튜디오, '루이(RUI)'
(가상 가수)

EVR스튜디오, 프로젝트 TH(가제)
(게임 캐릭터)

삼성전자, '네온(Neon)'
(고객 안내 서비스 등)

LG전자, '김래아' (제품 홍보 등)

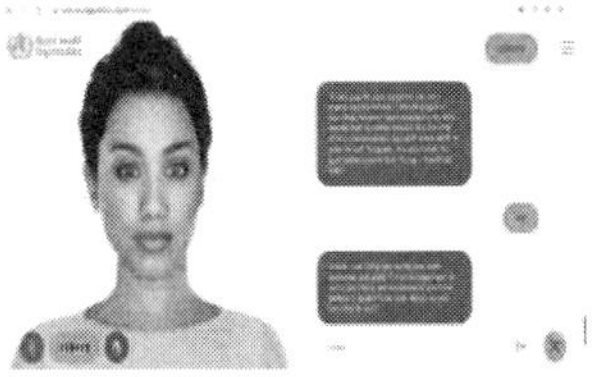
WHO '플로렌스' (금연 상담)

IP소프트, '어멜리아(Amelia)'
(고객 상담 서비스 등)

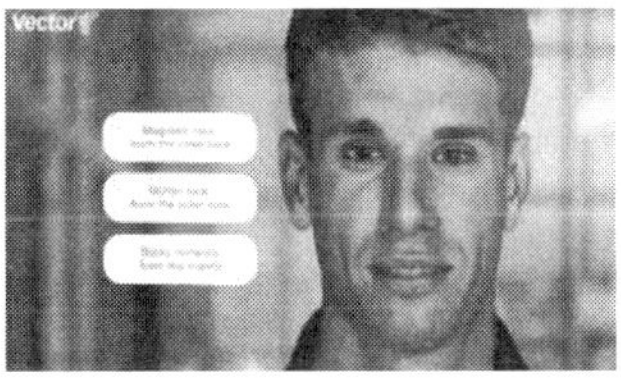
Soul Machines, '윌(Will)'
(교육 서비스)

머니브레인, 'AI 아나운서'
(방송 서비스)

출처 : SPRi

[그림 3-5] 디지털휴먼 사례 예시

유니큐의 경우에는 자체 제작한 디지털휴먼 9명의 캐릭터를 바탕으로 손쉽게 디지털휴먼 개발이 가능한 유니큐 크리에이터(UneeQ Creator) 발표('20.7.)하였다.

학습 3

IP소프트는 대화형 디지털휴먼의 자체제작이 가능한 디지털 직원 개발도구(Digital Employee Builder)를 발표('20.10.)하였고, Soul Machines는 디지털휴먼을 제작할 수 있는 클라우드 기반 개발도구(Digital DNA Studio)를 발표('20.5.)하였다.

전문인력이 없는 기업들도 자사 서비스에 디지털휴먼을 접목·활용할 수 있게 되면서 다양한 분야에서 새로운 활용 사례의 개발 및 新사업 기회 창출의 가능성이 있다.

AI 챗봇(Chatbot) 등 대화형 AI 서비스, 가상비서(Virtual Assistant) 시장 성장과 함께 디지털휴먼 활용 증가가 기대된다. 대화형 AI(Conversational AI) 시장이 매년 평균 21.9%씩 성장해 2020년 48억 달러에서 2025년 139억 달러 규모로 확대될 전망이다. 2025년까지 지식 근로자의 50%가 매일 가상비서를 사용할 전망이다.

과거 쉬운 동영상 제작기술이 보편화되면서 사용자 제작 콘텐츠(UGC : User Generated Contents) 시장이 급속히 성장했던 것과 유사한 성장세가 예상된다.

지속적인 기술의 발전은 디지털휴먼의 '인간다움'을 높일 것으로 예측되나, 인간 일자리의 대체, 딥페이크(Deepfake) 사기 등의 위험요소 점검이 필요하다.

수행 내용

재료 · 자료

• 메타버스 관련 자료

기기(장비 · 공구)

• 컴퓨터, 문서작성 프로그램, 프린터, 주변기기

안전 · 유의사항

• 메타버스 관련 장비의 안전 및 유의사항을 숙지한다.

수행 순서

학습 3

01 웹, 모바일보다 더 큰 메타버스 월드의 플랫폼 기술적 구성요소에 대하여 분석하라.

메타버스를 구성하는 플랫폼상의 기술적 구성요소는 다음의 4가지이다.

첫번째는 메타버스 내에서 아이덴티티를 구성하고 표현하는 아바타 관련 기술요소, 두번째는 아바타와 각종 오브젝트들이 위치하는 공적적인 요소들이고, 세번째는 그 공간을 아바타가 유형하면서 다양한 제스처, 표정을 취하도록 해주는 행동적인 기술요소이다. 네번째는 아바타가 공간에서 다양한 활동을 하는것에 대한 조상이나 거래를 위한 경제 시스템의 기술적인 요소이다.

이러한 요소는 기존의 앱 · 모바일에서도 존재하는 기술적인 요소들이지만, 이 깊이와 단계가 매우 깊고 더욱 진화가 되었다.

영문으로 된 텍스트 ID는 얼굴, 표정, 옷과 액세시리를 치장한 아바타로 도약되었고, 2D화면으로 출력되는 글과 이미지, 영상으로 된 평면공간은 깊이와 거리감이 생긴 입체적인 3D 공간으로 재탄생하고 있다. 특히 기술적인 측면에서 메타버스를 이용하는데 필요한 하드웨어, 엣지컴퓨팅이나 5G 네트워크 기반 기술들과 Social Party 킬러앱도 진화되었다. 종래의 입력방식이던 마우스나 손가락으로 사용하던 방식에서 양손과 움직임 등으로 확대된 것도 확실히 달라진 점들이다.

특히 공간활용 측면에서 게임이나 콘서트 등과 같이 즐기는 것만 서비스하는 것이 아니라 이 공간에서 창의적이고 생산적 활동도 이루어 질 수 있다. 예를 들면 Spatial이라는 메타버스형 회의 서비스는 진짜 오프라인 현실공간에서 사람들과 대화하고 회의하는 것처럼 도와준다.

[그림 3-6] 생산적인 협업툴, Spatial

코로나 이후 재택근무가 일상화되면서 ZOOM, Brity, Meeting과 같은 온택트 커뮤니케이션이 늘어나면서 Spatial을 이용하면 현장감이 더욱 커진 회의가 가능하다.

메타버스는 가상만이 있는 것이 아니라 현실에 디지털이 입혀져서 증강된 현실경험을 도와주는 것 또한 메타버스를 통해 얻을 수 있는 경험이다.

02 메타버스 관련 기기와 앱에 대한 기술적 측면에 대하여 분석하라.

메타버스의 기술적인 측면을 이해하는 것은 직접 사용하면서 직접 앱을 깔고 기기를 사용하고 느껴 보는 것이다. 메타버스 관련 기기 중에 가장 쓸만하고 가성비가 좋은 제품으로 평가받는 것은 오큘러스 퀘스트2인데 이것을 이용하여 게임이나 유튜브 VR 등의 오큘러스용 app들을 몇 개 사용해보면 메타버스를 제대로 이해할 수 있다.

제페토나 Jump VR과 같은 스마트 앱을 이용하여 메타버스를 경험하든지, VR기기를 쓰고 Big Screen 앱으로 영상을 보면 영화관에서 보는 듯함을 느낄 수 있다. 또한 AR기기를 사용하여 가상의 디스플레이와 소리, 가구, 서비스 등의 메타버스를 경험하여야만 기술에 대한 공감을 얻을 수 있다.

[그림 3-7] Bigscreen VR 앱

학습 3

03 메타버스의 초기와 현재의 기술에 대하여 분석하라.

초기의 메타버스는 게임, 생활 · 소통(Life Communication) 서비스가 독립적으로 제공되면서 시작되었다. 최초의 디지털게임 등장 이후, 게임엔진 제작 플랫폼의 확산으로 게임은 2D에서 3D로 진화하면서 가상세계(Virtual World)의 주류를 형성하였다. 최초의 전자게임은 1958년 William Higinbotham이 개발한 'Tennies for Two', Unreal(1998년), Unity(2004년) 등 게임제작 엔진의 보급으로 3D 전환이 가속화되었다.

게임과 함께 PC 기반의 Cyworld, Second Life 등 가상 생활 · 소통 메타버스가 등장하며 주목받다가, 편리성과 휴대성을 제공하는 모바일 기반의 SNS 서비스(Facebook 등)로 사용자가 이동하였다. 1999년 PC, 2D 기반으로 서비스를 시작한 Cyworld는 한때 회원수가 3,200만 명을 돌파하는 성장을 보였으나, 2020년 사업을 종료 후 최근 Cyworld Z로 부활을 예고하고 있다.

이후 게임, 생활 · 소통서비스는 진화와 융합을 통해 소비와 생산이 서로 선순환하는 메타버스 플랫폼으로 발전하며 이용자가 급증하고 있다.

초기 메타버스와 현재 메타버스는 플랫폼 자유도와 기술기반, 경제활동 측면에서 차이가 존재한다. 기존의 게임은 목표 해결, 경쟁 중심으로 대부분 진행되었으나 최근 주목받는 메타버스 게임 플랫폼은 생활 · 소통 공간을 별도로 제공하거나, 특화하는 방식으로 운영하고 있다. 포트나이트는 게임 경쟁 공간인 Battle Royal과 생활 · 소통, 문화 공간인 Party Royal을 별도로 운영하고 있으며, 제페토와 '모여 봐요, 동물의 숲' 등은 생활 · 소통공간을 특화하는 방식으로 접근하고 있다.

과거 PC · 인터넷 기반의 콘텐츠는 평면적이고 정적인 측면이 강하나, 최근의 메타버스는 콘텐츠는 가상공간에서 직접 만든 다양한 객체를 통해 공감각적 체험과 시뮬레이션이 가능하다. 초기 서비스 제공자, 소비 중심의 메타버스가 이용자 중심, 생산과 소비의 연계, 현실경제와의 연관성이 높아지는 방향으로 변화하면서 이용자가 급증하고 있다.

ROBLOX의 경우에는 월간 활성 이용자(MAU)4)수는 1억 5천만 명 수준이고 ROBLOX STUDIO를 통해 7백만 명의 이용자가 만든 게임은 5,000만 개가 넘으며, 이들의 수익은 '18년 71.8 million → '20년 328.7 million으로 급증하고 있다.

〈표 3-3〉 초기 vs 현재의 메타버스 비교

구 분	초기 메타버스	현재 메타버스
자유도/ 기술기반	• (게임) Mission 해결, 목표 달성, 경쟁중심(ex. RPG, MMORPG) • (가상 생활 · 소통) 게임과 융합되지 않는 PC 기반 독립적 생활 · 소통 공간 (ex. Cyworld, Second Life) • XR, Data Tech, Network, AI 독립적 발전	• 게임과 가상 생활 · 소통 공간(협력, 교류, 여가, 문화)융합 형태의 등장 → 이용자가 선택적 활용 (예 ROBLOX, Minecraft, 포트나이트) • 3D, 모바일, 콘솔 기반의 가상공간/아바타를 활용한 생활 · 소통 플랫폼 (예 제페토, 동물의 숲) • XR+D.N.A(Data Tech, Network, AI) 진화, 융합 ↑
경제활동	• 게임 내 아이템 구매 및 소비 중심 • 공급자가 제공/제약하는 아이템 거래 (Service Provider Centric)	• 이용자가 게임/아이템을 쉽게 개발/제작할 수 있는 생산 플랫폼이 존재(User Created)(ex. ROBLOX STUDIO, 제페토 STUDIO) • 판매도 가능하고 수익은 현실경제에서도 활용 가능

제페토의 경우에는 '18년 출시 후 가입자 수는 2억 명이 넘었고, 이용자는 제페토 STUDIO를 통해 만든 아이템을 판매하며 수익을 창출하고 있다. 이용자 제작 아이템이 전체 아이템 판매의 80% 이상을 차지하며, 의상은 하루에 7,000~8,000개씩 신제품이 제작하고 있다.

포트나이트의 경우에는 사용자는 3억 5,000만 명 수준이며, 美 가수 트래비스 스캇은 게임 내 Party Royal을 통한 가상 콘서트를 통해 오프라인 대비 10배 매출을 달성하고 있다.

학습활동.3 교수 · 학습 방법

교수 방법

- 메타버스의 융합기술에 대한 관련 용어, 구성, 방식 이해 정도를 파악한 후 수업을 진행한다.
- 교수자의 주도로 메타버스의 융합기술 등의 내용을 PPT 자료로 제시한 후 설명한다.
- 가능하면 사전에 개인별 학습 자료를 준비하여 모든 학생이 참여할 수 있는 문제 해결식 수업, 협력 수업이 가능하도록 한다.
- 메타버스의 융합기술 전 과정을 작업의 순서에 따라 단계적으로 실습이 이루어질 수 있도록 지도한다.
- 교재를 통해 수업을 준비하는데 있어서 필요한 모든 정보나 팁, 힌트 등 도움이 될 만한 내용들을 확인할 수 있다.
- 학생들이 만들게 될 각 모델들은 수업시간에 중점적으로 다뤄질 부분과 어휘, 질문, 답을 포함하고 있으며 또한 탐구할만한 추가적인 아이디어들도 포함하고 있다.

학습 방법

- 메타버스의 융합기술에 대한 관련 용어를 숙지하고, 메타버스의 융합기술에 대해 이해한다.
- 메타버스의 융합기술의 각 단계별 중점 사항을 체계적으로 학습한다.
- 메타버스의 융합기술의 수행순서의 전 과정을 실습한다.
- 메타버스의 융합기술의 내용을 이해한다.
- 메타버스의 융합기술을 이해하고 숙달이 될 때까지 학습한다.

학습활동.3 평가 및 피드백

평가 준거

- 평가자는 피평가자가 수행 준거 및 평가 내용에 제시되어 있는 내용을 성공적으로 수행할 수 있는 지를 평가해야 한다.

학습내용	평가항목	성취수준		
		상	중	하
메타버스의 융합기술	메타버스의 융합기술을 이해할 수 있다.			

평가 방법

• 작업 포트폴리오

학습내용	평가항목	성취수준		
		상	중	하
메타버스의 융합기술	메타버스의 융합기술을 이해할 수 있다.			

• 필기시험

학습내용	평가항목	성취수준		
		상	중	하
메타버스의 융합기술	메타버스의 융합기술을 이해할 수 있다.			

• 체크리스트를 통한 관찰

학습내용	평가항목	성취수준		
		상	중	하
메타버스의 융합기술	메타버스의 융합기술을 이해할 수 있다.			

• 피드백

1. 작업 포트폴리오
   - 제출한 보고서를 평가한 후 주요 사항에 대하여 표시하여 돌려준다.
2. 필기시험
   - 평가 결과 성적이 저조한 학생은 보고서 제출 기회를 부여한다.
3. 체크리스트를 통한 관찰
   - 실습 과정에서 평가한 후 개선해야 할 사항 등을 정리하여 돌려둔다.

참 | 고 | 문 | 헌

- 김광우, 메타버스는 차세대 플랫폼 혁명, tech42, https://www.tech42.co.kr, 2021.5.18.
- 김상균 · 신병호, 메타버스 새로운 기회, 메가북스, 2021.
- 김서희, 가상현실의 확장 메타버스 도래, 2021 글로벌 ICT이슈 레포트, 2021.
- 김현정, 새로운 미래공간이 된 메타버스, 사이언스타임즈, 2021.3.31.
- 남현숙, 미국 VR · AR 기술정책의 진화, https://spri.kr/posts/view/22823?code=industry_trend, 2019.
- 노중호, 5차산업혁명의 실체를 분석한다, 노블사이언스, http://www.nobelscience.net, 2017.10.6.
- 대체불가토큰, 게임의 메타버스화 촉진할 블록체인경계의 핏줄, 글로벌 게임산업 동향, 한국콘텐츠진흥원, 2021.3.
- 라도삼, 비트의 문명, 네트의 사회, 서울 : 커뮤니케이션북스, 1999.
- 류철균, 가상세계형 SNS 개발 컨셉 설계, KTF 전략보고서, 2007.
- 박경일, 메타바스 새로운 기회, 로봇신문, 2021.05.16.
- 박민영, "메타버스 시대 주인공, '디지털 휴먼' 가치와 쓸모", 솔트룩스 인공지능 사이트, 2021.3.9.
- 박지혜, 다기오는 메타버스 시대 차세대 콘텐츠산업의 방향과 시사점, KIER, 산업경제, 2021.05.
- 블로터, [블록먼데이] "NFT서 미래 봤다"…'더샌드박스'가 꿈꾸는 블록체인 게임, 2020.10.19.
- 신정아, 뉴미디어와 스토리두잉, 칠월의숲, 2009.
- 아주경제, 이번엔 부활할까? 싸이 월드 22년 흥망성쇠, 2021.02.03.
- 여명숙, 사이버스페이스의 존재론과 그 심리철학적 함축, 이화여자대학교 철학과 박사학위논문, 1998.
- 오현주, 메타버스가 다시오고 있다, nia, 2021.03.
- 이승환, 로그린 메타버스 인간 x 공간 x 시간의 혁명, SPRi, issue report, 2021.03.17.
- 이승환 · 한상열, 메타버스 비긴즈 : 5대 이슈와 전망, SPRi, issue report. 2021.04.20.
- 이종관, ESG, 메타버스 그리고 AI : 5차혁명? 한경닷컴, https://www.hankyung.com/it/article/202106166511i, 2021.6.17.
- 이진규, 메타버스와 프라이버시, 그리고 윤리-논의의 시작을 준비하며, 2021.3.2.
- 이채리, 가상현실의 비실재론적 현실성, 과학철학, Vol.6, No.2, 2003.
- 전자신문, 반지의 제왕 애플, 스마트 링 특허 등장, 2021.01.13.
- 조선일보, "42조원 가치, 로블록스...게임만들고 친구와 즐겨", 2020.03.22.
- 중앙일보, '세계 최초, 한국 최초의 게임들', 2008.9.23.
- 중앙일보, '아바타끼리 연애하고 회사도 만든다.' 메타버스 플랫폼 '제페토'의 미래, 2021.04.03.
- 카메츠 아츠시, 멀티버스시대로 향하는 가상세계, 도쿄 : 지적자산창조, 8월호, 2007.
- 한혜원, 메타버스 내 가상 세계의 유형 및 발전방향 연구, 디지털콘텐츠학회 논문지, 제9권 제2호, 2008.6.2
- 현대자동차그룹, VR technology for mobility development. https://www.youtube.com/watch?v=Wdawq_s1Zzg, 2019.12.18.
- 25 AR MR XR, The Metaverse is coming : Nvidia Omniverse. https://www.youtube.com/watch?v=lcuGpLLeGWM, 2020.10.6.
- Acceleration Studies Foundation. http://www.metaverseroadmap.org/overview/
- Accenture. A responsible future for immersive technologies. https://www.accenture.com/us-en/insights/technology/responsible-immersive-technologies, 2019.5.15.
- Alan JS Han, 3D Audio의 현재와 미래, http://www.alanjshan.com/3d-audio/

- Betsy Book, "Moving Beyond the Game: Social Virtual Worlds", State of play 2 Conference, http://www.virtualworldsreview.com, 2004.10.
- Bill Gates · 이규행 역, 미래로 가는 길, 서울 : 삼성출판사, 1997.
- Boost VC, Perkins Coie, & XR Association. 2020 augmented and virtual reality survey report. https://www.perkinscoie.com/images/content/2/3/231654/2020-AR-VR-Survey-v3.pdf, 2020.
- Coindesk Korea, NFT시장 급성장, 커지는 위작 · 저작권 분쟁, 2021.4.1.
- David Gelernter, Mirror Worlds, New York : Oxford University Press, 1993.
- Dean Takahashi, Tim Sweeney : The open metaverse requires companies to have enligh tened self-interest. https://venturebeat.com/2021/01/27/tim-sweeney-the-open-metaverse-requires-companies-to-have-enlightened-self-interest/, 2021.1.27.
- Dean Takahashi, Crucible is creating agents to keep the metaverse open, https://ventu rebeat.com/2021/01/27/crucible-is-creating-agents-to-keep-the-metaverseopen/, 2021.1.27.
- Edward Castronova, "The Right to Play", http://www.nyls.edu/pdfs/castronova.pdf, 2003.
- Erica Naone, "Creating a Web of Worlds", Technology Review, MIT, 2008.1.11.
- Gartner, Gartner top 10 strategic technology trends for 2019. https://www.gartner.com/smarterwithgartner/gartner-top-10-strategic-technology-trends-for-2019/, 2018.10.15.
- Genies.(n.d.), Celebrity avatars, http://avatars.genies.com/celebrity-avatars/
- https://ko.wikipedia.org/wiki/
- https://www.ajunews.com/view/20210512155443174
- https://www.sedaily.com/NewsVIew
- ITBear, 증강현실 AR 내비 등장!! U+내비게이션, https://www.youtube.com/watch?v=a7RuuizGnIQ, 2020.8.11.
- James Paul Gee, What video games have to teach us about leaning and literacy, St. Martin's Griffin, 2007.
- Jane McGonigal, Reality is broken : Why games make us better and how they can change the world. Penguin Books, 2011.
- Jean Baudrillard, "the Perfect Crime", Selected Writi ngs, California: Standford University Press, 2001.
- John Smart, Jamaais Cascio, Jerry Paffendorg, Meta verse Roadmap, acceleration studies foundations, 「Metaverse Roadmap Summit」, SRI International
- John Smart, Jamis Cascio, & Jerry Paffendorf, Metaverse Roadmap Overview, 2007.
- KB금융지주 경영연구소, 블록체인 시장의 다음 메가트렌드, NFT, 2021.03.02.
- Kevin Westcott, Jeff Loucks, Kevin Downs et al. Digital media trends survey, 14th edition. https://www2.deloitte.com/us/en/insights/industry/technology/digital-media-trends-consumption-habits-survey/summary.html, 2020.6.23.
- Lauren Kirchner, AOL settled with unpaid "volunteers" for $15 million. https://archives.cjr.org/the_news_frontier/aol_settled_with_unpaid_volunt.php, 2011.2.10.
- LG CNS, 사람이 눈 앞에 있는데 비대면? 가상융합(XR)이 온다!. https://blog.lgcns.com/2454, 2021.1.5.
- Marie-Laure Ryan, Narrative as Virtual Reality, Baltimore : The Johns Hopkins University

학습 3

Press, 2003.
- Menlo Park, Canada, SRI, www.metaver seroadmap.org, 2006.5.5.~6.
- Michael Heim, 여명숙 옮김, 가상현실의 철학적 의미, 서울 : 책세상, 1997.
- Michael Spring, 가상현실과 종합적 정보전달, Sandra K. Helsel & Judith Roth, 노용덕 옮김, 가상현실과 사이버스페이스, 서울 : 세종대학교 출판부
- Neal Stephenson, Snow Crash, Bantam Books, 1992.
- Neal Town Stephenson · 김장환 옮김, 스노우크래쉬(Snow Crash), 서울 : 새와 물고기, 1996.
- Nicholas Negroponte, being digital, New York : Random House, 1995.
- North, Snow Crash. Bantam Books, 1992.
- Paul Jackson, "the Real Business of Virtual World", Forrester Research, http://www.forrester.com/Rese arch/Document/Excerpt/0,7211,40701,00.html, 2007.03.23.
- Peter Lewis, "Metaphor in Visualization", Working Paper, Department of Information Science, Pennsylvania: University of Pittsburgh, 1989.
- Pierre Levy, 권수경 옮김, 집단지성, 서울 : 문학과지성사, 2002.
- Pierre Levy, 전재연 옮김, 디지털 시대의 가상현실, 서울 : 궁리, 2002.
- SMTOWN, SM 신인 걸그룹 aespa, 11월 17일 데뷔 확정! 싱글 'Black Mamba' 전격 공개!, https://www.smtown.com/artist/newsDetail/4154, 2020.11.02.
- SPRi, 「비대면 시대의 Game changer, XR」, 2021 ICT 산업전망 Conference, 2020.
- T Times, 1년 만에 유니콘 건너뛰고, 2조원 회사 된 호핀, 2020.10.22.
- theguru, 애플, VR 장갑 특허 획득…'메타버스' 시대 준비. Unreal Engine, 언리얼 엔진 4 문서 - 디지털휴먼, https://docs.unrealengine.com/ko/Resources/Showcases/DigitalHumans/index.html, 2021.01.05.
- Unity(n.d.), What is AR, VR, MR, XR, 360?. https://unity3d.com/what-is-xr-glossary
- VentureBeat. The Metaverse is coming. https://www.youtube.com/watch?v=rbhC6wokNGc, 2020.4.29.
- VT Staff, The blockchain-based virtual world that can help usher in the metavrse. https://venturebeat.com/2021/02/04/the-blockchain-based-virtual-world-thatcan-help-usher-in-the-metaverse/, 2021.02.04.
- William Gibson, 김창규 옮김, 뉴로맨서(Neuromancer), 서울 : 황금가지, 2005.
- www.care-os.com
- www.gatebox.ai/grande
- www.teamflowhq.com

학습 1	메타버스의 개요
학습 2	메타버스의 혁명
학습 3	메타버스의 융합기술
학습 4	**메타버스와 인공지능 기술융합**
학습 5	메타버스와 빅데이터 기술융합
학습 6	메타버스와 XR 기술융합
학습 7	메타버스와 디지털트윈 기술융합
학습 8	메타버스와 블록체인 기술융합
학습 9	메타버스와 5G 네트워크 기술융합
학습 10	메타버스와 IoT 기술융합
학습 11	메타버스의 플랫폼
학습 12	메타버스의 활용
학습 13	메타버스의 미래와 진화

학습 4

학습 목표	1. 메타버스와 인공지능 기술융합을 이해할 수 있다.

4-1 메타버스의 인공지능기술

1. 인공지능기술의 정의

인공지능(人工知能, AI : Artificial Intelligence)이란 인간처럼 학습하고 생각할 수 있는 컴퓨터 시스템이다.

인공지능은 사전적 의미로 '기계로부터 만들어지는 지능'으로 '컴퓨터 공학에서 이상적인 지능을 갖춘 존재, 혹은 시스템에 의해 만들어진 지능'을 의미한다. 즉 인공지능은 컴퓨터 기술을 이용하여 특별한 업무수행에 인간의 학습능력, 추론능력, 지각능력, 자연어의 이해능력, 인간을 대체, 인지능력의 제고, 자연스러운 인간의 의사소동 통합, 복잡한 콘텐츠의 이해, 결론을 도출하는 과정 등 모든 지능적인 행동들을 모방함으로써 문제를 해결할 수 있는 기술이다. 인공지능은 4차 산업혁명의 핵심기술이다.

인공지능이라는 용어는 [그림 4-1]처럼 1956년 디지털 역사에 지대한 공헌을 한 사람들이 참여한 미국의 다트머스 회의(Dartmouth Conference)에서 처음 언급되었다. 이 회의에서 인공지능이라는 분야를 확립하였다. 이 회의를 개최한 존 매카시(John McCarthy) 교수는 인공지능을 인간의 지능으로 할 수 있는 학습, 사고, 행동, 자기계발 등을 컴퓨터가 할 수 있도록 연구하는 것이라고 정의했다.

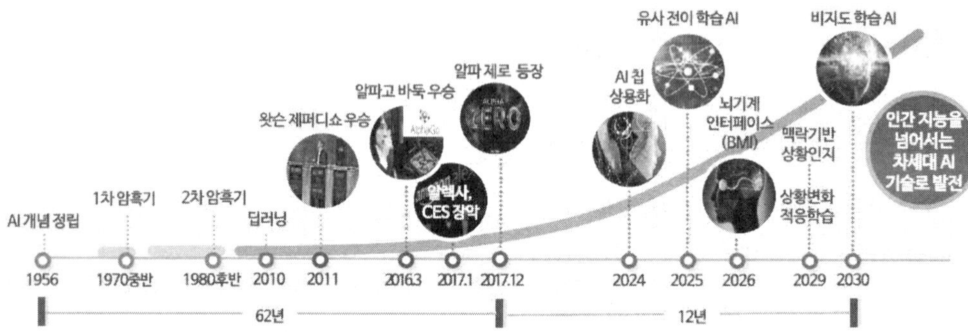

[그림 4-1] 인공지능 발전 전망

캐나다 토론토 대학교의 제프리 힌튼(Geoffrey Hinton) 교수연구팀이 딥러닝(Deep Learning) 기술을 활용해 인간의 뇌를 닮은 심층신경망을 안정적으로 훈련하는데 성공했다. 딥러닝은 원래는 사물이나 데이터를 분류하는데 사용하는 기술이었다.

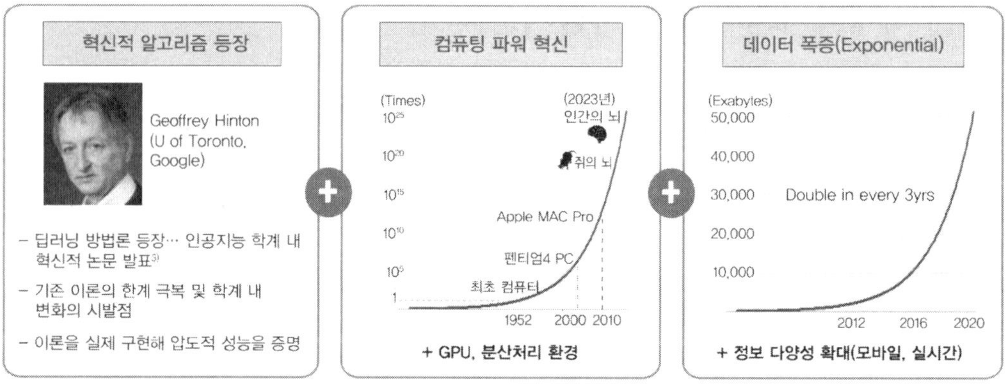

[그림 4-2] 인공지능 발전의 핵심 요소

딥러닝 방식이 인공지능 연구의 다양한 분야에 적용되면서, 인공지능이 4차 산업혁명의 핵심기술로 발전하는 핵심요소는 [그림 4-2]처럼 혁신적인 알고리즘의 등장, 컴퓨터 파워 향상, 데이터의 폭등 등으로 발전할 가능성이 보이며 인공지능 연구 전성시대가 다시 시작되었다.

인공지능 관련 기술분야는 〈표 4-1〉처럼 광범위하고 다양하다. 이중 패턴인식, 자연어처리, 머신러닝 등 데이터 분석 및 처리를 위한 핵심기반 기술들도 여러 종류의 기술이 있다.

〈표 4-1〉 인공지능 관련기술 분야

관련 기술 분야	주요내용
패턴인식 (Pattern Recognition)	기계에 의하여 도형, 문자, 음성 등을 식별시키는 것이다.
자연어 처리(Natural Language Processing)	인간이 보통 쓰는 언어를 컴퓨터에 인식시켜 처리하는 일, 정보검색, 질의 응답, 시스템 자동번역, 통역 등이 포함된다.
자동제어 (Automatic Control)	제어대상에 미리 설정한 목표 값과 검출된 피드백신호를 비교하여 그 오차를 자동적으로 조정하는 제어이다.
로봇틱스(Robotics) /인지 로봇공학	로봇에 관한 과학이자 기술학으로 로봇의 설계, 제조, 응용분야를 다룬다. 인지 로봇공학은 제한된 계산차원을 사용해 복잡한 환경의 복잡한 목표를 달성하도록 하는 인식능력을 로봇에게 부여하는 기술이다.
컴퓨터 비젼 (Computer Vision)	컴퓨터 비전은 로봇의 눈을 만드는 연구분야로 컴퓨터가 실세계 정보를 취득하는 모든 과정을 다룬다.
양자컴퓨터 (Quantum Computer)	양자역학의 원리에 따라 작동되는 미래형 첨단 컴퓨터 양자역학의 특징을 살려 병렬처리가 가능해지면 기존의 방식으로 해결할 수 없었던 다양한 문제의 해결이 가능하다.
자동추론 (Automated Reasoning)	계산기 과학의 한 분야로 추론의 다양한 측면을 이해함으로써 컴퓨터에 의한 완전한 자동추론을 가능하게 하는 소프트웨어 개발을 목표로 하고, 인공지능 연구의 일부로 이론 계산기 과학, 철학과도 깊은 관계가 있다.
사이버네틱스 (Cybermetics)	생물 및 기계를 포함하는 계(系)에서 제어와 통신 문제를 종합적으로 연구하는 학문이다.
데이터마이닝 (Data Mining)	많은 데이터 가운데 숨겨져 있는 유용한 상관관계를 발견하여 미래에 실행 가능한 정보를 추출해 내고 의사결정에 이용하는 과정이다.
지능엔진 (Intelligent Agent)	인공지능적 기능을 가진 소프트웨어 엔진, 사용자를 보조하고 반복된 컴퓨터 관련 엄무를 인간을 대신하여 실시하는 엔진이다.
시멘틱 웹 (Sematic Web)	컴퓨터가 정보자원의 뜻을 이해하고 논리적 추론까지 할 수 있는 차세대 지능형 웹이다.
텍스트 마이닝 (Text Mining)	비정형 텍스트 데이터에서 새롭고 유용한 정보를 차아내는 과정 또는 기술이다.
상황인식 컴퓨팅 (Context Aware Computing)	가상공간에서 현실의 상황을 정보화하고 이를 활용하여 사용자 중심의 지능화된 서비스를 제공하는 기술이다.

학습 4

2. 인공지능기술의 활용

인공지능(AI : Artificial Intelligence)은 다양한 분야에 적용되어 문제해결에 기여하고 있다. 인공지능은 여러 요소 중 문제해결에 필요한 기술을 분야에 맞게 활용할 수 있는 도구로 활용된다. 도입단계의 AI기술이 실험실 연구수준을 넘어 상용화 단계로 발전하면서, 폭발적 시장성장과 他산업의 지능형 융합을 견인하고 있다.

[그림 4-3]처럼 인공지능의 활용은 언어, 시각, 청각 등 인지, 해석 및 상황이해 등 추론이 가능한 인공지능은 타 분야와 융합하여 새로운 부가가치를 창출하고 있다. 또한 글로벌 ICT기업은 AI 플랫폼을 기반으로 타 산업과의 협력을 통해 개방형 생태계 구축에 주력하고, 핵심시장 선점을 가속화하고 있다. 즉 아마존 알렉사는 가전제품, 자동차 등의 지능형 융합을 통해 전방위적으로 시장이 확대되고 있다.

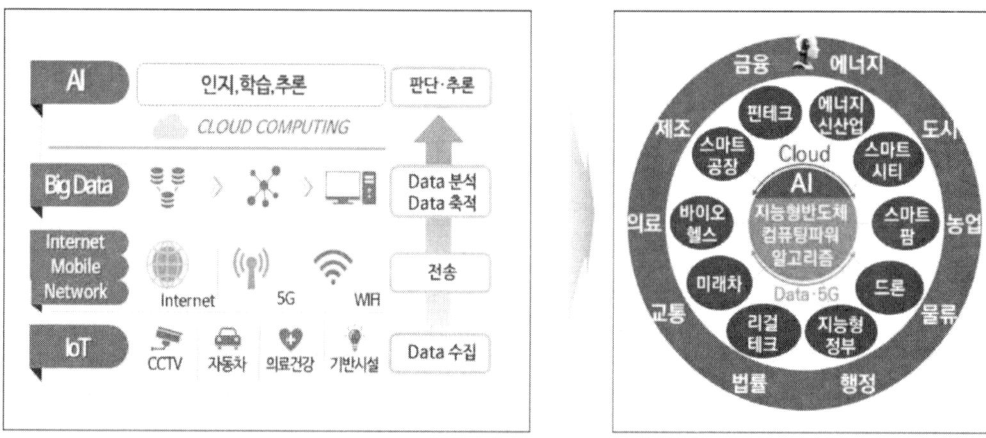

[그림 4-3] 인공지능의 활용

제조, 자동차 등 他 산업과의 지능형 융합으로 차별적 부가가치 창출은 물론, 기존 산업분야의 획기적 변화를 촉발하고 있다.

가상현실(VR) 기술을 기반으로 한 플랫폼인 메타버스가 인공지능(AI) 시대를 더욱 가속화할 수 있는 데이터 금광으로 각광을 받을 것으로 기대된다. 데이터 라벨링 등 단순작업을 거치지 않고 곧바로 AI가 학습할 수 있는 비정형 데이터를 생산해 낼 수 있기 때문이다.

인공지능(AI : Artificial Intelligence)기술은 자체의 기술혁신을 넘어 과학기술과 산업기술 영역의 성장을 가속하는 혁신의 조력자(Enabler) 역할을 수행한다.

〈표 4-2〉 AI의 산업별 활용분야

산업분야	발전 전망	적용 사례	
자동차 	부분 자율주행 → 완전 자율주행	(테슬라) 오토파일럿 (자율주행 3단계) 구현('16)	(벤츠) 자율주행 5단계 AV 상용화('21)
제조  	공장 내 자동화 → 공장 간 연계 자동화	(아디다스) 신발 주문- 제작까지 1일 소요('16)	(보쉬) 전세계 250개 공장 연결('20)
에너지 	건물 에너지 효율화 → 국가 전력망 효율화	(딥마인드) 구글 데이터 센터 냉각효율 40% 개선('16)	(GE) 전력망의 전력배 분 효율성 제고('17~)

〈표 4-3〉 인공지능의 장기간 연구가 필요한 활용분야

(물리) 美 페르미연구소	(천문학) NASA-구글	(신소재) 도요타	(신약) 아톰와이즈
중성자 물리연구 분석 ('15) (분석시간 : 수개월 → 하루) 	외계행성 탐색 적용 ('17) (제2의 태양계 발견) 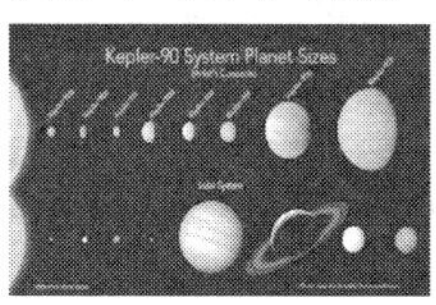 	연료전지 촉매제 개발 ('17~) (신형차 CO_2배출량 감축) 	에볼라 치료약 후보 발 굴('17) (소요기간 : 수년 → 하루) 

장기간 연구가 필요분야(물리실험, 신약개발 등)에 AI를 활용하여 시간비용을 획기적으로 단축, 新제품 서비스 연구개발의 촉매제 역할을 수행하고 있다.

가상의 유튜버, 즉 '버추얼(virtual) 유튜버'이다. '브이튜버(V tuber)'라고도 불리는 버추얼 유튜버가 국내에서 잇따라 등장하며 주목받고 있다.

버추얼 유튜버는 인공지능(AI)기술을 바탕으로 가상공간에서 현실의 팬과 소통하고 있다.

버추얼 유튜버의 유형은 크게 2가지다.

① '버추얼 캐릭터', 3D 그래픽 등으로 완전히 새롭게 창조된 가상의 3D 컴퓨터

학습 4

캐릭터

② '버추얼 휴먼(가상인간)', 즉 딥페이크 기술(AI 기술기반의 인간 이미지 합성 기술)의 하나로 가상의 얼굴을 생성해 만들어진 가상인간

미국에서는 'AI 엔젤'을 비롯해 '릴 미켈라(Lil Miquella)' 등의 버추얼 유튜버들이 인기를 얻고 있다. 광고모델로도 막강한 영향력을 행사하고 있는 릴 미켈라는 2019년 한 해에만 약 130억 원의 수익을 거두며 현실세계의 스타를 능가하는 인기를 끌고 있다.

AI 아이돌로는 미국 라이엇게임즈가 제작한 '케이디에이(K/DA)'가 뮤직비디오 누적 조회수가 4억뷰를 넘길 정도로 엄청난 영향력을 보이고 있다.

(a) AI 아이돌 '이터니티' (b) '에스파(aespa)'의 3D 아바타

[그림 4-4] 인공지능을 활용한 가상 유투버

4-2 메타버스와 인공지능 기술융합

1. 인공지능과 콘텐츠

인공지능은 '메타버스' 속에서도 자주 접하게 될 것이다. 메타버스는 새로운 아바타를 만들어 살아가는 온라인 가상 공간이므로 사람들은 이 공간에서 또 다른

자아를 만들고 새로운 관계를 형성한다. 혼합현실(XR · 현실세계와 가상현실이 접목된 환경) 체험 플랫폼은 가상세계에서 할 수 있는 여러가지 행동들을 체험자가 마치 실제처럼 여러 감각을 통해 느낄 수 있다는 것이다.

인공지능(AI) 콘텐츠는 '메타버스(Metaverse)'화 될 것이다. 사람들의 생활공간은 '메타버스' 공간으로 더욱 확장, 아니 '창조'되고 있다. 앞으로 박물관과 같은 전통적인 오프라인 공간에서 벗어나 메타버스 공간에서 '디지털 헤리티지(Digital Heritage)' 전시도 이뤄질 것이다. 이를 '메타버스 타임머신(Metaverse Time Machine)'이다.

메타버스는 종래의 가상세계에서 한걸음 더 나아가 사용자가 콘텐츠 제작에 참여하고 공유할 수 있는 더욱 확장된 개념이다. 지금 우리가 살아가고 있는 현실세계가 아닌 완전히 다른 세상, 즉 메타버스라는 공간에서 디지털 헤리티지 구현한다. 앞으로 AI를 비롯한 첨단기술을 통해 박물관이나 전시관 등 특정 장소에 가지 않아도 때와 장소를 가리지 않고 다양한 공간경험을 할 수 있을 것이다.

AI 기술을 도입해 박물관 전시에 적용하려는 시도가 현재로서는 매우 미미한 실정이다. 게다가 문화유산 분야에서 현실적으로 사용해 볼 수 있는 기술은 그렇게 고도화돼 있지 않다. 현재 해당분야에 적용할 다양한 콘텐츠를 개발하는 과도기이기 때문에 AI 기술적용은 아직까지 시간이 걸릴 것으로 보인다.

메타학습은 '학습하는 법을 학습한다'는 개념으로, AI에게 문제해결에 필요한 학습방법을 알려주는 기술이다. 관련된 수많은 태스크를 학습하며 얻는 경험을 기반으로 새로운 태스크 학습시 적은 데이터만으로 학습이 빠르게 이루어질 수 있게 한다.

메타학습에서는 사람과 같이 과거의 경험과 지식을 사용해 학습하는 방법을 머신러닝(ML)에 도입한 것이다.

기존 ML 및 딥러닝(DL) 방식에서는 사전경험이나 지식 없이 처음부터 모델 학습을 시작한다. 이와 달리 사람이나 동물은 적은 데이터만으로도 학습이 가능한데, 이는 경험이 학습에 쓰이기 때문이다. 메타학습에서는 이처럼 적은 데이터, 즉 이전의 경험만으로도 새로운 다양한 태스크를 처리하고자 한다.

초창기 ML은 데이터로부터 직접 특징을 추출하고, 분류기에 대해서만 학습을 진행했다. 반면 현재 강세를 보이는 DL에서는 분류기와 데이터 특징 추출 모두에 대해 학습을 사용한다.

메타학습은 분류기, 데이터 특징 추출, 그리고 학습 알고리즘 3가지를 모두 학습하는 방식으로, '보편적 인공지능(General AI)'을 추구한다.

2. 인공지능과 VR 멀미

[그림 4-5]처럼 인공지능을 활용해 VR 멀미의 정도를 정확히 예측할 수 있는 SW 기술을 개발했다. 사용자 500명 이상으로부터 실험데이터를 얻어 기계학습을 적용해 VR 요소들과 VR 멀미 간 상관성을 도출해 냈다. 이를 통해 제작과정에서 VR 요소들을 실시간 조절해 간편하게 멀미를 줄일 수 있는 기술을 개발하여 사이버 멀미를 정량적으로 측정해 영화처럼 등급을 부여할 수 있는 시스템을 구현하여 개인 맞춤형 가상현실 콘텐츠 제공이 가능해진 것이다.

[그림 4-5] 인공지능 활용한 가상현실

가상현실을 이용한 새로운 세계, 메타버스에서 할 수 있는 학습, 게임을 AI를 이용한 융복합 콘텐츠로 제작한다. 즉 인공지능기술은 이용자 정보나 기존 입력 정보를 사용해 상호작용하는 알고리즘을 만들어서 확장현실을 구성하기 위하여 AR, VR, MR로 가상세계와 현실정보를 적절하게 혼합(XR)기술을 통하여 구현할 수 있다.

대중에게 영향력 있는 인공지능(AI) 기반 디지털 뮤지션 플랫폼인 '에임플(AIMPLE)'을 이용하면 누구나 메타버스 환경에서 디지털 뮤지션으로 활동할 수 있도록 디지털 뮤지션 생성부터 콘텐츠 창작, 앨범 발매와 유통, 매니지먼트까지 지원하는 메타버스 기반 NFT 엔터테인먼트 플랫폼이다

우리가 일상적으로 사용하는 SNS나 게임 속 세계가 모두 메타버스이다. 가상현실(VR), 증강현실(AR)을 통해 더욱 확장될 것으로 전망될 것이다. 메타버스 속 아

바타는 현실에서 실제로 존재하는지 여부가 중요하지 않다. 이미 게임에서는 이용자들이 인공지능 캐릭터들과 자연스럽게 어울려 소통하고 있다. 메타버스 속 인공지능은 점차 늘어날 것이다.

인공지능이 저마다의 독특한 개성과 능력을 갖추고 이용자와 함께 생활할 것이다. 얼마나 흥미로운 인공지능이 많이 존재하는지에 따라 메타버스의 인기가 달라질 수도 있다. 구글의 '미나'처럼 새로운 농담을 던지기도 하고, 마이크로소프트의 '샤오아이스'처럼 고민 상담을 해 줄 수도 있다. 새로운 정보를 알려 줄 수도 있고, 새로운 기술을 가르치는 선생님이 될 수도 있다.

수행 내용

재료 · 자료

• 메타버스 관련 자료

기기(장비 · 공구)

• 컴퓨터, 문서작성 프로그램, 프린터, 주변기기

안전 · 유의사항

• 메타버스 관련 장비의 안전 및 유의사항을 숙지한다.

수행 순서

01 인공지능의 주요 기술들에 대하여 분석하라.

인공지능을 구성하는 주요 기술을 분류하는 방식은 보고(시각기능), 듣고(음성인식/이해지능), 생각하고, 표현하고(추론/표현지능), 배우고(학습기능)이다. 즉 〈표 4-4〉와 같이 인간처럼 생각 · 행동, 합리적으로 생각 · 행동하는 인공지능의 구현을 위하여 가장 필요한 4개 주요 기술요소라고 볼 수 있다.

〈표 4-4〉 인공지능의 구현방식 및 기술요소

인공지능 구현방식	기술 요소
① 합리적으로 생각하기 ② 인간처럼 생각하기 ③ 인간처럼 행동하기 ④ 합리적으로 행동하기	① 학습지능 : 기계가 새로운 환경에 적응하고 패턴들을 감지하고 추정한다.
	② 추론/표현지능 : 기계가 아는 것, 들은 것을 저장한다. 질문에 답하거나 새로운 결론을 유도하기 위해서 저장된 정보를 사용한다.
	③ 음성인식/이해지능 : 기계가 대화하는 것을 가능하게 한다.
	④ 시각지능 : 기계가 물체를 지각한다.

1. 학습지능 구현 기술

머신러닝(기계학습 : Machine Learning) 분야에서 오랫동안 데이터로부터 특정 업무를 수행하기 위한 정보를 학습시키려는 연구들이 진행되어 왔으며, 다양한 학습모델과 알고리즘들이 개발되었다. 2000년 후반부터 인간 뇌의 정보처리 과정을 수학적으로 모델링을 통해 모사한 모형인 딥러닝(Deep Learning) 기술이 발전하며 다양한 벤치마크 테스트에서 다른 방법들을 압도하는 높은 성능을 보이며 응용분야를 넓혀가고 있다. 주로 깊은 신경망을 이용해 구현하는데 탁월한 성능을 보이고, 알파고 이후 학습의 경쟁으로 강화학습이 등장하여 기존의 정적인 머신러닝(지도/비지도/준지도/강화학습)에서 필요한 데이터를 수집하며 학습을 진행하는 동적인 학습으로 전개되고 있다.

학습
4

1) 머신러닝

머신러닝은 명시적으로 프로그램하지 않고, 스스로 학습할 수 있는 능력을 컴퓨터에게 부여하기 위한 기술이다. 질문에 입력데이터를 특정 조건으로 분류하여 스스로 답을 내도록 하는 방식이다. 이는 인공지능을 가능케 하는 방법 가운데 하나이다. 컴퓨터가 데이터를 분석하고 스스로 학습하는 과정을 거치면 패턴을 인식할 수 있는 능력을 갖추는데, 이때 컴퓨터는 입력하지 않은 정보도 판단 · 결정을 한다. 이것이 머신러닝이며, 이러한 학습은 컴퓨터에 사람이 데이터를 입력해 학습을 하는 것이다

예를 들어 컴퓨터는 사진만으로 개와 고양이를 구분하지 못한다. 하지만 사람은 아주 쉽게 구분할 수 있다. 이를 위해 '머신러닝(Machine Learning)'이라는 방법이 고안됐다. 많은 데이터를 컴퓨터에 입력하고 비슷한 것끼리 분류하도록 하는 기술이다. 저장된 개 사진과 비슷한 사진이 입력되면, 이를 개 사진이라고 컴퓨터가 분류하도록 한 것이다. 또 다른 예를 들어보면 8명의 키가 있을 때 "키가 큰 사람은 누구인가?"라는 질문을 할 경우 각각의 값을 비교하고 최적의 답을 내는 기술이다.

2) 인공신경망

인간의 뇌에서는 감각기관에서 받아들인 정보가 뉴런을 통해 뇌에 전달된다. 이후 뇌는 종합, 판단해 다시 명령을 내린다. 이 과정에서 여러 개의 뉴런이 연결되면서 복잡한 연산 등을 수행한다. 이와 같은 두뇌의 정보처리 과정을 모방해서 만든 알고리즘이 인공신경망이다. 인공신경망은 인간이 사고하는 것처럼 개체의 대략적인 특징값을 산출하며 이를 반복하면 기계는 스스로 특징값을 산출해 정보를 늘려 간다. 또한 세세한 규칙을 지정해 줄 필요 없이 스스로 특징들을 학습하기에 인간의 번거로움을 덜어 준다. 데이터를 어떻게 분류할 것인가를 놓고 이미 많은 머산러닝 알고리즘이 등장했다. '의사결정 나무'나

‘베이지안망’, ‘서포트 벡터머신(SVM)’, ‘인공신경망’ 등이 대표적이다. 이 중 딥러닝은 인공신경망의 후예다.

3) 딥러닝

딥러닝(Deep Learning)은 머신러닝에 포함된 개념으로 사물이나 데이터를 군집화하거나 분류하는 데 사용하는 기술로써 ‘고층 신경망에 잘 작동하는 학습 방법론’의 총칭이다. 딥러닝은 인공신경망의 한계를 극복하기 위해 제안된 기계학습법이다. 인공신경망에 별도로 훈련된 은닉층(입력과 출력사이에 가중치와 특징추출을 위한 데이터 학습단계)을 층층이 쌓아 학습하는 방식이다. 입력값을 입력한 후 입력값과 가까운 수준의 단계에서는 저 수준의 특징을 인식하고 출력값과 가까운 고수준으로 갈수록 입력값에 대한 특성을 추상화하여 적은 양의 데이터로 효과적인 학습이 가능하게 된다.

(1) 표현/추론/예측지능 구현기술

표현/추론/예측지능 분야는 어떤 사실이나 정보를 기계와 인간이 모두 이해할 수 있는 형태로 나타내고, 이들 정보를 바탕으로 새로운 정보를 유도해 내는 것과 관련된 기술이다. 지식표현 분야는 규칙, 프레임, 의미망 등 기존개념들을 모두 통합한 온톨로지(Ontology)라는 체계가 대표적으로 활용하고 있다. 추론은 인공지능과 일반 SW를 구분하는 것으로 문제해결에 필요한 정보를 자체적으로 조합, 추론에 활용하여 인간의 개입을 최소화하는 딥러닝의 등장과 함께 가장 빠르게 발전하는 분야이다. 예측 분야는 문자 정보 및 다양한 주변 사물을 인식하고 서로 간의 상대적 관계를 추론하는데 더 나아가 다음에 올 상황을 예측하는 인공지능기술들이 제안되었다. 인공지능의 매 순간의 행동이 미래에 미칠 영향을 예측하여 최적의 행동을 선택하고 장기적으로 계획하고 행동하는 인간의 행동패턴을 닮은 인공지능 구현의 시작이라는 점에서 큰 의미가 있다. 최근 이 분야에서 각광받고 있는 인공지능 기반의 커뮤니케이션인 챗봇(CharBot)은 관련된 다양한 정보를 제공할 수 있도록 자연어처리, 질의 의도 분석, 답변생성 부분 등을 탑재한 지능형 상담시스템이다.

① 패턴인식 : 패턴인식(Pattern Recognition)은 인지과학(Cognitive Science)과 인공지능(Artificial Intelligence) 분야에 속하는 문제 중 하나이다. 인지과학은 심리학, 컴퓨터 과학, 인공지능, 신경생물학과 언어학, 철학을 이용하여 지능과 인식의 문제를 다루는 포괄적인 학제적 과학 분야를 말한다. 또한 인공지능은 인간의 학습능력과 추론능력을 인공적으로 모델링하여 외부 대상을 지각하는 능력, 나아가 자연언어와 같은 구문적 패턴까지 이해하는 능력 등을 컴퓨터 프로그램으로 구현하는 기술이다. 인공지능에 관한 연구는 현재 지능형 시스템(Intelligence System)이라는 인공지능에 기반한 정보시스템 분야로까지 발전하고 있다. 정보화 시대에 쉽게 얻을

수 있는 수많은 데이터들을 적절히 가공하는 것은 물론 정보의 표현과 처리에도 지능형 시스템이 적용되고 있으며 금융, 제조, 스포츠, 서비스 분야 등의 비정보기술 부문에까지 널리 이용되고 있다. 패턴인식은 공학적 접근법을 이용하여 인공지능의 실제 구현문제인 센싱된 대상을 인식하는 문제를 주로 다룬다. 패턴인식을 여러 방식으로 정의할 수 있겠지만 "계산이 가능한 기계적인 장치(컴퓨터)가 어떠한 대상을 인식하는 문제를 다루는 인공지능의 한 분야"라고 정의한다.

② 서포트 벡터 머신 : 서포트 벡터 머신(SVM : Support Vector Machine)은 기계학습의 분야 중 하나로 패턴인식, 자료분석을 위한 지도 학습모델이며, 주로 분류와 회귀분석을 위해 사용한다. 두 카테고리 중 어느 하나에 속한 데이터의 집합이 주어졌을 때, SVM 알고리즘은 주어진 데이터 집합을 바탕으로 하여 새로운 데이터가 어느 카테고리에 속할지 판단하는 비확률적 이진 선형 분류 모델을 만든다. 만들어진 분류 모델은 데이터가 매핑된 공간에서 경계로 표현되는데 SVM 알고리즘은 그 중 가장 큰 폭을 가진 경계를 찾는 알고리즘이다. SVM은 선형 분류와 더불어 비선형 분류에서도 사용될 수 있다. 비선형 분류를 하기 위해서 주어진 데이터를 고차원 특징 공간으로 사상하는 작업이 필요한데, 이를 효율적으로 하기 위해 커널트릭을 사용하기도 한다.

③ 인지 컴퓨팅 : IBM 왓슨이 인지 컴퓨팅(Cognitive Computing)이라는 개념을 사용하여 인간과의 효율적 의사소통에 중점을 두었다. 즉 사람이 일반적으로 사용하는 말, 글씨, 그림 등 비정형 데이터를 컴퓨터가 인식하는 자연어처리를 통하여 지식축적 및 답을 제공하는 개념이다.

(2) 음성인식/이해지능 구현기술

음성인식 분야는 오랫동안 진행되어 왔는데 기존은 온톨로지 언어 모델 방법으로 확장성이 한계인데 딥러닝의 적용으로 사람에 의존하지 않고 인공지능이 데이터에 기반한 학습을 통해 스스로 언어를 이해하는 방식으로 전환하여 좋은 성능을 보이고 있다. 기계번역은 자연어처리 분야에서 중요한 기술이고, 통계기반 SMT(Statistical Machine Translation)와 전혀 다른 인공신경망 기반의 기계번역인 NMT(Neural Machine Translation)는 문장 전체 정보를 문장 벡터로 변환하고 번역하기 때문에 연속적이고 전체적 결정에 기반한 선택이 가능하다. NMT의 품질개선을 위해 어텐션 모델, 새로운 번역 프레임워크, 인공신경망 기본 구조변환 등 빠른 속도로 기술이 발전하고 있다. 이 분야는 자동 통역기술로써 헤드셋을 착용 후 한국어로 말하면 상대방 헤드셋에는 번역된 언어로 들리도록 하는 기술이다.

(3) 시각지능 구현기술

시각지능은 사물은 인지하고 시공간적으로 상황을 파악할 수 있는 기술로써 학습(경험)에 의한 사물의 특징과 내용을 이해한다. 직관적으로 사물을 인식하는 능력과 낯선 장면이나 감춰진 사물을 인식하기 위해 주변 상황으로 유추하는 능력인 심층적 사고에 의한 인지능력기술로 구분된다. 딥러닝 이후 행동인식 분야 연구의 활발한 진행으로 영상인식을 위해 합성곱 신경망(CNN : Convolutional Neural Network)의 행동인식 분야로 사용되었고, 과거 정보를 기반으로 현 상태를 판단하는데 적합지 않은 합성곱신경망(CNN)의 약점을 보안하여 순환신경망(RNN : Recurrent Neural Network), LSTM(Long Short Term Memory), 생성적대적 신경망(GAN : Generative Adversarial Network) 등의 새로운 알고리즘이 제안하여 행동인식 기능이 개선되고 있다. 이 기술은 품질검사, 질병진단, 범죄/사고 감시 등 산업전반에 걸쳐 활용이 가능하다.

① 퍼지논리 : 퍼지논리(Fuzzy Logic)는 불분명한 상태, 모호한 상태를 참 혹은 거짓의 이진 논리에서 벗어난 다치성으로 표현하는 논리개념이다. 퍼지논리는 근사치나 주관적 값을 사용하는 규칙들을 생성함으로써 부정확함을 표현할 수 있는 규칙기반기술(Rule-based Technology)이다. 퍼지집합의 개념은 각 대상이 어떤 모임에 속한다, 또는 속하지 않는다는 이진법 논리로부터 벗어나 각 대상이 그 모임에 속하는 정도를 소속함수(Membership Function)로 나타내고 그 소속함수를 대응되는 대상과 함께 표기하는 집합이다.

퍼지이론은 확률이론과 근본적으로 다르다. 어떤 사람이 부엌과 침실 사이의 문간에 서있다고 할 때, "그 사람은 50% 부엌, 50% 침실에 서 있다" 라고 말하는 것과 "그 사람은 50%의 확률로 부엌에 있거나 50% 확률로 침실에 있다"라고 말하는 것은 다르다. 퍼지이론은 '회색이론'이라는 별명으로도 불린다. 왜냐하면 흑백 사이의 수많은 회색을 상정하기 때문이다. 그리고 이 개념을 표현하는 방식으로 '매우', '조금', '약간', '보통의'라는 언어적 형용사를 사용한다. 그렇기 때문에 퍼지이론을 '비수학적'이라고 생각하는 사람도 있다. 최근 퍼지이론을 응용하여 인간의 사고능력에 가까운 기능을 구현하는 연구가 활발하게 진행되고 있으며 가전제품, 자동제어 분야에서 응용한 제품이 출현하였다. 주요 응용분야인 퍼지제어기는 퍼지화기(Fuzzifier), 규칙 베이스(Rule Base), 퍼지추론기(Fuzzy Inference Engine), 비퍼지화기(Defuzzifier)로 구성되어 있다. 퍼지제어기는 복잡한 비선형 시스템의 제어시 퍼지집합을 분할하여 각 영역에 따른 규칙 베이스를 구성하면 기존의 비선형 제어기에 비해 훌륭한 성능을 얻을 수 있다.

02 인공지능과 메타버스 기반의 NFT 엔터테인먼트 플랫폼에 대하여 분석하라.

코로나 19로 인한 비대면 장기화로 메타버스 플랫폼에서 활동하는 뮤지션들이 눈에 띄게 늘어났다.

존 레전드(John Legend), 트래비스 스캇(Travis Scott), DJ 마시멜로(DJ Marshmello) 등 해외 유명 뮤지션들이 가상공연으로 콘서트를 개최했다. 뮤지션들의 활동영역이 단순한 오프라인, 온라인 환경에서 현실과 가상이 혼합된 메타버스로 확장된 것이다.

인공지능음악 전문기업 이모션웨이브가 디지털 뮤지션 프로듀싱 플랫폼 '에임플(AIMPLE)'을 출시한다.

대중에게 영향력 있는 인공지능(AI) 기반 디지털 뮤지션'을 뜻하는 에임플은 누구나 메타버스 환경에서 디지털 뮤지션으로 활동할 수 있도록 디지털 뮤지션 생성부터 콘텐츠 창작, 앨범 발매와 유통, 매니지먼트까지 지원하는 메타버스 기반 NFT 엔터테인먼트 플랫폼이다.

에임플은 AI 기술과 딥러닝 학습을 통해 춤, 노래, 연기가 가능한 디지털 뮤지션을 제공한다. 그뿐만 아니라 자체 개발한 인공지능 음악엔진 리마(RIMA) 기반의 AI 작곡, 편곡, 악기 연주 서비스를 제공하여 디지털 뮤지션의 음악 콘텐츠 창작활동을 지원하는 로봇밴드이다. 이러한 플랫폼 기술의 중심이 되는 리마(RIMA)는 로봇피아노, 로봇기타, 로봇베이스, 로봇드럼, 로봇퍼커션, 로봇마림바 등 총 6가지 악기로 구성된 엔진이다.

또한 에임플은 NFT 생성 및 거래를 위한 마켓 플레이스를 구축해 디지털 뮤지션의 음원과 콘텐츠를 NFT(대체 불가 토큰/Non-Fungible Token)로 발행하고 거래할 수 있다.

음원과 콘텐츠를 NFT로 발행하게 되면 음원과 콘텐츠의 소유자와 거래이력이 블록체인 네트워크에 기록되고, 블록체인의 특성상 기록된 내용을 쉽게 변경할 수 없다. 그래서 NFT는 진위여부와 소유권 입증이 중요한 그림, 음악, 영상 등의 콘텐츠 분야에 유용하게 적용되고 있다.

이모션웨이브의 에임플은 메타버스와 AI 기술을 통해 음악적 지식과 재능, 외형, 나이에 구애받지 않고 누구나 디지털 뮤지션이 돼 춤, 노래, 연기, 모델 등의 다양한 활동을 하고 이를 수익화하는 새로운 음악생태계를 구축한다.

많은 뮤지션과 방송 및 엔터테인먼트 관계자가 에임플을 통해 메타버스 환경에서 활발히 활동할 수 있다.

[그림 4-6] 메타버스 환경하의 AI 피아니스트 한울

03 생성적 적대신경망(GAN)기반 영상생성기술을 적용한 AI 메타버스 패션마켓 플랫폼에 대하여 분석하라.

개인 취향과 SNS 등 최신 트렌드를 분석해 6백만 장의 DB로 본인만의 패션상품 제작을 도와주는 인공지능(AI)기술을 사용한 AI 디자이너가 개성 있는 옷 제작을 도울 수 있는 길이 열리게 됨에 따라 패션산업에 새로운 바람을 불러올 전망이다.

다양한 1인 미디어 플랫폼을 분석해 트렌드를 파악하고 이를 반영하여 새로운 의상을 디자인한 후 가상 착장(着裝)까지 해주는 AI 패션상품 마켓 플랫폼 기술이다.

패션의류시장은 아이디어가 있어도 실제로 디자인을 구현하거나, 모델을 섭외하여 판매를 위한 전문촬영을 하는데 큰 비용이 들어 소상공인들이 접근에 어려움을 겪고 있었다.

[그림 4-7]처럼 AI를 이용해 사용자의 취향과 최신 트렌드를 반영, 수 만장에 이르는 디자인을 새롭게 생성해낼 수 있는 기술로써 디자인한 옷을 가상에서 바로 착용해볼 수 있는 서비스도 개발했는데 이를 활용하면 메타버스(Metaverse) 플랫폼에서 AI가 제작한 의상을 아바타에 입힐 수 있다. 이러한 서비스는 생성적 적대신경망(GAN : Generative Adversarial Networks)기반의 영상생성기술을 활용하였다.

실제 디자인 분야에서 옷의 유형, 계절, 색상, 무늬패턴 등 조건을 선택하면 AI가 실제 맞춤형 디자인을 해주고 이를 모델에 입혀보고 다시 영상화도 가능해 실제 제품을 제작하기 전에 사실적인 완성품을 예상할 수 있다.

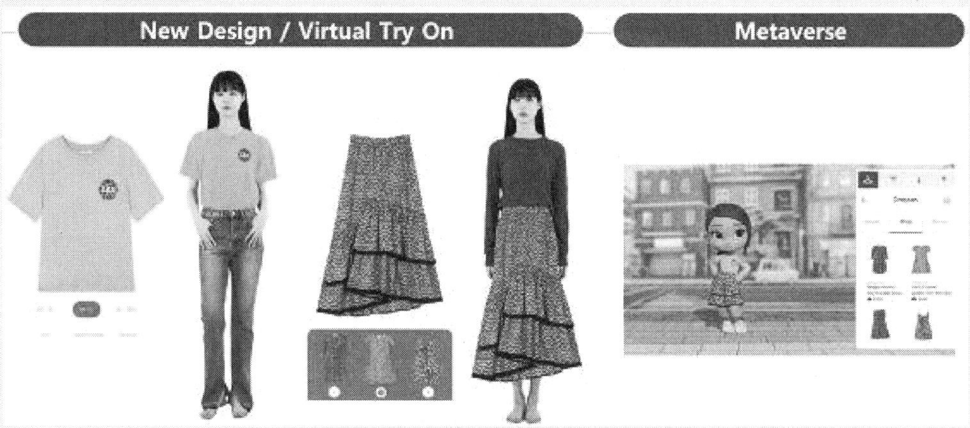

[그림 4-7] 인공지능기반의 메타버스 아바타를 이용한 패션마켓 플랫폼

이 기술의 핵심이 되는 인공지능기술로 패션영상 다중정보 추출기술, 신규 디자인 생성 및 스타일 변환기술, 착장영상 자동생성 AI 기술 등이 있다.

이 기술을 활용하면 일반인도 AI로 쉽게 패션이나 액세서리 등의 문화상품을 기획부터 제품화까지 시뮬레이션할 수 있고, 디자인 지식이 없어도 AI가 추천해주는 디자인을 골라 제품화하고 가상모델에 적용까지 가능해졌다.

이 기술을 활용하면 패션업계 소상공인이나 1인 미디어 창작자들도 브랜드 제품판매 수준과 견주어도 손색없는 경쟁력을 갖추며 소비자들의 구매 의사결정에 큰 도움이 된다.

이 기술로 본인만의 독특한 브랜드도 만들 수 있고 직접 촬영한 사진에 AI가 특정한 패턴, 스타일 등을 더해 로고나 아이콘 등을 창조할 수 있다. 이를 활용해 액자, 머그, 쿠션 등의 상품을 만들어 본인만의 완성도 높은 문화상품을 제작할 수 있다.

이 기술을 내 의도에 맞게 옷을 착용한 모델 및 영상을 만들어내는 기술로 증강현실(AR)을 활용해 옷을 덧씌우는 방식과는 기술적 차별성이 있다.

또한 홈트레이닝, 골프 스윙자세 분석 등 사람의 자세를 분석하는 연구를 수행하여 모델의 자세를 고려한 착장영상 자동 생성 기술 연구에 큰 도움이 되었다.

최근 K-패션에 특화된 600만 장 이상의 대규모 패션전문 데이터셋을 구축함으로써 AI가 생성해내는 신규 디자인 및 모델영상에 보다 한국적인 트렌드를 반영한 결과를 선보일 계획이다.

AI 기술이 데이터를 분석하고 이해하는 과정을 뛰어넘어 창작의 영역에 진출함으로써 실제 제품을 만드는 과정에 혁신적인 기여가 가능해 새로운 수익모델 창출이 가능케 되었다.

패션디자이너는 기존에 일하던 과정에서 관계자들과 소통을 통해 창의적 패션기획이 어려웠지만, AI를 이용한 영상생성기술을 활용하면 패션기획과 마케팅에 큰 도움이 될 것이다.

향후 생성영상의 해상도를 높이는 등 기술고도화에 나서고 1인 미디어 창작자들이 제품화 과정에 참여할 수 있도록 사용하기 편한 저작도구 및 자동화 지원 플랫폼을 개발·구축할 계획이다.

04 GAN기반 이상탐지방법에 대하여 분석하라.

이상(Anomaly)현상은 정상적인 현상에 비해 상대적으로 발생할 가능성이 매우 적다. 그렇기 때문에 이상현상에 대한 특징을 정의하는 것은 쉽지 않다. 또한 예상치 못한 이상현상에 대해서도 탐지할 수 있도록 대응하기 위해서는 새로운 접근방법이 필요하다. 생성적 적대 네트워크(Generative Adversarial Networks, GAN)는 이 두 가지 문제점을 해결할 수 있는 방법이다.

1. GAN(Generative Adversarial Networks)

생성적 적대 네트워크(GAN)란 생성자(Generator)와 판별자(Discriminator)가 적대적으로 학습시키는 인공지능 알고리즘이다.

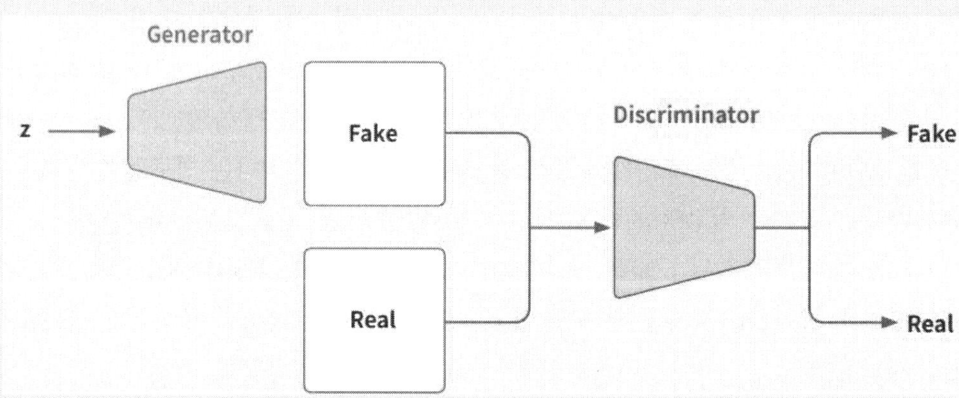

[그림 4-8] GAN의 개념도

[그림 4-8]는 GAN의 동작을 나타내는 개념도다. 생성자는 노이즈 벡터(z)를 사용하여 가짜 데이터(Fake)를 만들어낸다. 이해를 돕기 위해 여기서 생성하는 데이터는 이미지라

고 가정하겠다. 판별자는 생성자가 만든 가짜 이미지와 진짜 이미지를 입력으로 받아 어떤 것이 진짜인지 판별하는 역할을 수행한다.

GAN은 생성자가 만든 가짜 이미지가 진짜 이미지와 비슷해져서 판별자가 진위를 판별하지 못할 때까지 알고리즘을 개선하는 방식으로 학습을 진행한다. 이처럼 GAN으로 학습한 생성자는 진짜 같은 가짜 데이터를 만들어낸다.

유명화가의 화풍을 입힌 이미지, 유명인 목소리와 똑같은 음성변조 파일, 소설, 시, 만화, 동영상 등 다양한 콘텐츠 생성분야에서 활용하고 있다.

2. GAN기반 이미지 데이터 이상탐지방법

이처럼 GAN은 일반적으로 생성자를 학습시켜 새로운 데이터를 만들어내는 것을 목적으로 한다. 이상탐지기술에서는 GAN의 생성자가 잠재 벡터(z)를 활용하여 데이터를 잘 생성할 수 있도록 이상적인 잠재 데이터를 추출하는 것을 목적으로 한다.

최근 이미지의 이상탐지를 위한 GAN의 연구결과가 많이 발표되었다. 2017년 발표된 AnoGAN은 의료분야의 이미지에서 이상을 감지하는데 좋은 성능을 보이는 알고리즘이다. [그림4-9]은 AnoGAN의 동작을 나타낸다.

AnoGAN은 정상 데이터의 주요 특징(z)을 입력 받아 정상 이미지를 생성하는 생성자(Generator G)를 학습시킨다. 학습이 진행될수록 생성자는 잠재공간(Latent Space)에 있는 값을 사용하여 진짜 같은 가짜 정상이미지를 생성한다.

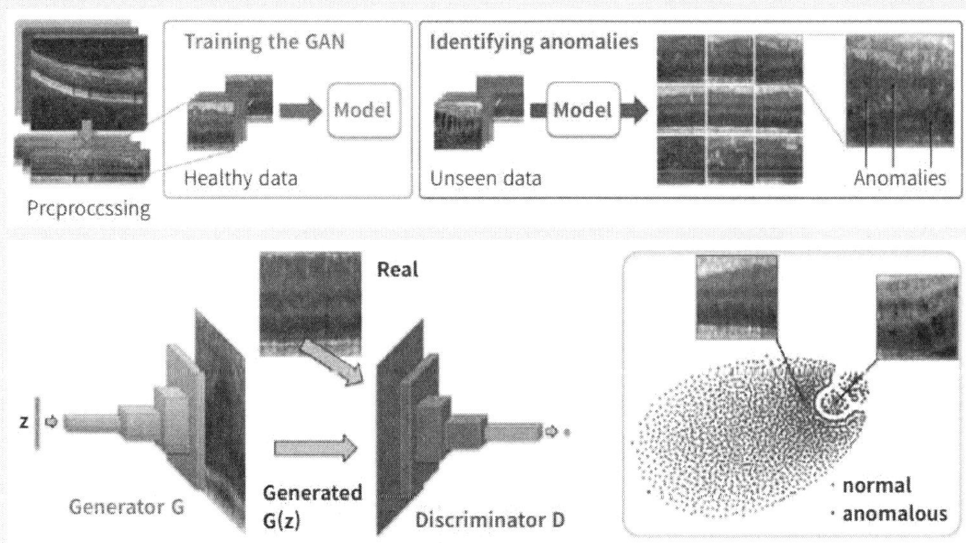

[그림 4-9] AnoGAN의 개념도

판별자(Discrimicator D)는 진짜 정상이미지(Real)와 생성자가 만든 가짜 정상이미지[G(z)]를 비교하여 잔차(Residual)를 계산한다. 이후 생성자와 판별자의 가중치(Weight)는 고정시키고, 판별자가 계산하는 잔차의 값이 최소화가 되도록 잠재공간에 있는 벡터(z)값을 조절하는 과정을 거친다. 이 과정을 통해 기존에 알지 못했던 이상현상(Anomaly Event)를 탐지할 수 있을 뿐만 아니라 잔차를 판별하는 과정에서 이상현상이라고 판별하는 부분에 대해서도 나타낼 수 있다.

AnoGAN은 정상데이터에 비해 비정상(Abnormal) 데이터가 부족한 데이터 불균형 문제를 극복했을 뿐만 아니라 라벨링이 어려운 이미지 데이터를 전처리하는 데에 소요되는 시간과 리소스를 단축시킨 효과가 있다. 하지만 큰 데이터나 실시간 어플리케이션에서는 활용이 어렵다는 한계가 있다.

이후 이러한 문제를 개선한 bi-directional GAN, cycle-consistent GAN, BeatGAN, TadGAN 등 이상 탐지에 GAN을 활용한 다양한 연구 결과가 지속적으로 발표되는 추세다.

3. GAN기반 시계열 데이터 이상탐지 사례

최근 실시간으로 데이터를 수집하고, 처리하여 의사를 결정하는 어플리케이션이 많아짐에 따라 시계열 데이터의 이상탐지에 대한 수요가 증가했다. 국방, 에너지, 금융, 의료 등 여러 비즈니스 영역에서 활용이 가능하기 때문에 발생할 수 있는 이상(Anomaly)의 유형도 다양하다.

시계열 데이터의 이상현상은 시간, 즉 시스템이 비정상적으로 작동하는 시점(Point) 또는 기간(Duration)으로 정의된다. 시점(Point)이상은 비정상적인 값에 도달한 단일 시점 또는 연속적인 일련의 시점의 집합으로 정의할 수 있다. 기간(Duration)이상은 특정 시점은 비정상적이지 않을 수 있으나, 특정 구간을 전반적으로 검토하였을 때에 이상현상이 발견되는 경우다.

시계열을 특정 길이의 하위 시퀀스로 분할하고 클러스터링 알고리즘을 적용하여 이상현상을 탐지한다. 하지만 대부분의 시계열 데이터의 이상현상은 임계치를 초과하지 않고, 신호 자체가 불분명한 경우가 많아 임계치를 활용하는 것이 어렵다. 또한 통계적인 기법을 적용하기 위해서는 많은 양의 도메인 지식을 요구하고 있어 구현하는 것이 쉽지 않다.

이처럼 시계열 데이터는 데이터 자체가 기존 이상탐지 분석방법을 적용하기 어렵고, 실제로 많은 이상탐지 알고리즘이 이상현상에 대한 탐지뿐만 아니라 오탐하는 오류를 많이 발생하고 있다. 이상탐지 알고리즘은 이상현상을 정상적으로 탐지하는 것도 중요하지만, 정상현상을 이상현상이라고 오탐하지 않는 것도 중요한 성능지표다. 일반적으로 시계열 데이터의 이상탐지 알고리즘은 오탐(L2 에러)을 발생하는 문제가 많이 발생한다.

TadGAN은 GAN기반 시계열 데이터 이상탐지 알고리즘이다.

[그림 4-10]은 TadGAN의 구조를 나타낸다.

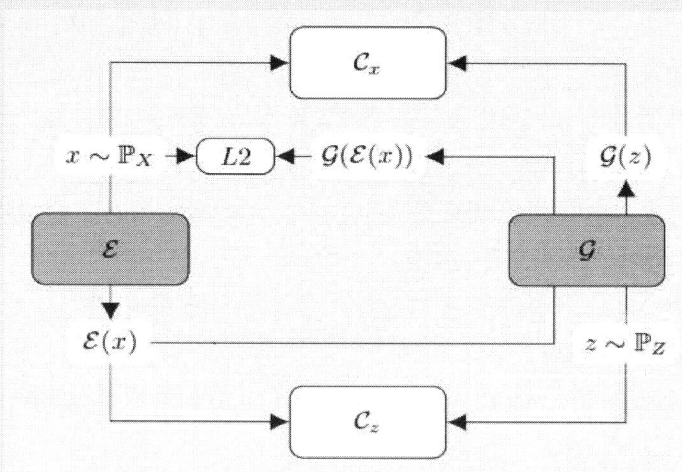

[그림 4-10] TadGAN의 구조

TadGAN은 두 개의 생성자 ε와 g, 두 개의 판별자 Cx와 Cz가 있다. 생성자 ε는 시계열 시퀀스를 잠재변수에 매핑하는 인코더 역할을 하고, 생성자 g는 잠재변수를 재구성된 시계열 시퀀스로 변환하는 디코더 역할을 한다. 판별자 Cx는 X의 실시간 시계열 시퀀스와 g(z)에서 생성된 시계열 시퀀스를 판별하고, 판별자 Cz는 잠재공간에 대한 매핑의 정도를 판별한다.

동적인 시간 래퍼(DTW : Dynamic Time Wrapping), 시점기반 차이, 오탐(L2 norm)을 고려한 점수 등 기존 시계열 데이터 이상탐지 알고리즘의 한계를 극복하기 위한 이상탐지 점수(Anomaly Score) 계산방법을 사용하였다.

학습활동.4 교수 · 학습 방법

교수 방법

- 메타버스와 인공지능 기술융합에 대한 관련 용어, 구성, 방식 이해 정도를 파악한 후 수업을 진행한다.
- 교수자의 주도로 메타버스와 인공지능 기술융합 등의 내용을 PPT 자료로 제시한 후 설명한다.
- 가능하면 사전에 개인별 학습 자료를 준비하여 모든 학생이 참여할 수 있는 문제 해결식 수업, 협력 수업이 가능하도록 한다.
- 메타버스와 인공지능 기술융합 전 과정을 작업의 순서에 따라 단계적으로 실습이 이루어질 수 있도록 지도한다.
- 교재를 통해 수업을 준비하는데 있어서 필요한 모든 정보나 팁, 힌트 등 도움이 될 만한 내용들을 확인할 수 있다.
- 학생들이 만들게 될 각 모델들은 수업시간에 중점적으로 다뤄질 부분과 어휘, 질문, 답을 포함하고 있으며 또한 탐구할만한 추가적인 아이디어들도 포함하고 있다.

학습 방법

- 메타버스와 인공지능 기술융합에 대한 관련 용어를 숙지하고, 메타버스와 인공지능기술융합에 대해 이해한다.
- 메타버스와 인공지능 기술융합의 각 단계별 중점 사항을 체계적으로 학습한다.
- 메타버스와 인공지능 기술융합의 수행순서의 전 과정을 실습한다.
- 메타버스와 인공지능 기술융합의 내용을 이해한다.
- 메타버스와 인공지능 기술융합을 이해하고 숙달이 될 때까지 학습한다.

학습활동.4 평가 및 피드백

평가 준거

- 평가자는 피평가자가 수행 준거 및 평가 내용에 제시되어 있는 내용을 성공적으로 수행할 수 있는 지를 평가해야 한다.

학습내용	평가항목	성취수준		
		상	중	하
메타버스와 인공지능 기술융합	메타버스와 인공지능 기술융합을 이해할 수 있다.			

평가 방법

• 작업 포트폴리오

학습내용	평가항목	성취수준		
		상	중	하
메타버스와 인공지능 기술융합	메타버스와 인공지능 기술융합을 이해할 수 있다.			

• 필기시험

학습내용	평가항목	성취수준		
		상	중	하
메타버스와 인공지능 기술융합	메타버스와 인공지능 기술융합을 이해할 수 있다.			

• 체크리스트를 통한 관찰

학습내용	평가항목	성취수준		
		상	중	하
메타버스와 인공지능 기술융합	메타버스와 인공지능 기술융합을 이해할 수 있다.			

• 피드백

1. 작업 포트폴리오
   - 제출한 보고서를 평가한 후 주요 사항에 대하여 표시하여 돌려준다.
2. 필기시험
   - 평가 결과 성적이 저조한 학생은 보고서 제출 기회를 부여한다.
3. 체크리스트를 통한 관찰
   - 실습 과정에서 평가한 후 개선해야 할 사항 등을 정리하여 돌려둔다.

참 | 고 | 문 | 헌

- 강지영, 인공지능기반 이상감지기술, 월간 SW중심사회, SPRi, 2021.4.
- 김광우, 메타버스는 차세대 플랫폼 혁명, tech42, https://www.tech42.co.kr, 2021.5.18.
- 김병필, 인공지능 개척시대, 메타버스 속 인공지능, 중앙일보, 2021.5.17.
- 김봉수, 메타버스가 뭐죠, 아시아경제, https://www.asiae.co.kr/, 2021.06.06.
- 김상균 · 신병호, 메타버스 새로운 기회, 메가북스, 2021.
- 김서희, 가상현실의 확장 메타버스 도래, 2021 글로벌 ICT이슈 레포트, 2021.
- 김현정, 새로운 미래공간이 된 메타버스, 사이언스타임즈, 2021.3.31.
- 남현숙, 미국 VR · AR 기술정책의 진화, https://spri.kr/posts/view/22823?code=industry_trend, 2019.
- 노중호, 5차산업혁명의 실체를 분석한다, 노블사이언스, http://www.nobelscience.net, 2017.10.6.
- 대체불가토콘, 게임의 메타버스화 촉진할 블록체인경계의 핏줄, 글로벌 게임산업 동향, 한국콘텐츠진흥원, 2021.3.
- 박경일, 메타바스 새로운 기회, 로봇신문, 2021.05.16.
- 박민영, 메타버스 시대 주인공, '디지털 휴먼' 가치와 쓸모, 솔트룩스 인공지능 사이트, 2021.3.9.
- 박지혜, 다가오는 메타버스 시대 차세대 콘텐츠산업의 방향과 시사점, KIER, 산업경제, 2021.05.
- 박진호, K-인공지능 콘텐츠로 디지털 문화유산 한류 이룰 것, AI타임즈, 2021.3.23.
- 백승은, AI로 의상 디자인 가상 착장까지 ETRI패션상품 기술 개발, 2021.4.01.
- 블로터, [블록먼데이]"NFT서 미래 봤다"…'더샌드박스'가 꿈꾸는 블록체인 게임, 2020.10.19.
- 신정아, 뉴미디어와 스토리두잉, 칠월의숲, 2009.
- 아주경제, 이번엔 부활할까? 싸이 월드 22년 흥망성쇠, 2021.02.03.
- 오현주, 메타버스가 다시오고 있다. nia, 2021.03.
- 이승환, 로그린 메타버스 인간 x 공간 x 시간의 혁명, SPRi, issue report, 2021.03,17.
- 이승환 · 한상열, 메타버스 비긴즈 : 5대 이슈와 전망, SPRi, issue report, 2021.04.20.
- 이종관, ESG, 메타버스 그리고 AI; 5차혁명? 한경닷컴, https://www.hankyung.com/it/article/202106166511i, 2021.6.17.
- 이진규, 메타버스와 프라이버시, 그리고 윤리-논의의 시작을 준비하며, 2021.3.2.
- 장한영, AI기반 메터버스에서 누구나 디지털뮤지션이 될 수 있다, 인공지능신문, http://www.aitimes.kr, 2021.5.21.
- 전자신문, 반지의 제왕 애플, 스마트 링 특허 등장, 2021.01.13.
- 정한영, AI 기반 메타버스에서는 누구나 디지털 뮤지션이 될 수 있다!, 인공지능신문, http://www.aitimes.kr, 2021.05.24.
- 조선일보, 42조원 가치, 로블록스...게임만들고 친구와 즐겨, 2022.03.22.
- 중앙일보, '세계 최초, 한국 최초의 게임들', 2008.9.23.
- 중앙일보, '아바타끼리 연애하고 회사도 만든다.' 메타버스 플랫폼 '제페토'의 미래, 2021.04.03.
- 현대자동차그룹, VR technology for mobility development. https://www.youtube.com/watch?v=Wdawq_s1Zzg, 2019.12.18.
- Accenture, A responsible future for immersive technologies. https://www.accenture.com/us-en/insights/technology/responsible-immersive-technologies, 2019.5.15.
- Alan JS Han, 3D Audio의 현재와 미래, http://www.alanjshan.com/3d-audio/
- AR MR XR, The Metaverse is coming : Nvidia Omniverse. https://www.youtube.com/

watch?v=lcuGpLLeGWM, 2020.10.6.
- Boost VC, Perkins Coie, & XR Association, 2020 augmented and virtual reality survey report. https://www.perkinscoie.com/images/content/2/3/231654/2020-AR-VR-Survey-v3.pdf, 2020.
- Coindesk Korea, NFT시장 급성장, 커지는 위작 · 저작권 분쟁, 2021.4.1.
- Dean Takahashi, Crucible is creating agents to keep the metaverse open, https://venturebeat.com/2021/01/27/crucible-is-creating-agents-to-keep-the-metaverseopen/, 2021.1.27.
- Dean Takahashi, Tim Sweeney : The open metaverse requires companies to have enlightened self-interest. https://venturebeat.com/2021/01/27/tim-sweeney-the-open-metaverse-requires-companies-to-have-enlightened-self-interest/, 2021.1.27.
- ETRI, AI 디자이너 모델 생성기술개발, 2021.4.1.
- Gartner, Gartner top 10 strategic technology trends for 2019. https://www.gartner.com/smarterwithgartner/gartner-top-10-strategic-technology-trends-for-2019/, 2018.10.15.
- Genies(n.d.), Celebrity avatars. http://avatars.genies.com/celebrity-avatars/
- https://ko.wikipedia.org/wiki/
- https://www.ajunews.com/view/20210512155443174
- https://www.sedaily.com/NewsVIew
- ITBear, 증강현실 AR 내비 등장!! U+내비게이션. https://www.youtube.com/watch?v=a7RuuizGnIQ, 2020.8.11.
- James Paul Gee, What video games have to teach us about leaning and literacy. St. Martin's Griffin, 2007.
- Jane McGonigal, Reality is broken : Why games make us better and how they can change the world. Penguin Books, 2011.
- John Smart, Jamis Cascio, & Jerry Paffendorf, Metaverse Roadmap Overview. Acceleration Studies Foundation, http://www.metaverseroadmap.org/overview/, 2007.
- KB금융지주 경영연구소, 블록체인 시장의 다음 메가트렌드, NFT, 2021.03.02.
- Kevin Westcott, Jeff Loucks, Kevin Downs et al, Digital media trends survey, 14th edition, https://www2.deloitte.com/us/en/insights/industry/technology/digital-media-trends-consumption-habits-survey/summary.html, 2020.6.23.
- Lauren Kirchner, AOL settled with unpaid "volunteers" for $15 million. https://archives.cjr.org/the_news_frontier/aol_settled_with_unpaid_volunt.php, 2011.2.10.
- LG CNS, 사람이 눈 앞에 있는데 비대면? 가상융합(XR)이 온다!. https://blog.lgcns.com/2454, 2021.1.5.
- Neal Stephenson, Snow Crash. Bantam Books, 1992.
- North, Snow Crash, Bantam Books, 1992.
- SMTOWN, SM 신인 걸그룹 aespa, 11월 17일 데뷔 확정! 싱글 'Black Mamba' 진격 공개!. https://www.smtown.com/artist/newsDetail/4154, 2020.11.2.
- SPRi, 비대면 시대의 Game changer, XR, 2021 ICT 산업전망 Conference, 2020.
- T Times, 1년 만에 유니콘 건너뛰고, 2조 원 회사 된 호핀, 2020.10.22.
- theguru, 애플, VR 장갑 특허 획득…'메타버스' 시대 준비, 2021.01.05.
- Unity(n.d.), What is AR, VR, MR, XR, 360?. https://unity3d.com/what-is-xr-glossary
VT Staff, The blockchain-based virtual world that can help usher in the metavrse, https:

학습 4

//venturebeat.com/2021/02/04/the-blockchain-based-virtual-world-thatcan-help-usher-in-the-metaverse/, 2021.2.4.
- Unreal Engine, 언리얼 엔진 4 문서 - 디지털휴먼, https://docs.unrealengine.com/ko/Resources/Showcases/DigitalHumans/index.html
- VentureBeat, The Metaverse is coming. https://www.youtube.com/watch?v=rbhC6wokNGc, 2020.4.29.
- www.care-os.com
- www.gatebox.ai/grande
- www.teamflowhq.com

학습 1	메타버스의 개요
학습 2	메타버스의 혁명
학습 3	메타버스의 융합기술
학습 4	메타버스와 인공지능 기술융합
학습 5	**메타버스와 빅데이터 기술융합**
학습 6	메타버스와 XR 기술융합
학습 7	메타버스와 디지털트윈 기술융합
학습 8	메타버스와 블록체인 기술융합
학습 9	메타버스와 5G 네트워크 기술융합
학습 10	메타버스와 IoT 기술융합
학습 11	메타버스의 플랫폼
학습 12	메타버스의 활용
학습 13	메타버스의 미래와 진화

학습 목표

1. 메타버스와 빅데이터 기술융합을 이해할 수 있다.

5-1 메타버스의 빅데이터기술

1. 빅데이터의 정의

빅데이터(Big Data)는 종래의 사용되는 데이터 수집, 관리 및 처리 소프트웨어의 수용한계를 넘어가는 방대한 크기의 데이터를 의미한다. 즉 기존 데이터베이스 관리도구의 능력을 넘어서는 대량(수십 Tera Byte)의 정형, 비정형의 데이터를 포함한 데이터로부터 가치를 추출하고 결과를 분석하는 기술이다.

그러므로 빅데이터 분석은 수집 → 분석 → 예측의 단계를 거치면서 의사결정을 지원하는 기술이다.

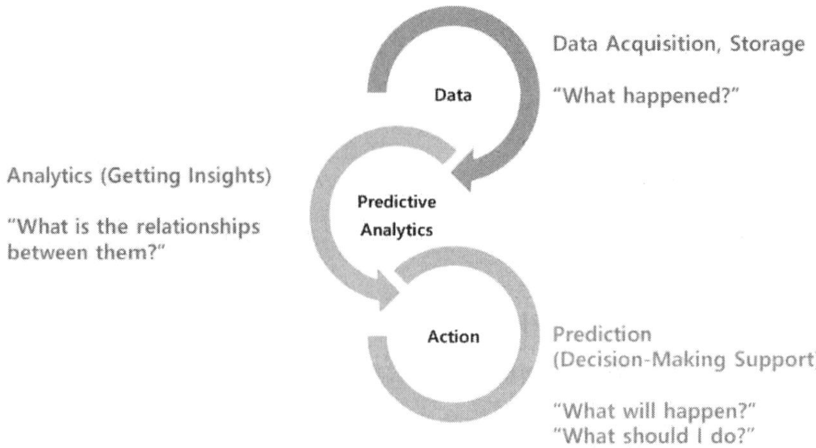

[그림 5-1] 빅데이터 분석단계

2. 빅데이터의 특징

빅데이터의 특징은 데이터의 크기(Volume), 데이터의 형태의 다양성(Variety), 데이터의 생성속도(Velocity)이지만 최근에는 데이터의 가치(Value)와 복장성(Complexity)이 추가되어 정확성(Veracity), 가변성(Variability), 시각화(Visualization) 등이 포함되는 경향이 있다.

크기(Volume)는 데이터의 물리적인 크기를 말하고, 다양성(Variety)은 데이터의 형태 유무와 연산가능 여부에 따라 나누어지는 데이터의 다양함을 말하고, 속도(Velocity)는 많은 데이터를 어떻게 빠르게 분석하고 처리하는 능력을 말한다.

데이터의 정확성(Veracity)은 빅데이터 시대에 방대한 데이터의 양을 분석하여 일정한 패턴을 추출하지만 정보의 양이 많아지는 만큼 데이터의 신뢰성이 떨어지기 쉽다. 따라서 빅데이터를 분석하는데 있어 기업이나 기관에 수집한 데이터가 정확한 것인지, 분석할 만한 가치가 있는지 등을 살펴야 하는 필요성이 대두되었고 이러한 측면에서 새로운 속성인 정확성이 제시되고 있다.

데이터의 가변성(Variability)은 최근 소셜미디어의 확산으로 자신의 의견을 웹사이트를 통해 자유롭게 게시하는 것이 쉬워졌지만, 실제로 자신의 의도와는 달리 자신의 생각을 글로 표현하게 되면 맥락에 따라 자신의 의도가 다른 사람에게 오해를 불러일으킬 수 있다. 이처럼 데이터가 맥락에 따라 의미가 달라지는 가변성이 제시되고 있다.

데이터의 시각화(Visualization)는 빅데이터의 정형 및 비정형 데이터를 수집하여 복잡한 분석을 실행한 후 용도에 맞게 정보를 가공하는 과정으로써 정보 사용대상자의 이해정도에 따라서 정보의 가공을 위해 소모된 시간적 · 경제적 비용이 무용지물이 될 수 있기 때문에 시각화가 필요하다.

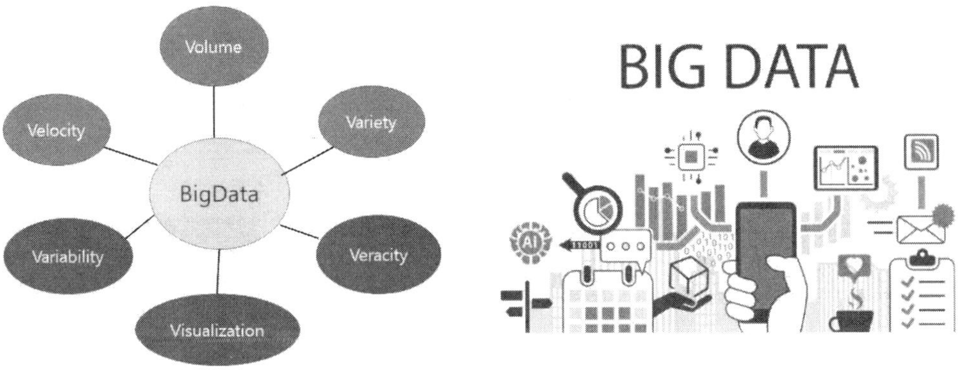

[그림 5-2] 빅데이터의 특징

3. 빅데이터의 분석기법

빅데이터는 데이터의 유형이 정형데이터(고객데이터, 상품 판매데이터 등)와 비정형데이터(SNS활동 기록, 영상정보, 위치정보 등)에 따라서 분석기술이 다르게 적용된다.

1) 데이터 처리기술

빅데이터의 데이터 처리과정은 여러 개의 데이터를 작은 연산으로 나누고 이를 취합하여 하나의 결과로 만드는 데이터의 병렬처리이다. 데이터를 독립된 형태로 나누고 이를 병렬적으로 처리하여 분할하고 점령(Divide and Conquer)하는 것이다. 빅데이터 분석기술과 방법들 중에 정형데이터의 분석은 데이터 마이닝, 휘귀분석으로써 기존 통계학과 전산학에서 사용되던 인공지능의 데이터마이닝, 기계학습, 자연언어처리, 패턴인식 등이 해당한다.

비정형 데이터의 분석은 텍스트 마이닝, 오피니언 마이닝, 소셜네트워크 분석, 군집분석 등이 있다.

(1) 텍스트 마이닝

비/반정형 텍스트 데이터에서 자연언어처리 기술에 기반을 두어 가치있는 유용한 정보를 추출·가공한다. 즉 데이터 마이닝은 분류(Classification), 군집(Clustering), 연관분석(Association), 예측(Forecasting), 의사결정(Decision Trees), 연속성 패턴(Sequencing) 등의 기법을 통해 데이터를 분석한다.

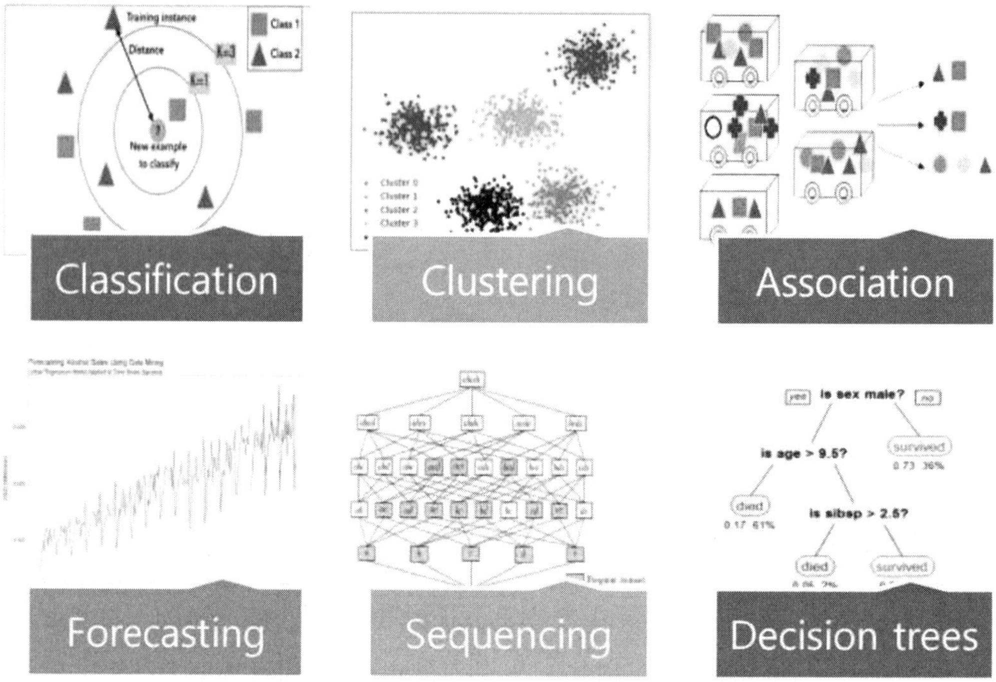

[그림 5-3] 데이터마이닝 기법

(2) 오피니언 마이닝

소셜미디어 블로그, 게시판 등의 정형/비정형 텍스트의 제품/서비스에 대한 긍정, 부정, 중립의 선호도를 판별, 추출한다.

(3) 소셜네트워크 분석

소셜네트워크의 영향력, 관심사, 성향, 행동패턴 연결구조 및 강도 등을 바탕으로 사용자의 명성 및 영향력을 측정한다.

(4) 군집 분석

비슷한 특성을 가진 개체를 합쳐가면서 최종적으로 유사 특성의 데이터 군집을 발굴, 추출한다.

2) 데이터 저장기술

빅데이터의 저장기술은 주로 대기업에서 사용하는 아파치 하둡을 저렴한 비용으로 운영이 가능하다. 중소기업에서 주로 사용하는 것은 NoSQL(Not Only Structured Query Language)이다.

(1) 아파치 하둡(Apache Hadoop)

대량의 자료를 처리할 수 있는 큰 컴퓨터 클러스터에서 동작하는 분산 응용 프로그램을 지원하는 프리웨어 자바 소프트웨어 프레임워크로 분산파일시스템인 HDFS에 데이터를 저장, 분산처리시스템인 MapReduce로 데이터를 처리한다.

(2) NoSQL

기존 관계형 데이터베이스 제품군인 RDBMS(Relational Database Management System, 종류는 MS-SQL, Oracle, Sybase, MySQL 등)가 아닌 SQL를 사용하지 않는 데이터베이스 시스템으로 비정형 데이터의 저장을 위해 유연한 데이터 모델을 지원하고 저렴한 비용으로 분산처리와 병렬처리가 가능하다.

3) 데이터 시각화기술

빅데이터 분석기술을 통해 분석된 데이터의 의미와 가치를 시각적으로 쉽게 이해가능한 형태로 표현하기 위한 기술이다. 대표적으로 R(프로그래밍 언어), 파워포인트(PowerPoint), 엑셀(Exele), 타블로(Tableau), 파이썬(Python) 등이 있다.

학습 5

5-2 메타버스와 빅데이터 기술융합

1. 메타버스의 빅데이터 플랫폼

메타버스가 전세계 빅테크 기업들의 관심을 끄는 이유는 차세대 빅데이터 플랫폼으로서의 발전가능성 때문이다.

메타버스는 유저 연령층, 가입자수 증가 추이, 선순환 생태계 조성 등 차세대 빅데이터 플랫폼으로서의 조건을 갖추었다. 메다비스가 메신저 → SNS → 동영상으로 이어져 온 주도 플랫폼의 역사를 이을 것으로 기대하는 이유로 젊은 유저층을 꼽았다.

모든 플랫폼은 초기부터 전 연령층이 즐기기 쉽지 않다. 젊은 유저층이 즐기고 활용도가 높아지게 된다면 이러한 흐름이 다른 연령대로 확산되는 움직임을 보이게 된다.

메신저, SNS, 유튜브 등 다양한 플랫폼들이 이와 같은 흐름을 보여왔다. 실제 최근에 가장 높은 가치를 받고 있는 동영상 플랫폼들은 2010년대 중반까지만 하더라도 SNS나 메신저에 비해 낮은 연령대를 중심으로 구성되어 있었다.

젊은 유저층이 중요한 이유는 빠른 유저지표 상승이 가능하기 때문이다. 다만 플랫폼 초창기에는 빠르게 늘어난 만큼 빠르게 감소할 수 있는 가능성도 존재한다. 많은 초기 플랫폼들이 젊은 유저층의 트랜드 변화에 민감하게 반응하는 이유이다.

더불어 젊은 유저층의 락인효과는 10년 이후의 수익성 확대를 기대하게 할 수 있다. 20대에 주력으로 사용했던 플랫폼은 향후 시간이 지나도 일정수준 이상으로 활용되기 때문에 구매력을 갖춘 시점에 진입하게 되면 수익화 모델이 크게 활용될 수 있다.

예컨대 메타버스의 대표라고 할 수 있는 로블록스(Roblox)나 국내의 제페토(ZEPETO)는 이러한 흐름을 잘 따라가고 있다. 로블록스는 2020년 기준 13세 미만이 175만명을 기록하고 있으며 전체 DAU의 53.7%를 차지하고 있다. DAU가 매년 폭발적으로 늘어나는데도 불구하고 이러한 어린 유저의 비중이 잘 유지된다는 것은 추가 성장에 대한 기대감을 갖게 한다. 제페토 역시 누적가입자 기준 80%가 10대 이용자로 구성되어 있다.

메타버스가 차세대 빅데이터 플랫폼으로서 성공 가능성을 높이는 또 하나의 이유는 유저들의 자발적인 콘텐츠 소비 생산구조를 갖추고 있기 때문이다.

커뮤니케이션 플랫폼에서 가장 중요한 것은 콘텐츠가 일방향으로 공급되면 안된다. 건전한 플랫폼 생태계가 구축되기 위해서는 유저들의 콘텐츠 생산과 소비가 자유롭게 이루어져야 한다.

메타버스의 가상세계는 이러한 공간을 제공하기에 가장 최적화되어 있다고 볼 수 있다. 유저들이 자기만의 가상세계를 구현하고 소유할 수 있으며, 여기에 자기만의 콘텐츠를 선보일 수 있다.

로블록스나 제페토는 일반적인 게임 플랫폼과 비슷한 기능을 하기 때문에 동일선상에서 보고 있는 경우가 있다. 게임플랫폼의 대표라고 할 수 있는 스팀과 배틀넷은 유저가 자사 혹은 외부 게임까지 포괄하여 게임을 자유롭게 다운받고 사용할 수 있게 만든다. 즉 모바일 앱스토어나 구글 스토어와 같은 역할을 하는 것이라고 보면 된다. 더불어 플랫폼 내 인기 콘텐츠 순위, 게임 내 접속자 수 등 스팀 플랫폼과 비슷한 기능을 제공하고 있다.

하지만 메타버스를 일반 게임과 다르게 여기는 것은 게임의 시스템을 이용하고 있지만 콘텐츠 공급이 자유롭다는 것이다. 개발사에서 제공하는 것과는 다르게 유저들이 직접 제작할 수 있어 다양한 방향성을 보유한 게임을 만나볼 수 있다. 실제 로블록스에 등록된 게임의 숫자는 4,000만 여개를 상회하고 있다. 그만큼 선택의 자유도가 높으며 방향성도 다양하기 때문에 개별 유저들의 취향을 만족시킬 수 있다.

스튜디오에서의 제작형태는 유니티와 언리얼과 같은 게임엔진 방식을 차용하고 있으나 실제 제작하는 방식은 다른 엔진들보다는 좀 더 직관적으로 쉽게 구현이 되어있다. 즉 유저들도 손쉽게 간단한 게임을 제작할 수 있는 엔진을 제공하고 있지만 고차원적인 게임제작도 가능하다는 점에서 개방형 플랫폼으로 볼 수 있다.

이렇게 제작된 스튜디오를 다른 유저들에게 판매할 수 있다는 것도 차이점이다. 게임을 제작하여 유저에게 판매하는 행위는 로벅스를 통해서 이용이 가능하며 이를 통해 제작능력이 떨어지는 유저들도 자기만의 월드를 구매할 수 있게 만들어 놨다.

향후에는 업체에서 제공하는 기본적인 툴들이 더욱 다양해지고 간편한 방향으로 바뀔 가능성이 높다. 동영상 업로드 방식이 개인들도 하기 쉽게 변모된 것과 같이 일반유저들을 위한 제작 툴도 개선될 것으로 전망되고 있다.

커뮤니티 기능이 활성화 되어있어 친구들과의 게임과 활동, 채팅창에서의 대화가 이루어지기 때문에 메신저 기능과 SNS 기능을 대체할 여지가 있다는 점도 장점이다.

카카오톡이나 페이스북 등이 중요한 커뮤니케이션 툴로 활용되었다면 메타버스의 사용자 확대가 이루어짐에 따라 메신저 기능과 SNS 기능이 젊은 유저층을 중심으로 주 사용 어플리케이션으로 변화할 수 있다.

빅데이터 플랫폼은 빅데이터 기술의 집합체이자 기술을 잘 사용할 수 있도록 준비되는 환경이다. 빅데이터 플랫폼을 사용하여 빅데이터를 수집, 저장, 처리 및 관리를 할 수 있다.

또 하나의 다른 예로서는 블록체인 기반의 비자 플랫폼은 탈중앙화된 빅데이터를 구축하고, 이를 각 산업에서 활용할 수 있도록 하는 솔루션과 디앱(dApp)을 제공하는 플랫폼이다.

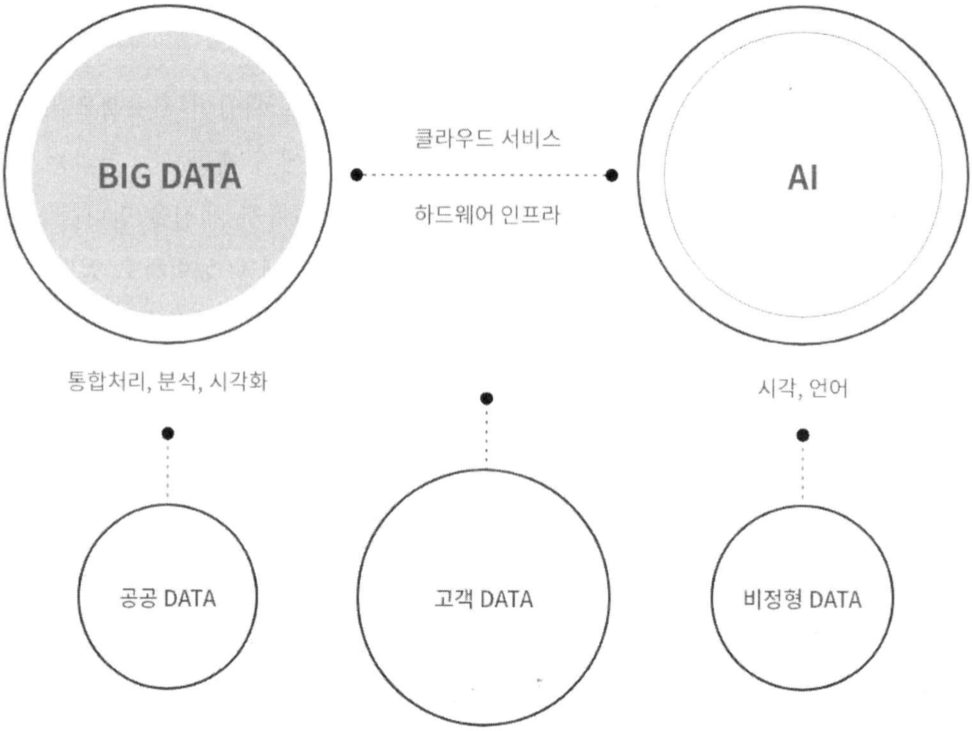

[그림 5-4] 빅데이터 플랫폼

XML 자동 생성 엔진인 오토 XML은 기존 데이터를 기계학습 메타 데이터로 바꿀 수 있으며 누구나 프로그래밍 과정 없이 웹브라우저에서 자동생성 엔진을 활용해 별도의 소프트웨어 없이 블록체인과 빅데이터, 인공지능, 사물인터넷(IoT) 등 다양한 분야에 활용할 수 있다.

2. 빅데이터와 인공지능 융합기술 활용

가상현실을 이용한 새로운 세계, 메타버스(Metaverse)에서 할 수 있는 학습, 게임 AI를 이용한 융복합 콘텐츠로 제작하는 경우에 빅데이터를 활용한다.

[그림 5-5]처럼 인공지능을 이용한 융복합콘테츠 제작과정에서 [그림 5-5](a)와 같이 빅데이터 분석으로 맞춤 콘텐츠 제공하기 위하여 얼굴인식으로 기분에 맞춘 음악 선곡, 피부상태를 측정하는 등 다양한 방법으로 인공지능이 파악한 빅데이터를 개인에 딱 맞게 제공할 수 있다. [그림 5-5](b)와 같이 여러 감각을 써서 정보를 쉽게 전달하기 위하여 가상현실 게임, 체험 콘텐츠 등으로 학습과정, 관광정보 등 전달이 어려운 내용을 재밌고 쉽게 전달한다.

(a) 빅데이터 분석으로 맞춤 콘텐츠 제공 (b) 여러 감각을 써서 정보를 쉽게 전달 (c) 다양한 콘텐츠를 지속적으로 제공

[그림 5-5] AI를 이용한 융복합콘텐츠 제작과정에 사용되는 빅데이터 기술

[그림 5-5](c)와 같이 다양한 콘텐츠를 지속적으로 제공하기 위하여 콘텐츠와 관련된 가상현실 커뮤니티의 제작, 상호작용 업데이트 등으로 가상현실 콘텐츠를 계속 즐기도록 한다.

수행 내용

재료 · 자료

- 메타버스 관련 자료

기기(장비 · 공구)

- 컴퓨터, 문서작성 프로그램, 프린터, 주변기기

안전 · 유의사항

- 메타버스 관련 장비의 안전 및 유의사항을 숙지한다.

수행 순서

01 빅데이터 활용을 위한 방법에 대하여 분석하라.

빅데이터를 활용하기 위하여는 빅데이터 가치모델의 분석이 필요하다. 우선 '고객관계관리 - 프로세스 효율 - 마케팅 극대화 - 위험(비용) 최소화 - 신규 가치창출' 등으로 구분하고, 이들이 유기적으로 시너지를 창출하여 최종적으로 경영효율화 및 매출안정화에 기여하는 것이 빅데이터를 효과적으로 활용하는 방법이다.

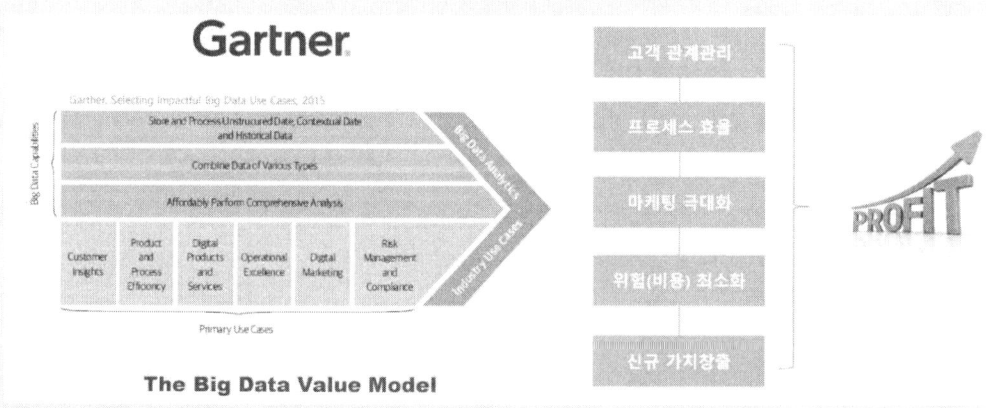

[그림 5-1] 가트너 그룹에서 제시하는 빅데이터 가치모델

02 빅데이터 플랫폼의 목록에 대하여 분석하라.

〈표 5-1〉처럼 빅데이터 플랫폼의 목록 항목의 기술들은 다양한 종류의 대규모 데이터에 대한 생성, 수집, 분석, 표현을 하는 빅데이터 기술로써 다변화된 현대사회를 더욱 정확하게 예측하여 효율적으로 작동케 하고 개인화된 현대사회 구성원마다 맞춤형 정보를 제공, 관리, 분석가능케 하며 과거에는 불가능했던 기술을 실현시킨다.

〈표 5-1〉 빅데이터 플랫폼의 목록

목 록	내 용
데이터마이닝	• 대규모로 저장된 데이터 안에서 체계적이고 자동적으로 통계적 규칙이나 패턴을 분석하여 가치있는 정보를 추출하는 과정이다. • 일정한 집단에 대한 특정 정의를 통해 분류 및 구분을 추론하는 분류, 구체적인 특성을 공유하는 군집을 찾고 미리 정의된 특성에 대한 정보를 가지지 않는 군집화, 동시에 발생한 사건 간의 관계를 정의하는 연관성, 특정 기간에 걸쳐 발생하는 관계를 규명하고 기간의 특성을 제외하면 연관성 분석과 유사한 연속성, 대용량 데이터 집합 내의 패턴을 기반으로 미래를 예측의 기술들이 있다.
기계학습	• 기계학습 또는 머신 러닝은 경험을 통해 자동으로 개선하는 컴퓨터 알고리즘의 연구이다. 기계학습은 지도학습, 비지도학습, 강화학습 등이 있다. • 지도학습은 문제와 정답을 모두 알려주고 공부시키는 방법이다. 지도학습에는 기존에 이미 분류된 학습용 데이터로 구성된 입력변수와 원하는 출력변수가 수반된다. • 비지도학습은 답을 가르쳐주지 않고 공부시키는 방법이다. 기계는 클러스터링 구조, 저차원 다양체, 희소 트리 및 그래프 등과 같은 데이터의 기저를 이루는 고유패턴을 발견하도록 설정된다. • 강화학습은 보상을 통해 상은 최대화, 벌은 최소화하는 방향으로 행위를 강화하는 학습이다. 시행착오와 지연보상은 다른 기법과 구별되는 강화학습만의 특징이다.
자연언어 처리	• 인간의 언어현상을 기계를 이용해서 묘사할 수 있도록 연구하고 이를 구현하는 인공지능의 주요 분야 중 하나이다. 자연어 처리기술은 형태소 분석, 품사부착,구절 단위 분석, 구문분석 등이 있다. • 형태소 분석이란 어떤 대상 어절을 최소 의미 단위인 '형태소'로 분석하는 것을 말한다. 주로 정보검색엔진에서 한국어 색인어 추출에 많이 사용한다. • 품사부착은 형태소 분석기가 출력한 다양한 분석결과 중 문맥에 적합한 하나의 분석결과를 선택하는 모듈이다. • 구절단위분석은 구와 절 단위로 분석하여 보다 큰 단위로 만드는 분석방법이다. • 구문분석은 문장을 이루고 있는 구성성분으로 분해하고 그들 사이의 위계관계를 분석하여 문장의 구조를 결정하는 것을 말한다.

목 록	내 용
패턴학습	• 인지과학은 심리학, 컴퓨터 과학, 인공지능, 신경생물학과 언어학, 철학을 이용하여 지능과 인식의 문제를 다루는 포괄적인 학제적 과학분야이다. • 패턴학습(Pattern Learning)은 수많은 패턴부터 구성요소를 포함하는 집합까지 학습하여 문제에 대한 해답을 찾기 위하여 과학분야와 결합하는 분야이다.
데이터드리븐	• 전략적 의사결정을 할 때 데이터 분석과 해석에 기반해 판단하는 것이다. • 데이터를 근거로 고객 맞춤형 솔루션과 서비스를 제공하여 고객의 니즈와 행동에 대한 데이터를 정확하게 분석할 수 있다.

03 메타버스 활용을 위한 성공적인 데이터 드리븐에 대하여 분석하라.

1. 목표가 무엇인가

데이터를 수집할 때, '목표'는 어떤 데이터를 수집해야 하는지에 대한 중요한 기준점이 된다.

2. 고객은 누구인가

성별, 나이, 사는 곳 등으로 고객을 정의하는 방식이다.

3. 측정 모델이 있는가

현재 진행 중이거나 계획 중인 프로젝트 활동 전반의 측정이다. 고객의 경로를 고려하므로 정확도가 높아진다.

4. 어떻게 평가할 것인가

여러 개의 목표 관련 측정항목에 우선순위를 부여하고, 그 중 가장 중요한 것을 선정하는 것이다.

5. 어떻게 테스트 하는가

지속적인 테스트를 통해 중요 측정항목이 어떻게 바뀌는지 파악하고 분석한다.

6. 주의해야 할 사항은

고객들이 어떤 콘텐츠에 관심이 있는지 파악하고, 이탈률을 파악하여 더 나은 서비스를 위해 노력한다.

04 메타버스의 빅데이터 서비스 사례에 대하여 분석하라.

메타버스에서 '빅데이터'는 필수적이다. 전세계는 빅데이터 공유와 활용의 중요성을 절감하고 있다. 빅데이터가 모든 산업의 중심으로 부각되고 있으며, 국가 경쟁력 또한 빅데이터를 어떻게 활용하느냐에 따라 좌우되고 있다. 빅데이터가 비즈니스를 주도하는 시대가 된 것이다.

경제발전의 패러다임도 빅데이터를 활용해 혁신을 일으키는 빅데이터 주도 경제(Data Driven Business)로 거듭나고 있다. 특히 각종 빅데이터를 수집, 효율적으로 분석·활용하기 위해서는 생태계 구축이 필수적이다.

실재하는 환경과 자산을 디지털 환경에 접목해 사람과 장소, 사물 간의 복잡한 상호작용을 추적하고 빅데이터를 수집할 수 있게 한다. 연결과 소통, 협력을 위한 플랫폼으로 활용해야 한다는 목소리가 나온다.

가상과 현실이 한 공간에 존재하는 디지털트윈 세상에서는 기존 오프라인 세계에서 가졌던 유한한계를 극복하는 것이 가능해질 것이다. 이를 위해 현실에서의 문제를 인식하고 양질의 빅데이터를 수집·가공해 활용할 수 있도록 플랫폼 단계에서의 준비가 필요하게 될 것이다.

현재 다양한 산업분야에서는 이미 이러한 빅데이터를 기반한 디지털트윈 혁신이 시도되고 있다.

먼저 제조업의 가상 공장화를 예로 들 수 있다. 제품의 생산 과정에 다양한 IT 기술을 적용해 생산효율을 향상시킨 스마트 팩토리(Smart Factory)가 그것이다.

메타버스는 제조공장의 환경을 변화시키며 온·오프라인 스마트 팩토리를 현실화하고 있다. 작업현장에서 근로자들은 작업에 필요한 각종 부품정보, 재고현황, 전체 조립도면, 공장가동현황, 리드 타임(Lead Time : 제품의 생산 시작부터 완료까지 걸리는 시간) 등을 손쉽게 파악한다. 또한 이러한 과정에서 획득되는 빅데이터를 바탕으로 작업과정의 오류를 최소화하고 작업 중단을 예방해 결과적으로 생산품의 품질향상과 리드 타임 개선에 도움이 되는 것이다.

공간 빅데이터 융합 플랫폼 기술을 기반으로 다가오는 언택트 시대의 핵심 산업인 디지털트윈, 디지털 콘텐츠, 빅데이터, 미래차 등에서 사용자의 상태 및 행동 기반 커넥티드 서비스, 실감 인포테인먼트 서비스로의 사업화 연구로 발전시켜나가고 있다.

또한 3D 센서, 공간데이터 · 산업데이터 적용, 실감 콘텐츠 기술 등의 핵심 요소 기술들에 대한 선행연구를 통해 기술경쟁력 확보에 힘쓰고 있다.

공공데이터 부문에서 가스 · 열 에너지 사용량(AMI) 빅데이터를 수집, 분석해 가스 에너지 데이터의 표준화와 산업용 IoT 빅데이터 융합 플랫폼 기술을 바탕으로 다양한 응용기술을 개발했다.

스마트 가스미터와 이종 네트워크를 지원하는 원격검침을 개발했으며, 데이터 보호를 위한 종단간(E2E) 보안기술(KMS, HSM 등)과 데이터 연동 인터페이스, OpenAPI를 지원하는 AMI 수집 플랫폼과 운영시스템을 개발해서 가스 AMI 실증사업에 적용하기도 했다.

향후 실제와 가상이 통합되는 언택트 시대에 필요한 빅데이터의 센싱 · 분석 · 가공 · 처리 융합 플랫폼 기술에 집중할 계획이다.

빅데이터 플랫폼은 온 · 오프라인으로 연계하여 팬데믹으로 인해 언택트 산업에 대한 요구와 함께 관심을 받고 있는 기술로써 가장 핫한 키워드인 메타버스이다.

현실과 가상세계를 넘나드는 메타버스 기술로 대표되는 다가올 언택트 시대에서 빅데이터의 중요성은 이루 다 표현할 수가 없다. 개인적인 보안이슈나 무단복제 등의 문제로 인해 아직까지 전 산업분야에서의 빅데이터 공유가 쉽지만은 않지만, 미래 지향적인 산업의 더 많은 가치창출을 위해서 빅데이터의 공개 · 공유는 필수적이다.

공공, 보안이슈가 있지 않는 한 빅데이터는 안드로이드처럼 오픈해서 더 많은 파생산업을 창출해야 한다. 빅데이터는 소비되기 시작했고 자산화될 수밖에 없기 때문에 빅데이터를 기반으로 한 다양한 기술, 서비스를 활성화하는 방향으로 발전한다.

국내 포털 · 통신사업자도 3차원 공간정보를 활용, 기 구축된 검색정보 · SNS 빅데이터를 결합한 XR기반 도시정보 · 관광 · 쇼핑 등 새로운 빅데이터 관련 서비스를 준비 중이다. 또한 과기부가 대-중소기업이 참여하는 XR메타버스 프로젝트 추진, XR 생태계 공동구축과 XR 혁신 서비스 확산을 위해 정부가 과감하게 투자하는 빅데이터와 메터버스 관련 프로젝트이다.

디지털트윈 기반, 스마트도시 구축과 시너지를 극대화 한다는 계획으로 도시의 활용 가능한 모든 빅데이터를 포함해 디지털트윈 관련 인프라를 공유하고, 이 프로젝트에서 구축되는 XR 메타버스 빅데이터 플랫폼 기술을 관광분야에서 쇼핑 · 재난 · 교통 · 환경 등 스마트도시 운영 전반으로 확대하고, 시민의 라이프 스타일 변환에 적극적으로 대응 추진하고 있다.

XR 메타버스 빅데이터 프로젝트는 다음과 같다.

① '3차원 XR 공간정보' 빅데이터 인프라 구축(D)

② 위치기반 XR 메타버스 콘텐츠 개발(C)

③ XR 메타버스 통합 · 오픈 빅데이터플랫폼 구축(P)

④ 고품질 XR서비스를 위한 5G MEC기반 네트워크 환경 구현(N)

⑤ 사회적 약자 지원을 위한 메타버스 전용 디바이스 개발(D)

'공간정보(D)+'CPND'가치사슬 통합 패키지를 개발하는 사업으로 이번 기회를 통해 디지털도시로 경쟁력을 높이고 시민이 체감할 수 있는 스마트도시로 발전하는 프로젝트로 추진하고 있다.

학습활동.5 교수 · 학습 방법

교수 방법

- 메타버스와 빅데이터 기술융합에 대한 관련 용어, 구성, 방식 이해 정도를 파악한 후 수업을 진행한다.
- 교수자의 주도로 메타버스와 빅데이터 기술융합 등의 내용을 PPT 자료로 제시한 후 설명한다.
- 가능하면 사전에 개인별 학습 자료를 준비하여 모든 학생이 참여할 수 있는 문제 해결식 수업, 협력 수업이 가능하도록 한다.
- 메타버스와 빅데이터 기술융합 전 과정을 작업의 순서에 따라 단계적으로 실습이 이루어질 수 있도록 지도한다.
- 교재를 통해 수업을 준비하는데 있어서 필요한 모든 정보나 팁, 힌트 등 도움이 될 만한 내용들을 확인할 수 있다.
- 학생들이 만들게 될 각 모델들은 수업시간에 중점적으로 다뤄질 부분과 어휘, 질문, 답을 포함하고 있으며 또한 탐구할만한 추가적인 아이디어들도 포함하고 있다.

학습 방법

- 메타버스와 빅데이터 기술융합에 대한 관련 용어를 숙지하고, 메타버스와 빅데이터 기술융합에 대해 이해한다.
- 메타버스와 빅데이터 기술융합의 각 단계별 중점 사항을 체계적으로 학습한다.
- 메타버스와 빅데이터 기술융합의 수행순서의 전 과정을 실습한다.
- 메타버스와 빅데이터 기술융합의 내용을 이해한다.
- 메타버스와 빅데이터 기술융합을 이해하고 숙달이 될 때까지 학습한다.

학습활동.5 평가 및 피드백

평가 준거

- 평가자는 피평가자가 수행 준거 및 평가 내용에 제시되어 있는 내용을 성공적으로 수행할 수 있는 지를 평가해야 한다.

학습내용	평가항목	성취수준		
		상	중	하
메타버스와 빅데이터 기술융합	메타버스와 빅데이터 기술융합을 이해할 수 있다.			

평가 방법

• 작업 포트폴리오

학습내용	평가항목	성취수준		
		상	중	하
메타버스와 빅데이터 기술융합	메타버스와 빅데이터 기술융합을 이해할 수 있다.			

• 필기시험

학습내용	평가항목	성취수준		
		상	중	하
메타버스와 빅데이터 기술융합	메타버스와 빅데이터 기술융합을 이해할 수 있다.			

• 체크리스트를 통한 관찰

학습내용	평가항목	성취수준		
		상	중	하
메타버스와 빅데이터 기술융합	메타버스와 빅데이터 기술융합을 이해할 수 있다.			

• 피드백

1. 작업 포트폴리오
   - 제출한 보고서를 평가한 후 주요 사항에 대하여 표시하여 돌려준다.
2. 필기시험
   - 평가 결과 성적이 저조한 학생은 보고서 제출 기회를 부여한다.
3. 체크리스트를 통한 관찰
   - 실습 과정에서 평가한 후 개선해야 할 사항 등을 정리하여 돌려둔다.

참 | 고 | 문 | 헌

- 강지영, 인공지능기반 이상감지기술, 월간 SW중심사회, SPRi, 2021.4.
- 김광우, 메타버스는 차세대 플랫폼 혁명, tech42, https://www.tech42.co.kr, 2021.5.18.
- 김병필, 인공지능 개척시대, 메타버스 속 인공지능, 중앙일보, 2021,5.17.
- 김봉수, 메타버스가 뭐죠, 아시아경제, https://www.asiae.co.kr/, 2021.06.06.
- 김상균 · 신병호, 메타버스 새로운 기회, 메가북스, 2021.
- 김서희, 가상현실의 확장 메타버스 도래, 2021 글로벌 ICT이슈 레포트, 2021.
- 김정호, 메타버스, 차세대 빅데이터 플랫폼 (1) 주목받는 이유, 테크데일리(TechDaily), http://www.techdaily.co.kr), 2021.5.24.
- 김하늬, 메타버스의시대, 핵심은 데이터, 공학저널, http://www.engjournal.co.kr, 2021.5.20.
- 김현정, 새로운 미래공간이 된 메타버스, 사이언스타임즈, 2021.3.31.
- 남현숙, 미국 VR · AR 기술정책의 진화. https://spri.kr/posts/view/22823?code=industry_trend, 2019.
- 노중호, 5차산업혁명의 실체를 분석한다, 노블사이언스, http://www.nobelscience.net, 2017.10.6.
- 대체불가토콘, 게임의 메타버스화 촉진할 블록체인경계의 핏줄, 글로벌 게임산업 동향, 한국콘텐츠진흥원, 2021.3.
- 리본소프트, https://www.rebornsoft.co.kr/빅데이터 플랫폼
- 박경일, 메타바스 새로운 기회, 로봇신문, 2021.05.16.
- 박민영, 메타버스 시대 주인공, '디지털 휴먼' 가치와 쓸모, 솔트룩스 인공지능 사이트, 2021.3.9.
- 박지혜, 다기오는 메타버스 시대 차세대 콘텐츠산업의 방향과 시사점, KIER, 산업경제, 2021.05.
- 박진호, K-인공지능 콘텐츠로 디지털 문화유산 한류 이룰 것, AI타임즈, 2021.3.23.
- 백승은, AI로 의상 디자인 가상 착장까지 ETRI패션상품 기술 개발, 2021.4.01.
- 블로터, [블록먼데이]"NFT서 미래 봤다"…'더샌드박스'가 꿈꾸는 블록체인 게임, 2020.10.19.
- 신정아, 뉴미디어와 스토리두잉, 칠월의숲, 2009.
- 아주경제, 이번엔 부활할까? 싸이 월드 22년 흥망성쇠, 2021.02.03.
- 오현주, 메타버스가 다시오고 있다, nia, 2021.03.
- 이승환, 로그린 메타버스 인간 x 공간 x 시간의 혁명, SPRi, issue report, 2021.03.17.
- 이승환, 한상열, 메타버스 비긴즈 : 5대 이슈와 전망, SPRi, issue report, 2021.04.20.
- 이종관, ESG, 메타버스 그리고 AI; 5차혁명? 한경닷컴, https://www.hankyung.com/it/article/202106166511i, 2021.6.17.
- 이진규, 메타버스와 프라이버시, 그리고 윤리-논의의 시작을 준비하며, 2021.3.2.
- 장한영, AI기반 메터버스에서 누구나 디지털뮤지션이 될 수 있다, 인공지능신문, http://www.aitimes.kr), 2021.5.21.
- 전자신문, 반지의 제왕 애플, 스마트 링 특허 등장, 2021.01.13.
- 정한영, AI 기반 메타버스에서는 누구나 디지털 뮤지션이 될 수 있다!, 인공지능신문 (http://www.aitimes.kr), 2021.05.24.
- 조선일보, 42조원 가치, 로블록스...게임만들고 친구와 즐겨, 2022.03.22.
- 중앙일보, '아바타끼리 연애하고 회사도 만든다.' 메타버스 플랫폼 '제페토'의 미래, 2021.04.03
- 중앙일보, '세계 최초, 한국 최초의 게임들', 2008.9.23.
- 현대자동차그룹, VR technology for mobility development. https://www.youtube.com/watch?v=Wdawq_s1Zzg, 2019.12.18.

- 25 AR MR XR, The Metaverse is coming : Nvidia Omniverse. https://www.youtube.com/watch?v=lcuGpLLeGWM, 2020.10.6.
- 26. Boost VC, Perkins Coie, & XR Association, 2020 augmented and virtual reality survey report. https://www.perkinscoie.com/images/content/2/3/231654/2020-AR-VR-Survey-v3.pdf, 2020.
- Accenture, A responsible future for immersive technologies. https://www.accenture.com/us-en/insights/technology/responsible-immersive-technologies, 2019.5.15.
- Alan JS Han, 3D Audio의 현재와 미래, http://www.alanjshan.com/3d-audio/
- Coindesk Korea, NFT시장 급성장, 커지는 위작 · 저작권 분쟁, 2021.4.1.
- Dean Takahashi, (2021.1.27.) Crucible is creating agents to keep the metaverse open. https://venturebeat.com/2021/01/27/crucible-is-creating-agents-to-keep-the-metaverseopen/Dean Takahashi. (2021.1.27.) Tim Sweeney : The open metaverse requires companies to have enlightened self-interest. https://venturebeat.com/2021/01/27/tim-sweeney-the-open-metaverse-requires-companies-to-have-enlightened-self-interest/
- ETRI, AI 디자이너 모델 생성기술개발, 2021.4.1.
- Gartner, Gartner top 10 strategic technology trends for 2019. https://www.gartner.com/smarterwithgartner/gartner-top-10-strategic-technology-trends-for-2019/, 2018.10.15.
- Genies(n.d.), Celebrity avatars, http://avatars.genies.com/celebrity-avatars/
- https://ko.wikipedia.org/wiki/
- https://www.ajunews.com/view/20210512155443174
- https://www.sedaily.com/NewsVIew
- James Paul Gee, What video games have to teach us about leaning and literacy. St. Martin's Griffin, 2007.
- Jane McGonigal, Reality is broken : Why games make us better and how they can change the world. Penguin Books, 2011.
- John Smart, Jamis Cascio, & Jerry Paffendorf, Metaverse Roadmap Overview.Acceleration Studies Foundation. http://www.metaverseroadmap.org/overview/, 2007.
- KB금융지주 경영연구소, 블록체인 시장의 다음 메가트렌드, NFT, 2021.03.02.
- Kevin Westcott, Jeff Loucks, Kevin Downs et al, Digital media trends survey, 14th edition. https://www2.deloitte.com/us/en/insights/industry/technology/digital-media-trends-consumption-habits-survey/summary.html, 2020.6.23.
- Lauren Kirchner, AOL settled with unpaid "volunteers" for $15 million. https://archives.cjr.org/the_news_frontier/aol_settled_with_unpaid_volunt.php, 2011.2.10.
- LG CNS, 사람이 눈 앞에 있는데 비대면? 가상융합(XR)이 온다!. https://blog.lgcns.com/2454, 2021.1.5.
- Neal Stephenson, Snow Crash, Bantam Books, 1992.
- North, Snow Crash, Bantam Books, 1992.
- SMTOWN, SM 신인 걸그룹 aespa, 11월 17일 데뷔 확정! 싱글 'Black Mamba' 전격 공개!. https://www.smtown.com/artist/newsDetail/415441. Unity. (n.d.). What is AR, VR, MR, XR, 360?. https://unity3d.com/what-is-xr-glossary, 2020.11.2.
- SPRi, 「비대면 시대의 Game changer, XR」, 2021 ICT 산업전망 Conference, 2020.
- T Times, 1년 만에 유니콘 건너뛰고, 2조원 회사된 호핀, 2020.10.22.

- TBear, 증강현실 AR 내비 등장!! U+내비게이션, https://www.youtube.com/watch?v=a7RuuizGnIQ, 2020.8.11.
- theguru, 애플, VR 장갑 특허 획득…'메타버스' 시대 준비, 2021.01.05.
- Unreal Engine, 언리얼 엔진 4 문서 - 디지털휴먼, https://docs.unrealengine.com/ko/Resources/Showcases/DigitalHumans/index.html, 2021.01.05.
- VentureBeat, The Metaverse is coming. https://www.youtube.com/watch?v=rbhC6wokNGc, 2020.4.29.
- VT Staff, The blockchain-based virtual world that can help usher in the metavrse. https://venturebeat.com/2021/02/04/the-blockchain-based-virtual-world-thatcan-help-usher-in-the-metaverse/, 2021.2.4.
- www.care-os.com
- www.gatebox.ai/grande
- www.teamflowhq.com

학습 1	메타버스의 개요
학습 2	메타버스의 혁명
학습 3	메타버스의 융합기술
학습 4	메타버스와 인공지능 기술융합
학습 5	메타버스와 빅데이터 기술융합
학습 6	**메타버스와 XR 기술융합**
학습 7	메타버스와 디지털트윈 기술융합
학습 8	메타버스와 블록체인 기술융합
학습 9	메타버스와 5G 네트워크 기술융합
학습 10	메타버스와 IoT 기술융합
학습 11	메타버스의 플랫폼
학습 12	메타버스의 활용
학습 13	메타버스의 미래와 진화

학습 목표

1. 메타버스와 XR 기술융합을 이해할 수 있다.

6-1 메타버스의 XR 기술

1. XR 기술의 개념 및 특징

가상융합기술(XR : eXtended Reality)은 VR(가상현실)+AR(증강현실)+MR(혼합현실)+HR(홀로그램)을 통칭하는 기술이다. XR은 인간이 디지털정보를 이해하고 상호작용하는 방식을 혁신하는 기술로 기술발전과 디지털 전환 가속화로 활용이 대폭 확대중이다.

XR은 물리적 · 시간적 제약 없이 현실과 가상(디지털)세계를 연결하는 인터페이스로 현실과 가상의 공존을 촉진시키며, 현실의 물리적 한계를 해소하는 기술이다. 이러한 기술군에는 〈표 6-1〉과 같이 가상현실(VR : Virtual Reality), 증강현실(AR : Augmented Reality), 혼합현실(MR : Mixed Reality), 홀로그램(HR : Hologram Reality) 등이 포함된다. 가상과 현실이 결합된 초(Meta)세계(Verse)를 의미하는 메타버스 시대가 오고 있고, 메타버스는 인터넷의 뒤를 잇는 가상현실 공간이 될 것이다.

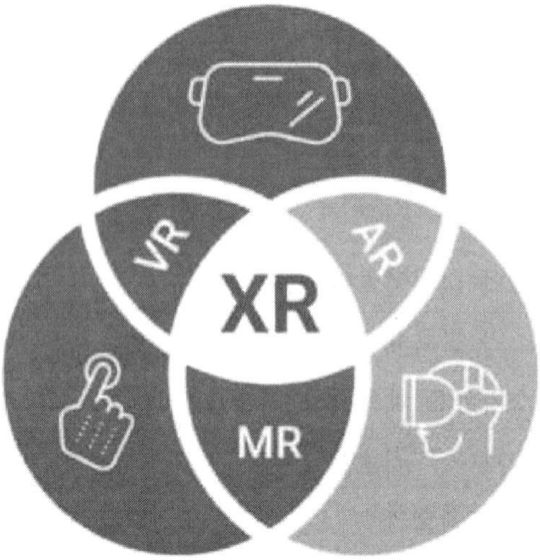

[그림 6-1] XR의 개념

XR 기술의 발전, 비대면 급증과 산업기반의 디지털화로 XR 활용이 크게 확대되며 경제전반에 新부가가치를 창출하는 가상융합경제가 급부상하고 있다.

XR은 콘텐츠산업의 새로운 기술로 각광 받아 왔으며, 제조 · 건설 · 의료 등 경제를 견인하는 주요산업의 생산성을 제고하고 영역을 확장하는 핵심수단으로 인식이 확산되고 있다. 헬스케어, 제조 · 건설, 교육훈련 및 유통소비 등 全산업 작업 시간의 21%에 XR이 활용되어 생산성을 높일 것으로 기대하고 있다.

〈표 6-1〉 XR 기술군

구 분	내 용
VR : 가상현실	현실과 차단된 가상환경을 구현하고, 실제처럼 느끼고 유사한 체험을 지원한다.
AR : 증강현실	현실 영상위에 디지털로 구현된 가상의 정보를 제공하여 현실을 확장한다.
MR : 혼합현실	현실세계와 가상객체가 자연스럽게 공존하며 상호작용한다.
HR : 홀로그램	빛의 파동 특성을 이용, 사물정보를 3차원 입체로 생성하여 실제처럼 재현한다.

현재의 3차원 디스플레이 기술은 더욱 실감나는 영상을 제공하는 방향으로 발전하고 있으며, 구글 및 마이크로소프트 등과 같은 세계적인 대기업들이 다양한 가상 및 증강현실을 위한 제품을 출시하고 있다.

일반적으로 3차원 디스플레이 기술에는 안경을 착용하거나 렌티큘러(Lenticular) 렌즈를 이용하는 양안시차 방식, 집적 영상(Integral Imaging) 방식, 체적형 방식 그리고 홀로그래피 방식 등으로 구분 지을 수 있다. 이 가운데에서 양안시차 방식은 가장 간단한 방식이며, 이미 상용화가 많이 이루어진 방식이다. 그러나 양안시차 방식은 단순히 수평방향의 시차만을 제공하고, 불연속적인 시점을 가지게 되어 편안한 3차원 영상을 시청할 수 없다. 뿐만 아니라 사람이 3차원 사물을 인지할 때에는 두 눈의 동공방향이 물체에 수렴하는 위치가 수정체의 두께조절로 맞추는 초점의 위치와 동일하다.

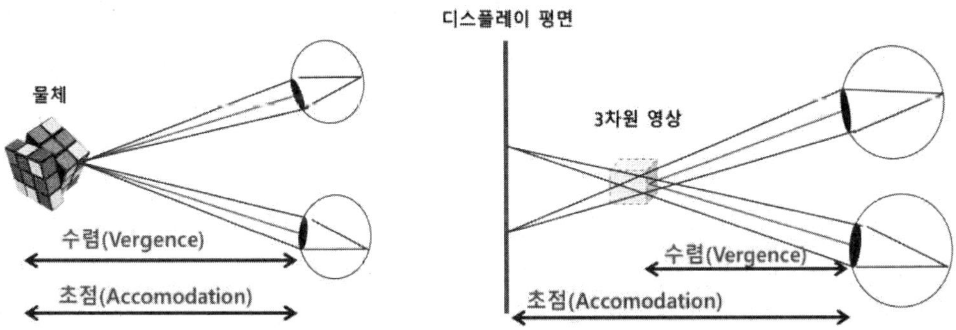

(a) 현실세계에서의 실제 물체인지에서의 초점-수렴 일치 (b) 3차원 영상장치에서의 초점-수렴 불일치 문제

출처 : ETRI, 디지털 홀로그래픽 디스플레이 기술 동향, 전자통신동향분석(2017.10.1.)

[그림 6-2] 초점-수렴 일치(현실세계) 및 초점-수렴 불일치 문제(3차원 영상)

그러나 2차원 구조의 평면 디스플레이 소자로부터 3차원 영상을 만들 경우에는 수렴-초점이 일치하지 않는 현상이 나타나게 되며, 이로 인해서 영상시청자는 피로감을 느끼게 된다. 즉 현실세계에서 사람의 눈이 사물을 인지하는 과정에서는 양안의 수렴-초점이 일치하지만(그림 6-2(a)), 2차원 디스플레이 패널에서 3차원 영상을 시청하는 경우에 있어서는 양안의 수렴-초점이 일치하지 않는 문제가 일어날 수 있다(그림 6-2(b)). 디지털 홀로그래피 기술이 3차원 영상을 디스플레이하기 위해서 적용될 때에는 수렴-초점 불일치에 의한 시청 피로감이 나타나지 않게 된다. 수렴-초점 불일치를 해결할 수 있는 근본적인 이유는 디지털 홀로그램 영상은 진폭 및 위상정보를 바탕으로 사물로부터 산란되는 빛의 현상을 구현함으로써 현실에서와 동일하게 3차원 영상을 형성할 수 있기 때문이다.

2. XR의 특징

XR의 특징은 ① 사용자 몰입 극대화(Immersion), ② 현실공간 제약 해소(Beyond Space), ③ 가상과 현실의 연결 · 융합(Connectivity)이 주요 특징이다.

XR을 활용하면 우리가 흔히 접하는 게임분야뿐만 아니라 산업, 의료, 공공분야 등 다양한 분야로의 적용 가능성이 높고, 특히 비대면 서비스 시장 활성화의 감초 역할도 기대되고 있다.

요즘 세간에 화두로 떠오르고 있는 용어인 XR은 마이크로소프트(MS)가 개발한 '홀로렌즈'가 대표적인 사례다. 한국에서는 작년에 '홀로렌즈 2'가 출시됐다.

확장현실 XR은 MR을 망라하는 초실감형 기술 또는 서비스를 제공해준다. XR은 VR과 AR 기술뿐 아니라 이들을 혼합한 MR까지도 자유롭게 선택해 활용할 수 있다. 이 모든 것을 활용해 확장한 VR을 제공한다.

지금은 현실공간과 사물정보를 파악해 3D 홀로그램을 볼 수 있는 안경형태의 기기지만 XR 기술이 진화하면 안경이 불투명하게 변하면서 사라져 시야 전체를 통해 정보를 표시하는게 가능해질 예정이다. VR을 최대로 확장한 개념인 XR은 교육분야, 헬스케어 제품, 제조업 등 다양한 분야에 적용할 수 있다. 최근 정부에서도 XR 산업을 적극적으로 지원하고 있는 만큼 앞으로 다양하고 풍성한 VR 기반 서비스를 기대해도 좋다.

3. VR/AR/MR/HR의 기술

1) 가상현실

가상현실(Virtual Reality, 이하 VR)은 현실세계를 차단한 완벽한 디지털환경을 의미하며 현실감은 증강현실보다 다소 떨어지지만, 컴퓨터 그래픽을 활용하여 다양한 입체감 있는 영상을 만들 수 있는 장점을 가지고 있다. 즉 컴퓨터로 만들어 놓은 가상의 세계에서 사람이 실제와 같은 체험을 할 수 있도록 하는 최첨단 기술을 말한다. 머리에 장착하는 디스플레이 디바이스인 HMD를 활용해 체험할 수 있다.

가상현실은 현실세계의 객체나 배경 등을 컴퓨터를 사용해서 인공적으로 구현해 놓은 인공세계 혹은 그러한 기술을 의미한다. 이때 생성된 가상의 상황이나 환경 등은 시각, 청각, 촉각, 느낌 등의 사용자의 외부 인터페이스를 통해 뇌를 자극하여 실제와 유사한 시각, 청각, 촉각, 공간적인 체험을 경험하게 해준다.

가상현실은 의료교육 및 수술 시뮬레이션, 재활, 통증관리 등 폭넓은 분야에서 관련연구가 진행되고 있다. 가상현실을 이용한 의료교육은 사용자가 실제현장에 몰입하는 것처럼 가상현실 속에서 상호작용할 수 있도록 하며, 임상에서도 가상의 장기와 조직을 제공하여 의사와 환자 간에 진단 및 치료를 위한 상호 의사소통을 효과적으로 지원한다. 이러한 방법은 저비용 및 비침습적인 작업이 가능하며, 치료를 위한 교육과정 도중에 환자에게 불필요한 위험을 가할 우려가 없다는 점에서 큰 장점을 가지고 있다. 그러나 경우에 따라 이를 장시간 사용할 경우 투통 및 어지럼증, 매스꺼움을 유발할 수 있어 이에 대한 개선이 필요하다.

2) 증강현실

'증강현실'이란 용어는 1992년 Tom Caudell에 의해 처음 사용되었으며, 실세계의 사물영상 위에 가상으로 만들어진 영상객체를 보여주는 방식이었다.

초기에는 증강현실의 범주에 대한 찬·반논란이 있었는데, 그 이유는 가상현실 개념과 유사하기 때문이었다. 1994년 Paul Milgram이 증강현실에 대해 현실(Reality)과 가상(Virtuality) 사이의 연속체계(Continuum)로 정의하였고, 이때부터 가상현실로부터 독립적인 별도의 분야로서 인식되기 시작하였다. 가상현실에서 보여지는 모든 영상이 가상으로 제작된 것에 비해 증강현실은 실세계의 객체에 가상 객체로 구현된 관련 정보를 합성하여 증강된 정보서비스를 부가하는 개념이다.

증강현실(Augmented Reality, 이하 AR)은 현실에 3차원 가상이미지를 겹쳐서 보여주는 기술로, 실제 환경을 기반으로 가상의 오브젝트를 보여주는 것을 의미한다. 즉 현실(Reality)에 기반하여 정보를 추가(증강 : Augmented) 제공하는 기술로 현실세계의 이미지나 배경에 가상의 이미지를 추구하여 보여주는 발전된 가상현실 기술이다. 증강현실은 기존의 모니터, 종이, 사진 등과 같은 매체를 통해 이용되는 정적인 의료정보를 동적으로 변화시킬 수 있다. 특히 정보의 형태(텍스트, 이미지, 오디오, 동영상 등)에 제한을 받지 않기 때문에, 의료진들은 원하는 정보를 장소에 구애받지 않고 제공받게 된다. 외과적 수술에서도 환자의 약물 알레르기와 같은 고유의 특성이나, 신체 및 장기에 대한 부가정보를 실시간으로 확인시켜줌으로써 수술실 내에서의 의료과정을 더 효과적으로 운용할 수 있게 지원한다.

3) 혼합현실

혼합현실(MR : Mixed Reality)은 VR과 AR이 합쳐진 개념으로서 실제현실과 가상환경 사이에 존재하는 것으로 사람의 시력에 따라 가상 이미지를 만들어 사람들이 가상객체와 즉시 상호작용할 수 있도록 하는 것이 특징이다. 즉 가상의 컴퓨터 그래픽을 실제 3차원 장면에 투영하는 것이다.

혼합현실(MR) 역시 가상현실에서 분리되어 나온 개념으로써 현실세계에 가상객체들을 섞고 결합시켜서 보여주는 면에서 증강현실과 유사한 점이 있다. 그러나 증강현실에서는 현실객체와 가상객체의 구별이 뚜렷하고 현실객체를 보완하는 형태로 가상객체를 사용한다. 반면 혼합현실에서는 가상객체가 현실객체와 동등한 성격으로 등장하고, 독립적인 형태로 운영되며 마치 가상현실과 같이 몰입감 있게 보여 진다는 점에서 증강현실과 확연히 구별이 된다.

혼합현실에서는 사용자가 실시간으로 가상객체를 조작하면서 컴퓨터와 상호작용할 수가 있어서 원거리 견본주택 탐방, 훈련/시뮬레이션, 효과적인 시청각 교육 등 다방면으로 활용되고 있다.

각 현실기술은 고유한 특징과 차이점을 가지고 있으며, 〈표 6-2〉과 같이 요약할 수 있다.

혼합현실은 앞서 설명한 가상/증강현실에 비해 더 미래지향적인 기술이다. 혼합현실은 증강현실을 통해 가상객체와 상호작용하므로 증강현실보다 더 나은 현실감과 상호작용 기능을 제공한다. Acer나 Microsoft와 같은 글로벌 IT기업들은 가상현실과 증강현실 외에도 혼합현실 관련 제품들을 출시하고 있으며, 특히 Microsoft의 HoloLens 스마트 안경은 관련 콘텐츠 개발 업체로부터 많은 관심을 받고 있다.

〈표 6-2〉 VR, AR, MR, HR의 비교

구 분	VR	AR	MR, HR
환 경	완전히 인공적인 디지털 환경	가상의 대상물을 실제 공간에 표시	가상의 환경이 실제공간과 혼합
이미지 소스	컴퓨터 그래픽, 컴퓨터로 만든 실제 이미지	컴퓨터 이미지와 실제 생활 대상물 혼합	컴퓨터 이미지와 실제생활 대상물 혼합
시 각	가상의 대상이 가상공간에서 움직임	가상의 대상이 실제공간에서 움직임	가상의 대상이 실제공간에서 움직임
현장감	현실세계와 분리된 가상의 공간	새로운 요소와 대상이 추가된 실제공간	새로운 요소와 대상이 추가된 실제공간
몰 입	가상환경에 완전한 몰입	디지털 대상물에 의해 강화된 현실공간	실제공간과 가상환경이 상호작용
지 각	가상의 대상이 실제처럼 느껴짐	가상의 대상을 구분 가능	가상의 대상이 실제처럼 느껴짐

4) 홀로그램

홀로그램 현실(HR : Hologram Reality)은 2개의 레이저광이 서로 만나 일으키는 빛의 간섭효과를 이용, 사진용 필름과 유사한 표면에 3차원 이미지를 기록한 것이다. 홀로그램은 제작에 사용되는 여러 가지 기술에 따라 시각적으로 다양한 입체적 효과를 갖게 된다. 이 이미지를 재생하는 기술을 홀로그래피(Holography)라하고, 이 기술에 의해 만들어진 상품을 홀로그램(Hologram)이라고 한다.

교육기업 피어슨은 홀로렌즈 기술을 활용해 홀로페이션트(HoloPatient), 홀로휴먼(HoloHuman) 앱을 개발했다. 이 앱은 환자의 홀로그램을 이용해 의대 및 간호대학 학생들이 증상을 진단하고, 치료 시뮬레이션을 할 수 있는 교육도구이다.

비슷한 사례로 미국 세인트조지스대는 스피어젠테크놀로지사와 협력해 '러닝하트'란 학습지원도구를 개발했다. 러닝하트는 사용자가 심장 홀로그램을 360도 방향에서 관찰하고 검사할 수 있다. 홀로그램을 실제 만지면 반응하고, 음성명령에 응답하는 상호작용이 가능하다. 심장의 모든 부분을 손동작으로 분리해 의대생들은 몰입형 학습을 할 수 있다.

홀로그램 디바이스는 디지털 콘텐츠를 마치 실제로 있는 것처럼 현실세계에 배치하는 기능을 특징으로 하는 디바이스이다.

마이크로소프트의 볼류메트릭 비디오 캡처(Volumetric Video Capture) 기술로 인물의 역동적인 움직임을 홀로그램 비디오로 구현하고, SK텔레콤 'T 리얼 플랫폼'의 공간인식 · 렌더링 기술로 홀로그램과 현실 공간이 자연스럽게 어우러진 콘텐츠를 완성한다.

SKT의 점프 스튜디오에서는 설치된 106대의 카메라를 통해 360도로 초당 최대 60프레임 촬영이 가능해, 실제처럼 자연스럽게 움직이는 고화질 3차원 홀로그램을 생성할 수 있다. 또한 인공지능(AI), 클라우드, 3D 프로세싱, 렌더링 기술로 기존 3차원 모델링 작업의 수작업 공정을 상당 부분 자동화함으로써 콘텐츠 제작 비용과 기간을 획기적으로 줄였다.

현실세계(Real World)는 우리가 현재 살고 존재하는 현실, 증강현실(AR : Augmented Reality)은 현실을 바탕으로 가성을 합성하는 것, 증강가상(AV : Augmented Virtuality)는 가상을 바탕으로 현실을 합성한 것, 가상현실(Virtual Reality)은 PC를 이용한 그림 및 그래픽을 이용하여 만든 것이다. 이 모든 범위를 합쳐 혼합현실(Mixed Reality)이라고 부른다. [그림 6-3]처럼 왼쪽에서 오른쪽으로 갈수록 가상 이미지의 양은 증가하고 현실 세계와의 연관성은 약화된다.

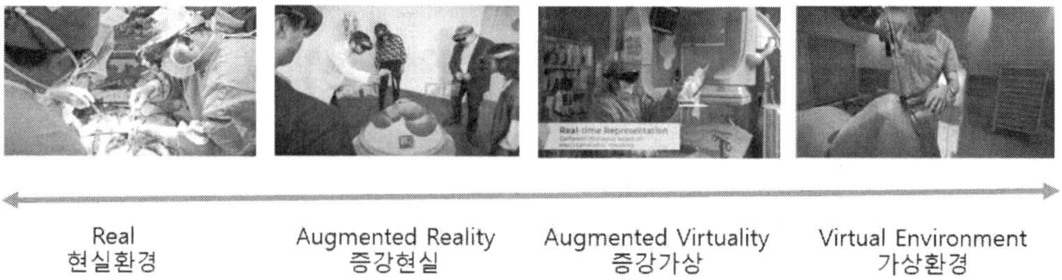

[그림 6-3] 가상/증강/혼합현실 개념

가상현실은 가상세계에서 가상의 객체만이 존재하며 현실세계를 대체하여 사용자에게 보여준다. 반면 증강현실은 현실세계에 가상의 객체가 중첩함으로써 현실세계를 보충해 사용자에게 보여 준다는 특징을 갖는다. 즉 증강현실은 증강된 현실을 통해 실시간으로 현실감을 불러일으키며 상호작용을 가능케 한다.

최근에는 증강현실이 발전함에 따라 증강현실 개념에 대한 재정의가 이루어지고 있다. 증강현실을 영상과 소셜미디어를 부가정보로 활용해 부가적인 오감정보를 제공하고, 사용자 중심의 맥락정보와 사회적 관계에 따라 개인화하는 특징을 가진 것으로 보기도 한다.

〈표 6-3〉처럼 가상/증강/혼합/확장 현실의 요소기술은 소프트웨어 기술과 하드웨어 기술로 구분할 수 있다.

〈표 6-3〉 가상/증강/혼합/확장 현실 요소기술

기술구분	요소 기술	요소 기술 설명
HW 기술	입력 인터페이스	• 사용자 동작을 인식하여 의도를 전달하기 위한 제스처 동작인식 기술 • 음성으로 사용자의 의도를 전달하는 음성인식 기술 • 몰입감(Immersion) 향상을 위해 주변 환경을 자율적이고 지능적으로 인식하는 상황인식 기술
	출력 인터페이스	• 가상/증강현실의 가상 객체 및 배경을 출력하는 디스플레이 장치 • 임장감(Presence)과 몰입감을 위해 해상도 및 밝기가 중요
	컴퓨팅 장치	• HMD(Head-Mount Display), GPU, 디스플레이, 자이로센서, 가속센서
SW 기술	추적 및 정합 기술	• 센서기반 추적 기술 : GPS, 디지털 나침판, 가속도 센서, 자이로 센서 등을 이용하여 사물의 위치와 움직임, 속도, 방향 등을 정밀하게 추적 • 비전기반 추적 기술 : 마커 기반 방식과 비마커 기반 방식, 사물 인식/이미지 매칭 기반 방식으로 구분

기술구분	요소 기술	요소 기술 설명
		• 하이브리드 추적 기술 : 센서기반과 비전기반 추적 기술을 복합적으로 사용하는 방식을 통칭
	음성인식 기술	• 패턴인식에서 파생된 자동음성인식(ASR)이 핵심기술 • 인공지능을 활용하는 자연어처리(NLP) • 네트워크 고도화/클라우드 발전으로 데이터 마이닝/빅데이터 운용 용이 → 자동음성인식 기술의 정확도 향상
	상호작용 및 사용자 인터페이스 기술	• 제스처 기반 방식 : 터치스크린 및 가속도 센서 등을 이용하여 다양한 제스처에 의한 상호작용을 가능하도록 하는 방식 • 촉감형 AR : 실제로 물건을 만지고 느끼고 잡고 옮기는 등의 행위를 통해 상호작용을 하는 방식으로 현실공간과 가상공간 사이에 벽이 없이 상호연결이 되는 몰입감을 제공 가능 • 협력형 AR은 다수의 사용자와 지속적으로 상호작용을 하는 방식이며, 하이브리드 AR 인터페이스는 다수의 상호작용 인터페이스가 복합적으로 결합된 형태이다
	위치기반 서비스 기술	• 사용자 및 현실 세계 객체의 위치를 확인하는 기술로 보다 정밀한 위치 정보 획득이 중요한데 GPS 인공위성 이용, 이동통신 환경 이용, WiFi나 블루투스와 같이 근거리 무선통신 기술을 이용하는 방법 등이 있다 • Wi-Fi WLAN은 2~5m, Bluetooth는 1~10m, RFID는 20m, UWB는 30cm, 적외선 IR은 10~30cm, IrDA는 1~3m 정도의 위치 정확도를 갖는다
	지능형 검색 기술	• 사용자 상황에 맞고 이미지/위치/영상/사운드 등을 검색 조건으로 하는 새롭고 진화된 검색 인터페이스 • 스마트폰 카메라로 입력되는 실세계 정보가 검색 조건으로 전송되고, 검색결과를 처리한 정보들이 부가 정보로 합성되어 나타나는 증강현실 기반의 검색 기술들도 등장하고 있다

4. XR 시장전망

비대면의 확대로 글로벌 XR 시장은 지속 성장할 것으로 전망한다. 글로벌 XR 시장은 '19년 78.9억 달러에서 '24년 1,368억 달러로 5년간 연평균 76.9% 성장할 전망(IDC, '20.6.)한다. 국내 XR 시장규모는 5.9억달러('19)에서 26.3억달러('24) (Digi-Capital, '20.9.)로 규모가 확대될 것이다.

XR이 범용기술로 활용되며 각 산업에도 빠르게 확산될 것이다. 5년간('19~'24) 연평균 글로벌 AR 기반 시설관리(106%↑), AR 교육훈련(134%↑), AR 유통물류

학습 6

(105%↑) 시장 성장할 것으로 전망(IDC, '20.6.)한다. '23년 XR 산업 응용시장(1,210억달러)은 '19년(90억달러) 대비 13배 성장할 것으로 전망(IDC, '19.5.)하고 있다.

폭발적인 성장이 예상되는 XR는 그간의 우리 세상과는 다른 새로운 세상을 불러올 전망이다. 인터넷이 크게 확산하며 '온라인' 세상이 열린 것처럼, XR 발전은 가상과 실제가 공존하는 '융합 현실 세계'를 앞당기기 때문이다.

XR는 이미 개인의 일상을 물론 산업 전반에서 변화를 불러오고 있다. 제조업 현장에서는 디자인, 생산, 정비, 교육 등에서 MR을 활용한다.

6-2 메타버스와 XR 기술융합

최근 디지털, IT기업들이 가장 주목하는 공통 키워드는 '메타버스'와 'XR(가상융합)'이다. 기업은 모바일을 이을 차세대 컴퓨팅 플랫폼으로 메타버스를 꼽는다. 정부 역시 최근 메타버스 산업 생태계 발전을 위해 민관 협력체계를 구성하는 얼라이언스를 출범했다. 범용기술로써 XR의 잠재력과 파급효과도 주목하고 있다. XR이 현실화되면 또 하나의 활동공간이 생겨나는 만큼 과거에 없던 경험과 경제적 가치를 만들어 낼 수 있기 때문이다.

美 · 英 · 中 등 주요국과 구글 · 애플 · MS 등 글로벌 ICT 기업은 범용기술로서 XR의 잠재력과 파급효과에 주목하고 경쟁력 확보에 집중하고 있다.

미국의 경우 국방 · 재난 · 의료 · 교육 등 핵심분야의 VR · AR 연구를 국가 주도로 강력하게 추진하며, 연구결과의 민간 이전 활성화를 추진하고 있다. 美 국방부는 VR · AR 활용 훈련시스템 개발에 '22년까지 총 110억 달러를 투자하고 있다.

영국의 경우 XR 기반 'Immersive Economy' 주도를 위해 5,800만 파운드를 투자('18~'19)하고 있다.

중국의 경우 'VR 산업 가속화 지도의견'을 발표하고, 제조 · 교육 · 문화 · 헬스 등 주요분야 VR 융합을 핵심과제로 제시('18.12, 공업정보화부)하고 있다.

주요 ICT 기업은 AR을 스마트폰 이후 '인간의 일상을 바꿀 차세대 컴퓨팅 기술'로 주목하고, 경쟁력 확보에 집중하고 있다.

〈표 6-4〉 글로벌 기업 XR 투자동향

기 업	주요 동향
애플	AR 지원 라이다 센서 탑재 '아이폰12 프로' 출시('20.10.), AR 글래스 출시 예정('22)
MS	기업용 MR 글래스인 '홀로렌즈2' 출시('19.11.)
구글	기업용 '구글글래스2' 출시('19.5.), AR 글래스 업체 'North' 인수('20.6., 1.8억만$)

글로벌 제조·의료, 유통기업 등도 공정 전반(훈련, 제품생산, 시설관리 등)에 XR을 적극적으로 활용하여 생산비용 절감하고 공정을 최적화하는 서비스 혁신중이다. '22년까지 기업의 70%가 XR을 테스트, 25%는 생산과정에 적용 전망(Gartner, '20)이다.

〈표 6-5〉 글로벌 기업 XR 활용동향

기 업	주요 동향
GE	AR 가이드 서비스를 통해 유지보수 효율성 8~12%↑, 작업 생산성 34%↑
존스홉킨스	AR 척추 수술가이드 시스템(xvision) FDA 승인취득('19.12.) 및 수술활용('20.6.)
DHL	AR을 활용해 물품정보 처리시간 단축으로 물품 운송효율 25%↑

우리도 정책 노력을 기울여왔으나, 국내 XR 생태계는 여전히 콘텐츠 체험중심이어서 XR의 경제·산업적 수요 확대에 선제적 대응하기에는 역부족하다. '가상현실산업 육성 추진현황 및 향후계획'('16.7.), '실감콘텐츠산업 활성화 전략'('19.10.) 등을 마련했었다.

비대면 사회로의 급속한 변화에서 가상융합기술(XR)은 산업구조 혁신 및 경제성장의 새로운 동력으로 주목하고 있다. 한국은 세계 최고수준의 디지털 인프라 및 디지털 뉴딜('20.7.)을 발판으로, XR 활용 확산을 지원하여 '가상융합경제' 선도국가 도약 추진하고 있다.

의료분야에서 XR은 환자수술 등 치료에서 성과를 보이고 있다. 예컨대 척추수술에서 가상으로 만든 척추와 환자를 겹쳐 놓고 수술하는 방식이다. 교육은 XR가 가장 많이 적용된 분야다. 단순히 화상수업을 넘어 가상의 교실에 학생이 모여 수업을 받는 것이다. 기업의 직무교육이나 의료실무에서도 가상을 활용한 시뮬레이션 훈련이 크게 늘고 있다.

이 외에 공연, 행사 등도 가상공간을 활용하기도 한다. 사용자는 해당공간을 방문해 전시나 공연을 자유롭게 즐긴다. 온라인에서만 이용하던 소셜미디어는 가상 공간으로 자리를 이동해 사용자 아바타를 앞세워 현실처럼 지인과 교류하는 서비스를 내놓고 있다.

지난해는 AR · VR 업계에 '중요한 전환점'이 됐고, 코로나 19 확산으로 분야를 불문하고 XR을 도입하는 기업이나 기관이 증가했다.

국내 기업들도 다양한 산업분야에서 XR을 접목하고 있다. 석유 화학공장을 운영하는 한화토탈은 코로나 19로 인해 해외 정비사 입국이 어려워지자 AR 원격협업 서비스를 도입했다. 현대기아차는 신차 개발과정에 VR을 활용하는 '버추얼 개발 프로세스'를 적용중이다.

서틴스플로어가 개발한 VR 가상 강의실은 40명까지 동시접속과 실시간 원격 강의를 지원한다. 각 대학에서도 실제 강의에 적용하기도 했고, 일부 대학에서는 홀로그램으로 구현된 실물 크기의 교수가 여러 강의실 학생에게 동시수업을 하고 질문을 받는 쌍방향 원격강의를 제공중이다.

롯데홈쇼핑은 AR 가구배치, VR 매장 체험서비스를 제공하고 있으며, 패션 소품을 AR로 착용해보는 제품 비교 솔루션도 준비중이다. 한샘은 새 모델하우스를 VR을 통해 미리 체험할 수 있는 서비스를 제공하고 있다.

지난해 SK텔레콤은 SM엔터테인먼트와 손잡고 슈퍼주니어 온라인 콘서트를 '점프 스튜디오'에서 제작한 3차원(3D) MR로 선보이기도 했다. 무대 뒤편에서 슈퍼주니어 멤버 최시원의 3D MR 이미지가 튀어나와 12m 높이의 공연장을 가득 채웠다. 이 영상은 전세계 12만 3000여명 온라인 관객에게 생중계됐다.

정부는 지난해부터 사회전반에 XR 활용을 지원하는 마중물 역할을 하고 있다. 작년에 시작한 과제는 현재 일부 산업현장에서 원격협업과 교육 · 훈련 등에 적용되고 있으며, 올해 말에는 코엑스 방문객을 대상으로 다양한 AR 서비스를 개시할 예정이다.

과학기술정보통신부는 XR의 사회 전분야 확산과 함께 콘텐츠, 플랫폼, 네트워크, 기기 등 관련 기업이 성장해 나갈 수 있는 산업 생태계 조성을 위해 적극적으로 지원한다.

6-3 XR 기술융합의 차세대 플랫폼

그동안 게임, 영화, 공연을 중심으로 발전하던 가상현실(Virtual Reality : VR) 및 증강현실(Augmented Reality : AR) 시장이 5G 및 인공지능기술의 상용화와 결합하여 일상에서 쉽게 접할 수 있는 기술의 플랫폼으로 자리잡고 있다.

가상현실(VR)은 헤드셋과 같은 몰입을 위한 기기(Head Mounted Display : HMD)가 필요하며, 실제가 아닌 환경에 현실적인 이미지를 생성하여 만들어 낸다.

증강현실(AR)은 휴대폰이나 태블릿의 카메라와 같은 장치를 통해 디지털 그래픽과 사운드를 실제환경에 겹쳐서 표시하여 콘텐츠를 제공한다. 포켓몬 GO 게임이 증강현실의 가장 대표적인 예이다. 가상현실과 달리 AR은 별도의 기기없이 휴대폰을 이용하여 기술을 구현할 수 있기 때문에 진입장벽이 낮아 빠르게 발전하고 있다. 가상증강현실은 대체로 현실세계에 휴대폰의 카메라 및 HMD 등을 통해 주변의 이미지를 식별하여 3D로 나타내는 원리로 구현된다.

최근에는 디바이스가 필요없는 AR의 장점과 큰 몰입감을 제공하는 VR의 장점을 결합한 혼합현실(MR) 혹은 확장현실(eXtended Reality : XR)개념의 신규 차세대 플랫폼으로 발전하고 있다.

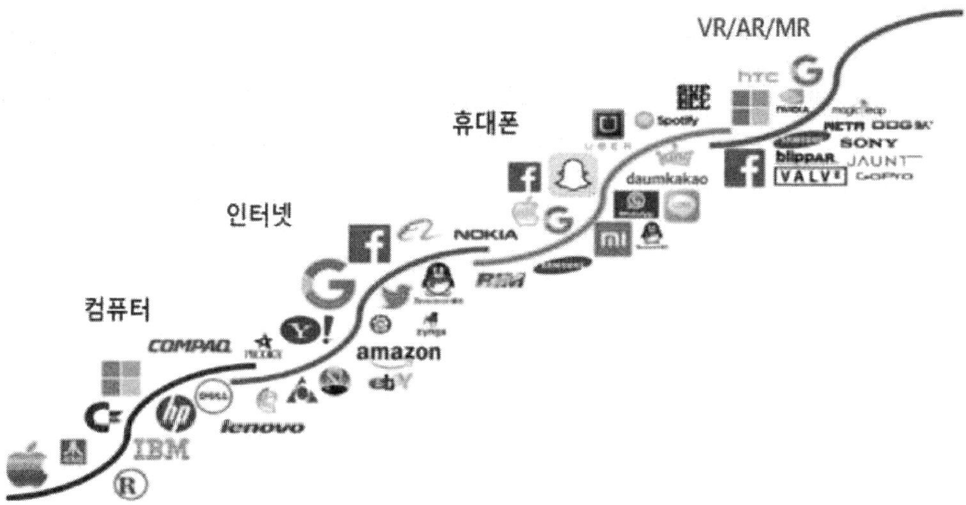

[그림 6-4] XR의 차세대 플랫폼

학습 6

혼합현실(MR)은 현실과 가상을 결합한 가상의 객체들이 공존하는 새로운 환경을 의미한다. 확장현실을 영어로는 'XR'로 표기하는데, 이때 X는 변수를 의미한다. 즉 VR, AR, MR, HR을 모두 포괄하며, 미래에 등장할 또 다른 형태의 현실도 다 포괄할 수 있는 용어이다. 향후에는 VR, AR, MR HR 등으로 구분하지 않고 XR로 표현될 것으로 보이는데, 스마트폰과 웨어러블 디바이스 시장이 성장하면서 장소와 기기에 제한없이 가상증강현실을 경험할 수 있게 되었고, 가상증강현실은 거의 모든 산업과 융합하여 획기적인 변화를 불러올 수 있다는 점에서 [그림 6-4] 처럼 차세대 플랫폼으로 주목받고 있다.

급속한 성장의 배경은 다음과 같다.

① 디바이스는 오큘러스VR, 삼성 기어VR, HTC 바이브 등 다양한 HMD가 출시되고 있으며, 최근에는 움직임을 인식하는 러닝머신 형태의 디바이스와 컨트롤러 등 관련 기기가 다양해지고 있다.

② 다양한 콘텐츠가 제작되고 있다. 오큘러스VR이 운영하는 VR 콘텐츠 오픈마켓 '오큘러스 셰어(Oculus Share)'에는 전세계의 콘텐츠 개발 성과물이 등록되고 있으며, 구글과 애플은 일반인도 쉽게 콘텐츠를 제작할 수 있는 도구를 개발하고 있다. ARCore와 ARkit는 스마트폰으로 움직임과 주변환경을 분석해 가상의 이미지를 실제 세계에 적용하는데, IKEA의 이케아 플레이스(IKEA Place)가 대표적이다.

③ 정책지원 역시 AR · VR이 차세대 플랫폼으로 성장하는데 중요한 요소이다. 미국은 2000년대 중반부터 MR을 10대 미래 핵심전략기술로 지정하고 있으며, 우리나라는 2015년 '미래성장동력', 2017년 발표된 '13대 혁신성장동력'에서 AR · VR을 선정하여 기술개발, 콘텐츠 개발 등을 지원하고 있다.

수행 내용

재료 · 자료

- 메타버스 관련 자료

기기(장비 · 공구)

- 컴퓨터, 문서작성 프로그램, 프린터, 주변기기

안전 · 유의사항

- 메타버스 관련 장비의 안전 및 유의사항을 숙지한다.

수행 순서

학습 6

01 XR 구현을 위한 핵심 구성기술에 대하여 분석하라 .

모바일 디바이스의 발전에 따라 확장현실기술은 모바일 위주로 발전하고 있으며, 입출력 인터페이스, GPS를 활용한 위치정보 활용기술, 카메라를 통한 영상인식, 조작, 정합기술, 센서기술, 3D 가속화 등의 분야에서 많은 연구 · 개발들이 진행되고 있다.

1. 컴퓨터 그래픽 기술

XR을 구현하기 위해서는 가상객체(및 배경)를 컴퓨터로 생성한 후, 사용자의 시선 변화 혹은 움직임을 추적해 가며 가상객체 및 배경에 움직임을 부여하고, 사용자와 동기화시켜야 한다. 가상객체 생성과 움직임 동기화에는 상당한 컴퓨팅 그래픽 작업이 요구된다.

이때 해상도(Resolution), FPS(Frame Per Second), 그리고 가상객체 모델에 대한 복잡도가 가상현실에 대한 요구사항을 결정하게 된다. 일반 컴퓨팅 파워의 발전이 2010년부터 매년 1.1배씩 증가할 것으로 예상되는 반면, GPU 컴퓨팅 성능은 매년 1.5배씩 증가하여 2025년에는 현재의 1,000배에 이를 것으로 예상된다.

2. VR 구현을 위한 6 DoF 기술

DoF란 Degree of Freedom의 준말로써, 움직이는 물체의 자유도를 의미한다. 1DoF는 앞 · 뒤 이동, 2DoF는 좌 · 우 이동, 3DoF는 상 · 하 운동을 포함하며, 360° 영상이 이에 해당된다.

3DOF가 평면적 운동을 하는 자동차라고 가정하면, [그림 6-5]처럼 6DoF는 3차원 운동을 하는 항공 비행체에 해당한다 4DoF는 X축을 중심으로 앞 · 뒤 기울기를 나타내는 Pitch, 5DoF는 Y축을 중심으로 한쪽에서 다른 쪽으로 기우는 Roll, 그리고 6DoF는 Z축을 중심으로 좌/우 회전하는 Yaw로 구성된다.

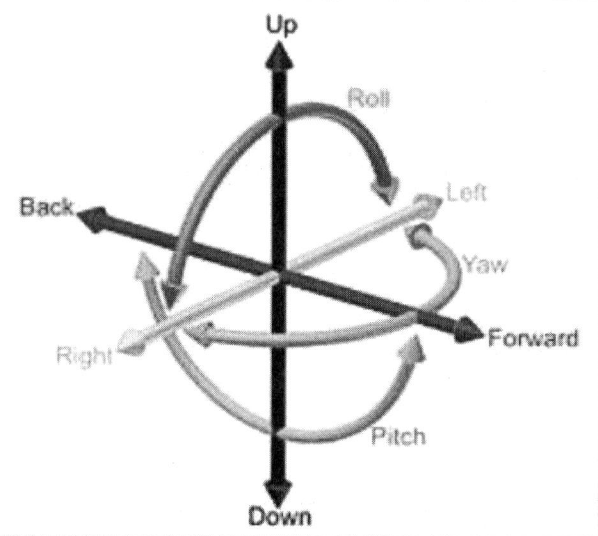

[그림 6-5] The Six Degrees of Freedom

3. PPI와 PPD

PPI(Pixel Per Inch)는 인치당 픽셀 수를 나타내는 용어로써 HMD 영상의 밀집도를 나타내는 용어로 사용된다. 보통 전면 화면에 더 높은 PPI 화면을 구현한다. 그러나 눈을 돌려서 다른 방향을 볼 때, PPI가 낮은 가상화면이 보여서 눈의 피로도가 높아지는 문제가 발생된다. 따라서 최근에는 사용자의 눈이 향하는 각도에서의 화면 밀집도를 의미하는 PPD(Pixel Per Degree)라는 용어가 등장하였다.

02 현실감을 높이기 위한 가상융합기술(XR)의 개선에 대하여 분석하라.

실제로 HMD를 착용하고 VR을 처음 경험하면 신기해하나, 10분 이상 감상시 멀미를 호소한다. 그 이유는 VR 영상의 낮은 해상도, 초점이 맞지 않는 화면, 깜박이는 화면에 의한 어지러움, 낮은 음질, 그리고 사용자의 눈의 움직임을 따라오지 못하는 VR 영상과의 시간차에 따른 집중도 저하 등에 있다. XR 사용자의 경험 만족도를 높이기 위해서는 이러한 문제들의 해결이 중요하다.

〈표 6-6〉 XR의 문제점과 개선 포인트

구 분	문제점	현황 및 개선 방향
영상 문제	낮은 해상도	• 초기 2k 이하의 낮은 해상도는 점차 개선되고 있다. • 삼성 Odyssey HMD는 AMOLED를 사용하여 2k(1600×1440) 해상도를, HTC사의 VIVE HMD는 dual OLED를 사용하여 2K를 조금 상향하는 2160×1200 영상을 구현하고 있다.
	격자 무늬	• 격자 무늬(모자이크) 현상을 방지하기 위해서는 화면 해상도를 높이고, 픽셀 수를 늘리는 것이 중요하다. • 픽셀수를 나타내는 데는, PPI 혹은 PPD와 같은 용어가 사용된다.
	좁은 뷰	• 사람 눈의 양안을 합친 기본 시야각은 각각 수평 180°, 수직 120°가 된다. • HMD 착용 시, 현실세계에서 보여지는 뷰보다 훨씬 좁은 뷰가 보여지는데 다수의 HMD 제조사들은 몰입감을 높이기 위해 와이드 앵글 뷰를 개발하고 있다.
	화면 깜박임	• TV 영상은 25Hz 혹은 30Hz 빈도로 정지영상을 플레이하여 동영상 효과를 내고 있다. HMD의 화면 깜박임 문제는 초당 플레이되는 정지영상의 빈도수가 작기 때문에 발생하고 있으며, 따라서 문제 해결을 위해 60Hz 혹은 90Hz 빈도로 영상의 전송 빈도를 높여가고 있다.
음향 문제	낮은 음질과 입체감	• 낮은 음질 및 서라운드 시스템 부족으로 인한 현장감 저하 문제가 있다. • 음원이 발생한 공간에 위치하지 않은 청취자가 음향을 들었을 때 방향감, 거리감 및 공간감을 느낄 수 있도록 공간정보를 부가하는 입체 음향을 구현하는 기술이 개발되고 있다.
VR 멀미	비동기 이슈	• 컴퓨터 그래픽으로 생성된 가상 객체나 배경은 현실의 그것과 달라 사용자를 쉽게 피로하게 만드는데, 그 중에서 VR을 장시간 사용하는 경우 발생되는 어지러움증을 VR 멀미라고 한다. • VR 멀미는 위에 소개되어 있는 영상 문제뿐만 아니라, 시야가 움직이는 방향으로 가상 객체가 바로 움직이지 않는 비동기 현상에 의해 발생된다. • VR 멀미를 개선하기 위해 Head Tracking 속도의 개선이 진행되고 있다.

〈표 6-6〉에서 현실감을 방해하는 XR의 문제들과 현황들을 정리하였다.

1. 시야각 문제

사람 눈의 기본적인 시야각은 자신의 정면방향에서 왼쪽 눈(상대방 기준으로 오른쪽 눈)의 법선을 기준으로 코 방향 60°, 바깥 방향 90°, 위 방향 60°, 아래 방향 60°이고 양안을 합친 시야각은 각각 수평 180°, 수직 120°가 된다. 만약 눈알을 굴린다면 시야각은 좌안 기준 코 방향 60°, 바깥 방향 120°, 위 방향 85°, 아래 방향 95°이며 양안 기준으로는 수평 240°, 수직 180°까지 시야각을 늘릴 수 있다. CCTV와 같은 광학센서들도 사람 눈처럼 상·하·좌·우로 움직이므로 센서 자체의 시야각과 센서를 상·하·좌·우로 움직일 때의 시야각을 구분하여 표시한다. FOV(Field of View)는 센서를 상·하·좌·우로 움직였을 때 보여지는 최대 범위를 의미하며, IFOV(Instantaneous FOV)는 센서가 가만히 있을 때 얻을 수 있는 최대 범위를 뜻한다. 대부분의 HMD는 좌우 95° 정도의 IFOV를 지원하며, 최근 110°의 IFOV를 지원하는 HMD가 선보이기 시작했다.

[그림 6-6] HMD 시야각 비교

2. VR 멀미문제 및 맞춤형 초점 디스플레이

대부분의 VR 기기들은 시력차에 따른 초점을 맞춰주는 기능을 제공하지 않는데, 따라서 시력이 나쁜 사람은 안경을 쓰고 봐야하는 불편함이 있다. 또한 눈에서 기대하는 가상영상위치와 실제로 보여지는 위치가 쉽게 어긋나는 등 서로 다른 시각 환경에 맞게 자동으로 조정되지 못하고 있다.

초점이 안 맞거나 가상영상화면을 제대로 쫓아가지 못하는 사람은 구토나 어지러움, 메스꺼움을 느끼게 되는데 미국 노스웨스턴대학 명예교수인 팀 헤인은 어지럼증이 '감각불일치'로 인해 발생하며 "가상공간에서 움직일 때 눈과 귀, 발에서 얻어지는 모든 정보가 종합적으로 감각을 일치시켜야 어지럼증을 느끼지 않는다"고 지적했다. 스탠퍼드대학 컴퓨테이셔널 이미징 연구소 고든 웨츠스타인 교수 연구팀은 다트머스대학 연구진들과 협업해 복합적인 시력문제에 대응할 수 있는 '개인화 VR 기술'을 개발했다.

우리 눈이 VR 헤드셋 화면에 제대로 초점을 맞추기 어렵다는 점에 주목했다. 망원렌즈로 사진을 찍으면 피사체를 뺀 나머지가 흐릿하게 보이는 것처럼 눈은 한 대상에 초점을 맞추면 나머지 사물을 흐릿한 배경으로 처리한다. 그러나 VR 화면은 피사체뿐 아니라 주변 물체도 또렷하게 보이는데, 따라서 시선이 분산되고 쉽게 피로감과 어지러움을 느끼게 된다. 액체렌즈를 사용하여 VR 화면의 초점을 자유롭게 변경하는 기술을 연구하였는데, 액체렌즈는 다이얼을 돌리면 화면 초점을 바꿀 수는 있었다. 망원경이 초점거리를 조절하는 것처럼 화면 자체를 앞뒤로 움직여서 초점을 맞추게 하는 기능도 추가했으며, 시선을 추적하여 시선이 닿는 곳에 가상 이미지의 초점이 맞추어 지도록 SW적으로 추적 기술도 지원하였다.

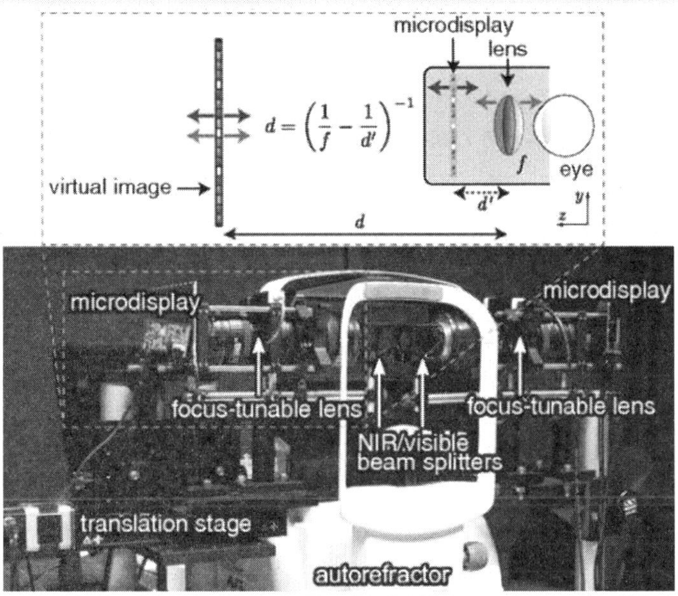

[그림 6-7] 웨츠스타인 교수 연구팀의 개인화 VR 기술구현 장치

[그림 6-7]에서 보면 렌즈의 초점 길이(Focal Length of The Lens) 'f'와 마이크로디스플레이까지의 거리 'd'가 렌즈와 가상 이미지 간의 거리인 'd'를 결정한다. 초록색 화살표와 같이 초점에 대한 튜닝이 가능한 렌즈(Focus-tunable Lens)를 사용하면 가상 이미지에 대한 초점을 정확하게 맞출 수 있으며, VR 멀미 해결에 도움을 줄 수 있다.

03 가상융합기술(XR)의 분야별 프로젝트에 대하여 분석하라.

국내산업의 강점 · 특성과 XR 활용효과를 고려하여 6대 산업 'XR 플래그십 프로젝트' 추진한다.

1. 제 조

① 화학 · 자동차 : 제조 현장 디지털트윈 구현, 현장 설계 · 운영 · 관리 등 全공정 XR 적용(과기정통부)

② 조선해양 : '버추얼 조선소' 구축, 가상환경에서 다자간 협업 기반 선박설계 및 품질 검증(과기정통부 · 산업부)

2. 의 료

① 가상의료 훈련 : 국군간호사관생도 등 의료진 대상으로 중증 외상상황 처치훈련 시스템(과기정통부 · 국방부)

② 디지털 치료 : XR 기반 치매 · 우울 · 공포증 등 정신장애 치료, 신체장애 재활 서비스(과기정통부)

3. 건 설

① 건축설계 : 건축토목 구조물 가상 설계 · 시뮬레이션 기반 분석 · 검증 시스템(과기정통부)

② 시설관리 : 시설물, 환경플랜트 시설 정보 AR로 제공, 시설 유지관리에 활용(과기정통부 · 국토부 · 산업부)

4. 교 육

① 초중고 가상실험 : 전국 초중고 대상 XR · AI 기반 과학실험공간 '지능형 과학실' 구축(교육부)

② 경찰 훈련 : 특공대원 대상 AR 기반 복합테러 상황 대응 교육훈련 시스템(과기정통부 · 경찰청)

5. 유 통

① 물류관리 : AR 기반 물품정보 실시간 시각화로 대형 물류센터 운영관리(과기정통부)

② 가상전시 : 가상공간 제품 전시로 비대면 제품 시연 · 마케팅이 가능한 '가상컨벤션'(과기정통부)

6. 국 방

① 육군 : 육사 훈련에 'VR 기반 정밀사격훈련, 전술훈련, 지휘통제훈련 시스템' 시범 적용(국방부 · 과기정통부)

② 공군 : 공군 조종관제, 항공수송, 항공기 복구 등 7대 분야 VR · AR 가상훈련 시스템(국방부 · 과기정통부)

04 가상현실이 미래산업으로 발전하기 위한 해결과제에 대하여 분석하라.

첫째, 현재 출시된 VR 기기들은 헤드셋 형태로 스마트폰을 꽂아서 감상하는 방식으로 안경을 쓴 사람은 착용하기 어렵고, 무거워 오랫동안 사용하면 불편함을 느끼기 때문에 기술적으로 개선할 필요가 있다. 또 다양한 사용자경험(UX)이 가능하도록 새로운 타입의 센서와 장시간 사용 배터리 등 보조장치, VR 구현용 360도 영상촬영이 가능한 특수카메라가 필요하다.

둘째, 의료서비스 이해관계자의 이해충돌로 인해 VR 기반의 의료서비스 추진에 어려움이 예상되어 VR 의료 콘텐츠 시장확대를 위한 기반을 조성해야 한다. 1차 진료병원, 대형병원, 의사, 약사 등 VR 의료 이해관계자들이 상생할 수 있는 모델의 연구를 통해 콘텐츠 시장의 확대를 도모해야 한다. 또 전국적인 힐링 콘텐츠 훈련센터 구축 등 관련 시범사업을 추진해 국민적 관심이 높은 헬스케어의 킬러 콘텐츠 개발 및 플랫폼 구축 시범사업 추진을 지원해 VR 디바이스의 보급을 촉진할 필요가 있다.

셋째, 국내는 선진국에 비해 가상현실(VR), 증강현실(AR), 혼합현실(MR) 등의 원천기술 수준이 낮고 사용할 수 있는 콘텐츠도 매우 제한되어 있으며, 헬스케어 및 의료장비 수준도 외국에 비해 매우 열악한 수준이다. 선진국과의 기술적 열세를 극복하고 활용분야를 확대하기 위해서는 정부의 기술개발 투자, 출연연의 원천 및 기반기술 개발 등이 필요하다. 산 · 학 · 연 공동으로 VR 의료 기술수준 및 활용 실태를 조사하고 선진국에 비해 취약한 분야를 선정해 기술개발 및 상용화 촉진, 법·제도 정비 등을 분담해야 한다.

넷째, VR 기기는 눈에 가까워 장시간 이용하면 눈으로 보는 것과 뇌로 판단하는 차이가 누적되어 시각적 피로감을 유발해 어지럼증, 멀미, 두통을 동반한다. 반복적으로 사용하면 근시로 이어질 확률이 높으며, 심할 경우 광과민성 발작증상으로 이어질 우려가 있다. 또 장기간 사용하면 'VR 중독'을 초래해 VR 기기를 30분 사용하면 10~15분 휴식을 취해야 한다. 그리고 VR 의료는 사람을 대상으로 하기 때문에 인체 안전성 및 적합성의 문제와 법적 규제에 대한 기준안이 마련되어야 한다. 또한 VR 기술을 도입한 장치의 의료기기 인정여부, 보험적용 여부 등 정부차원의 대응이 필요하다.

다섯째, VR 의료의 범용화를 위해 주요 기업체·대학·병원·연구소 간 협업으로 제품화를 촉진할 필요가 있다. 현재는 각 병원이나 연구소의 연구비로 자체 개발한 프로그램에만 의존하고 있는데, 시장이 커지고 대중화되려면 기업체·학교·병원·연구소 등 협업으로 처음부터 제품화하도록 노력할 필요가 있다. 환자가 각 가정 컴퓨터를 이용해 VR 치료를 받으려면 원격의료가 가능해야 하지만 의료법 개정을 놓고 의사협회와 정부가 대립하고 있어 설득과 절충을 통해 해결할 필요가 있다. 의료환경 특수성을 고려해 병원과 의사의 참여가 필수적이며 기업과 병원이 함께 고민하는 생태계 구축이 필요하다. VR 전문가와 의료인뿐만 아니라 빅데이터 처리, 인공지능, 센서, 바이오 피드백 전문가 간 지속적인 교류와 협력이 필수적이다.

05 디지털 홀로그래피 주요기술에 대하여 분석하라.

디지털 홀로그램은 Lohmann과 Paris에 의해 처음으로 제안되었으며, 디지털 홀로그래피의 원리는 Goodman과 Lawrence에 의해 이론적인 바탕을 마련하였다. 디지털 홀로그래피 기술은 크게 두 가지로 구분할 수 있으며, 홀로그램 영상을 획득하는 기술과 홀로그램 영상을 디스플레이 하는 기술로 나눌 수 있다. 디지털 홀로그램 영상을 획득함에 있어서는, 실제 사물의 3차원 정보를 획득하는 방법과 컴퓨터 그래픽으로부터 영상을 획득하여 이를 홀로그램 영상으로 만드는 기술로 세분화 할 수 있다. 실제 사물에서 직접적으로 홀로그램 영상을 획득하는 기술은 간섭 현상을 응용하는 만큼 기술적인 한계성이 존재한다. 그러나 최근 컴퓨팅 기술이 급속도로 발전함에 따라서 컴퓨터 생성 홀로그램(CGH : Computer-Generated Hologram)은 디지털 홀로그래픽 디스플레이에 적용될 수 있는 다양한 콘텐츠를 제공할 수 있는 환경을 만들어 가고 있다.

실제 사물을 직접적으로 획득할 수 있는 기술로서는 주로 광 스캐닝 홀로그래피(Optical Scanning Holography)와 위상이동 간섭계(Phase Shifting Interferometer)를 이용한 홀로그램 영상획득 기술이 대표적이다.

디지털 홀로그램 영상 디스플레이 기술에 있어서 가장 기본적이며 핵심적인 소자는 빛의 진폭 또는 위상을 표현할 수 있는 소자인 공간 광 변조기(Spatial Light Modulator : SLM)이며, 3D를 기본적인 영상표시장치로 구성하여 3차원 홀로그램 영상을 형성한다.

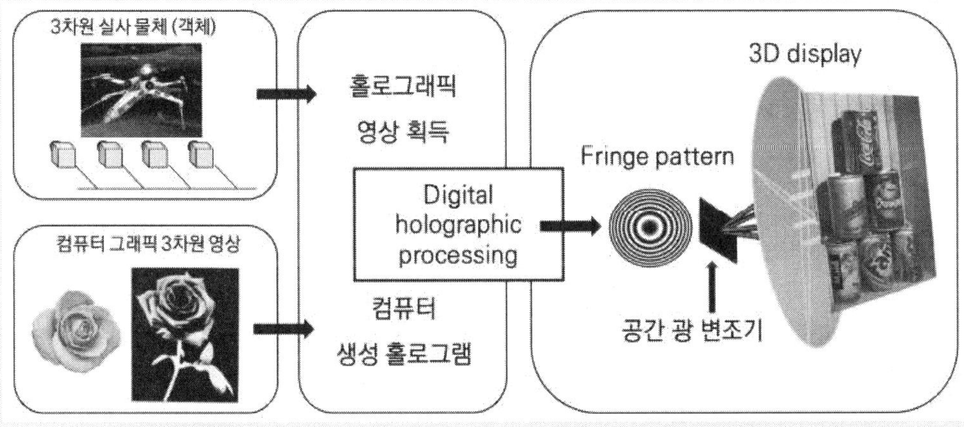

(a) 홀로그램 영상획득 기술 (b) 디지털 홀로그램 영상 디스플레이 기술

출처 : ETRI

[그림 6-8] 디지털 홀로그래피 주요 기술

06 가상융합경제 개념 및 특징에 대하여 분석하라.

1. 개 념

XR을 활용해 경제활동(일 · 여가 · 소통) 공간이 현실에서 가상융합공간까지 확장되어 새로운 경험과 경제적 가치를 창출한다.

※ '25년 XR 글로벌 경제적 파급효과(GDP 창출)는 4,764억달러로 전망(pwc, '19.11.)이다.

2. 특 징

① 실감 : 현실 수준으로 몰입감 극대화

② 지식 : 인간지식의 확장과 효과적 의사결정 지원으로 생산성 증대

③ 경험 : 시 · 공간 한계 해소, 경제주체 경험 확장

07 메타버스의 XR 플래그십 프로젝트(2020년과 2021년)에 대하여 분석하라.

1. XR 플래그십 프로젝트

No.	개념도	내 용
1		소방안전관리자용 화재 초기 대응력 향상 시스템('21~'23)
		실제 대형화재 사례를 기반으로 한 XR 트윈 화재 대응 자격 · 교육 · 평가 플랫폼 구축 및 콘텐츠 개발 · 실증
2	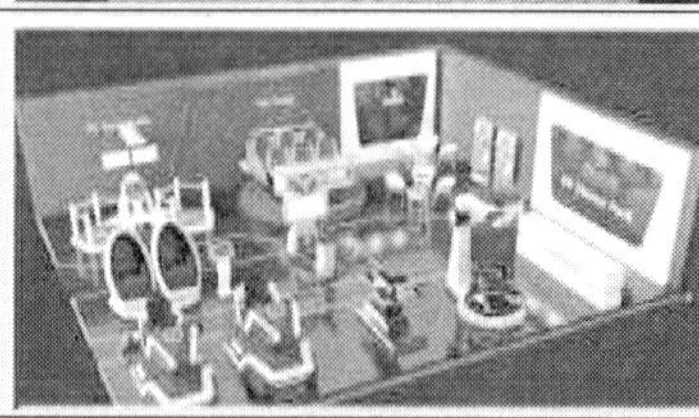	XR 기반 공군 통합 교육훈련 시스템('21~'23)
		시공간적 제약없는 실전과 유사한 환경에서의 XR기반 공군 교육 · 훈련 · 평가 전반 통제 통합플랫폼 구축 및 관련 콘텐츠 개발 · 실증
3		XR 기반 건설설계 혁신시스템('21~'23)
		실시간 정보연계로 설계 정보, 준공현장 내 인허가 사항 사전검토 시스템, 자동 분석 · 검증 지원을 위한 원격 협업 콘텐츠 개발 · 실증
4		XR 기반 조선 · 해양 공정시스템('21~'23)
		데이터 호환성 및 플랫폼의 확장성을 고려한 조선 · 해양 공정 관리 · 운용 통합 XR 플랫폼 구축 · 실증

2. 5G 콘텐츠 플래그십 프로젝트

No.	개념도	내 용
1	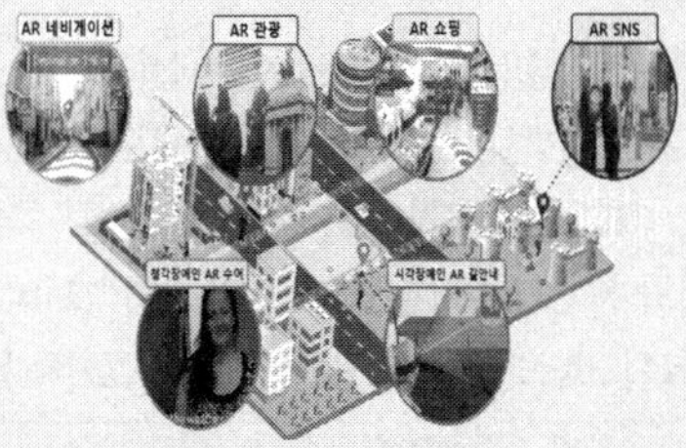	XR 메타버스 프로젝트(21~'22) * 2개 과제 '3차원 공간정보(Data)'를 구축하고, 이를 현실 세계 사용자에게 효과적으로 전달하기 위해 'C-P-N-D 가치사슬 통합 패키지' 개발
2		XR 디지털 치료제('21~'22) 뇌파, 심박 등 바이오센서가 부착된 착용형 시각장치(HMD, 글래스 등)를 개발(혹은 활용)해 우울증의 증상·상태를 기록·관리·치료하는 XR 디지털치료 서비스 개발

사업명	과제명	주요성과
XR 콘텐츠 개발지원	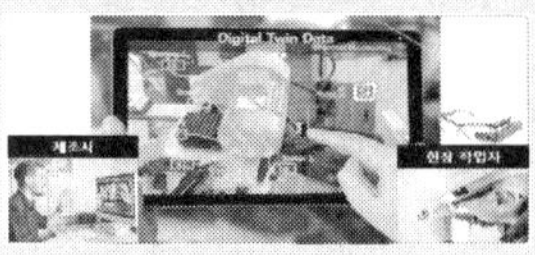 유비씨 : 3D 가상물리시스템 AR원격 유지보수	• 5G 기반 원격 VR/AR/MR 협업설계 및 제품검사 플랫폼 개발 - CPS(Cyber Physical System) 기반 원격지 다수가 동시 참여할 수 있는 제품 협업 설계 및 검수·교육·원격정비를 위한 분석시스템 구축 ※ 텔스타-홈멜(주) 수요처 실증 진행 中
	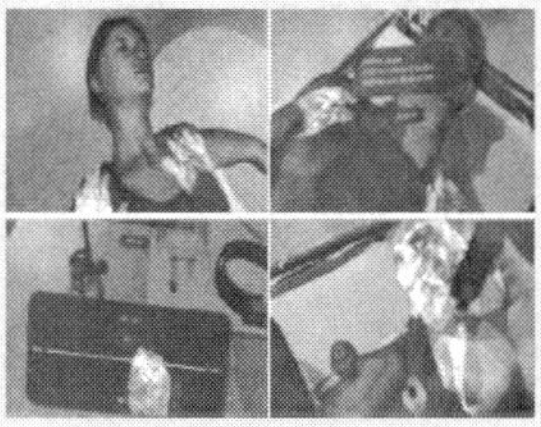 DKI테크놀로지	• XR 기반 중증외상 처치훈련 시스템 개발 - 환자용 메디컬 트윈 및 중증 외상처치 훈련 플랫폼 개발/인프라 구축 중 - MR디바이스 활용한 신체사정 및 처치훈련 콘텐츠 ※ 통합시험환경 인프라 구축/시나리오 및 콘텐츠 개발 중
	 한국전자기술연구원 : 실시간 데이터 연동 트윈 시스템	• XR 기반 제조설비 디지털 운영시스템 구축 - 제조설비 커넥티드 디지털트윈, XR 원격협업 및 교육훈련 솔루션/콘텐츠 개발 ※ 3D 가상공간 구축 및 데이터 연동, 원격협업 및 교육·훈련 콘텐츠 등 완료 및 추가 개발 진행중 ※ NIPA 일자리 창출 우수기업 포상(참여기관 버넥트, 20년)

사업명	과제명	주요성과
5G 콘텐츠 플래그십 프로젝트	 맥스트 : 정밀위치합성기반 실내 AR 콘텐츠	• 비전기반의 위치 측위 기술(VPS)을 활용한 실내외 증강현실 콘텐츠 플랫폼 개발 - 비전기반 위치측위 기술(VPS)를 활용한 실내외 3D지도를 기반으로 코엑스와 영동대로 주변을 대상으로한 AR내비게이션, 옥외광고, SNS, 여행가이드 콘텐츠 개발 ※ SKT-신세계와 MOU 체결('20. 10월), 시범서비스 지역 외 플랫폼 확산 예정(신세계 스타필드, 광화문 등)
	 유니원커뮤니케이션즈 : 비대면 VR컨벤션 부스	• 비대면 가상컨벤션 플랫폼화를 통한 마이스(MICE) 산업계 신비즈니스 모델 구축 - 맞춤형 전시 · 컨벤션 모델 생성 및 3D 템플릿과 저작도구 개발을 통한 가상공간 실감컨벤션 플랫폼 구축 및 5G 기반 상용화 ※ 스타트업, 투자자, 기관 등이 함께 참여하는 컨퍼런스, 투자미팅 등을 지원하는 가상스튜디오, 온라인 플랫폼 제작 및 운영

학습활동.6 교수 · 학습 방법

교수 방법

- 메타버스와 XR 기술융합에 대한 관련 용어, 구성, 방식 이해 정도를 파악한 후 수업을 진행한다.
- 교수자의 주도로 메타버스와 XR 기술융합 등의 내용을 PPT 자료로 제시한 후 설명한다.
- 가능하면 사전에 개인별 학습 자료를 준비하여 모든 학생이 참여할 수 있는 문제 해결식 수업, 협력 수업이 가능하도록 한다.
- 메타버스와 XR 기술융합 전 과정을 작업의 순서에 따라 단계적으로 실습이 이루어질 수 있도록 지도한다.
- 교재를 통해 수업을 준비하는데 있어서 필요한 모든 정보나 팁, 힌트 등 도움이 될 만한 내용들을 확인할 수 있다.
- 학생들이 만들게 될 각 모델들은 수업시간에 중점적으로 다뤄질 부분과 어휘, 질문, 답을 포함하고 있으며 또한 탐구할만한 추가적인 아이디어들도 포함하고 있다.

학습 6

학습 방법

- 메타버스와 XR 기술융합에 대한 관련 용어를 숙지하고, 메타버스와 XR 기술융합에 대해 이해한다.
- 메타버스와 XR 기술융합의 각 단계별 중점 사항을 체계적으로 학습한다.
- 메타버스와 XR 기술융합의 수행순서의 전 과정을 실습한다.
- 메타버스와 XR 기술융합의 내용을 이해한다.
- 메타버스와 XR 기술융합을 이해하고 숙달이 될 때까지 학습한다.

학습활동.6 평가 및 피드백

평가 준거

- 평가자는 피평가자가 수행 준거 및 평가 내용에 제시되어 있는 내용을 성공적으로 수행할 수 있는 지를 평가해야 한다.

학습내용	평가항목	성취수준		
		상	중	하
메타버스와 XR 기술융합	메타버스와 XR 기술융합을 이해할 수 있다.			

평가 방법

• 작업 포트폴리오

학습내용	평가항목	성취수준		
		상	중	하
메타버스와 XR 기술융합	메타버스와 XR 기술융합을 이해할 수 있다.			

• 필기시험

학습내용	평가항목	성취수준		
		상	중	하
메타버스와 XR 기술융합	메타버스와 XR 기술융합을 이해할 수 있다.			

• 체크리스트를 통한 관찰

학습내용	평가항목	성취수준		
		상	중	하
메타버스와 XR 기술융합	메타버스와 XR 기술융합을 이해할 수 있다.			

• 피드백

1. 작업 포트폴리오
   - 제출한 보고서를 평가한 후 주요 사항에 대하여 표시하여 돌려준다.
2. 필기시험
   - 평가 결과 성적이 저조한 학생은 보고서 제출 기회를 부여한다.
3. 체크리스트를 통한 관찰
   - 실습 과정에서 평가한 후 개선해야 할 사항 등을 정리하여 돌려둔다.

참 | 고 | 문 | 헌

- 강민구, 비대면 융합산업 발전과 디지털 대전환, KISA report, 2021.07.
- 강지영, 인공지능기반 이상감지기술, 월간 SW중심사회, SPRi, 2021.4.
- 관계부처 합동, 가상융합경제 발전전략, 2020.12.10.
- 김광우, 메타버스는 차세대 플랫폼 혁명, tech42, https://www.tech42.co.kr, 2021.5.18.
- 김병필, 인공지능 개척시대, 메타버스 속 인공지능, 중앙일보, 2021,5.17.
- 김봉수, 메타버스가 뭐죠, 아시아경제, https://www.asiae.co.kr/, 2021.06.06.
- 김상균 · 신병호, 메타버스 새로운 기회, 메가북스, 2021.
- 김서희, 가상현실의 확장 메타버스 도래, 2021 글로벌 ICT이슈 레포트, 2021.
- 김정호, 메타버스, 차세대 빅데이터 플랫폼 (1) 주목받는 이유, 테크데일리(TechDaily), http://www.techdaily.co.kr), 2021.5.24.
- 김하늬, 메타버스의 시대, 핵심은 데이터, 공학저널(http://www.engjournal.co.kr), 2021.5.20.
- 김현정, 새로운 미래공간이 된 메타버스, 사이언스타임즈, 2021.3.31.
- 남현숙, 미국 VR · AR 기술정책의 진화, https://spri.kr/posts/view/22823?code=industry_trend, 2019.
- 노중호, 5차산업혁명의 실체를 분석한다, 노블사이언스, http://www.nobelscience.net, 2017.10.6.
- 대체불가토큰, 게임의 메타버스화 촉진할 블록체인경계의 핏줄, 글로벌 게임산업 동향, 한국콘텐츠진흥원, 2021.3.
- 리본소프트, https://www.rebornsoft.co.kr/빅데이터 플랫폼
- 박경일, 메타바스 새로운 기회, 로봇신문, 2021.05.16.
- 박민영, 메타버스 시대 주인공, '디지털 휴먼' 가치와 쓸모, 솔트룩스 인공지능 사이트, 2021.3.9.
- 박지혜, 다가오는 메타버스 시대 차세대 콘텐츠산업의 방향과 시사점, KIER, 산업경제, 2021.05.
- 박진호, K-인공지능 콘텐츠로 디지털 문화유산 한류 이룰 것, AI타임즈, 2021.3.23.
- 백승은, AI로 의상 디자인 가상 착장까지 ETRI패션상품 기술 개발, 2021.4.01.
- 블로터, [블록먼데이]"NFT서 미래 봤다"…'더샌드박스'가 꿈꾸는 블록체인 게임, 2020.10.19.
- 서정욱 외, XR 콘텐츠 UI/UX 디자인 평가 가이드라인 및 체계 개발 보고서, 2020.12.17.
- 신정아, 뉴미디어와 스토리두잉, 칠월의숲, 2009.
- 아주경제, 이번엔 부활할까? 싸이 월드 22년 흥망성쇠, 2021.02.03.
- 오현주, 메타버스가 다시오고 있다, nia, 2021.03.
- 이상엽, XR의 기술개요와 동향, 정보통신기술진흥센터, iitp, 2018.12.19.
- 이승환, 로그린 메타버스 인간 x 공간 x 시간의 혁명, SPRi, issue report, 2021.03.17.
- 이승환, 한상열, 메타버스 비긴즈 : 5대 이슈와 전망, SPRi, issue report, 2021.04.20.
- 이자연, 가상증강현실(AR · VR)산업의 발전방향과 시사점, KIET, 2019.02.
- 이종관, ESG, 메타버스 그리고 AI; 5차혁명? 한경닷컴, https://www.hankyung.com/it/article/202106166511i, 2021.6.17.
- 이진규, 메타버스와 프라이버시, 그리고 윤리-논의의 시작을 준비하며, 2021.3.2.
- 임용준 · 김진웅, 가상, 중강 및 혼합현실을 위한 디지털 홀로그래피 기술 연구동향, IITP, 2018.12.26.
- 장한영, AI기반 메터버스에서 누구나 디지털뮤지션이 될 수 있다, 인공지능신문, http://www.aitimes.kr, 2021.5.21.
- 전자신문, 반지의 제왕 애플, 스마트 링 특허 등장, 2021.01.13.
- 정한영, AI 기반 메타버스에서는 누구나 디지털 뮤지션이 될 수 있다!, 인공지능신문, http://www.aitimes.kr, 2021.05.24.

- 조선일보, 42조원 가치, 로블록스...게임만들고 친구와 즐겨, 2022.03.22.
- 중앙일보, '아바타끼리 연애하고 회사도 만든다.' 메타버스 플랫폼 '제페토'의 미래, 2021.04.03.
- 중앙일보, '세계 최초, 한국 최초의 게임들', 2008.9.23.
- 현대자동차그룹, VR technology for mobility development. https://www.youtube.com/watch?v=Wdawq_s1Zzg, 2019.12.18.
- Accenture, A responsible future for immersive technologies. https://www.accenture.com/us-en/insights/technology/responsible-immersive-technologies, 2019.5.15.
- Alan JS Han, 3D Audio의 현재와 미래, http://www.alanjshan.com/3d-audio/
- AR MR XR, The Metaverse is coming : Nvidia Omniverse. https://www.youtube.com/watch?v=IcuGpLLeGWM, 2020.10.6.
- Boost VC, Perkins Coie, & XR Association(2020), 2020 augmented and virtual reality survey report. https://www.perkinscoie.com/images/content/2/3/231654/2020-AR-VR-Survey-v3.pdf
- Coindesk Korea, NFT시장 급성장, 커지는 위작 · 저작권 분쟁, 2021.4.1.
- Dean Takahashi, Crucible is creating agents to keep the metaverse open. https://venturebeat.com/2021/01/27/crucible-is-creating-agents-to-keep-the-metaverseopen/, 2021.1.27.
- Dean Takahashi, Tim Sweeney : The open metaverse requires companies to have enlightened self-interest. https://venturebeat.com/2021/01/27/tim-sweeney-the-open-metaverse-requires-companies-to-have-enlightened-self-interest/, 2021.1.27.
- ETRI, AI 디자이너 모델 생성기술개발, 2021.4.1.
- Gartner, Gartner top 10 strategic technology trends for 2019. https://www.gartner.com/smarterwithgartner/gartner-top-10-strategic-technology-trends-for-2019/, 2018.10.15.
- Genies(n.d.), Celebrity avatars, http://avatars.genies.com/celebrity-avatars/
- https://ko.wikipedia.org/wiki/
- https://www.ajunews.com/view/20210512155443174
- https://www.sedaily.com/NewsVIew
- ITBear, 증강현실 AR 내비 등장!! U+내비게이션, https://www.youtube.com/watch?v=a7RuuizGnIQ, 2020.8.11.
- James Paul Gee, What video games have to teach us about leaning and literacy, St. Martin's Griffin, 2007.
- Jane McGonigal, Reality is broken : Why games make us better and how they can change the world. Penguin Books, 2011.
- John Smart, Jamis Cascio, & Jerry Paffendorf, Metaverse Roadmap Overview. Acceleration Studies Foundation. http://www.metaverseroadmap.org/overview/, 2007.
- KB금융지주 경영연구소, 블록체인 시장의 다음 메가트렌드, NFT, 2021.03.02.
- Kevin Westcott, Jeff Loucks, Kevin Downs et al, Digital media trends survey, 14th edition, https://www2.deloitte.com/us/en/insights/industry/technology/digital-media-trends-consumption-habits-survey/summary.html, 2020.6.23.
- Lauren Kirchner, AOL settled with unpaid "volunteers" for $15 million, https://archives.cjr.org/the_news_frontier/aol_settled_with_unpaid_volunt.php, 2011.2.10.
- LG CNS, 사람이 눈 앞에 있는데 비대면? 가상융합(XR)이 온다!, https://blog.lgcns.com/2454, 2021.1.5.

- Neal Stephenson, Snow Crash, Bantam Books, 1992.
- North, Snow Crash, Bantam Books, 1992.
- SMTOWN, SM 신인 걸그룹 aespa, 11월 17일 데뷔 확정! 싱글 'Black Mamba' 전격 공개!, https://www.smtown.com/artist/newsDetail/4154, 2020.11.2.
- SPRi, 비대면 시대의 Game changer, XR, 2021 ICT 산업전망 Conference, 2020.
- T Times, 1년 만에 유니콘 건너뛰고, 2조원 회사 된 호핀, 2020.10.22.
- theguru, 애플, VR 장갑 특허 획득…'메타버스' 시대 준비, 2021.01.05.
- Unity(n.d.), What is AR, VR, MR, XR, 360?. https://unity3d.com/what-is-xr-glossary
- Unreal Engine, 언리얼 엔진 4 문서 - 디지털휴먼, https://docs.unrealengine.com/ko/Resources/Showcases/DigitalHumans/index.html, 2021.01.05.
- VentureBeat, The Metaverse is coming, https://www.youtube.com/watch?v=rbhC6wokNGc, 2020.4.29.
- VT Staff, The blockchain-based virtual world that can help usher in the metavrse, https://venturebeat.com/2021/02/04/the-blockchain-based-virtual-world-thatcan-help-usher-in-the-metaverse/, 2021.2.4.
- www.care-os.com
- www.gatebox.ai/grande
- www.teamflowhq.com

학습 1	메타버스의 개요
학습 2	메타버스의 혁명
학습 3	메타버스의 융합기술
학습 4	메타버스와 인공지능 기술융합
학습 5	메타버스와 빅데이터 기술융합
학습 6	메타버스와 XR 기술융합
학습 7	**메타버스와 디지털트윈 기술융합**
학습 8	메타버스와 블록체인 기술융합
학습 9	메타버스와 5G 네트워크 기술융합
학습 10	메타버스와 IoT 기술융합
학습 11	메타버스의 플랫폼
학습 12	메타버스의 활용
학습 13	메타버스의 미래와 진화

학습 목표

1. 메타버스와 디지털트윈 기술융합을 이해할 수 있다.

7-1 메타버스의 디지털트윈 기술

1. 메타버스와 디지털트윈의 개념차이

디지털트윈은 메타버스의 하위개념이다. 메타버스가 가상의 거대한 영역에서 온라인 캐릭터(아바타)의 가상현실 탐험을 타의적으로 움직이게 한다면, 디지털트윈은 가상이 아닌 실제세계와 상호작용한다.

메타버스(Metaverse) 기술 근간은 가상현실(Virtual Reality)과 증강현실(Aurgemented Reality)을 물리적 · 시간적 제약없이 현실과 가상(디지털) 세계로 융합으로 확장한 XR(eXtended Reality) 기술이다. 가상현실은 특정환경이나 상황을 컴퓨터로 만들어 실제 사람이 상호작용하도록 지원한다. 증강현실은 사용자가 눈으로 보는 현실세계에 가상물체를 겹쳐서 제시한다.

즉 메타버스는 정치 · 경제 · 사회 · 문화의 전반적 측면에서 현실과 비현실 모두가 공존할 수 있는, 물리적 · 시간적 제약없이 자유로운 활동이 가능한 가상의 메타버스 공간에서 아바타가 타의로 움직이고 실생활에 영향을 끼치지 못하는 것과 달리 디지털트윈은 3차원 디지털공간에 가상이 아닌 그 자체가 현실공간이고, 사물의 쌍둥이를 구현한 것이다.

디지털트윈은 데이터의 생성 → 전송 → 취합→ 분석 → 이행 → 실행 등의 절차로 실제세계와 가상세계를를 실시간으로 통합한다. 엔지니어가 설계한 사물이나 서비스 관련 현장에서 발생하는 문제와 위기상황을 미리 축적한 빅데이터와 인공지능을 적용한 시뮬레이션으로 검증한다. 이는 품질검증, 이상징후 발견, 공적최적화, 관리비용과 시간절감이라는 효과를 가져온다.

예를 들면 물리적인 대상을 직접 보지 않아도 알아서 청소하는 로봇청소기와 교통상황을 미리 알려주는 내비게이션 모두 넓게는 디지털트윈에 속하는 기술이다.

2. 디지털트윈 기술의 개요

디지털트윈은 현실세계에서 실체를 갖고 있는 물리적 시스템과 이것의 기능과 동작을 그대로 소프트웨어로 만들어 연결함으로써 거울을 앞에 두고 서로 쌍둥이처럼 동작하도록 하는 기술이다. 예를 들어 실제 건물의 창문을 열면 디지털세계에서도 창문이 열리고, 그 반대도 가능하다. 디지털트윈은 해결하고자 하는 문제를 거울상 쌍둥이 모델로 만들어 직관적으로 풀어갈 수 있게 하는 효과적인 기술이다.

디지털트윈(Digital Twin) 기술은 실제 생산공장, 플랜트, 선박, 항공기, 오일과 가스설비, 에너지 등 자산중심의 산업분야에서 물리적인 물체 및 시스템을 운용상의 위험과 안정을 효과적으로 관리하면서도 고효율과 저비용의 혁신을 기대할 수 있는 가상의 디지털세계에 고스란히 재현하는 방식의 복제하는 기술의 의미한다.

디지털트윈을 지원하는 기술은 계속 확대되어 지금은 빌딩이나 공장 · 도시 등 거대한 실체까지도 재현의 대상이 되고 있을 뿐만 아니라, 사람이나 프로세스도 디지털트윈으로 재현할 수 있다는 의견도 대두하는 등 그 개념 자체도 계속 확장되고 있다.

실세계의 데이터를 활용하여 디지털트윈 공간에서 모니터링, 분석, 예측, 시뮬레이션 등을 통해 얻은 정보를 현실세계에 반영하여 운영 최적화, 문제해결, 사전 예방이 가능하다.

(a) 현실세계에서 존재하는 물리적 제품/시스템

(b) 사이버 상에 물리적 대상을 쌍둥이처럼 똑같이 구현한 가상모델

(c) 물리적 대상과 가상의 대상간에 데이터를 실시간 연결해주는 기술

[그림 7-1] 디지털트윈의 구성요소

이후에 현실에서 존재하는 다양한 물리적인 사물 또는 프로세스를 가상에 구현함으로써 최적화를 위한 시뮬레이션을 해볼 수 있다는 개념으로 진화하고 있다.

[그림 7-1]처럼 디지털트윈 기술은 IoT, Cloud, AI, BigData 기술의 종합체이다.

완성된 디지털트윈 모델은 실제 물리적인 물체 및 시스템의 성능과 잠재적인 문제에 대한 인사이트 제공이 가능하다.

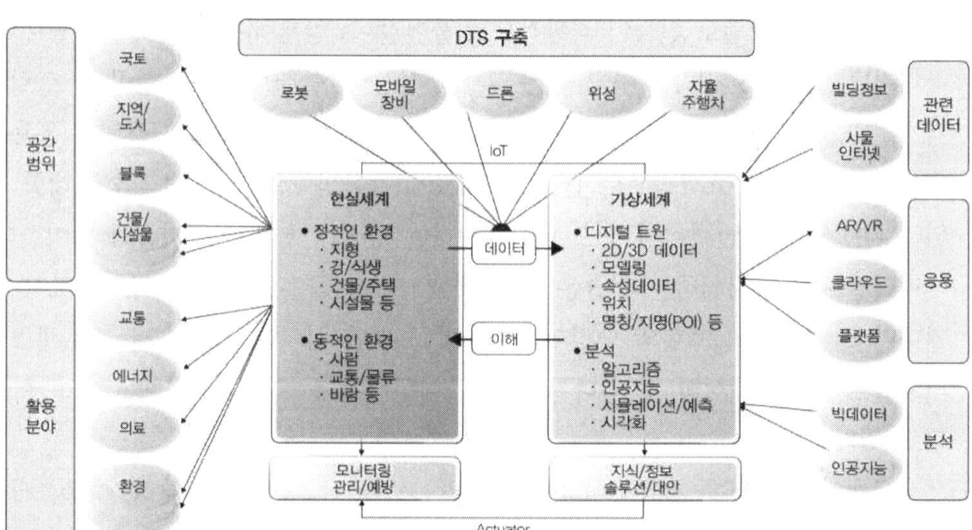

[그림 7-2] 디지털트윈 공간의 개념적 모델

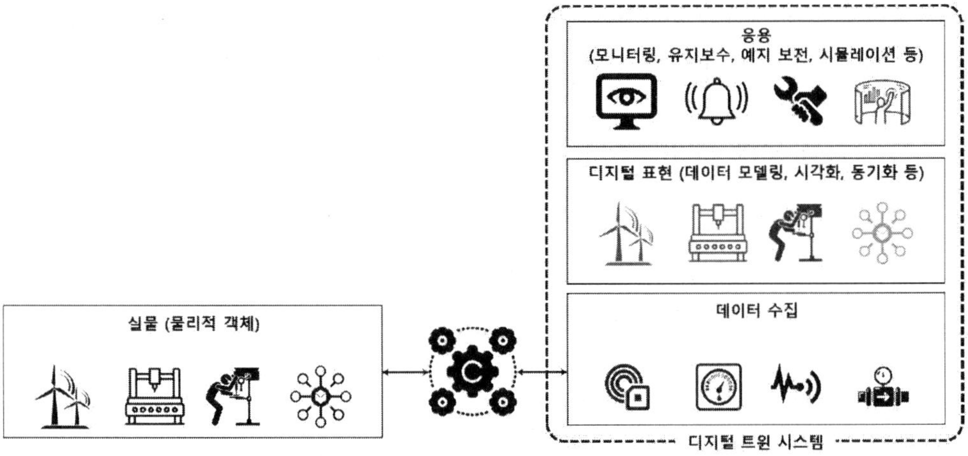

[그림 7-3] 디지털트윈 기술의 종합체

〈표 7-1〉와 같이 기술적 정의가 다양한 형태로 서술되고 있는 상황을 보더라도 기술자가 바라보는 관점과 각 산업 도메인별 적용방법에 따라 시각차를 보이고 있다는 것을 알 수 있다.

〈표 7-1〉 각 분야별 디지털트윈 정의

분 야	정 의
재난안전	현실세계의 다양한 문제점의 가상세계 모의를 통해 재난, 산업 피해확산을 사전에 차단하거나 최소화하기 위한 예측 · 예방의 중심의 전주기 재난안전 관리 지능화 융합기술
농축수산	디지털 공간상에 가상의 팜(Plant, Animal, Aqua 등)을 구축하고, 실제 팜과의 데이터 연동을 통해 환경 · 생육 관리에 필요한 다양한 시뮬레이션을 수행함으로써 최적의 팜 운영 · 사육 환경을 예측 · 제공하는 지능화 융합기술
에너지	디지털 모델링으로 현실세계의 전력 수급체계에 동기화된 가상의 에너지 수급체계를 구축하고, 데이터 수집 · 분석과 시뮬레이션을 통해 수요자 맞춤형 에너지 수급 최적화 기술 등을 제공하는 디지털 에너지 지능화 융합기술
의 료	현실세계의 건강정보 및 의료자원 정보로부터 생성된 가상의 의료환경에서 질병의 진단 및 맞춤형 치료방법을 제시하고, 질병의 예후를 예측 · 관리하는 환자중심의 디지털 의료지능화 융합기술
제 조	물리세계의 제조 자원(Machine, Material 등)을 가상공간에 모사하고, 실시간 연결하여 가상공간에서 제품의 설계, 생산, 유지보수 등에 요구되는 다양한 시뮬레이션을 수행하여 의사결정을 가능하게 하는 지능화 융합기술
보 안	현실세계의 정보인프라 및 행위를 가상세계 모의 및 시뮬레이션을 통해 사이버 공격을 탐지 · 예측하여 사전에 최적의 보안조치 및 사후대응이 가능한 사이버보안 지능화 융합기술
스마트 시티	다양한 도시문제를 해결하기 위해 현실공간을 모사한 가상공간 모형에 실세계 정보를 실시간 반영하여 도시현안을 감시 · 진단 · 예측하고, 데이터 기반의 해결 방안을 사전에 학습 · 시험 · 검증할 수 있는 지속 가능한 도시관리 지능화 융합기술

디지털트윈 기술과정은 수학적 모델 개발(Developmemt), 디지털트윈의 구축(Generation), 최적화 가동(Operation)의 3가지로 구분한다.

1) 수학적 모델 개발(Developmemt)

재현의 대상이 되는 현실의 물체나 시스템에 대한 데이터 수집 및 이를 기반으로 시뮬레이션 가능한 입·출력(Input-Output)기반의 수학적 모델 개발(수학/통계/데이터전문가 참여)하여야 한다.

2) 디지털트윈의 구축(Generation)

수학적 모델을 기반으로 실제 특정 기계 및 장비에 특징을 고려하여 통계 및 프로그래밍 능력을 갖춘 현장 엔지니어가 참여하여 가상모형인 디지털트윈을 구축해야 한다.

3) 최적화 가동(Operation)

실제 데이터를 입력하여 시뮬레이션 실행하고, 완성된 디지털트윈의 가동을 통한 성능과 잠재적인 문제에 대한 인사이트 제공이 가능해야 한다.

이후 컴퓨터 프로그램이 물리적 물체와 시스템에 대한 실제 데이터를 입력받아 그 데이터들이 어떻게 작용할 것인지에 대한 예측과 시뮬레이션을 출력, 이 과정을 통해 성능과 잠재적인 문제에 대한 인사이트 획득이 가능하다.

기본적으로 디지털트윈은 데이터 과학 및 응용 수학의 전문가들이 물리적 물체와 시스템에 대한 실제 데이터를 연구·조사하고 이를 기반으로 디지털 공간에서 실제 원본을 시뮬레이션하는 수학적 모델을 개발하는 방식이다.

3. 디지털트윈의 구성기술

디지털트윈(Digital Twin)의 구성기술은 [그림 7-4]처럼 크게 현실 사물, 분석 시스템 및 디지털트윈으로 3가지의 구성으로 이루어져 있다고 볼 수 있다. 현실의 사물이 존재해야 하고 이를 바탕으로 분석과 처리를 수행할 수 있는 시스템과 3D의 가상세계를 구현하는 디지털트윈이 구성되어야 한다.

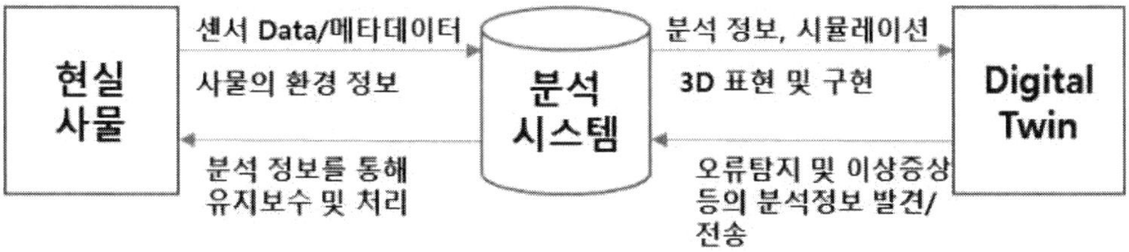

[그림 7-4] 디지털트윈의 구성

[그림 7-4]처럼 디지털트윈은 ① 실제 현실사물의 모델을 바탕으로, ② 현실과 가상화 모델을 통합 구성하고, ③ 가상화 모델 분석/시뮬레이션을 통하여, ④ 분석 피드백을 통하여 제어 모니터링의 오류를 탐지하게 된다.

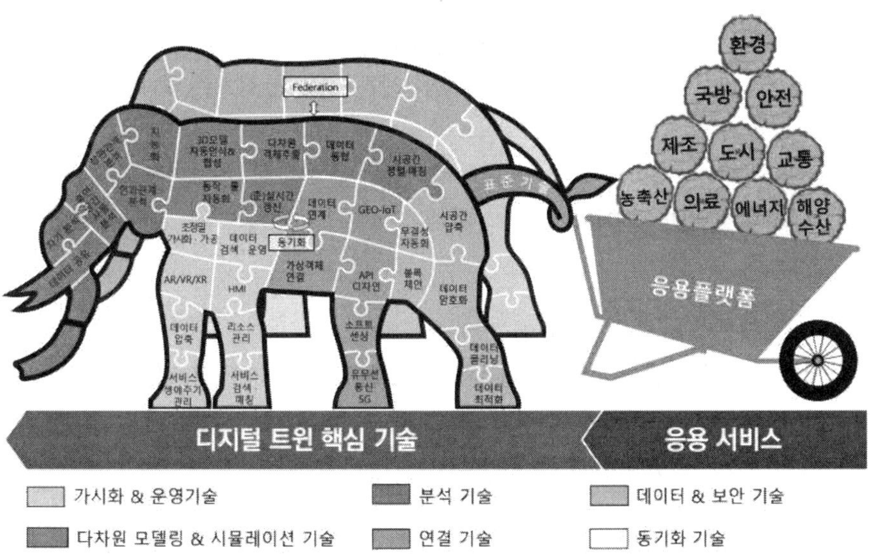

[그림 7-5] 디지털트윈 핵심기술과 응용서비스

[그림 7-5]는 디지털트윈에 대한 시각차(Difference in Viewpoint, 視角差)를 "장님 코끼리 말하듯"이란 속담에 빗대어 코끼리 모델로 구성하여 세부 핵심기술 분야를 서술한 것이다. 디지털트윈을 구성하는 핵심기술은 크게 ① 가시화 & 운영, ② 분석, ③ 다차원 모델링 & 시뮬레이션, ④ 연결, ⑤ 데이터 & 보안, ⑥ 동기화 등의 기술집합으로 구분할 수 있다. 또한 개별 디지털트윈간 ⑦ 연합(Federation) 기술로 확대 가능하다.

〈표 7-2〉처럼 디지털트윈의 상세 구성기술로는 센싱을 위한 IoT, ZigBee, NFC 등의 센싱기술과 환경의 정보를 취합할 수 있는 온·습도 정보, 적외선 센서,

분석을 처리할 수 있는 Big Data와 AI 기술 등이 필요하며, 마지막으로 시뮬레이션을 진행할 수 있는 3D 영상기술이 필요하게 된다.

〈표 7-2〉 디지털트윈의 세부기술

구 분	구성기술	세부기술
현실세계 정보수집	• Sensor • Actuator • Controller	• 센서/메타데이터 수집 • 마모도 등 공정데이터 수집 • WPAN, PLC, Modbus, RS485
가상세계 구성측면	• 디지털 스레드 • 가상공간자산 • 3D 모델링	• 물리자산의 디지털화 • 디지털 사물 설계, 테스트, 피드백 등 공정의 디지털화
현실/가상 통합측면	• VR/AR 연계 • 양방향 전달 • 공정제어	• 현실세계와 가상세계 연결 • 가상세계에서 다양한 테스트 및 시뮬레이션 가능

4. 디지털트윈의 구현

1) 디지털트윈의 구현단계

디지털트윈의 기술은 [그림 7-6]처럼 수준에 따라 가트너 리서치에서 제시한 3레벨이다. 1단계에서는 현실세계 복제, 2단계에서는 현실세계 관제, 그리고 3단계에서는 현실세계 최적화가 이루어진다.

즉 지금까지는 하나의 현실세계를 가상세계로 복제한 후에 그 가상세계에 국한된 최적화가 주를 이루었다. 그러나 컴퓨팅, 네트워크 기술의 발달과 더불어 현재 사회에서 발생하는 현상들은 그 자체로 머물지 않고 다른 현상들과 복잡하게 상호 연계된다. 따라서 기존에는 하나의 디지털트윈으로 현실세계를 최적화할 수 있다면, 복잡한 현실세계를 다루기 위해서는 여러 개의 디지털트윈이 연합해야 할 필요가 있다.

이제는 단일 디지털트윈으로 현실세계를 최적화하기에는 현실세계의 현상들이 유기적이고 복합적(Complexity)이다. 따라서 기존의 3단계로 정의된 디지털트윈 기술 발전단계를 〈표 7-3〉와 같이 5단계로 확장하였다.

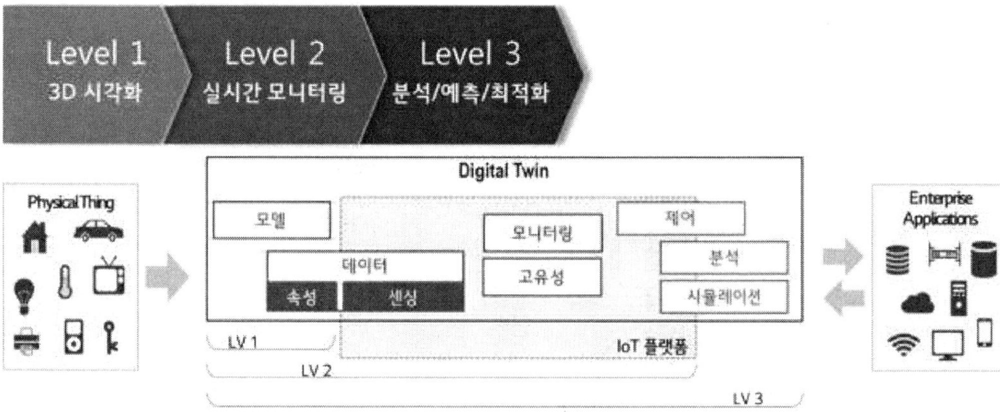

[그림 7-6] 디지털트윈 기술의 구현 레벨

1~3단계에서는 기존과 동일하게 현실세계를 디지털세계로 복제하고, 관제 및 최적화한다. 즉 하나의 현실세계를 하나의 디지털세계로 변환하고 그 안에서 최적화를 수행한다. 4단계에서는 복잡한 현실세계를 최적화하기 위해 각각 최적화된 단일 디지털트윈들을 상호 연계한다. 그리고 5단계에서는 유기적으로 연결된 디지털트윈들이 현실 세계의 문제점을 자율적으로 인지하고 최적화를 수행한다.

학습 7

〈표 7-3〉 디지털트윈 기술발전 5단계

기술 단계	정 의	설 명
5단계	자율 DTW's (Autonomous)	개별 및 복합 디지털트윈에서 자율적으로 문제점을 인지하고 해결하여 물리대상 최적화
4단계	연합 DTW's (Federated)	최적화된 개별 물리대상들이 상호 연계된 복합 디지털트윈 재구성 및 물리대상 상호운영 최적화
3단계	모의 DTw (Modeling & Simulation)	디지털트윈 모의결과를 적용한 물리대상 최적화
2단계	관제 DTw (Monitoring)	디지털트윈 기반 물리대상 모니터링 및 관계분석을 통한 제어
1단계	모사 DTw (Mirroring)	물리대상을 디지털트윈으로 복제

[그림 7-7]은 디지털트윈 기술발전 5단계와 범위를 나타낸다.

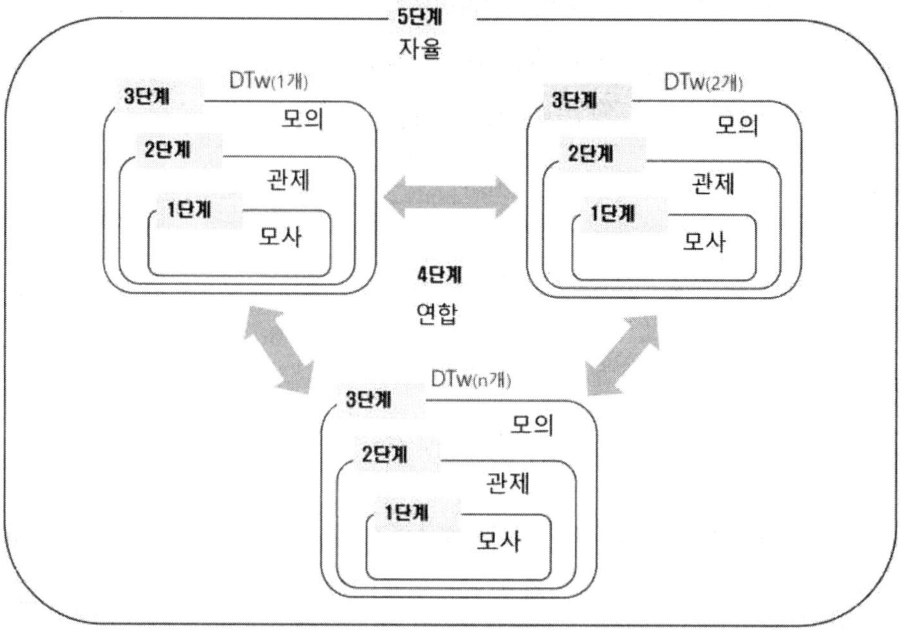

[그림 7-7] 디지털트윈 단계별 기술 범위

2) 디지털트윈 구현과정

(1) 목적에 적합한 상태변수, 상태천이함수 설정

디지털트윈에는 현실세계의 대상을 적절하게 컴퓨터로 구현하는 모델링 기술이 핵심적이다.

모델링의 목적에 따라 상태변수(S), 상태천이함수(T)를 설정하는 것이 가장 먼저이다. 목적을 어떻게 설정하는지에 따라 모델링을 하는 데에 필요한 변수가 달라진다.

(2) 데이터 측정 및 변수입력

디지털트윈을 위해서는 시스템의 외형(모습)과 내부 작동기능을 모두 구현해야 한다. 따라서 현실대상의 형태적 이미지(2D)를 수집하고, 3D CAD를 이용해 모델이 동일한 외형을 갖도록 구현한다.

또한 시스템의 고유한 특성(구성물질, 시스템 작동기능, 상호작용)에 관련된 데이터를 측정해야 하며, 이를 변수에 반영해야 한다.

(3) 학 습

시스템에 대한 이해를 바탕으로 설정한 상태천이함수(T)는 식의 형태(㉠ Y = ax

+b)만 알 뿐이지 정확한 계수는 알지 못한다. 따라서 측정된 데이터를 바탕으로 머신러닝과 같은 기법으로 학습을 하면 정확한 상태천이함수를 얻을 수 있다.

(4) 시간에 따른 결과를 시각적인 시뮬레이션으로 확인

학습이 완료되면 시스템에 대한 완벽한 모델을 얻게 된다. 외형과 동작특성, 내부모습, 고유한 특성까지 모두 현실세계의 대상과 일치하는 디지털트윈이 구현된 것이다. 따라서 시간과 외부 조건을 바꿔가며 시뮬레이션을 하면 시각적이면서도 정확한 결과를 얻게 된다.

(5) 의사결정

구현된 디지털트윈은 시뮬레이션 조건만 손쉽게 바꿔가며 시간에 따른 시뮬레이션 결과를 얻을 수 있다. 따라서 현실세계 대상에 대한 의사결정을 내리는 데에 있어서도 높은 신뢰도로 의사결정을 내릴 수 있다.

3) 디지털트윈의 구현형태

디지털트윈은 그 특성에 따라 크게 3가지 형태로 활용된다.

학습 7

(1) 관제의 모델(Observation Model)

데이터 스트림(Data Stream)을 통해 물리적 대상의 상태를 모니터링하는 방식이다. 예를 들면 제조현장의 기계운영 현황을 분석해서 이상징후를 포착하고, 경고를 한다거나 장애의 대응방안을 도출하는 데 활용한다.

(2) 운영의 모델(Operation Model)

디지털트윈에 파라미터를 설정하여 물리적 대상을 제어할 수도 있다. 조명이나 설비의 밸브를 원격제어하거나 공조설비를 제어하여 실내온도를 조절하는 것을 예로 들 수 있다.

(3) 최적화 모델(Optimization Model)

디지털트윈이 궁극적으로 지향하는 활용모델이라고 할 수 있으며 대상의 기능 매개변수(Functional Parameters), 상황정보(Contextual Data) 등을 활용하여 운영을 최적화하기 위한 시뮬레이션을 의미한다. 풍력발전기 날개의 경사각을 시뮬레이션하여 최적화하고 그 결과로 발전량을 증대하는 것이 대표적인 사례이다.

5. 디지털트윈 기술의 구성

1) 디지털트윈의 요소기술

〈표 7-4〉처럼 디지털트윈의 요소기술은 초소형 정밀센서 가격이 최근 10년 동안 1/3수준으로 하락하여, 4차산업의 핵심기술인 IoT · Al Big data, Cloud, 5G, VR/AR/MR 등의 다양한 핵심요소 기술발전으로 디지털트윈 시장이 본격적으로 성장하고 있다.

〈표 7-4〉 디지털트윈의 요소기술

기 술	내 용
IoT	물리적 객체의 실시간 데이터 수집과 물리/기상 객체간 데이터의 원활하고 정확한 양방향 전송촉진
AI	새로운 데이터로부터 학습을 촉진하고 예측모델을 지속적으로 향상
Big Data	패턴을 유추 및 유용한 정보발굴을 위한 양적 데이터 제공
Cloud	센서, 다양한 플렛폼으로부터 온 엄청난 양의 데이터를 담아 유연성, 확장성 지원
5G	실시간 정보전송능력으로 디지털트윈의 반응성 향상
VR/AR/MR/HR	실제 물리적 환경과 동시에 가상세계의 디지털트윈 인식 지원
모델링	제품, 공정, 시스템 등의 형상을 가상공간에 구현

2) 디지털 트윈 기술의 구성

[그림 7-8] 디지털트윈 기술의 구성

디지털트윈 관련 기술의 구성은 〈표 7-5〉와 [그림 7-8]처럼 가상공간을 구축하고 갱신하는 기술, 데이터로부터 정보를 얻는데 필요한 분석기술, 분석한 결과를 이해하기 쉽고 명료하게 표현하는 가시화 기술, 센서 들과 가상공간의 안정적 연결을 보장하는 초연결 기술, 각종 데이터와 정보를 외부침입으로부터 막을 수 있는 보안기술 등으로 구성된다.

〈표 7-5〉 디지털트윈의 주요기술

기 술	내 용
3D모델링 구축 갱신기술	3D 콘텐츠 제작, 데이터 정밀도 재고기술, 기존 데이터 통합기술, 자동인식 및 인공지능기술, 실시간 갱신기술
분석기술	3차원 환경에 적합한 분석기술, 알고리즘 중심 분석기술, 빅데이터 분석 및 AI활용 등의 선도기술
기시화/시각화 운영기술	다양한 기기에 적용이 가능한 기술, AR/VR중심 가시화 기술, 게임의 빠른 영상처리기술과 같은 데이터의 압축/검색/운용기술
현실과 가상을 연계하는 연결기술	데이터와 가상객체의 연결기술, Geo-IoT관련 기술, 유관부야 데이터와 연계/융합기술
보안기술	공간데이터에 대한 암호화기술, 데이터 보안 및 사이버 보안기술

학습 7

7-2 메타버스와 디지털트윈 기술융합

메타버스 산업 · 서비스의 핵심은 '플랫폼 이용자에 대한 가상세계에서의 새로운 경제 · 사회 · 문화적 경험 제공'이나, 디지털트윈의 핵심은 '현실의 문제를 해결하고 최적화하기 위해 가상세계에 실험공간을 구현'하는 것이다.

메타버스는 현실세계와의 '연결(Link)'이 필수 개념요소이며, 반드시 가상공간 및 객체가 현실과 동일할 필요가 없으나, 디지털트윈은 현실문제 해결의 정확도를 위해 3D모델링을 통한 현실객체의 '모사 및 실시간 동기화(Sync)'가 필수이다.

1. 메타버스의 디지털트윈 전개

영화 '매트릭스'는 인간이 인공지능이 지배하는 가상현실 속에서 살고 있는 모습을 보여준다. 영화 '아바타'는 판도라 행성에 사는 나비종족을 그대로 모사한 아바타가 실제세계의 나비종족과 교류하는 내용을 담고 있다. 실제와 꼭 닮은 가상세계와 그 속을 노니는 아바타는 이제 게임이나 영화 속 이야기가 아니다. 디지털트윈(Digital Twin)과 메타버스(Metaverse)라는 이름으로 일상으로 파고들었다.

초기의 디지털트윈은 현실을 단순히 3차원(3D)로 모방하는 데 불과했다. 하지만 최근에는 사물인터넷과 컴퓨팅 기술의 발달로 물리적 한계를 넘어 현실에서는 불가능한 다양한 시나리오를 무한히 시뮬레이션하고 결과를 예측할 수 있게 됐다.

기계장비나 공장설비와 유사한 컴퓨터 시뮬레이션을 만들고, 통신기술을 통해 현실에서 장비와 설비의 움직임을 시뮬레이션에서도 동일하게 동작하게 하는 기술을 '디지털트윈'이라고 한다. 가상세계와 현실세계가 마치 쌍둥이(트윈)처럼 행동하고 동기화된다는 의미에서 디지털트윈이라고 불린다. 대표적인 기술이 차량 내비게이션이다. 실제 도로를 기반으로 제작된 디지털 지도에서 위성항법장치(GPS) 기술과 통신기술을 통해 운전자의 실제위치가 가상환경에 표시되고, 이를 통해 아직 도달하지 않은 목표지점까지의 이동경로정보를 운전자가 파악할 수 있다.

생활 속 디지털트윈의 또 다른 예로 스크린 골프를 꼽을 수 있다. 골프채를 휘두르고 공을 맞히는 행위는 실제 현실에서 이뤄지지만, 공이 날아간 상황은 가상세계를 통해 보인다. 차량 내비게이션이나 스크린 골프 모두 디지털기술을 통해 현실 세계에서는 불가능한 시 · 공간의 확장을 구현한 사례이다.

이 같은 디지털트윈 기술은 최근 인공지능 기술과 결합해 사람의 경험을 디지털화하고 더욱 지능화된 솔루션을 제공하는 기술로 진화하고 있다.

최근 스마트공장의 기계장비를 인공지능과 결합한 디지털트윈을 개발했다. 이 기술이 주목받는 이유는 인공지능에 가상의 기억을 주입해서 마치 이 기계가 수십 년을 작업한 것과 같은 지능을 구현했기 때문이다.

디지털 환경에서 가상의 체험을 통해 수십 년의 경험을 단 몇 시간 만에 축적하고 이 노하우를 실제장비에 주입해 마치 장비가 수십 년 일한 장인에 의해 작동되는 것처럼 구현한 기술로 디지털 장인을 탄생시킨 것이다. 알파고가 수천만 번의 대국을 디지털 환경에서 학습해 마치 수백 년간 바둑 기술을 수련한 마스터를 창조한 것과 비슷한 개념이다.

실제세계를 모사할 수 있는 특징을 이용해 경영이나 정책결정에 필요한 정보와 분석을 얻을 수 있다. 디지털트윈은 제조업과 교통, 에너지 관리, 도시계획 분야에서 각광받고 있다. 가장 먼저 도입된 제조업 분야에서는 기계가 동작하는 모습을 3D로 재현해 정상 작동하는지 확인하는 용도로 쓸 수 있다. 도시분야 등으로 확장하면 유동인구의 변화나 도시의 바람길 예측, 홍수가 번지는 양상 등을 예측하는

데 사용할 수 있다. 새로운 고속도로가 도심 교통혼잡을 줄일 수 있는지 여부를 알려줄 수도 있다.

디지털트윈이 국가·도시행정 고도화의 필수요소로 주목받으면서 여러 나라와 도시들이 디지털트윈을 도입하고 있다. 대표적인 사례로 싱가포르 국토부와 국립연구재단 등이 주도하는 '버추얼 싱가포르'(Virtual Singapore)를 들 수 있다. 실시간, 동적 데이터에 기반해 도시문제를 해결하기 위한 정책들을 가상의 도시에서 시뮬레이션 할 수 있는 플랫폼이다. 버추얼 싱가포르를 이용하면 도시 각 지역, 각 건물에 비치는 일조량을 파악할 수 있고, 건물 옥상에 태양광 발전시설을 설치할 경우의 발전량까지 예측할 수 있다.

[그림 7-9] 디지털트윈의 버추얼 싱가포르(Virtual Singapore)

중국 상하이도 디지털트윈으로 만들어졌다. 디지털트윈 전문업체 51월드는 인구 2600만명의 중국 최대 도시인 상하이를 디지털상에 복제해 도시기능을 모니터링할 수 있도록 만들었다. 교통량 관리부터 교량의 유지·보수를 지원하고, 예측 데이터를 활용해 홍수를 시뮬레이션하고 재난계획을 수립할 수 있다.

국내에서는 세종시와 대전시가 ETRI와 손잡고 디지털트윈 구축에 나섰다. 인공지능 기반의 디지털트윈 플랫폼을 구축해 교통문제 등 사회문제를 해결할 수 있는 지능형 도시를 만든다는 목표를 세우고 있다. 세종시의 경우 지하공동구 전 구간을 디지털트윈으로 만들어 이상징후를 사전에 감지하고 안전사고를 예방하는 시스템을 구축했다.

디지털트윈에 필요한 선행기술이 있다. 눈에 보이는 현실의 것과 똑같이 만들려면 일단 물리적 형상을 2차원, 3차원 형상으로 그려내기 위한 2D, 3D 형상 가시화 기술이 필수적이다. 그 다음 현실과 가상이 빈틈없이 상호작용할 수 있는 기술이 필요하다.

디지털트윈은 거울상과 현실사이에 정보를 주고받기 위한 통신, 인터페이스, 데이터 교환 등 상호 소통수단이 또한 핵심적이다. 여기에 실물대상의 동작과 행태, 습성 등을 가상세계로 재현할 수 있도록 모델을 만드는 모델링 기술이 필요하다.

이 중 모델링은 가장 난이도가 높다. 길거리에 서 있는 사람의 뺨을 갑자기 때렸을 때 그 사람이 눈만 꿈적일 것인지, 즉각적으로 반격을 할 것인지, 눈물과 울음으로 표현할 것인지는 공격을 당한 사람의 성격과 행동양식 등에 따라 달라질 것이고, 이러한 성격과 행위양식이 모델로 만들어져야 가상세계에서 시뮬레이션을 해볼 수 있다. 살짝 손을 갖다 댔을 때, 강한 충격을 줬을 때, 손을 드는 행동만 보였을 때 등 시뮬레이션도 여러 유형이 가능하다. 이와 같이 현실세계의 대상을 어떻게 모델링을 하느냐가 가장 난이도가 높은 선결문제이다. 이를 위해 인공지능 기술을 쓸 수 있고 데이터 분석과 예측, 딥러닝, 빅데이터 등 여러 가지 수단들이 활용될 수 있다.

디지털트윈은 대개 클라우드 기반으로 이뤄진다. 디지털트윈 구현을 위해 사물인터넷 등으로 대량의 정보를 수집하는데 데이터 처리의 유연성을 높이고 인공지능 툴로 분석하는 데 클라우드 컴퓨팅이 용이해서다. 이 분야에 가장 공을 들이는 기업은 마이크로소프트이다.

마이크로소프트는 지난 2월 4일 이 회사의 클라우드 서비스인 '애저'의 사물인터넷 기술을 기반으로 한 '애저 디지털트윈'을 공개했다. 마이크로소프트 측은 "실재하는 환경과 자산을 디지털 환경에 접목해 사람과 장소, 사물 간의 복잡한 상호작용을 추적하고 데이터를 수집할 수 있게 한다"고 소개했다. 이 회사는 지난해 두산중공업, 벤틀리시스템즈와 함께 풍력부분에서 디지털트윈 솔루션을 시범 개발했는데, 풍력발전의 효율을 극대화하고 기존 설비의 유지·보수비용을 절감하는 효과를 기대할 수 있다고 보고 있다. 풍력발전은 거대 시설이지만 디지털트윈을 이용하면 거의 비용을 들이지 않고 무한정 시뮬레이션을 해볼 수 있다. 현실과 똑같은 환경에서 현실과 상호작용이 가능한데다 운영자가 직접 눈으로 확인하고 바로 데이터에 기반해 예측을 할 수 있다는 장점이 있다.

2. 디지털트윈 기반의 메타버스의 세계

메타버스는 디지털트윈과 비슷하면서도 다르다. 디지털트윈이 실제세계와 상호작용한다면, 메타버스는 나를 닮은 캐릭터(아바타)가 여러 가상세계를 탐험할 수 있지만 실제세계와 물리적 환경을 똑같이 구현하지는 않는다.

디지털트윈 기술이 특정 장비나 설비를 가상세계와 연동하고 동기화한 것이라면, 메타버스는 장비나 설비뿐만 아니라 작업자를 비롯한 조업환경 전체를 디지털화한 확장된 개념으로 통용되고 있다.

메타버스는 또 다른 내가 존재하고, 내가 생활할 수 있으며, 그 세계가 나와 상호작용하는 가상공간이다.

메타버스는 가상 · 초월(Meta)과 세계 · 우주(Universe)의 합성어로 3차원 가상세계를 뜻한다. 정치 · 경제 · 사회 · 문화의 전반적 측면에서 현실과 비현실 모두 공존할 수 있는 생활형 · 게임형 가상 세계라는 의미로 폭넓게 사용되고 있다.

메타버스는 게임과 엔터테인먼트 분야에서 주목받고 있다. 80년대 혼자 집에서 게임을 하던 사람들이 90년대 인터넷 등장으로 선 너머의 사람과 함께 게임을 즐길 수 있게 됐다면, 증강현실과 인터넷 기술의 발달로 가상세계에서 소셜 네트워킹을 하는 형태로 발전한 것이다.

1) 제페토의 활용

메타버스 플랫폼으로 불리는 네이버제트가 서비스하는 '제페토'는 증강현실(AR) 기술과 인공지능 기술을 이용해 사용자가 찍은 '셀카'로 3D 아바타를 만들어 준다.

사용자가 표정과 몸짓, 패션 아이템까지 자유롭게 바꿀 수 있고, 가상세계 안에서 이용자들이 모여 게임을 하거나 춤을 추는 등 다양한 활동을 즐길 수 있다. 그 과정을 영상 등의 2차 창작물로 만들어 유튜브 등에 소개한다.

블랙핑크의 사인회, 올해 네이버 신입사원 연수가 모두 제페토의 가상공간에서 이뤄졌다. 또한 구찌, 나이키, MLB 같은 현실세계의 브랜드가 제페도 월드라는 가상세계에 구현된다.

세계의 유수 미술관도 제페토에 가상맵으로 만들어졌다. 한마디로 제페토는 Z세대가 마음껏 뛰놀 수 있는 놀이터가 널린 곳이다.

2018년 서비스를 시작한 제페토는 현재 전세계에서 2억명의 가입자를 모았다. 해외 이용자 비중이 90%를 넘고 이용자의 80%가 10대다.

제페토는 여러 아이템과 맵으로 개성을 표현할 수 있게 만들었고, 창작자가 돼 직접 아이템과 맵을 만들 수 있는 툴도 제공한다. 자유도와 창작성을 존중하는 플랫폼이 메타버스의 개념과 접목해 다양하게 활용되고 있다.

[그림 7-10] 제페토를 활용한 트와이스 댄스

2) 언리얼 엔진 활용

'마인크래프트'나 '포트나이트'처럼 게임 속에서 메타버스를 구현하는 경우도 있다. 최근 포트나이트는 게임 안에서 영화를 보는 '쇼트나이트' 이벤트를 진행했다. 이용자들은 가상세계에 마련된 영화관에서 영상을 보면서 가상의 팝콘을 먹을 수도 있다. 영화 '테넷'의 전세계 예고편도 포트나이트 안에서 처음 상영됐다.

[그림 7-11] 에픽게임즈의 포트나이트 가상영화관

포트나이트를 서비스하는 에픽게임즈는 코로나19로 바깥 활동을 못 하는 이용자들에게 새로운 사용자 경험을 제공하기 위해 게임 안에서 영화를 볼 수 있도록 했다. 자사의 3D 모델링 제작 툴인 언리얼 엔진은 여러 산업분야에서 디지털트윈을 구현하는 데도 활용된다.

게임에서 볼 수 있었던 고정된 가상세계는 마치 거품처럼 가상세계 안에서 새로운 가상세계가 생겨나고 사라지는 시대로 변모했다. 마치 평행우주론(자신이 살고 있는 세계가 아닌 평행선 상에 위치한 다른 세계)이나 다중우주론(우주가 여러 조건에 따라 갈래가 나뉘어, 서로 다른 일이 일어나는 우주가 사람들이 알지 못하는 곳에서 동시에 진행되고 있다는 이론)에서 상상해온 세계가 디지털트윈이나 메타버스의 세계 속에 펼쳐진다.

3) 가상세계의 확장

가상세계의 확장은 인간의 욕구가 확장되기 때문일까. 현실세계의 제약과 한계를 벗어나는 시도는 물리적, 법적, 윤리적인 한계로 불가능한 경우가 많다. 가상세계에서는 온갖 제약을 벗어나서 상상하는 것들을 이룰 수 있고, 거기에서 만족과 쾌감을 느낄 수 있고, 그게 욕구를 강화하는 것이 아닐까 생각한다. 그리고 그 욕구의 본질, 기저에 있는 실체는 호기심이다. 인간만의 고유한 속성이 아니라 동물계에서도 공통적으로 나타나는 낯선 것에 대한 호기심, 그것이 파멸로 이끌기도 하지만 진보와 혁명을 유발시키기도 한다. 호기심이 결국 현실의 너머에 있는 것들에 대한 욕구의 출발점이지 않을까 생각한다.

3. 가상과 실제의 경계를 허무는 디지털트윈

디지털트윈을 이해하기 위해선 우선 모델링(Modeling)과 시뮬레이션(Simulation)의 개념을 알아야 한다.

모델링의 쉬운 예로, 헐리우드 영화 등에서 주인공에게 특수효과를 부여하기 위해 배우를 그대로 본딴 3D 캐릭터가 이 모델링에 해당한다.

모델링이 실재를 가상으로 옮겨다 놓은 것이라면 시뮬레이션(Simulation)은 가상의 결과를 실재에 반영하는 것이다. 어떤 결과가 나오는지 가상의 모델에 여러 가지 변수를 대입해본 후 가장 만족스러운 결과값에 준하도록 실재의 대상을 조정한다. 즉 디지털트윈은 이러한 모델링과 시뮬레이션이 동시에 이뤄지는 기술로 정의할 수 있다. 디지털트윈을 적용할 수 있는 메타버스 분야는 실로 무궁무진하다.

학습 7

[그림 7-10]처럼 디지털트윈은 가상증강현실과 연동할 때 더욱 가치가 상승한다. 이는 디지털트윈 연동 'D.N.A.+XR' 시범사업을 통해 실증하면서 확산할 것으로 예상되고, 디지털트윈 연동 가상증강현실은 현장에서 즉시 필요한 정보에 접근하여 직관적으로 이해할 수 있는 형태로 제공하여 효율적인 판단과 새로운 부가가치 생산을 지원한다.

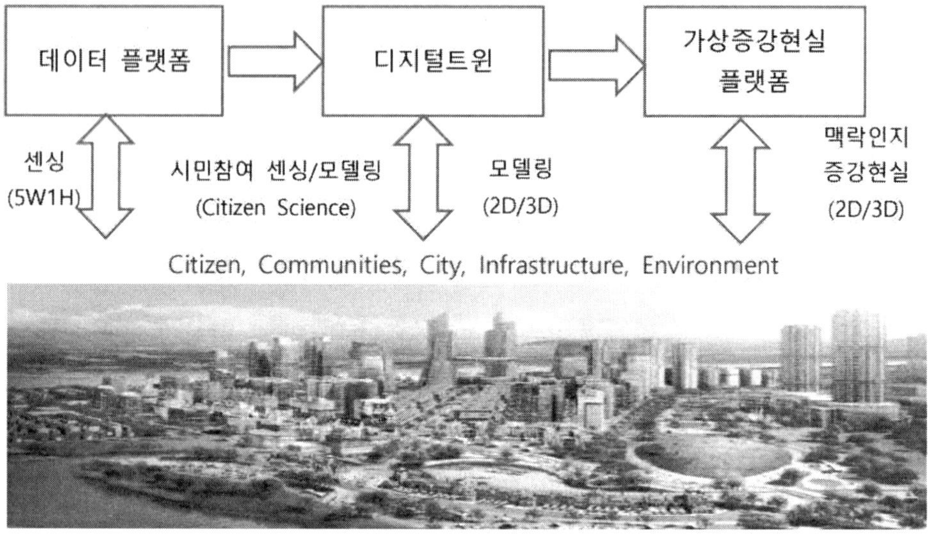

[그림 7-12] 디지털트윈 연계 가상증강현실 활용 예

시범지역을 규제자유특구로 지정하고 플랫폼화하여 개인에게는 다양한 사회문화적 경험과 경제적 효용을 제공하고, 기업에는 혁신을 통해 새로운 부가가치 창출의 기회를 제공한다. 시공간의 한계와 규제의 벽을 넘어 어디서든 자유롭게 접근하고 체험, 실험하는 효율성과 안전성이 담보되는 플랫폼이다. 현장에서 5G망을 통해 실시간으로 데이터를 모으고, 인공지능으로 해석하여, 실측 디지털트윈에 가시화하고, 다시 현실에서 자유롭게 활용할 수 있다. 정부에서도 최근에 동시에 국내외 시장을 선점하기 위해서는 다양한 분야로 실증사업을 확대하고 적극적 지원하고 있다.

수행 내용

재료 · 자료

- 메타버스 관련 자료

기기(장비 · 공구)

- 컴퓨터, 문서작성 프로그램, 프린터, 주변기기

안전 · 유의사항

- 메타버스 관련 장비의 안전 및 유의사항을 숙지한다.

수행 순서

01 디지털트윈의 중요성에 대하여 분석하라.

1. 경제성 · 안전성 · 확장성 확보

원시적 형태의 디지털트윈은 지난 1970년 NASA가 우주의 탐사선과 동일한 환경을 지상의 관제센터에 구축하여 수행한 시뮬레이션이다. 고장난 아폴로13호의 무사 귀환을 위해 지상에서 귀환 시뮬레이션을 반복 수행하였다. 이처럼 디지털트윈의 핵심은 현실에서 수행이 어려운 실험 대신 가상공간 속 반복 시뮬레이션을 통해 결과도출이 가능하다는 점으로 보다 자유롭고 다양한 조건을 부여한 가상 시뮬레이션 결과를 토대로 현실 세계의 정확한 의사결정을 지원한다.

모든 종류의 산업에 적용 가능한 디지털트윈을 통해 실험에 소요되는 비용 · 기간 단축 및 각종 위험사고의 사전예방이 가능하다. 예로써 제조 · 건설, 바이오 · 의료(메디컬 트윈), 농 · 어업(아쿠아 트윈) 등이다.

2. 미래 탄소중립사회를 위한 기반기술

최근 '2050 탄소중립 시나리오'가 본격화됨에 따라 제조 · 발전 · 교통 등 탄소 배출량과 관련 깊은 산업들이 사회적 이슈로 대두되고 있다. 2050년까지 탄소배출을 0으로 만들기 위한 국가산업 전반의 개선계획으로, 제조업 · 수송 · 건축 · 에너지 · 농축수산 등 다양한 분야별 탄소감축을 목표로 하고 있다.

디지털트윈은 시제품 감축 및 교통 · 친환경 발전량 효율화에 기여하며 사회 · 경제 · 문화적 활동이 가능한 가상의 세상과 관련 서비스의 통칭하는 메타버스와 함께 미래 탄소중립을 위한 기반기술로도 주목하고 있다.

02 디지털트윈의 국내외 동향에 대하여 분석하라.

1. 국외동향

미국, 영국, 싱가폴(Virtual Singapore Project) 등 기술 선진국에서는 다년간 축적해 온 기술을 기반으로 디지털트윈 통합 솔루션[3D 시각화+정보기술+시뮬레이션(상호작용)+통합관리] 기술을 활용하여 제조업을 중심으로 초기 공급시장을 선점하고, 도시 등 다양한 분야에 적용을 시도하고 있으며, 이를 위한 정책을 수립하고 있다. 상세한 내용은 다음과 같다.

① 미국 : SmartAmerica Challenge는 새로운 일자리, 비즈니스 기회 및 사회 경제적 혜택 창출을 위해 사이버 물리시스템(CPS) 프로그램을 추진한다.

② 독일 : CPS 기반 스마트 팩토리 구축으로 제조 혁신 비즈니스 모델 발굴을 통해 새로운 시장창출 및 매출증대와 개인 맞춤형 스마트 팩토리 상품화를 위한 디지털전략 2025(Digital Strategy 2025)를 추진한다.

③ 영국 : 데이터 공유의 중요성과 디지털트윈의 필요성을 강조하며 인프라가 제공하는 성능 서비스 가치의 향상과 사회 · 기업 · 환경 · 경제에 해택 제공을 목표로 하는 '국가 디지털트윈(National Digital Twin Programme)' 구축을 추진한다.

산업 측면에서도 제너럴 일렉트릭(GE), 다쏘(Dassault), PTC, Ansys, 지멘스(Siemens), SAP, Sight Machine, TIBCO Software, AT&T, Infosys, TwinThread 등의 세계적 업체에 의해 다양한 형태로 각 산업분야 특징에 맞춰 적용되고 있다.

〈표 7-6〉은 주요기업들의 현황을 나타낸다.

〈표 7-6〉 국외 주요 기업의 기술개발동향

기업(국가)	현 황
GE(미국)	016년 GE는 기계에서 발생하는 대규모의 데이터를 분석 수집하고 사물인터넷으로 연결해 GE가 제조 · 판매하는 모든 장비에 센서에서 수집한 데이터를 모아 분석하고, 디지털트윈으로 구현하여 가상 모니터링 · 컨트롤 등의 서비스를 제공 및 풍력발전량 20% 증가하였다.
Dassault Systems (프랑스)	단일 플랫폼 기반의 '3D 익스피리언스 트윈(3D EXPERIENCE Twin)'은 현실세계에서 존재하거나 존재할 수 있는 제품, 시스템, 시설 또는 환경을 표현하며, 제품의 생애주기의 모든 단계에서 동적 3D 모델로 제품과 프로세스, 공장/설비, 운영 시뮬레이션을 제공 및 로봇생산성이 15% 증가하였다.
ANSYS (미국)	단일 워크플로 안에서 시뮬레이션 기반의 디지털트윈을 구축해 검증, 배치할 수 있는 앤시스 트윈 빌더(ANSYS Twin Builder)를 탑재하여 엔지니어가 물리적 제품의 디지털트윈을 빠르게 구축, 검증하고 배치할 수 있도록 지원하였다.
SIEMENS (독일)	공장자동화 IoT 플랫폼인 마인드스피어를 구축하여 공장 내 각 설비에 부착된 센서를 통해 데이터를 받아들이고 공장의 설비를 실시간으로 디지털트윈과 연결하여 피드백 및 설비 · 생산공정에서 11초에서 8초로 단축했다.

2. 국내동향

AI · 데이터 · 5G · XR 기업의 성장, 융합서비스 확산 등을 통해 D.N.A.(Data · Network · AI)와 XR 기술의 집약체인 디지털트윈의 성장발판 마련하고 한국판 뉴딜의 대표과제로 선정하여 부처 · 지자체 투자를 확대하고, D.N.A 등 기술별 정책을 통해 산업 및 요소기술 경쟁력 강화하고 디지털 전환의 핵심기술로 그 중요성이 부각되고 있다. 현재 IoT(모빌테크, 메타필드, 셔블 등), 3D 모델링(율시스템, 녹원정보기술, Movements 등), GIS 공간정보(올포랜드, EGIS, 플럭시티, 가이아3D, 유엔이 등), 시뮬레이션(이에이트, 아인스에스엔씨 등), 데이터분석(윈프레딕트, 스탠스, 바이브컴퍼니 등) AI 기업, XR(버넥트, 에이트원, 큐픽스 등) 등이 연계하여 사업영역을 확대하고 기술 타당성을 검증하는 단계로, 향후 수요가 급증할 전망이다.

국내 주요 기업들도 디지털트윈 기술을 산업현장에 적용하기 위한 다양한 방법들을 시도하고 있다. 또한 NTIS(국가과학기술지식정보서비스) R&D 과제 현황을 분석해 보면, 2017년부터 디지털트윈 관련 과제 지원 건수는 매년 약 2.5배씩 증가하고 있음을 알 수 있다.

그러나 성과측면을 보면 투입된 과제 건수 대비 기술적 연구성과(특허 22건, 논문 44건)는 미흡한 실정이다. 특히 국외(SCI급) 논문은 단 1건에 불과하다. 과제별 연구내용을 살펴보면 공간에 대한 3D 모사와 사물인터넷(IoT) 기반의 연동 모니터링(관제) 모델 연구가 대부분을 차지하고 있음을 알 수 있다.

〈표 7-7〉 국내 주요 기업의 기술개발동향

기 업	현 황
KT	2019년 12월 KT의 디지털트윈인 AI 기가트윈 개발, 도시 인프라를 모니터링하고 데이터를 통해 예측하는 서비스를 제공
포스코A & C	디지털트윈 기반의 스마트 팩토리를 구현하여 시공 통합시스템 구축, 공정 최적화 및 안전강화를 위한 디지털 시뮬레이션을 구현, 포항 및 광양제철소 가상시공으로 공기지연 및 안전사고 예방
LG CNS	도시 데이터를 수집·분석하여 정보를 공유하는 데이터 중심의 스마트시티 플랫폼인 Cityhub와 스마트팩토리 플랫폼인 Factova를 구축, 타 시스템과 연동시 디지털트윈 구현지원이 가능하고 물류센터 설비확장과 물량변경에 디지털트윈을 적용해 설비라인 최적화
GS칼텍스	플랜트 운영 효율성 개선 및 최적 생산관리를 위해 원유입고, 분별증류, 제품출하까지의 과정을 디지털트윈으로 구축 2018년부터 여수공장 생산시설의 실시간 모니터링이 가능한 디지털트윈 기반 통합관제센터를 2030년 목표로 구축
LG유플러스	2019년 10월, 5G 네트워크를 이용한 트랙터 원격제어 및 무인경작과 디지털트윈 기술을 이용한 트랙터 원격진단 서비스를 제공
녹원 정보기술	물류 디지털트윈 솔루션을 개발하여 사우디아라비아, 아랍에미레이트, 인도네시아, 스페인 등 해외 항만진출을 성공하고, 두바이에 시범적용한 결과 항만생산성 65% 향상, 안전사고 감소 성과
원프레딕트	디지털트윈 기반의 설비고장 및 잔여수명 예측 솔루션을 개발, 국내외 상용화에 성공하고, 150억원 투자유치 등 급성장 ㉹ 서부발전 풍력발전기에 디지털트윈을 적용하여 5건의 고장 사전 예측
두산중공업	마이크로소프트, 벤틀리시스템즈와 함께 국내 첫 디지털트윈 기반 해상풍력발전 운영 및 유지보수 솔루션 개발 ㉹ 제주 풍력단지에 파일럿 테스트 후 단계별 확산 예정
삼성중공업	선박건조 설계 작업을 효율화하는 무도면 선박제조 프로젝트 추진

디지털트윈 분야의 국내 기술수준은 선진국(美) 대비 82.3%로 경쟁국 대비 기술수준이 가장 낮은 것으로 파악되고 있다. 기초/응용/사업화 전 단계에서 기술수준이 낮은 것으로 평가되며, 최고기술국(美) 대비 17.7%(1.4년)의 기술수준 격차가 벌어져 있는 상태이다.

국가별 기술수준에서도 격차는 유럽(7.0%), 일본(13.0%), 중국(16.7%) 순으로 한국이 가장 큰 기술수준 격차를 보이고 있는 실정이다.

03 항공우주분야의 메타버스와 디지털트윈의 적용사례에 대하여 분석하라.

메타버스나 디지털트윈은 이로부터 한 발 더 나간 기술이다. 메타버스는 실제 우주(Universe)가 아닌 가상의 세상(Metaverse)을 실생활과 연결하겠다는 것이며, 디지털트윈은 세상의 일부를 가상 공간 안에 그대로 구현하겠다는 기술이다.

[그림 7-13] 항공우주 분야의 디지털트윈 기술

이 중 디지털트윈은 항공우주 분야가 그 기술을 선도했던 시뮬레이션 기술을 근간으로 한다. 시제 항공기나 우주선을 만들어 바로 비행을 하기에는 위험한 요소들이 많으니 방대한 실험 데이터를 기반으로 하여 '실제로는 이렇게 움직일 것'이라는 예측을 하는 것이 시뮬레이션의 본질이다. 과거에는 특히 컴퓨터 성능 제약으로 인해, 항공기의 기동성이나 비행 안전성만을 예측하는 등의 일부분 시뮬레이션에 그쳤지만, 지금은 항공기의 가능한 모든 요소들을 가상공간 속에 집어넣고 여러 다양한 시험을 컴퓨터 속에서 미리 함으로써 발생이 예상되는 거의 모든 상황을 보겠다는 것이 디지털트윈이 지향하는 바이다.

항공우주 분야에서 보는 디지털트윈은 절대로 전자오락이 아니다. 결코 그래서도 안 된다. 가장 중요한 것은 실제세계를 표현하는 모델링이 얼마나 정확한가이다. 여기에는 온갖 종류의 역학이 들어간다. 공기역학, 구조역학, 동역학 그리고 이 모든 역학의 기반에는 물리가 있다. 정보통신기술 중 특히 암호와 빅데이터 및 인공지능에서 수학이 기초학문으로 강조되듯이, 항공우주 분야의 디지털트윈 산업에서는 물리학적 기초가 정말 중요하다.

04 메타버스 보건의료분야의 가상증강현실 서비스 사례에 대하여 분석하라.

가상증강현실은 착용형 디스플레이(HMD : Head Mounted Display), 3차원 디스플레이, 3차원 음향효과, 모션캡처장치, 햅틱장치 등 인간의 오감을 자극하는 다양한 형태의 장치를 이용한다.

최근 의료환경에서 가상증강현실 기술의 활용에 관한 관심이 높아지고 있다. 그 이유는 병원에서 다양한 임상적 판단이 필요할 때, 가상증강현실로 제공되는 정보를 활용하여 판단의 정확성을 높이고 환자 안전을 보장하기 위한 수단으로 사용할 수 있기 때문이다.

가상증강현실 기술을 디지털트윈(Digital Twin)과 메타버스(Metaverse)를 통해 가상과 현실세계에 체계적으로 실현하기 위한 노력이 강조되고 있다. 디지털트윈과 메타버스는 가상증강현실 기술을 이용하여 인간의 삶을 풍요롭게 하려는 목적으로 설계되고 있다. 디지털트윈과 메타버스는 의료, 환경, 안전, 교통, 교육 등 각종 공공서비스를 제공하는 스마트시티(Smart City)를 구축하는데 필요한 기본개념과 방향을 제시하고 있다.

가상증강현실 기술을 이용하여 디지털트윈, 메타버스로 기획된 스마트시티에서 응급의료서비스 제공은 중요하다. 일반적으로 원격협진은 정보통신기술을 기반으로 물리적으로 먼 거리에 떨어져 있는 의료인에게 의료서비스를 제공하는 것을 의미한다. 전세계적으로 원격협진은 응급의료, 원격진단, 수술, 재활 등 여러 의료분야에서 응용되고 있다.

정보통신기술을 이용한 원격협진은 의료서비스를 받기 힘든 지방에 거주하거나 가난한 사람들에게 양질의 의료서비스를 제공하는 데 도움이 된다고 알려져 있다. 즉 시간과 거리의 한계로 인해 전문의의 조언을 받을 수 없거나 환자진료에 필요한 정보에 접근할 수 없다면, 환자의 생명을 잃거나 부상치료가 늦어질 수 있다.

가상증강현실을 이용한 원격협진시스템은 의료인 간의 상호작용 수단에 따라 구별된다. 하나는 동기시스템(Synchronous Systems) 혹은 실시간 시스템(Real-Time Systems)이며, 다른 하나는 비동기 시스템(Asynchronous Systems) 또는 저장-전달 시스템(Store-and-Forward Systems)이다. 실시간 시스템의 장점은 환자를 즉시 치료하고 신속한 의사결정에 도움이 된다.

반면에 비동기식 접근방식은 네트워크를 통해 관련된 정보를 교환하고 오프라인에서 분석한 다음에 의사결정을 내릴 수 있도록 정보를 제공한다. 이 접근법은 대부분 직접적인 상호작용을 수반하지 않는 의료 데이터의 해석(방사선영상, 초음파, EKG 등)에 중점을 둔다.

1. 의사결정을 위한 의료보조도구 활용

구글 글라스와 같은 스마트 글라스를 의료환경에 통합하거나 필요한 기능을 도출하기 위해 30명의 마취학 의료인(간호사, 의사)을 대상으로 포커스 그룹 인터뷰가 진행된 사례가 있다. 이 인터뷰를 통해 조사에 참여한 의료인들은 스마트 글라스를 환자 관련 정보에 접근할 수 있는 중요한 도구이며, 마취치료 중에 발생할 수 있는 다양한 상황을 통제하기 위해 노력하는 의료전문가를 지원하는 도구로 여겼다. 하지만 의료분야에 활용될 잠재성이 크지만 기술적 한계, 환자에 끼치는 영향 등 더 연구가 필요하다는 의견도 있었다.

구글 글라스를 사용하여 수술안전점검표(Surgical Safety Ckecklist : SSCs)를 사용하는 방법이 다른 방법(포스터, 종이, 기억)에 비해 효율적이라는 연구도 있었다. 일반적으로 수술안전점검표를 사용하면 수술 합병증과 사망률을 크게 줄일 수 있다고 한다. 그래서 종이에 목록을 적는 방식으로 점검표를 관리하는 것이 일반적이다. 이 실험에서는 실험에 참여한 참가자에게 기존 점검표 방법(종이, 기억)과 스마트 글라스 앱을 이용한 방법 둘 중 하나를 체험하게 하였다. 점검표 앱에는 점검표를 선택하는 화면과 선택한 점검표의 항목을 표시하는 화면이 있었다. 실험 결과, 종이나 기억에 의존하는 방법에 비해 스마트 글라스 점검표 앱을 사용하는 경우가 더 쉬웠다.

스마트 글라스를 이용한 증강현실 비뇨기과 수술의 안전성, 타당성, 그리고 유용성을 평가하는 연구도 있었다. 이 연구에서는 비뇨기과 외과의가 스마트 글라스를 사용하여 10가지 다른 유형의 수술과 총 31개의 비뇨기과 수술에 증강현실을 이용한 비뇨기과 수술을 수행하였다. 실험에 참여한 의료진과의 인터뷰 결과, 의료진들은 글라스를 이용한 사진이나 비디오 촬영, 교육을 위한 실시간 전송, 기록을 위한 영상 촬영, 수술 중 다른 의료진과의 협업, 환자의 의료기록 검색, 인터넷의 의료 관련 자료 검색 등에 유용할 것으로 생각한다고 응답하였다.

Technical University of Munich(TUM) 에서는 의료인의 양손이 자유로운 상태를 유지할 수 있도록 홀로렌즈를 사용하는 연구가 진행되었다. 의료인들은 일상업무 전반에 걸쳐 정보시스템에 접속할 필요가 있다.

그러나 스마트폰이나 태블릿과 같은 기존의 스마트 장치는 양손이 필요한 의료현장에서는 사용하기 어렵다. 이 실험에서는 상처를 치료하는 데 필요한 정보를 기록하거나 상처의 크기를 측정할 때 홀로렌즈를 이용하는 것과 일반적인 방법을 비교하였다. 실험 결과 스마트 글라스를 이용한 방법이 기존의 방법에 비해 성능과 만족도 측면에서 좋은 평가를 받았다.

전세계적으로 갑작스러운 심장 마비는 주요 사망원인이기 때문에 응급대응시스템은 매우 중요하다. 하지만 안타깝게도 소수의 환자만이 현장에서 심폐소생술(CPR)을 받는다. Holo-BLSD는 현실적 시나리오를 재현하는 상호작용형 가상환경으로 표준 CPR 마네킹이 '증강'되는 증강현실 기반 자가교육 훈련시스템이다. 학습자는 인체 모형과 환경에 고정된 가상 3D 개체를 사용하여 자연스러운 제스처, 신체 움직임 및 음성 명령을 사용하여 작업을 수행할 수 있다.

2. 원격협진 사례

환자의 생명을 구하기 위해 스마트 글라스를 이용한 원격협진에 관한 연구가 진행되었다. 버밍엄 앨라배마 대학교에서 개발한 VIPAR(Virtual Interactive Presence and Augmented Reality) 시스템은 초기에는 아이패드를 가진 원거리에 있는 의사와 현장의 의료진을 네트워크로 연결하는 시스템이었으나, 나중에는 구글 글라스와 같은 착용형 컴퓨터를 이용하여 연수생의 수술을 교육 지도자가 지도해주는 원격수술에 이용되기도 하였다.

연수생은 구글 글라스를 착용하고 수술을 진행하며, 멀리 있는 지도자인 의사는 책상에 앉아 있고 손을 촬영하는 카메라를 설치하였다. 연수생이 착용하고 있는 구글 글라스의 영상이 원격지의 의사에게 전송된다. 지도자인 의사는 수신된 영상을 보면서 손으로 영상 위의 환부를 가리킨다. 이때 지도자의 모니터에 수신된 영상과 손을 카메라로 촬영하여 다시 수술실의 연수생에게 전송된다. 교육 지도자는 수술실의 연수생은 환자의 수술 부위와 지도자의 손이 가리키는 부분을 구글 글라스의 디스플레이로 실시간으로 볼 수 있다.

퍼듀대학의 STAR는 HMD와 빔프로젝터를 사용하는 시스템이다. 현장의 외과의사는 카메라, 빔프로젝터, 그리고 AR HMD를 사용하며 원격의 외과의사에게는 현장에서 전송된 실시간 영상을 볼 수 있는 디스플레이와 글씨나 그림을 그릴 수 있는 응용 프로그램이 설치된다. 현장에서 환자의 수술부위를 천장에 부착된 카메라로 촬영하여 멀리 있는 외과의사에게 전송하고, 원격의사는 영상을 전송받아 보면서 글과 그림으로 수술 방법을 설명한다. 원격의사의 지시사항은 현장의 의사에게 빔프로젝터 혹은 HMD를 통해 가시화된다.

도쿄여자의과대학은 증강현실을 이용하여 수술 도중 집도의가 의료용 화상관리시스템을 조작할 수 있는 솔루션 개발을 진행하고 있다. 수술을 집도하는 의사는 각종 장치나 키보드를 만질 수 없어 의료용 화상을 보려면 간호사나 스태프가 화상 관리시스템을 조작해야 하는데, 이를 개선하기 위해 해당 솔루션을 개발하여 집도의는 화상관리시스템에 저장된 CT 데이터를 어느 위치에 삽입할지, 어느 위치에 배치할지 등을 손의 움직임으로 조작할 수 있다.

병원 이외의 지역에서 응급상황이 발생하였을 때 신속하게 의료서비스를 제공하기 위한 증강현실을 이용한 응급환자 의료서비스 모델에 관한 연구가 진행되었다.

이 연구는 도서 · 산간 지역과 같이 응급환자가 발생하였을 때 의료서비스를 쉽게 받지 못하는 상황에 대응하기 위한 것이다. 제안모델은 증강현실 IT 장비를 통해 응급환자의 증상을 원거리에 있는 의료진에게 신속히 전송하고, 의료진으로부터 적절한 응급조치 방법을 전달받아 환자를 치료하는 기능이 있다.

3. 교육/훈련/시뮬레이션

일반적으로 간호학과나 유사한 보건의료 전공에서는 임상 시나리오에 대한 학습과 실무 학습을 위해 '표준화된 환자', 즉 모의환자를 사용한 수업을 진행한다. 병원에 입원한 환자를 수련 중인 학생이 만나는 것은 환자의 치료 면에서나 학생보호 측면에서 좋지 않다. 모의환자는 일종의 배우가 그 역할을 담당한다. 의료인이 아닌 배우가 환자의 임무를 수행하도록 훈련하는 데 오랜 시간이 걸리며, 학생수가 많으면 모든 학생이 충분한 시간동안 학습할 수 없으며, 큰 비용이 발생한다.

이런 이유로 조현병 환자와 같이 일대일로 대하기 어려울 뿐만 아니라, 문제행동 상황에 따라 양쪽 모두 위험한 상황에 부닥칠 수 있는 경우 가상현실로 교육하는 것이 효과적이다.

대학교의 간호학과와 컴퓨터공학과 연구팀은 간호학과 학생들이 현장감 있는 의료실습을 수행하게 하도록 360 비디오를 이용한 간호교육을 위한 가상현실 조현병 환자 교육 플랫폼을 개발하여 대학 수업에 적용하였다.

360도 비디오 촬영을 위해환자 역할을 하는 배우를 고용하였으며, 조현병 환자 관련 문제 시나리오에 따라 비디오를 제작하여 현실감 높은 교육 콘텐츠를 제공하였다.

마이크로소프트의 홀로렌즈용으로 개발된 교육프로그램인 홀로페이션트(Holopatient)는 런던의 교육 회사인 피어슨 PLC(Pearson PLC)가 개발한 교육용 응용 프로그램 중 하나다. 사용자가 홀로렌즈를 착용하고 프로그램을 실행하면, 실제 크기의 3차원 환자 아바타가 눈앞에 실제로 나타난다. 따라서 홀로렌즈를 이용한 가상의 모의환자는 완전하진 않지만 앞서 언급된 여러 문제를 해결하는 데 도움이 될 것으로 예상된다. 호주의 SIT(Southern Institute of Technology)에서는 홀로렌즈와 홀로페이션트를 간호 교육에 활용하고 있다.

간호사가 배워야 하는 핵심기술은 20여 가지 종류가 있으며, 각 수기술은 여러 단계를 순차적으로 수행해야 하는 어려운 기술이다. 예를 들어 수혈과정은 혈액 준비하기, 손씻기 등 여러 절차를 거쳐야 하며, 순서가 바뀌거나 오염이 발생하지 않도록 주의해야 한다. 이러한 순차적인 과정을 학습하기 위해 종이에 적어서 암기하는 방법이 일반적이나 스마트 글라스를 이용한 학습 방법이 제안되었다.

이 시스템은 훈련에 참여한 학생이 스마트 글라스를 착용하고 스마트 글라스에 보이는 핵심 수기술의 순서를 참고하여 실습을 진행할 수 있게 도와준다. 사용성 평가 결과 스마트 글라스의 사용성에 문제가 있지만, 실습에 유용한 도구라는 것을 알 수 있었다

학습활동.7 교수 · 학습 방법

교수 방법

- 메타버스와 디지털트윈 기술융합에 대한 관련 용어, 구성, 방식 이해 정도를 파악한 후 수업을 진행한다.
- 교수자의 주도로 메타버스와 디지털트윈 기술융합 등의 내용을 PPT 자료로 제시한 후 설명한다.
- 가능하면 사전에 개인별 학습 자료를 준비하여 모든 학생이 참여할 수 있는 문제 해결식 수업, 협력 수업이 가능하도록 한다.
- 메타버스와 디지털트윈 기술융합 전 과정을 작업의 순서에 따라 단계적으로 실습이 이루어질 수 있도록 지도한다.
- 교재를 통해 수업을 준비하는데 있어서 필요한 모든 정보나 팁, 힌트 등 도움이 될 만한 내용들을 확인할 수 있다.
- 학생들이 만들게 될 각 모델들은 수업시간에 중점적으로 다뤄질 부분과 어휘, 질문, 답을 포함하고 있으며 또한 탐구할만한 추가적인 아이디어들도 포함하고 있다.

학습 방법

- 메타버스와 디지털트윈 기술융합에 대한 관련 용어를 숙지하고, 메타버스와 디지털트윈 기술융합에 대해 이해한다.
- 메타버스와 디지털트윈 기술융합의 각 단계별 중점 사항을 체계적으로 학습한다.
- 메타버스와 디지털트윈 기술융합의 수행순서의 전 과정을 실습한다.
- 메타버스와 디지털트윈 기술융합의 내용을 이해한다.
- 메타버스와 디지털트윈 기술융합을 이해하고 숙달이 될 때까지 학습한다.

학습활동.7 평가 및 피드백

평가 준거

- 평가자는 피평가자가 수행 준거 및 평가 내용에 제시되어 있는 내용을 성공적으로 수행할 수 있는 지를 평가해야 한다.

학습내용	평가항목	성취수준		
		상	중	하
메타버스와 디지털트윈 기술융합	메타버스와 디지털트윈 기술융합을 이해할 수 있다.			

학습 7

평가 방법

• 작업 포트폴리오

학습내용	평가항목	성취수준		
		상	중	하
메타버스와 디지털트윈 기술융합	메타버스와 디지털트윈 기술융합을 이해할 수 있다.			

• 필기시험

학습내용	평가항목	성취수준		
		상	중	하
메타버스와 디지털트윈 기술융합	메타버스와 디지털트윈 기술융합을 이해할 수 있다.			

• 체크리스트를 통한 관찰

학습내용	평가항목	성취수준		
		상	중	하
메타버스와 디지털트윈 기술융합	메타버스와 디지털트윈 기술융합을 이해할 수 있다.			

• 피드백

1. 작업 포트폴리오
   - 제출한 보고서를 평가한 후 주요 사항에 대하여 표시하여 돌려준다.
2. 필기시험
   - 평가 결과 성적이 저조한 학생은 보고서 제출 기회를 부여한다.
3. 체크리스트를 통한 관찰
   - 실습 과정에서 평가한 후 개선해야 할 사항 등을 정리하여 돌려둔다.

참 | 고 | 문 | 헌

- 강민구, 비대면 융합산업 발전과 디지털 대전환, KISA report, 2021.07.
- 강지영, 인공지능기반 이상감지기술, 월간 SW중심사회, SPRi, 2021.4.
- 관계부처 합동, 가상융합경제 발전잔략, 2020.12.10.
- 김광우, 메타버스는 차세대 플랫폼 혁명, tech42, https://www.tech42.co.kr, 2021.5.18.
- 김병필, 인공지능 개척시대, 메타버스 속 인공지능, 중앙일보, 2021.5.17.
- 김봉수, 메타버스가 뭐죠, 아시아경제, https://www.asiae.co.kr/, 2021.06.06.
- 김상균 · 신병호, 메타버스 새로운 기회, 메가북스, 2021.
- 김상돈, 증강현실과 가상현실 그리고 디지털트윈, science time, 2021.6.15.
- 김서희, 가상현실의 확장 메타버스 도래, 2021 글로벌 ICT이슈 레포트, 2021.
- 김정호, 메타버스, 차세대 빅데이터 플랫폼 (1) 주목받는 이유, 테크데일리(TechDaily)(http://www.techdaily.co.kr), 2021.5.24.
- 김하늬, 메타버스의시대, 핵심은 데이터, 공학저널 (http://www.engjournal.co.kr), 2021.5.20.
- 김현정, 새로운 미래공간이 된 메타버스, 사이언스타임즈, 2021.3.31
- 남현숙, 미국 VR · AR 기술정책의 진화. https://spri.kr/posts/view/22823?code=industry_trend, 2019.
- 노중호, 5차산업혁명의 실체를 분석한다, 노블사이언스, http://www.nobelscience.net, 2017.10.6.
- 대체불가토콘, 게임의 메타버스화 촉진할 블록체인경계의 핏줄, 글로벌 게임산업 동향, 한국콘텐츠진흥원, 2021.3.
- 리본소프트, https://www.rebornsoft.co.kr/빅데이터 플랫폼
- 박경일, 메타바스 새로운 기회, 로봇신문, 2021.05.16.
- 박민영, 메타버스 시대 주인공, '디지털 휴먼' 가치와 쓸모", 솔트룩스 인공지능 사이트, 2021.3.9.
- 박지혜, 다가오는 메타버스 시대 차세대 콘텐츠산업의 방향과 시사점, KIER, 산업경제, 2021.05.
- 박진호, K-인공지능 콘텐츠로 디지털 문화유산 한류 이룰 것, AI타임즈, 2021.3.23.
- 백승은, AI로 의상 디자인 가상 착장까지 ETRI패션상품 기술 개발, 2021.4.01.
- 블로터, [블록먼데이]"NFT서 미래 봤다"…'더샌드박스'가 꿈꾸는 블록체인 게임, 2020.10.19.
- 서정욱외, XR 콘텐츠 UI/UX 디자인 평가 가이드라인 및 체계 개발 보고서, 2020.12.17.
- 신정아, 뉴미디어와 스토리두잉, 칠월의숲, 2009.
- 아주경제, 이번엔 부활할까? 싸이 월드 22년 흥망성쇠, 2021.02.03.
- 오현주, 메타버스가 다시오고 있다. nia, 2021.03.
- 우운택, 강상융합세계 선도를 위한 디지터트윈 기반 DNA_XR전략, 한국문화정보원, 2021.01.
- 이상엽, XR의 기술개요와 동향, 정보통신기술진흥센터, iitp, 2018.12.19.
- 이승환, 로그린 메타버스 인간 x 공간 x 시간의 혁명, SPRi, issue report, 2021.03.17.
- 이승환 · 한상열, 메타버스 비긴즈 : 5대 이슈와 전망, SPRi, issue report, 2021.04.20.
- 이영호외 4, 보건의료 분야 가상증강현실 기술동향, IITP, 2021.5.26.
- 이자연, 가상증강현실(AR · VR)산업의 발전방향과 시사점, KIET, 2019.02.
- 이종관, ESG, 메타버스 그리고 AI; 5차혁명? 한경닷컴, https://www.hankyung.com/it/article/202106166511i, 2021.6.17.
- 이진규, 메타버스와 프라이버시, 그리고 윤리-논의의 시작을 준비하며, 2021.3.2.
- 임용준 · 김진웅, 가상 · 중강 및 혼합현실을 위한 디지털 홀로그래피 기술 연구동향, IITP, 2018.12.26.

- 장한영, AI기반 메터버스에서 누구나 디지털뮤지션이 될 수 있다, 인공지능신문(http://www.aitimes.kr), 2021.5.21.
- 전자신문, 반지의 제왕 애플, 스마트 링 특허 등장, 2021.01.13.
- 정득영 · 김상태 · 김연배, 디지털트윈의 기술정의와 세부적 발전 5단계 모델, 정보통신기획평가원, 2021.2.10.
- 정한영, AI 기반 메타버스에서는 누구나 디지털 뮤지션이 될 수 있다!, 인공지능신문, http://www.aitimes.kr, 2021.05.24.
- 조선일보, 42조원 가치, 로블록스...게임만들고 친구와 즐겨, 2022.03.22.
- 주영재, 현실과 독같은 디지털 음원 아바타의 세계, 메타버스 각광, 주간경향 1417호 https://weekly.khan.co.kr/, 2021.3.08.
- 중앙일보, '아바타끼리 연애하고 회사도 만든다.' 메타버스 플랫폼 '제페토'의 미래, 2021.04.03.
- 중앙일보, '세계 최초, 한국 최초의 게임들', 2008.9.23.
- 차종환, 5G만난 디지털트윈, 메타버스 이정표 세우다. 정보통신신문, 2021.3.16.
- 현대자동차그룹, VR technology for mobility development. https://www.youtube.com/watch?v=Wdawq_s1Zzg, 2019.12.18.
- Acceleration Studies Foundation, http://www.metaverseroadmap.org/overview/
- Accenture, A responsible future for immersive technologies. https://www.accenture.com/us-en/insights/technology/responsible-immersive-technologies, 2019.5.15.
- Alan JS Han, 3D Audio의 현재와 미래, http://www.alanjshan.com/3d-audio/
- AR MR XR, The Metaverse is coming : Nvidia Omniverse. https://www.youtube.com/watch?v=lcuGpLLeGWM, 2020.10.6.
- Boost VC, Perkins Coie, & XR Association, 2020 augmented and virtual reality survey report. https://www.perkinscoie.com/images/content/2/3/231654/2020-AR-VR-Survey-v3.pdf, 2020.
- Coindesk Korea, NFT시장 급성장, 커지는 위작 · 저작권 분쟁, 2021.4.1.
- Dean Takahashi, Crucible is creating agents to keep the metaverse open. https://venturebeat.com/2021/01/27/crucible-is-creating-agents-to-keep-the-metaverseopen/, 2021.1.27.
- Dean Takahashi, Tim Sweeney : The open metaverse requires companies to have enlightened self-interest. https://venturebeat.com/2021/01/27/tim-sweeney-the-open-metaverse-requires-companies-to-have-enlightened-self-interest/, 2021.1.27.
- ETRI, AI 디자이너 모델 생성기술개발, 2021.4.1.
- Gartner, Gartner top 10 strategic technology trends for 2019. https://www.gartner.com/smarterwithgartner/gartner-top-10-strategic-technology-trends-for-2019/, 2018.10.15.
- Genies(n.d.), Celebrity avatars, http://avatars.genies.com/celebrity-avatars/
- https://ko.wikipedia.org/wiki/
- https://www.ajunews.com/view/20210512155443174
- https://www.sedaily.com/NewsVIew
- ITBear, 증강현실 AR 내비 등장!! U+내비게이션, https://www.youtube.com/watch?v=a7RuuizGnIQ, 2020.8.11.
- James Paul Gee, What video games have to teach us about leaning and literacy. St. Martin's Griffin, 2007.
- Jane McGonigal, Reality is broken : Why games make us better and how they can change

the world. Penguin Books, 2011.

- John Smart, Jamis Cascio, & Jerry Paffendorf, Metaverse Roadmap Overview, 2007.
- KB금융지주 경영연구소, 블록체인 시장의 다음 메가트렌드, NFT, 2021.03.02.
- Kevin Westcott, Jeff Loucks, Kevin Downs et al. (220.6.23). Digital media trends survey, 14th edition. https://www2.deloitte.com/us/en/insights/industry/technology/digital-media-trends-consumption-habits-survey/summary.html
- Lauren Kirchner, AOL settled with unpaid "volunteers" for $15 million. https://archives.cjr.org/the_news_frontier/aol_settled_with_unpaid_volunt.php, 2011.2.10.
- LG CNS, 사람이 눈 앞에 있는데 비대면? 가상융합(XR)이 온다!, https://blog.lgcns.com/2454, 2021.1.5.
- Neal Stephenson, Snow Crash, Bantam Books, 1992.
- North, Snow Crash, Bantam Books, 1992.
- SMTOWN, SM 신인 걸그룹 aespa, 11월 17일 데뷔 확정! 싱글 'Black Mamba' 전격 공개!. https://www.smtown.com/artist/newsDetail/4154, 2020.11.2.
- S-Oil 공식블로그, 현실보다 더한 현실, 디지털트윈, https://story.s-oil.com/, 2021.6.09.
- SPRi, '비대면 시대의 Game changer, XR', 2021 ICT 산업전망 Conference, 2020.
- T Times 1년 만에 유니콘 건너뛰고, 2조 원 회사 된 호핀, 2020.10.22.
- theguru, 애플, VR 장갑 특허 획득…'메타버스' 시대 준비, 2021.01.05.
- Unity(n.d.), What is AR, VR, MR, XR, 360?. https://unity3d.com/what-is-xr-glossary
- Unreal Engine, 언리얼 엔진 4 문서-디지털휴먼, https://docs.unrealengine.com/ko/Resources/Showcases/DigitalHumans/index.html
- VentureBeat, The Metaverse is coming. https://www.youtube.com/watch?v=rbhC6wokNGc, 2020.4.29.
- VT Staff, The blockchain-based virtual world that can help usher in the metavrse. https://venturebeat.com/2021/02/04/the-blockchain-based-virtual-world-thatcan-help-usher-in-the-metaverse/, 2021.2.4.
- www.care-os.com
- www.gatebox.ai/grande
- www.teamflowhq.com

학습 1	메타버스의 개요
학습 2	메타버스의 혁명
학습 3	메타버스의 융합기술
학습 4	메타버스와 인공지능 기술융합
학습 5	메타버스와 빅데이터 기술융합
학습 6	메타버스와 XR 기술융합
학습 7	메타버스와 디지털트윈 기술융합
학습 8	**메타버스와 블록체인 기술융합**
학습 9	메타버스와 5G 네트워크 기술융합
학습 10	메타버스와 IoT 기술융합
학습 11	메타버스의 플랫폼
학습 12	메타버스의 활용
학습 13	메타버스의 미래와 진화

학습 목표

1. 메타버스와 블록체인 기술 융합을 이해할 수 있다.

8-1 메타버스의 블록체인 기술

1. 블록체인의 개요

블록체인(Blockchain)이란 4차 산업혁명 시대를 이끌어갈 핵심 ICT(정보통신기술)기술 중 하나로 '블록'에 데이터를 담아 '체인'형태로 연결하고 네트워크 내 모든 참여자가 공동으로 정보 및 가치의 이동을 기록 · 검증 · 보관 · 실행함으로써 중계자 없이 신뢰를 확보하는 '분산형 데이터 저장기술(分散元帳, DLT : Distributed Ledger Technology)'이다.

블록체인 기술은 보안성과 정보의 공유 모두 만족시키면서 동시에 무결성, 탈중앙성 등 여러 참여자가 기록을 검증하고 위 · 변조를 방지해 보안성이 높은 기술이다. 즉 블록체인이란 다수의 온라인 거래기록을 묶어 하나의 데이터 블록(Block)을 구성하고, 해시(Hash) 값을 이용하여 이전 블록과 이후 블록을 마치 체인(Chain)

처럼 연결한 뒤, 이 정보의 전부 또는 일부를 P2P 방식으로 전세계 여러 컴퓨터에 복사하여 분산 · 저장 · 관리하는 기술이다.

블록체인은 P2P 분산 네트워크를 기반으로 하며, 네트워크 참여자들의 검증과 동의를 통해 거래정보 블록을 형성하고 분산 · 저장 · 암호기법을 활용해 블록체인이 형성되는 핵심과정은 두 단계로 구성한다.

첫번째 단계는 이중지불의 위험이 없는 거래정보나 기록을 모아 유효한 개별 블록을 형성하는 '채굴(Mining)'이라고 불리는 과정으로 네트워크 참여자들 가운데 일부가 채굴자로 활동하며 해시함수에서 블록생성 조건에 맞는 수(Nonce)를 찾기 위해 상당한 컴퓨팅 파워를 사용한다. 올바른 난스(Nonce) 값을 처음 찾아낸 노드(Node)가 블록을 네트워크에 전송하면 각 노드는 전송된 난스 값이 올바른지 유무와 거래가 정당한지를 확인한 뒤, 해당 블록은 승인되고 타임스탬프가 찍혀서 직전 블록의 뒤에 접속된다. 이 과정에 임의의 정보조작이나 변경이 될 경우 검증 작업에 의해 고아블록으로 분류되면 소멸되고, 조건에 부합하는 수를 제일 먼저 찾아낸 유효한 새 블록을 완성한 채굴자에게는 소정의 인센티브가 주어지는 구조이다.

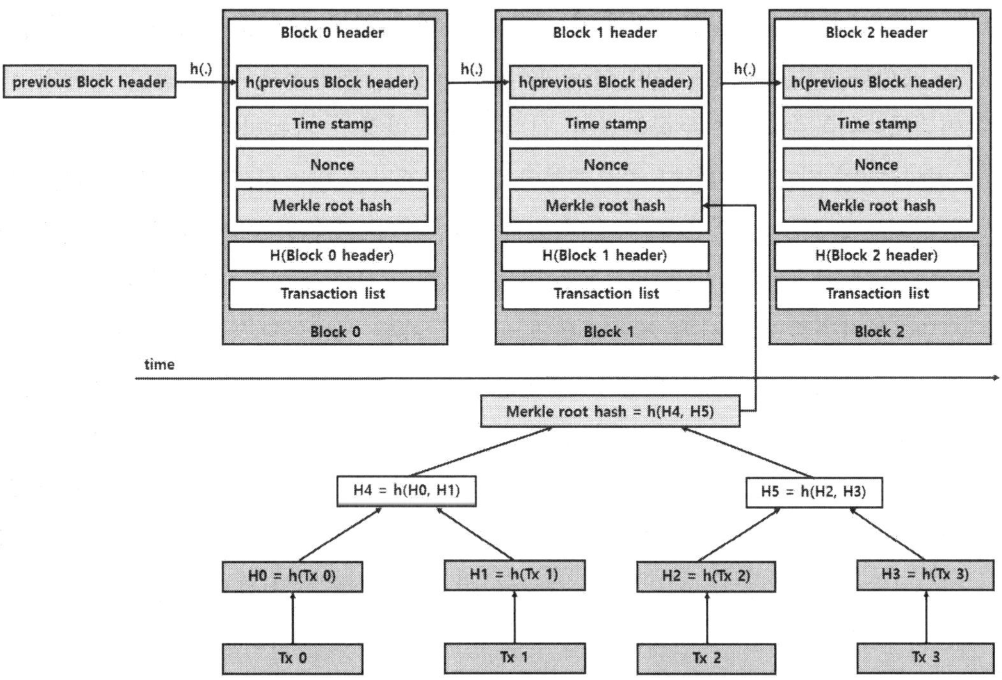

[그림 8-1] 거래 내역이 암호화되어 저장된 해시트리

학습 8

유효한 후보블록이 형성되면 두번째 단계로 넘어가게 되는데, 이 단계에서는 생성된 후보블록이 전체 네트워크 참여자들에게 전달된다. 각 네트워크 참여자들은 전송 받은 새로운 블록의 유효성과 블록에 포함된 거래의 유효성을 검증하며, 50% 이상 참여자들의 동의를 거쳐 유효성이 확인되면 비로소 후보블록은 이전 블록과 체인으로 연결되어 블록체인 원장으로 완성된다. 이렇게 각 채굴자들이 블록 만들기 경쟁을 하는 이유는 인센티브(한 개의 유효 블록당 12.5비트코인) 때문으로 전세계에서 수많은 채굴자들이 엄청난 컴퓨터 자원과 전력을 소모하며 채굴작업을 벌이고 있다. 이렇게 지나치게 소모적으로 보이는 채굴작업이 블록체인 형성 과정에 포함되어 있는 이유는 수많은 경쟁자들이 서로 경쟁하고 감시함으로써 거래의 유효성을 철저히 검증하게 하는 것이며, 누구도 신규블록을 독점적으로 만들지 못하게 함으로써 임의의 조작이나 개입을 첫 단계부터 차단하기 위한 것이다. 또한 어려운 채굴과정을 통해 신규블록의 형성속도를 평균 10분정도로 맞춰 거래의 수집과 배포, 거래의 유효성 확인 등이 무리없이 진행될 수 있도록 하는 데도 목적이 있다. 거래내역이 블록에 포함되면 특히 그 블록 위에 새로운 블록이 쌓이게 되고 그 거래 내역은 전혀 변경할 수 없게 되고(불가역성), 어디서나 그 거래를 확인할 수 있게 된다(공개성).

비트코인이라는 디지털 화폐의 경우 각각의 블록은 통화를 주고받은 거래내역을 포함하겠지만, 애플리케이션에 따라서 이미지, 계약정보 등 다양한 형태의 데이터를 다룰 수 있어 무궁무진한 서비스로의 확장이 가능하다.

블록체인 기술을 이용한 중요기능으로 일정조건을 만족시키면 거래가 자동으로 실행되도록 하는 프로그램인 '스마트 계약'이 있다. 소유권 이전 계약이나 상속 및 증여 등에 사용될 수 있는데, 계약이행을 위한 조건을 스마트 계약서에 명기해 놓으면, 조건충족과 동시에 계약내용의 이행이 자동 실현되므로 계약이행을 촉구하기 위한 추가적인 관리비용이나 계약 불이행의 위험 또한 원천적으로 배제된다.

블록체인 기술이 가져올 변화의 본질은 '거래승인 권한과 정보유통체계의 민주화(Democratization)'이다. 이는 강력한 제3의 공인기관이나 중개자의 개입 없이 투명하고 안전한 직접거래를 가능하게 한다. 안전한 시스템에 의한 자율적 권한 위임이 가능하므로 거의 실시간 승인이 가능해지고, 정보는 네트워크 참여자 모두에게 공개 · 보관 · 관리되므로 특정 거래정보를 조작하려면 모든 참여자의 컴퓨터를 해킹해서 블록체인 전체를 조작해야 하는 비현실적 작업이 필요하다. 이러한 특성으로 인해 블록체인 기반의 거래 시스템은 신속성, 안전성, 투명성, 비용

절감 등의 사용자 편의를 제고시키는 효과를 가져다 준다.

블록체인에 '스마트 계약' 기능을 접목시키면 사전에 합의된 조건이 충족될 경우 자동으로 후속절차를 오류 없이 실행하도록 설정할 수 있어 계약이행 단계마다 불필요한 개입을 최소화하고 시간과 비용을 절약할 수 있다.

기술 · 구조적 특징		특징 상대적 이점 (기존 시스템 대비)		응용주체		응용분야
탈중앙 (Dencentralization) 분산네트워크 (Distributed N/W)	⇒	보안성/신뢰성 (Secure/Reliability) 투명성 (Transparent)	⇔	암호화폐 (Cryptocurrency) 금융기관 (Finance)	⇒	화폐 결재 송금 자동차
탈중개성 (P2P-based) 타임 스탬핑 (Time-stamping)	⇒	신속성 (Instantaneous) 효율성 (Efficiency)	⇔	산업특화 (Industry) 공공조직 (Public)	⇒	의료 유통 부동산 미디어
합의 알고리즘 (Consensus Algorithm)	⇒	안정성 (Stability)	⇔	민간기업 (Firm)	⇒	IoT ⋮

기술 중심(Technology-centered) ◀────▶ 시장 중심(Market-centered)

자료 : ETRI 미래전략연구소 기술경제연구본부

[그림 8-2] 블록체인 특성 및 응용

2. 블록체인 기술의 특징

블록체인의 가장 큰 특징은 분산형 구조이기 때문에 공인된 제3자 없이 P2P(Peer to Peer) 거래를 통해 수수료를 절감할 수 있고, 신뢰성을 담보할 중앙 집중적 조직이나 공인된 제3자가 필요 없다는 점이다.

〈표 8-1〉 블록체인 기술의 특징

특 징	장 점	단 점
익명성	• 개인정보를 요구하지 않음 • 은행계좌, 신용카드 등 기존 지급수단에 비해 높은 익명성 제공	불법 거래대금 결제, 비자금 조성, 탈세를 가능하게 함
P2P	• 공인된 제3자 없이 P2P 거래 가능 • 불필요한 수수료 절감	문제발생 시 책임소재가 모호

특 징	장 점	단 점
확장성	• 공개된 소스에 의해 쉽게 구축 · 연결 · 확장 가능 • IT 구축비용 절감	결제처리 가능 거래건수가 실제 경제 내 거래규모 대비 미미
투명성	• 모든 거래기록에 공개적 접근 가능 • 거래 양성화 및 규제 비용 절감	• 거래 내역이 공개되어 있어 원칙적으로는 모든 거래가 추적 가능 • 완벽한 익명성 보장이 어려울 수 있으며 조합에 의한 재식별이 가능
보안성	• 장부를 공동으로 소유(무결성) • 보안관련 비용 절감	• 개인키의 해킹, 분실 등의 경우 일반적으로 해결방법 없음 • 기밀성 제공하지 않음
시스템 안정성	• 단일 실패점이 존재하지 않음 • 일부 참가 시스템에 오류 또는 성능저하 발생 시 전체 네트워크에 영향 미미	• 채굴이 대형 마이닝 풀에 집중 • 실시간, 대용량 처리의 어려움

참고 : 블록체인 기술 금융분야 도입방안을 위한 연구

3. 블록체인의 종류

블록체인은 참여자의 범위에 따라 퍼블릭 블록체인(Public Blockchain)과 프라이빗 블록체인(Private Blockchain)으로 나눌 수 있다. 퍼블릭 블록체인은 인터넷처럼 누구나 참여할 수 있는 개방형이지만, 프라이빗 블록체인은 인트라넷처럼 제한된 사람들만 참여할 수 있는 폐쇄형 블록체인이다. 이 두가지를 연결하거나 섞은 혼합형이 있는데, 하이브리드 블록체인(Hybrid Blockchain)이라고 부른다.

〈표 8-2〉 블록체인의 형태

	퍼블릭 블록체인	컨소시엄 블록체인	프라이빗 블록체인
관리주체	모든 거래 참여자(탈중앙화)	컨소시엄에 소속된 참여자	한 중앙기관이 모든 권한 보유
거버넌스	한번 정해진 법칙을 바꾸기 매우 어려움	컨소시엄 참여자들의 합의에 따라 상대적으로 용이하게 법칙을 바꿀 수 있음	중앙기관의 의사결정에 따라 용이하게 법칙을 바꿀 수 있음
거래 속도	네트워크 확장이 어렵고 거래 속도가 느림	네트워크 확장이 쉽고, 거래 속도가 빠름	네트워크 확장이 매우 쉽고 거래 속도가 빠름
데이터 접근	누구나 접근 가능	허가받은 사용자만 접근 가능	허가받은 사용자만 접근가능

	퍼블릭 블록체인	컨소시엄 블록체인	프라이빗 블록체인
식별성	익명성	식별 가능	식별 가능
거래 증명	PoW, PoS와 같은 알고리즘에 따라 거래 증명자가 결정되며, 거래 증명자가 누구인지 사전에 알 수 없음	거래 증명자가 인증을 거쳐 알려진 상태이며, 사전에 합의된 규칙에 따라 거래검증 및 블록생성이 이루어짐	중앙기관에 의하여 거래증명이 이루어짐
장점	안전성, 신뢰성, 익명성, 투명성 보장	• 높은 효율성과 확장성 • 높은 처리속도 • 민감정보를 처리하는 역할 부여 가능	• 높은 효율성과 확장성 • 높은 처리속도 • 기업별 특징에 따라 특화 가능
단점	• 확장성이 낮음 • 거래 속도가 느림	• 개입이 필요할 수 있음 • 투명성과 보안성이 낮음	보안성이 낮음
활용사례	비트코인, 이더리움	R3CEV, 하이퍼레서, 넥스레저, 모나체인, 에이치체인	나스닥의 비상상 수식거래소 플랫폼인 링크(Linq)

참고 : 소프트웨어정책 연구소, 블록체인 기술의 산업적 · 사회적 활용 전망 및 시사점, 2017.

4. 블록체인의 기술구성

블록체인의 기술은 P2P 네트워크 내의 모든 참여자가 공동으로 거래정보를 검증하고 기록 · 보관함으로써 공인된 제3자 없이도 거래기록의 무결성 및 신뢰성을 확보하는 기술로서 [그림 8-3]처럼 해시(Hash)기술, 전자서명(Digital Signature),

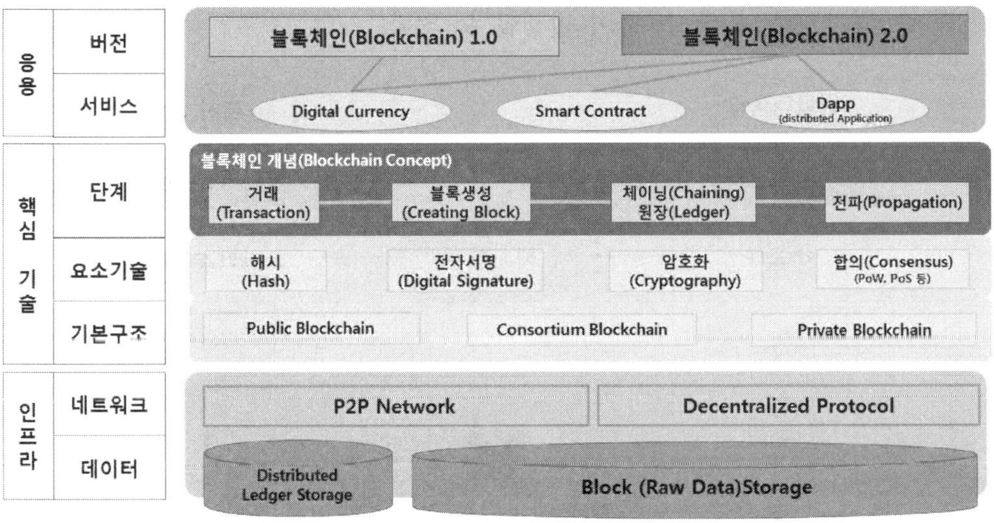

참조 : 홍승필, 블록체인 금융분야 도입연구

[그림 8-3] 블록체인의 기술 구성

학습 8

암호화(Cryptography) 합의(Consensus)알고리즘(PoW, PoS) 등의 보안기술을 활용한 분산형 네트워크 인프라를 기반으로 다양한 응용서비스를 구현할 수 있는 구조를 가지고 있다.

5. 블록체인의 핵심기술

1) 해시기술

블록체인의 개념을 이해하기 해서는 먼 작업증명(Proof of Work : PoW)이라는 개념을 이해해야 하는데 이를 이해하기 해서는 해시함수의 개념을 이해해야 한다. 해시함수는 몇 가지 성질을 가지고 있는 함수이다.

① 어떤 특정한 입력값에 한 해시함수의 결과 값은 항상 동일하다.
② 입력값으로부터 결과값을 계산하는 것은 간단하고 빠르다.
③ 결과 값으로부터 입력값을 계산하는 것은 사실상 불가능하다(Irreversible).

해시(Hash)기술은 임의의 다양한 길이의 입력메시지 데이터를 고정된 길이를 가진 데이터의 출력값으로 매핑(Mapping)한 값인 해시값으로 압축시키는 기술로 데이터의 무결성 검증 및 메시지 인증에 사용된다. 암호학이나 블록체인에서 해시는 매우 중요한 기술요소이다.

해시함수(Hash Function)는 결정론적으로 작동하기 때문에, 원래의 데이터가 같으면 해시값도 항상 동일하다. 하지만 서로 다른 데이터가 동일한 해시값을 가질 수 있기 때문에 해시충돌이 발생할 수 있다.

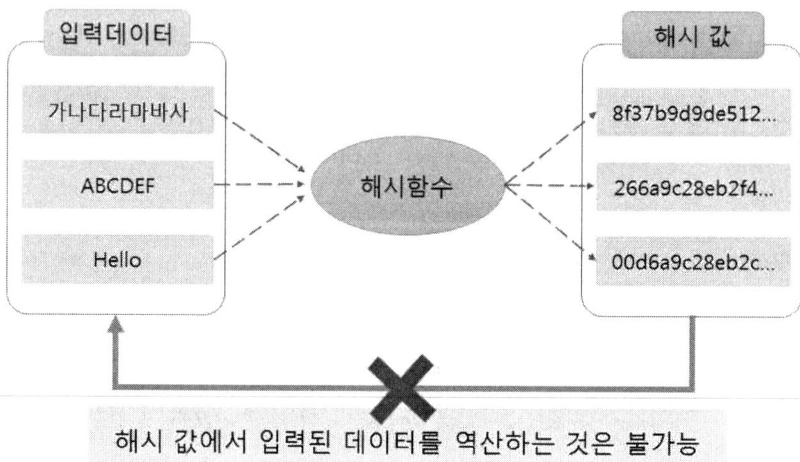

[그림 8-4] 해시함수의 출력이미지

해시테이블(Hash Table)은 키와 값을 매핑해 둔 데이터 구조이다. 해시함수를 이용하여 검색하고자 하는 값을 변환하면 그 값이 저장된 위치를 즉시 알아낼 수 있다. 데이터의 양이 아무리 많아지더라도 원리적으로 해시변환과 검색에 걸리는 시간은 항상 동일하다. 따라서 방대한 데이터에서 특정한 값을 검색할 때 해시테이블을 사용하면 검색시간을 획기적으로 단축할 수 있다. 해시맵(Hash Map)은 기존 해시테이블의 기능을 개선한 신 버전의 해시테이블이다.

해싱(Hashing)이란 해시함수를 사용하여 주어진 값을 변환한 뒤, 해시테이블에 저장하고 검색하는 기법을 말한다. 해싱에 사용되는 자료구조는 배열(Array)과 연결 리스트(Linked List)가 조합된 형태이다.

2) 전자서명

전자서명(Digital Signature)은 작성자로 기재된 자가 그 전자문서를 작성하였다는 사실과 작성내용이 송·수신 과정에서 위변조되지 않았다는 사실을 증명하는 기술이다.

전자서명은 우리가 일상생활에서 신원을 확인하거나 거래를 하려고 할 때 주민등록증이나 인감 날인 또는 서명 등이 필요하듯이, 인터넷 상에서도 이를 확실히 보장해 주는 수단이 바로 전자서명이다. 즉 전자서명은 인증서 형태로 발급되는 자신만의 디지털 인감이며 서명인 것이다. 결국 전자서명은 어떤 사람이 그 문서를 작성했다는 것을 증명하는 방법이므로 전자서명을 하기 위해서는 어떤 문서에 그 문서를 자신의 개인키로 암호화해서 첨부하는 것이다.

학습 8

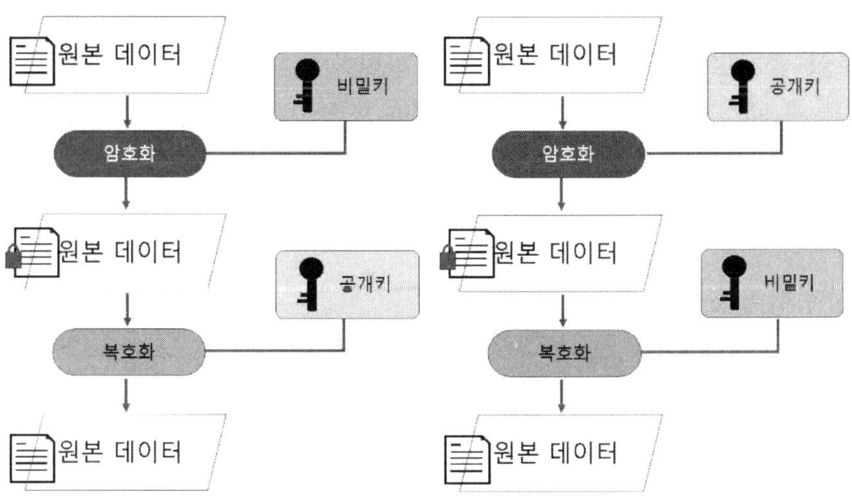

[그림 8-5] 전자서명 및 암호와 공개키 암호화 이미지

3) 암호화 기술

무결성 및 기밀성 확보를 위하여 정보를 쉽게 해독되지 않는 형태로 변환하는 기술로써 메시지의 내용이 불명확하도록 평문(Plain-text)을 재구성하여 암호화된 문장(Cipher-text)으로 변환하도록 만드는 과정이다.

〈표 8-3〉 암호화 기술과 암호 프로토콜 기술

구 분	분 류	알고리즘	사 례
암호화 기술	대칭키(비밀키) 알고리즘	블록 암호 알고리즘	DES, AES, SEED
		스트림 암호알고리즘	LFSR
	비대칭키(비밀키) 알고리즘	소인수 분해	RSA
		이산대수	DSA, ECC
		근접벡터	Lattice
암호 프로토콜 기술	기본 암호 프로토콜	개인 식별 및 인증, 전자서명, 키 분배	
	발전된 암호 프로토콜	전자화폐, 전자결제, 전자선거	

암호화는 평문을 암호화 알고리즘과 암호화 키를 이용하여 암호문을 만들고, 복호화를 수행해야 하는 경우는 암호문을 복호화 알고리즘과 복호화 키를 이용하여 평문으로 만드는 방식이다. 즉 정보의 보안을 위하여 평문을 제3자가 이해하기 곤란한 형식으로 변환하거나 암호문을 판독 가능한 형식으로 변환하는 원리나 수단, 방법 등을 다루는 기술 또는 학문분야이다. 또한 컴퓨터 보안에서 송신된 데이터가 제 3자에게 누설되거나 제 3자에 의해 조작되는 것을 방지하기 위한 데이터의 암호화 및 복호화의 원리나 수단 또는 방법이다.

암호화 체계는 복호화 키와 암호화 키의 일치 여부에 따라 크게 대칭키 암호화 기법, 비대칭형 공개키 암호화 기법으로 나뉘며 그 외에도 일방향 암호화 기법인 해시 암호화 기법이 있다.

4) 합의 알고리즘 기술

합의(Consensus)알고리즘은 P2P 네트워크와 같은 분산 네트워크에서 합의형성을 수행하기 위한 알고리즘으로써 하나의 DB인 블록체인을 유지하는 기술이다.

블록체인은 각 노드(Peer를 의미)에서 만든 블록의 정당성을 검토하고 네트워크 전체에서 공유하는 블록체인에 반영하기 위해 이 합의 알고리즘을 사용한다. 블록체인에서 사용되고 있는 대표적인 합의 알고리즘은 퍼블릭 블록체인에서 사용하는 PoW, PoS, PoI와 컨소시엄 블록체인에서 사용하는 동의에 의한 합의(Consensus-by-bet) 등이 있다.

합의 알고리즘의 역할은 하나의 블록체인을 생성 및 유지하는 역할이고 불변성(Immutability) 제공으로 내용 수정이 불가능하도록 하는 역할을 한다.

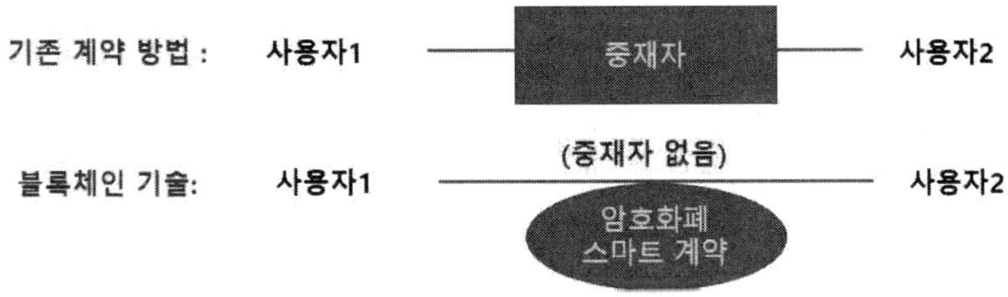

[그림 8-6] 합의 알고리즘의 역할

P2P 네트워크에서 다수의 피어가 존재하고 이 피어들이 하나의 블록체인(DB)을 유지하기 위해서 이 피어들, 더 구체적으로 채굴자들이 합의를 해야 한다. 따라서 블록체인 기술의 핵심은 합의 알고리즘이고, 암호화폐에서 제일 어려운 부분도 합의 알고리즘이다. 먼저 합의 알고리즘은 채굴자들이 하는 것이 중요하다. 즉 이것은 누가 블록을 채굴을 할 것(즉 채굴확률을 어떻게 결정할 것)인지와 어느 체인이 유효한지를 결정한다.

학습 8

〈표 8-4〉 대표적인 합의 알고리즘

합의 알고리즘	채택 시스템
POW(작업증명 : Proof of Work)	비트코인 코어(Bitcoin Core) 이더리움 등
POS(소유증명 : Proof of Stake)	이더리움 미진(Ethereum Mijin)
POI(공헌도증명 : Proof of Importance)	NEM
PoET(Proof of Elapsed Time)	CPU의 확장 명령어 세트를 이용
Paxos	Google Chubby
Raft	RAM Cloud
PBFT(Practical Byzantine Fabric Tolerance)	Hyperledger Fabric
Sieve	Hyperledger Fabric

5) 분산원장기술

(1) 개 요

분산원장(Distributed Ledger)은 복제, 공유 또는 동기화된 디지털 데이터에 대한 합의 기술이다. 공유원장 또는 분산원장기술(DLT : Distributed Ledger Technology)이라고 불리기도 한다.

분산원장기술은 거래정보를 기록한 원장을 특정 기관의 중앙서버가 아닌 사용자 개인간 직접 접속P2P(Peer-to-Peer) 네트워크에 분산하여 참가자가 공동으로 기록하고 관리하는 기술을 의미한다.

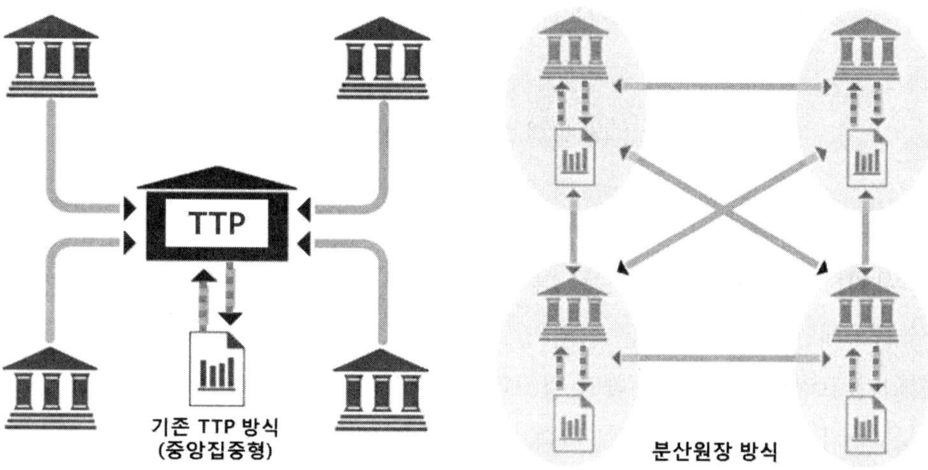

(a) 기존 중앙집중형 시스템 (b) 분산원장기술

[그림 8-7] 중앙집중형 시스템과 분산원장기술의 비교

광범위하게 널리 분포되어 있음을 의미하는 분산(Distributed)과 거래내역을 적은 장부를 의미하는 원장(Ledger)이 합쳐진 분산원장은 블록체인 기술의 핵심이다.

분산원장을 통해 데이터들은 지리적으로 여러 사이트나, 여러 국가 또는 여러 기관에 분산되어 있게 된다. 또한 탈중앙화되어 기능이 동작하게 된다. 사용자 개인간 직접접속(Peer-to-Peer) 네트워크가 필요하다면 당연히 노드간 복제 데이터에 대한 합의 알고리즘이 수행되어야 한다.

클라이언트나 서버의 개념없이 동등한 참가자(Peer Nodes)들이 클라이언트와 서버의 역할을 동시에 수행하며 데이터나 주변장치 등을 공유하는 방식으로 주로 음악, 영화 등의 파일을 공유하는 서비스 등에도 활용이 가능하다.

분산원장의 장점은 중앙집중형 방식에 비해 높은 효율성, 시스템 안정성, 보안성, 투명성이다. 기존 시스템의 경우 인증과 데이터 거래증명을 위해 여러 중간 매개체 또는 인증기관이 필요했다. 하지만 분산원장은 사용자가 거래내역을 직접 공유할 수 있는 시스템이라는 차별성을 가진다. 이러한 특성 때문에 중앙화된 시스템을 관리시 사용되는 비용이 줄어들고 거래정보가 분산되어 저장되기 때문에 해킹 및 위조의 위험성도 낮아진다.

〈표 8-5〉 분산원장기술 유형별 구분

	개방형(Public)	폐쇄형(Private)
기록열람 · 보관 거래참여 · 승인	누구나 제한없이 참여 가능	필요에 따라 임의로 제한 가능
합 의	작업증명, 지분증명 등	BFT(Byzantine Fault Tolerance)
암호화폐	필요	불필요
결제완결성	네트워크 분기 가능성	시스템상 완결성 보장
확장가능성	제한적	자유로움
사 례	비트코인, 이더리움 등	R3, 하이퍼레저 등
장 점	높은 안전성과 신뢰성 높은 투명성과 익명성	정보공유범위 설정 가능 높은 효율성과 확장성
단 점	금융거래 비밀유지 곤란 낮은 확장성과 효율성	보안성 취약
활용분야	해외송금, 클라우드 펀딩, 자산 및 정보 기록 · 보관	결제시스템, 신원 · 문서인증, 무역금융, 스마트계약 등

6. 스마트 계약

1) 스마트 계약의 개요

스마트 계약 또는 스마트 컨트랙트(Smart Contract)는 계약 당사자가 사전에 협의한 내용을 미리 프로그래밍하여 전자계약서 문서 안에 넣어두고, 이 계약 조건이 모두 충족되면 자동으로 계약내용이 실행되도록 하는 시스템이다. 기존의 블록체인 1.0 기술이 '과거에 일어났던 일'을 기록한다면, 스마트 계약기능을 구현한 블록체인 2.0 기술은 '미래에 일어날 일'을 미리 기록해 둘 수 있다.

스마트 계약은 중간에 제3의 보증기관을 끼우지 않고 개인간(P2P)에 원하는 계약을 체결할 수 있도록 해주는 디지털 전자계약 기능이다. 스마트 계약은 1994년

학습 8

닉 재보(Nick Szabo)가 처음 제안하였으나 실제로 구현하지는 못하였다.

2013년 당시 19세의 천재 프로그래머였던 비탈릭 부테린(Vitalik Buterin)은 스마트 계약 플랫폼인 이더리움(Ethereum)을 개발할 것을 제안하고, 2015년 7월 30일 이더리움 개발에 성공하여 실제 서비스를 시작했다.

솔리디티(Solidity)라는 프로그래밍 언어를 사용하여 계약 기간, 금액, 조건 등을 미리 코딩해 두면 부동산 거래, 중고 자동차 거래, 무역거래 등 어떠한 종류의 계약도 자동 실행되도록 만들 수 있다.

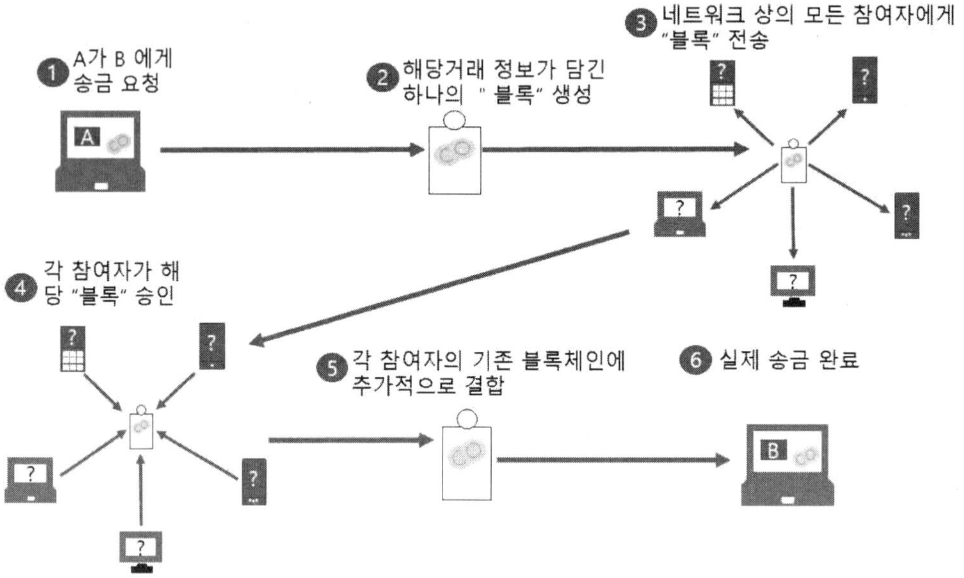

[그림 8-8] 블록체인 기술을 적용한 스마트 계약

기존의 비트코인이 블록체인 기술을 활용하여 가치의 저장과 전달이 가능한 암호화폐를 만들었다면, 이더리움은 한 단계 더 나아가 블록체인 기술을 활용하여 인간이 상상할 수 있는 모든 종류의 계약을 자동으로 실행할 수 있는 스마트 계약 플랫폼을 개발했다. 비탈릭 부테린이 이더리움을 통해 스마트 계약기능을 구현함으로써 블록체인 기술을 비트코인과 같은 암호화폐에만 사용하는 것이 아니라, 위변조 방지가 필요한 각종 계약서 작성 등에 활용할 수 있게 되었다. 이런 점에서 기존의 비트코인을 '블록체인 1.0'이라고 부르고, 스마트 계약기능을 구현한 이더리움을 '블록체인 2.0'이라고 부른다.

2) 스마트 계약 플랫폼

이더리움(Ethereum)은 비트코인 스크립트 시스템의 튜링 불완전성이라는 한계를 극복하고자 나온 스마트 컨트랙트 플랫폼(Smart Contract Platform)이다. 비탈릭 부테린(Vitalik Buterin)이 창시한 이더리움 블록체인의 경우, 블록에 데이터뿐만 아니라 비트코인 스크립트 시스템의 한계인 조건문(If), 반복구문(Loop) 등의 실행 코드를 포함시켜 로직의 실행을 자동화할 수 있다.

3) 스마트 계약 작동원리

블록체인 기반 스마트 컨트랙트는 기본적으로 모든 트랜잭션 로그가 저장된 블록체인 데이터베이스와 스마트 컨트랙트의 상태를 저장하는 데이터베이스 2가지가 존재한다. 여기서의 스마트 컨트랙트는 상태를 변경할 수 있는 애플리케이션이라고 할 수 있고, 스마트 컨트랙트의 상태는 해당 애플리케이션에서 사용하는 변수라고 할 수 있으며, 이를 변경하기 위한 입력값은 트랜잭션에 포함되어 있다.

스마트 컨트랙트는 두가지 인터페이스를 공개하고 있는데, 하나는 트랜잭션(Transaction)이고, 하나는 쿼리(Query)이다. 트랜잭션을 통한 인터페이스는 트랜잭션 데이터베이스에 저장되고, 스마트 컨트랙트의 상태를 변경시키는 접근방법이다.

쿼리는 트랜잭션 데이터베이스에 기록이 남지 않으면서 스마트 컨트랙트의 상태를 읽는 작업이다. 트랜잭션은 쓰기, 삭제, 수정을 실행하고, 쿼리는 읽기를 통한 조회만을 실행한다. 예를 들어 '상품거래'는 스마트 컨트랙트 시스템에서 다음과 같이 작동한다.

(1) 기록저장

판매자가 상품을 올리겠다는 내용을 코딩하여 트랜잭션을 만든 후 블록체인에 전송한다. 상품등록 트랜잭션 발생 시, 네트워크의 모든 노드는 상품등록 트랜잭션을 공유하고 블록을 생성한 후 블록을 브로드캐스팅한다. 블록을 전달받은 각 노드는 해당블록을 자신의 블록체인 맨 끝에 추가하고, 해당블록에 저장되어 있는 트랜잭션을 적용시켜 자신의 스마트 컨트랙트 데이터베이스를 동기화한다. 이러한 과정을 통해 모든 블록체인의 노드들이 스마트 컨트랙트 상태 데이터베이스를 공유하게 된다.

학습 8

(2) 상품조회

구매자는 블록체인 네트워크에서 상품를 조회한다. 스마트 컨트랙트에 쓰는 것는 것은 트랜잭션을 발생시키지만, 이미 저장되어 있던 값을 읽어 오는 것은 트랙잭션을 발생시키지 않는다. 블록체인의 어떤 데이터도 변경시킬 필요 없이 스마트 컨트랙트 데이터베이스 내 저장된 상태 값만 조회하면 되기 때문에 쿼리정보는 블록체인에 동기화할 필요 없고, 블록 동기화 타이밍에 상관없이 바로 응답할 수 있다.

(3) 계약이행

구매자가 상품구매 트랜잭션을 보내면 트랜잭션을 공유하고 블록체인 네트워크에 동기화한다. 모든 노드의 스마트 컨트랙트 데이터베이스에 상품구매자를 등록하고 돈을 판매자에게 전송한다. 그러면 등록된 콘텐츠의 소유권이 구매자에게로 이동한다.

이렇듯 스마트 컨트랙트는 모든 데이터를 서로 공유하기 때문에 특정한 사용자가 스마트 컨트랙트의 실행 결과를 조작하려 해도 조작할 수 없다. 블록체인이 모든 트랜잭션의 무결성을 보장해 주는 방식으로 스마트 컨트랙트의 무결성도 보장할 수 있다. 또한 조건이 충족된 경우 계약을 자동으로 이행함으로써 계약의 집행비용 및 분쟁 가능성을 줄일 수 있다. 다만 일상언어를 프로그래밍하는 과정에서 계약작성 단계의 비용이 발생할 수 있고, 이 과정에서 프로그래밍 오류문제가 발생할 가능성이 존재한다.

7. P2P 네트워크 기술

블록체인 기술은 P2P 네트워크에서 하나의 DB를 유지하는 기술이므로, P2P네트워크를 사용함으로 제3자의 인증없이 가능하다. P2P 네트워크 전체는 하나의 블록체인(DB)을 유지하는 기술이고 피어(노드)는 블록체인(DB) 복제(Sync)시스템이다.

〈표 8-6〉 Peer와 P2P 네트워크의 개념

항 목	내 용
Peer(피어 : 노드)	• 동등 또는 대등 관계 단위로써 동등한 지위로 동작하는 기능 단위 • 블록체인(DB) 복제(Sync)시스템
P2P(Peer-to-Peer)	• 마스터(Master)/슬러브(Slave) 또는 Primary/Secondary 개념이 없으며, 채널상의 모든 Station들이 동등한 권한을 갖는 관계를 말한다. • 하나의 DB를 유지하는 기술

P2P 네트워크는 각 컴퓨터(노드)가 서로의 역할을 동시에 담당한다. 즉 각 노드는 서비스를 사용하는 동시에 서비스를 제공하는 기능도 한다.

비트코인이 P2P 네트워크와 하나의 DB유지를 합친 것을 최초로 블록체인 기술에 제공하였다. 그러므로 P2P 네트워크의 구성은 권한이 같은 다수의 피어(노드)들 중에서 일부의 피어들이 연결된다.

[그림 8-9] 비트코인이 제공한 블록체인 기술

실제로 비트코인은 최대 8개의 피어, 이더리움의 패리티는 25개의 피어와 연결된다. 이와 같이 P2P네트워크에서 다수의 피어들이 하나의 블록체인(DB)을 유지하는 것이 블록체인 기술이다.

P2P 네트워크 기술의 특징은 서버를 준비할 필요가 없고, 각 노드들이 트래픽과 자원을 할당해 부하를 분산시켜준다. 즉 노드가 증가하더라도 서비스를 유지할 수 있는 높은 확장성을 갖고 있다.

새로운 기능을 추가하거나 업데이트를 할 경우 관리가 어려워지고 네트워크 전송 시간 때문에 노드 간 정보 불일치, 성능저하가 발생하기 쉽다.

8-2 메타버스와 블록체인 기술융합

1. NFT는 무엇인가

메타버스도 생소하고 이해하기 쉽지 않은데, 이제 더 낯설고 생소한 이야기를 해보려고 한다. 바로 대체불가 토큰으로 불리는 NFT(Non-Fungible Token)이다. 요즘 연일 매스컴에 소개될 정도로 굉장히 뜨거운 관심을 받고 있다. 뜬금없이 NFT 이야기를 하는 것은 메타버스가 성장할수록 가상세계에서 여러 아이템을 거래할 수 있어야 한다. 이 때는 현실세계가 아닌 가상세계에서의 룰이 필요하기 때문이다. 그리고 그 중 가능성이 높은 것이 바로 NFT이다. 테슬라의 일론 머스크가 자신의 트위터를 통해 2분 분량의 음성게시물을 NFT로 팔겠다고 하면서 많은 사람들의 관심을 받았고, 세계적인 경매회사인 크리스티와 소더비(Sotherby's)가 NFT 시장에 진출하겠다고 선언하며 NFT에 대한 궁금증은 커지고 있다.

NFT란 대체불가토큰(Non-Fungible Token)의 약자로 하나의 토큰을 다른 토큰으로 대체 불가능한 토큰을 의미한다.

[그림 8-10]처럼 쉽게 예를 들어 내가 가지고 있는 만원짜리 지폐와 내 친구가 갖고 있는 만원짜리 지폐는 같은 가치를 지니기 때문에 언제든지 교환 가능하다. 비트코인이나 이더리움 역시 마찬가지다. 내가 갖고 있는 비트코인 1개와 친구가 갖고 있는 비트코인 1개의 가격은 같다. 이들은 모두 대체 가능하다.

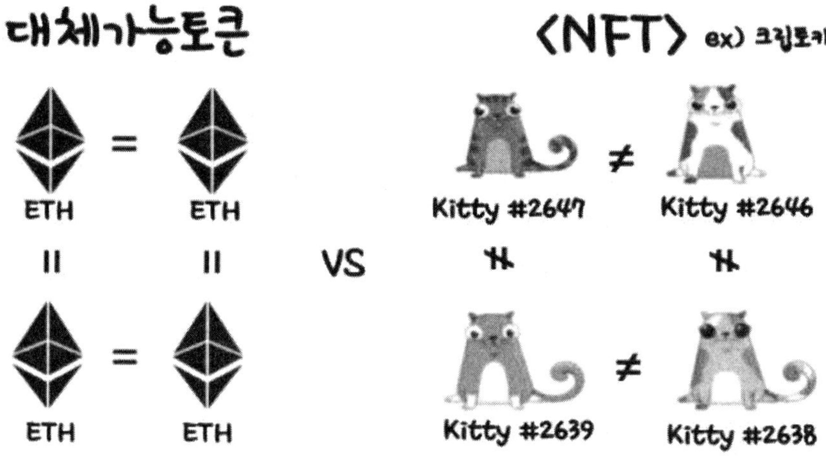

[그림 8-10] 대체가능토큰과 대체불가토큰의 비교

반면 NFT는 토큰 1개의 가치가 모두 다르다. 같은 고양이(크립토 키티)라도 그 가치가 모두 다르다. 앞에서 예를 들었던 게임 '리니지'의 집행검 가격도 모두 다르다. 토큰 1개당 가치와 가격이 모두 다르기 때문에 예술작품, 게임 아이템, 가상세계의 아바타 등에 활용될 수 있다.

NFT는 이더리움의 블록체인에서 ERC(Ethereum Request for Comment)-721 기반으로 발행 가능하다(참고로 이더리움과 이더리움 기반의 암호화폐는 ERC-20 기반이다). 블록체인 기반으로 발행되다 보니, 위변조는 불가능하다. 따라서 예술품을 비롯한 사치품에도 널릴 사용될 수 있다. 부분 소유권이 인정되는 것도 특징이다. 쉽게 말해 NFT란 토큰에 일종의 일련번호를 부여해 그림과 같은 작품의 무분별한 복제를 막을 수 있고, 블록체인 기술을 활용, 발행내역을 장부에 기록해 소유권의 변동을 손쉽게 확인할 수 있다. 그리고 디지털 작품으로 탈바꿈해 미술관에서만 보던 작품을 온라인상에서도 쉽게 볼 수 있다. 예술품뿐만 아니라 게임 아이템, 부동산, 스포츠까지 모든 자산을 블록체인에서 토큰화해 디지털자산을 생성할 수 있다. 중개자 없이 발행자와 투자자를 연결할 수 있다는 점도 장점이다. 그리고 앞서 설명했던 메타버스 게임에서도 적용이 가능하다. 메타버스 게임인 디센트럴랜드의 어느 유저는 자신의 게임 내 건물을 매각하기도 했다.

예술과 게임, 스포츠 분야를 중심으로 NFT 시장은 빠르게 성장하고 있다. 2018년 4천만달러에 불과했던 시장은 지난해 3.4억달러의 시장으로 성장했고, 올해는 작년의 시장규모를 가뿐히 넘어설 것으로 전망된다.

2. 블록체인과 NFC 결합된 새로운 가상현실 서비스 등장

1) 머스크의 아내 그라임스의 War Nymph

일론 머스크의 아내이자 가수인 그라임스(Grimes)는 NFT 기술을 이용해 War Nymph(전쟁의 정령)라는 제목의 디지털 그림을 온라인 경매에 팔았다. 자신의 노래가 배경음악으로 사용되기도 한 이 작품은 580만달러에 20분만에 판매됐다. NFT의 특성상 이 그림은 온라인에서 누구나 볼 수 있지만, 소유권은 경매를 통해 디지털 그림을 구입한 사람만이 갖는다. 우주에 대한 관심이 높은 머스크와 그라임스 사이에서 태어난 아이를 묘사한 것이라는 추측이 불거지면서 높은 관심 속에 20분만에 판매된 것이다.

학습 8

[그림 8-11] 머스크의 아내 그라임스(Grimes)의 War Nymph

2) 비플(Beeple)의 Everydays : The First 5000days

세계적인 경매업체인 크리스티가 진행한 경매에서 비플(Beeple)이라는 예명으로 활동하는 디지털 아티스트 마이크 윙켈만(Mike winkelmann)의 작품인 '매일: 첫 5000일(Everydays : The First 5000Days)'이 무려 6,930만달러에 낙찰됐다. 비플은 지난 2007년부터 5,000개 이상의 jpeg 이미지들을 모아 모자이크 형태의 작품을 발표했고, 이는 디지털 작품 역사상 최고가로 낙찰됐다.

[그림 8-12] 비플(Beeple)의 Everydays : The First 5000 days

비플(Beeple)의 경매낙찰은 디지털 미술사의 시작이 될 것이라고 평가하는 사람도 많다. 비플의 NFT 성공으로 그는 쿤스와 호크니에 이어 역사상 세번째로 비싼 낙찰가를 기록했다. 그는 인터뷰를 통해 그동안 예술가들이 디지털 예술작품을 인터넷에 배포했지만 진정으로 소유하고 수집할 수는 없었는데, NFT의 등장으로 이런 문제가 해결되기를 바란다는 소감을 밝혔다. 그의 바람대로 NFT가 성공적으로 자리 잡는다면, 이제 예술품 시장도 디지털 예술로 변모할 수 있는 중요한 전기를 마련한 셈이다.

3) 잭 도시의 트위터

트위터의 창업자인 잭 도시(Jack Patrick Dorsey)는 자신의 첫 트위터를 NFT를 통해 판매에 나섰다. 밸류어블(Valuables)이라는 플랫폼을 통해 지난 2006년에 트위터를 시작하며 처음으로 올렸던 트윗인 "Just setting up my twitter(이제 막 트위터 출범 준비를 마쳤다)"를 NFT 경매에 내놓은 것이다. 잭 도시의 트위터는 2019년 설립된 말레이시아에 기반을 둔 블록체인 스타트업인 브릿지 오라클(Bridge Oracle)의 CEO인 시나 에스타비(Sina Estavi)가 제시한 250만달러에 낙찰됐다. 이로써 잭 도시의 첫번째 트윗은 이제 시나 에스타비(Sina Estavi)의 소유가 된다. 잭 도시는 NFT 판매대금을 모두 비트코인으로 바꿔서 아프리카에 기부한다는 방침이다.

[그림 8-13] 잭 도시의 트위터

4) 크립토키티

NFT 열풍의 시작은 2017년 출시된 블록체인 기반의 디지털 고양이 육성게임인 크립토키티(CryptoKitties)다. 크립토키티는 가상의 고양이를 육성하는 게임인데 고양이 캐릭터를 수집할 수 있고, 이를 암호화폐를 통해 거래가 가능하다.

[그림 8-14] 고양이 육성게임인 크립토키티

크립토키티는 캐나다 스튜디오 Dapper Labs에서 개발한 이더리움 블록체인 게임으로 플레이어가 가상 고양이를 구매, 수집, 번식 및 판매할 수 있다.

[그림 8-14]처럼 고양이들은 제각각 다른 모습을 하고 있다. 과거에도 캐릭터를 수집하는 게임은 많았었고, 최근에 포켓몬고도 인기를 끌었지만, 크립토키티와 이전 게임의 차이점은 크립토키티는 교배(Breedable)를 이용해 새로운 고양이를 얻을 수 있으며 이를 사고파는 게 가능하다. 고양이들이 모두 제각각이기 때문에 수집을 좋아하는 유저들의 사랑을 받았다. [그림 8-15]처럼 Dragon이라는 캐릭터는 600이더리움(ETH)에 판매되기도 했다. 이는 현재 시세로 약 13억원에 달한다.

[그림 8-15] 600이더리움에 판매된 고양이 드래곤

크립토키티의 등장 배경엔 디지털 희소성에 관한 문제의 해결이 있었다. 디지털 희소성이란 현실세계의 재화와 희소성 개념이 디지털 세계에 적용된 것이다. 현실세계에서 사람의 욕구는 무한할지 모르나 한정된 자원으로 인해 무한한 욕구를 전부 채울 수는 없다. 때문에 각각의 자원마다 상대적인 가치가 측정되고 그 가치에 따른 거래가 이루어진다. 마찬가지로 디지털 세계 또한 디지털 자산들이 상대적 가치가 매겨지고 거래되지만, 현실세계와는 달리 자산의 복제가 매우 용이하다는 차이점이 있다. 바로 이 점에서 문제점이 발생하는 것이다.

즉 디지털 자산은 복제가 가능하기 때문에 희소성이 떨어지고, 소유권을 보호받는 데도 어려움이 발생한다는 문제점이 발생한다. 가령 현실에서 친구의 강아지가 너무 귀여워 탐나더라도 같은 강아지를 복제하여 데려오는 것은 불가능하다. 그러나 디지털 세계에서는 제 아무리 복잡한 어떤 것일지라도 손가락을 몇 번 움직여 복사와 붙여넣기 기능을 통해 개인이 소유할 수 있다. 블록체인 기술을 기반으로

한 크립토키티는 이더리움 토큰 발행 표준 ERC-721을 이용하여 디지털 세계에서 이용자들에게 '저마다 각각 고유한 성질을 가지며 복제를 불가능하게 하여 소유권을 보장해주는 나만의 고양이와 만날 수 있다.'라는 가치를 제공하게 된 것이다.

크립토키티에서 새로운 고양이를 얻는 방법은 두가지가 있다.

첫번째로 장터에 들어가 이더리움으로 금액을 지불한 후 판매 중인 고양이를 구입하는 방법이다.

두번째는 기존의 고양이들을 교배시켜 새로운 고양이를 획득하는 것이다. 이 때 모든 고양이를 장터에서 구입하면 매우 많은 비용을 지불해야 함으로 이 게임의 핵심은 교배라고 할 수 있다. 교배를 통해 태어난 새끼 고양이는 교배한 부모 고양이의 세대 중 높은 세대 +1이라는 세대값과 해당 개체만이 가지고 있는 고유한 유전형질을 얻게 된다. 이러한 유전적 형질은 각각의 개체를 구분해주는 도구가 되며, 시장에서 얼마만큼의 가치를 지니는지를 측정하는 척도이기 때문에 크립토키티 게임의 핵심이라고 할 수 있다.

하지만 유전자가 크립토키티 게임의 전부라고 할 수 없는데, 형질은 겉으로 발현시켜 눈으로 확인할 수 있어야 비로소 가치가 올라가는데 어떠한 형질이 발현될지는 유저나 운영자가 정하는 것이 아닌 부모 고양이와 조상 고양이 개체들이 가지고 있는 특별한 유전자가 섞여 랜덤하게 정해지는 것이기 때문이다. 따라서 플레이어는 교배할 개체들은 먼저 선택한 뒤, 교배가 가능한 시간이 될 때마다 교배를 하는 것 외에는 특별히 손을 쓸 수 있는 방도가 없다. 또한 설사 겉으로 형질이 드러나지 않더라도 잠재적으로는 특별한 유전자를 가지고 있을 가능성도 있다. 평범한 고양이 사이에서 희귀하고 비싼 품종이 태어나는 경우도 간혹 발생해 다른 수집형 게임들과 마찬가지로 운이 따라준다면 평범한 고양이로 대박을 노릴 수 있다. 이렇게 얻은 고양이를 계속하여 가지고 있어 자신만의 고양이 컬랙션을 만들 수 있으며 시장에 팔아 이더리움으로 바꿀 수도 있다.

5) NBA 탑샷

NBA 탑샷은 NBA(National Basketball Association : 전미농구협회) 실제 경기의 명장면과 선수카드를 암호화폐로 사고 팔 수 있는 블록체인 게임이다. 디지털카드를 판매하는 NFT도 현재 높은 인기를 누리고 있다. NBA 탑샷이 그 주인공이다. NBA 탑샷은 크립토키티를 제작했던 데퍼랩스가 플로우(FLOW)를 활용해 개발된 디지털 콜렉터블 게임 플랫폼이다. NBA 리그 역사상 중요한 순간이나 팬들에게 인기가 높았었던 명장면을 구매하고 소유하며 교환할 수 있다. 게임 내에서 자신만의 팀을 구축할 수 있으며, 다른 유저와 시합을 할 수도 있다. NBA 탑샷에서 이루어지는 모든 활동은 블록체인 네트워크에 기록된다.

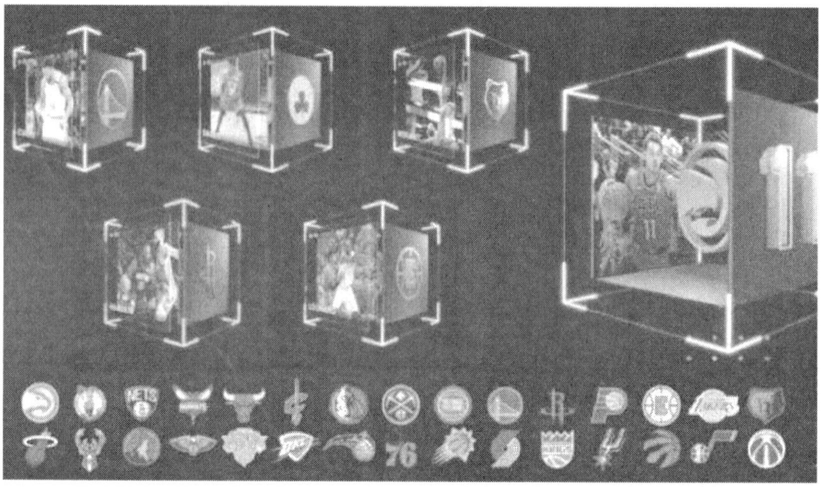

[그림 8-16] NBA의 명장면과 선수카드를 수집할 수 있는 NBA Top Shot

6) 엑시인피니티

한 때 NFT에서의 최고가 거래기록은 엑시인피니티(AXIE Infinity)에서 발생한 부동산 거래였다. Flying Falcon이라는 아이디를 사용하는 익명의 유저가 '에픽 나인' 구역의 디지털 부동산인 랜드(Land)를 888.25 이더리움(ETH)에 매입했다.

현재 시세로 19억원 수준이다. Flying Falcon이라는 유저는 디지털 국가가 출현하고 있다며, 자신이 구입한 랜드의 입지가 좋다고 매입 배경을 밝혔다. 엑시인피니티 내 가상의 부동산인 랜드(Land)는 곧 출시될 신규게임인 엑시랜드(AXIE Land)에도 쓰일 가능성이 높은 것으로 알려지고 있다.

엑시인피니티(AXIE Infinity)는 2018년 초에 설립된 기술중심의 게임 스튜디오인 Sky Mavis에서 개발하였다. 포켓몬에서 영감을 받은 디지털 세계이다. 게임을 플레이함으로써 누구나 토큰을 얻을 수 있고 경제에 참여할 수 있다. 플레이어들은 엑시를 모으고 기르며, 베틀에도 참가할 수 있다. 뿐만 아니라 디지털 펫인 엑시를 위해 랜드기반의 왕국을 만들 수 있다.

[그림 8-17] 엑시인피니티(AXIE Infinity)

7) 디센트럴랜드

디센트럴랜드(Decentraland)는 가상현실 게임 플랫폼이다. 플랫폼 내에서 유저들은 토지를 비롯한 부동산을 소유할 수 있다. 게임안에서 구획된 땅은 랜드(Land)라고 부르는데, 도로와 광장을 제외한 모든 랜드는 사고팔 수 있다. 랜드의 소유권은 ERC-721을 따라 NFT로 저장된다. 랜드를 사고팔 때 쓰이는 화폐는 마나(MANA)라 불리는 화폐로 디센트럴랜드에서만 쓸 수 있는 고유 암호화폐다. 랜드를 사고팔 수 있는 장터도 있으며, 실제 세상의 가격에 준하는 수준에 가상의 부동산을 거래할 수 있다고 믿는 이들이 부동산 중개업자 역할을 자처하고 있다.

[그림 8-18] 가상현실 게임 플랫폼인 디센트럴랜드

이 가상의 부동산이 희소성이 높아 상당한 돈을 들여 투자할 만한 가치가 있다고 믿는 사람도 많다.

디센트럴랜드 출시 이후 랜드는 현재 5만번 이상 거래됐고, 총 거래 액수도 3천만달러가 넘는 것으로 알려지고 있다.

웹 VR 방식의 3차원 가상세계인 디센트럴랜드는 도시국가인 싱가포르의 6배 정도 크기로 설계되었다.

부동산과 블록체인을 기반으로 하는 가상현실 서비스인 만큼, 디센트럴랜드의 부동산 거래는 현실세계와 유사하다. 도심지의 부동산 값은 비싸고, 외곽으로 나가면 저렴하다는 것이 디센트럴랜드 관계자의 설명이다. 실제로 1평방킬로미터(km^2) 정도의 땅이 우리 돈으로 6500만원 정도에 거래된 사례도 있다.

이와 관련하여 디센트럴랜드의 관계자는 "가상의 공간에 있는 부동산은 암호화폐인 '마나'를 통해서 거래가 된다"라고 소개하며 "토지소유권도 블록체인에 의해 기록되므로 위 · 변조를 걱정할 필요가 없기 때문에 권리가 확실히 보장된다"라고 말했다.

디센트럴랜드 관계자들은 부동산 거래 외에도 가상의 공간에서 이뤄지는 모든 콘텐츠를 제작하는 행위들이 비즈니스로 이어질 수 있다는 생각을 갖고 있다. 예를 들어 고대유적을 전시해 놓은 박물관이나 어린이들이 즐겨찾는 놀이시설 같은 콘텐츠를 가상의 공간에 구현하고 입장료를 암호화폐로 받을 수 있다는 것이다.

기존에 선보였던 '세컨드라이프'의 다음 버전이 아니냐는 질문에 디센트럴랜드 관계자는 "유사한 면이 있는 것은 분명하지만, 그만큼 차이점도 크다"라고 강조하며 "가장 큰 차이점은 디센트럴랜드는 블록체인 시스템을 채택하고 있기 때문에

[그림 8-19] 디센트랜드(Decentraland)의 가상세계 풍경

중앙 서버와 관리자가 없다는 점이고, 거래와 계약도 이더리움의 기반의 암호화폐로 이루어진다는 점"이라고 설명했다.

8) 크립토복셀

크립토복셀(Cryptovoxels)는 이더리움(Ethereum) 기반의 분산형 오픈소스 가상 세계로서, 사용자가 세계를 구축하는 데 참여한다. Cryptovoxels는 레고블록을 쌓아 올린 복셀아트 형식의 세계이다. 처음 Cryptovoxels의 세계를 보면 거부감이 들 수 있지만, Cryptovoxels는 아트에 주력함으로써 독자적인 노선을 개척하여, 그 신기한 매력에 이끌리는 사람도 있다.

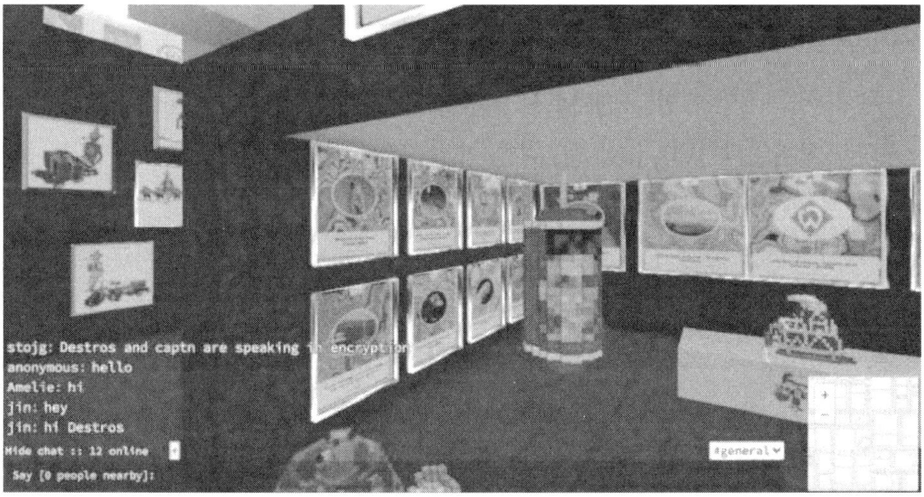

[그림 8-20] Cryptovoxels의 풍경

Cryptovoxels는 사실상 Nolan Consulting Limited의 Ben Nolan이 중심이 되어 진행하고 있다.

Cryptovoxels에는 Decentraland와 같은 분산형 가버넌스 구조는 없지만, 지금까지는 Nolan을 중심으로 유연하게 운영되고 있다. 이 점은 토큰전략에서도 볼 수 있다. Decentraland에는 독자적인 토큰 MANA가 있지만, Cryptovoxels에서는 Ethereum을 사용한다. 예전에는 Cryptovoxels에도 독자적인 토큰 $COLR가 있었지만, 대부분 사용되지 않았기에 폐지되었다.

Cryptovoxels는 개발 인력이 적기 때문인지 토큰으로 Ethereum을 이용했고, 토지를 비롯한 자산의 매매는 OpenSea라는 크립토 콜렉터블을 위한 시장과 연계하여 적시에 외부 서비스를 이용하고 있다.

Decentraland와 Cryptovoxels 둘 다 프로그래밍 지식이 없어도 시각적으로 세계를 만드는 도구를 제공하고 있기 때문에, 사용자는 세계를 탐색하는 것이 아니라 토지를 구매하여 세계를 구축하는 데 관여한다. Cryptovoxels에서는 외부의 도구를 사용하여 만든 복셀파일을 읽어 들일 수 있다. 또한 Cryptovoxels의 사용자는 이미지 작품 및 동영상 작품뿐 아니라 복셀파일을 연결한 NFT(Non-Fungible Token, 대체 불가능한 토큰)를 발행하여, 가상세계에서 전시하거나 이용할 수 있다. NFT는 CryptoKitties 등에서 ERC721 표준이 이용되기 시작한 2017년 말부터 3년간 크게 발전하여, 현재는 Rarible 등을 사용하여 프로그래밍 지식이 없어도 가볍게 ERC721 표준에 근거한 NFT를 발행할 수 있다.

9) The Sandbox

주요 블록체인 기반의 멤버로서 이름을 떨친 것은 Decentraland와 Cryptovoxels지만, 모바일과 Windows를 위한 게임 The Sandbox도 2018년부터 블록체인 기반의 메타버스에 참여해 왔다.

The Sandbox는 Decentraland나 Cryptovoxels와 마찬가지로 Ethereum 블록체인을 사용하며, 사용자는 프리세일로 내놓은 땅을 사서 캐릭터나 아이템을 만들고 거래할 수 있다.

The Sandbox는 2019년 10월 시점에 4천만 다운로드, 월간 사용자 100만 명 이상을 달성했다. 블록체인 기반의 메타버스에 한정된 수치는 아니라 생각되며 단순하게 비교할 수는 없지만, 사용자 수는 일반적인 블록체인 기반 서비스를 크게

[그림 8-21] The Sandbox의 풍경

웃돈다. 2020년에 The Sandbox에 투자한 기업 중에는 일본의 게임 업계에서 유명한 Square Enix도 있다.

또한 흥미로운 것으로서, 스티브 잡스가 젊은 시절에 일했던 것으로 유명한 비디오 게임 회사 아타리는 The Sandbox상에서 유명한 게임의 복셀버전을 만들겠다고 발표했다.

The Sandbox는 메타버스에 관한 지식을 이미 갖고 있으며, 앞으로 대기업과 함께 블록체인 기반의 거대한 메타버스로 성장하게 될 가능성이 있다.

The Sandbox의 움직임을 보면, 앞으로 중앙집권형 가상세계가 블록체인으로 옮겨갈 가능성이 있다. 가상세계에서 놀 수 있는 인기 게임 중에는 닌텐도의 '동물의 숲'이나 마이크로소프트의 자회사 Mojang Studios의 '마인크래프트'가 있다. 사용자가 게임을 구축할 수 있는, 이른바 가상세계라 할 수 있는 플랫폼 Roblox는 Andreessen Horowitz로부터 거액의 투자를 받아, 이용자 수가 마인크래프트를 넘어섰다는 점에도 주목할 만하다.

3. NFT의 가능성과 한계

NFT 시장에 대한 관심은 계속해서 높아지고 있다. DappRadar의 랭킹에 따르면, NBA 탑샷은 주간 기준으로 23.6만명이 이용하면서 전체 블록체인 프로젝트 중에서 가장 많은 유저가 사용 중이다. NFT와 관련된 암호화폐 가격의 상승세도 심상치 않다. 2017년의 ICO, 지난해의 DeFi 붐을 올해는 NFT가 이어받고 있는 모습이다

ICO(Initial Coin Offering)는 새로운 암호화폐를 만들기 위해 불특정 다수의 투자자들로부터 초기 개발 자금을 모집하고 그 대가로 코인을 나눠주는 행위이다.

DeFi (디파이)는 이더리움과 같은 퍼블릭 블록체인 위에 구축된 분산 금융시스템을 뜻한다. 블록체인 네트워크를 기반으로 운영되는 분산화된 금융서비스, 기술, 애플리케이션 등이 포함된다.

왜 굳이 NFT를 해야만 하는가에 대한 비관적인 시선이 많은 것도 사실이다.

NFT가 직관적으로 이해하기는 어렵다. 그런 비판에도 불구하고, NFT는 분명 장점이 존재한다. 이더리움의 스마트 컨트랙트(Smart Contract)를 이용해 개인 간 거래도 가능하고 부분 소유권도 주장할 수 있다. 스마트 컨트랙트(smart contract, 스마트 계약)는 블록체인 기반으로 금융거래, 부동산 계약, 공증 등 다양한 형태의 계약을 체결하고 이행하는 것을 말한다. 블록체인 2.0이라고도 한다.

학습 8

블록체인 장부에 기록하기 때문에 위조와 변조가 불가능하고, 소유권 분실에 대한 우려도 없다. 예술가들 입장에서도 자신의 작품을 손쉽게 판매할 수 있는 방법인 셈이다. 그리고 그동안 오프라인에서만 볼 수 있었던 예술작품, 실물로 수집해야 했던 수집품을 디지털화된 형태로 소유할 수 있어 투자자들의 소유욕도 자극한다. 게임 아이템과 같은 그동안 글로벌 거래가 쉽지 않았던 자산에 대한 거래가 가능하다는 점도 장점이다.

현재는 게임이 많은 주목을 받고 있지만, 예술작품 시장에서의 큰 변화가 예상된다. 국내에서 최초로 시도했던 NFT 미술품 경매에서 [그림 8-22]처럼 마리킴의 작품이 288 이더리움(ETH), 약 6억원 수준에 거래된 바 있다. 마리킴의 작품 'Missing and found'는 NFT를 통해 경매 낙찰에 성공했는데, 이는 마리킴이 오프라인에서 작품을 판매했을 때 보다 높은 금액이다.

이제는 예술작품이 직접 미술관이나 화랑에서 구매하는 1차 시장에서 디지털 아트를 통해 2차 시장에서 거래되는 새로운 전기가 마련된 것이다. 더구나 블록체인 기술을 활용해 진위여부를 판단할 수 있다는 점에서 그동안 작품의 진위여부가 큰 관심사였던 예술계에서도 반길만한 소식이다. NFT 를 작품에 적용하면 작품의 소유권과 거래 이력이 명시되기 때문이다. NFT 는 일종의 인증서 역할을 하는 셈이다.

[그림 8-22] 288 이더리움에 판매된 마리킴의 Missing and found

예술시장의 확대도 기대해 볼 수 있다. 그동안 유명 아티스트를 제외하면 훌륭한 작품임에도 불구하고 유통시장에서 유통되기 어려웠었다. 하지만 NFT가 확대되면 이런 문제를 어느 정도 해결할 수 있다. 그리고 데이비드 호크니(David Hockney) 같은 유명 화가들이 이제는 캔버스가 아닌 디지털 기술을 이용해 작품을 그린다면, 새로운 NFT 예술품이 탄생할 수도 있다. 여러모로 예술품 시장의 저변을 확대하기에 NFT는 좋은 대안이 될 수 있다.

아직 해결해야 할 문제가 많지만 NFT가 성공적으로 자리 잡는다면, 명화나 문화재가 디지털 형태로 발급되는 것도 상상해 볼 수 있다.

예를 들어 [그림 8-23]처럼 프랑스 루브르 박물관에 소장중인 '모나리자'를 NFT로 구현하는 민트(Mint, 예술작품을 블록체인에 옮겨 구현하는 것을 영어로 '주조하다'라는 뜻의 Mint로 표현) 할 경우, 누군가는 디지털 모나리자를 소유할 수도 있다. 박물관에 소장중인 여러 고서(古書)도 마찬가지다. 물론 판권을 비롯해 해결해야 할 법적인 이슈가 많지만, NFT 시장이 성장하고 지금보다 더 활성화된다면 충분히 생각해 볼 수 있다.

NFT는 예술시장에 지각변동을 불러올 수 있는 것임에는 틀림없어 보인다. 기존의 예술작품과 결합해 판매와 유통이 쉬워져 경매시장에서도 활발한 거래가 예상된다. 앞서 언급했던 비플(Beeple)의 작품인 '매일 : 첫 5000일(Everydays : The First 5000 Days)', 일론 머스크의 아내이자 가수인 그라임스(Grimes)가 NFT 기술을 이용했던 War Nymph(전쟁의 정령)라는 작품은 우리가 알고 있는 유명화가

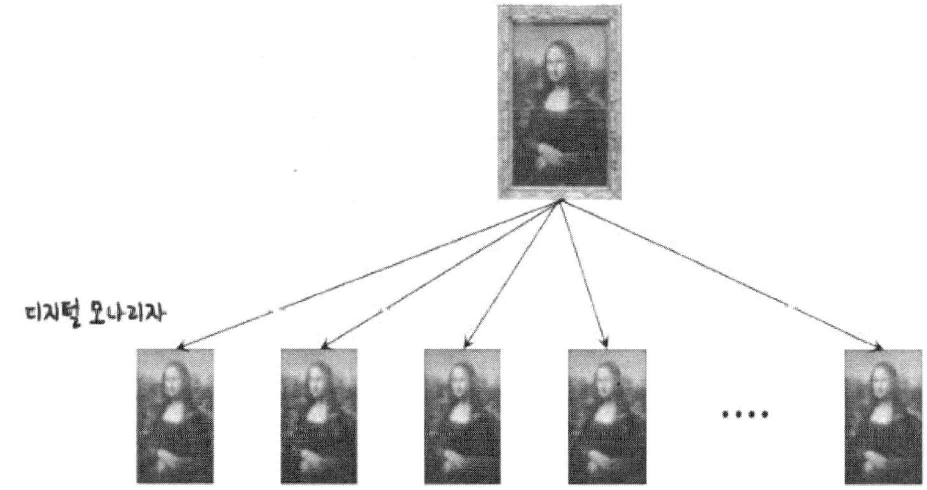

[그림 8-23] 모나리자 명화가 디지털 NFT 민트로 구현

들의 작품보다 높은 가격에 낙찰된 것이 이를 잘 보여준다.

게임산업에서의 변화도 기대된다. 게임 속 사이버 머니를 실물로 교환할 수 있는 방법이 생기는 것이다. 그리고 게임 속 아이템도 NFT를 통해 거래와 교환이 가능해질 수 있다.

예를 들어 기존에는 게이머가 아무리 게임 내 캐릭터를 육성하고, 아이템을 구매한다고 해도 만약 해당 게임의 서비스가 종료되면 캐릭터와 아이템은 소멸됐었다. 하지만 NFT를 통하면 블록체인 네트워크에 캐릭터와 아이템이 존재한다. 게이머 입장에서는 아이템의 소유권 보장이 가능하고 이를 매매할 수도 있다. 게임 내 캐릭터나 아이템을 거래할 수 있는 플랫폼을 통하면 국적이나 사는 곳에 관계없이 온라인을 통해 거래가 가능하다.

NFT 시장이 커질수록 대출시장이 커질 가능성도 높다. 예술작품, 게임 내의 아이템(부동산) 등으로 NFT를 발행할 경우에는 이를 담보로 한 대출이 가능하기 때문이다.

실제로 [그림 8-24]처럼 NFTfi라는 NFT 담보대출 플랫폼이 운영중이다.

NFTfi는 간편한 NFT(Non-Fungible Tokens, 대체불가토큰) 담보대출 플랫폼이다. 유저들은 자신이 소유한 NFT를 담보물로 올려 다른 유저들에게 wETH (Wrapped ETH, 웨드)나 DAI(다이) 스테이블코인을 정해진 기간 동안 빌릴 수 있다. 정해진 시간 내에 코인의 상환이 이루어지지 않으면 담보로 잡힌 NFT는 코인을 빌려준 유저에게 자동으로 귀속된다.

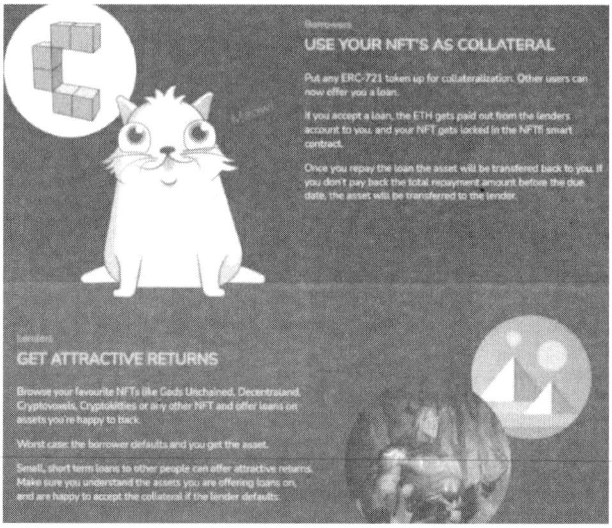

[그림 8-24] NFT를 이용한 담보대출 플랫폼

내가 소유한 NFT를 담보로 다른 이용자들에게 암호화폐(스테이블코인)을 정해진 기간 동안 빌릴 수 있는 서비스다. 일종의 P2P 형식의 담보대출이다. 이용자들은 자신이 저당 잡힐 암호화폐에서부터 빌리고 싶은 금액과 이자율, 기간 등을 제안할 수 있다. 대출자들은 그중에서 가장 매력적인 조건을 선택해 담보대출을 할 수 있다. 현재 NFTfi 에서 가장 인기 있는 담보물은 크립토키티(CryptoKitties)의 고양이로 알려지고 있다.

스테이블코인(Stablecoin)은 달러화 등 기존 화폐에 고정가치로 발행되는 암호화폐를 말한다. 스테이블코인 중 가장 유명한 것은 테더이다. 시가총액 기준 10위 안에 들어간다. 수많은 암호화폐 거래소에 상장되어 있어서, 스테이블코인 중 지배적인 위치에 있다. 1달러=1테더로 고정 가치인데, 가격이 폭락하면서 신뢰성이 크게 흔들린 적이 있지만, 다른 스테이블코인은 전세계의 수많은 거래소에 상장된 경우가 없다. 이처럼 NFT는 단순히 게임 아이템과 예술작품을 넘어 관련 시장을 성장할 수 있다. 새로운 개념이지만, 분명히 매력이 있고 가능성 있는 시장이다.

하지만 단점도 분명히 존재한다. 지적재산권(IP)은 꼭 풀어야 할 숙제다. 최근 슈퍼맨, 배트맨 등 인기 캐릭터의 지적재산권을 보유한 DC 코믹스가 NFT 시장 진출을 모색하면서, 작가진에게 DC 코믹스의 지적재산권을 임의로 사용하지 말라고 경고한 것에서도 알 수 있다. 그리고 누구나 타인의 디지털 자산에 대해 임의로 NFT 를 생성해 판매할 수도 있다.

DC 코믹스(DC Comics)는 미합중국의 만화 중심 관련 출판사이며, 워너 브라더스의 자회사인 DC 엔터테인먼트의 출판 부문으로, 현재는 워너미디어가 소유하고 있다. 1934년 내셔널 얼라이드 퍼블리케이션스(National Allied Publications)로 설립되었으며 상호의 DC는 인기 시리즈인 '디텍티브 코믹스'(Detective Comics)에서 유래하였다. 슈퍼맨, 배트맨, 원더우먼, 그린 랜턴 등의 유명 캐릭터를 보유하고 있으며, 슈퍼맨의 숙적 렉스 루터나 배트맨의 숙적 조커 등의 빌런 캐릭터도 다수 보유하고 있다. DC 유니버스라고 불리는 세계관은 저스티스 리그, 수어사이드 스쿼드, 저스티스 소사이어티 오브 아메리카, 틴 타이탄스 등의 슈퍼히어로 팀을 포함하고 있다. 한편 대안 출판 브랜드인 버티고에서 DC 유니버스와 관련되지 않은 '왓치맨', '브이 포 벤데타' 등의 타이틀을 출판하고 있다.

관리의 어려움도 있다. NFT 작품은 디지털 지갑에 보관된다. 이 지갑 역시 블록체인 기술이 적용되기 때문에 고객센터가 없다. 만약에 비밀번호를 잃어버릴 경우, 예술작품을 분실할 수 있다. 국내의 카카오톡의 디지털 자산 지갑인 클립(Klip)을 이용하면 이런 관리의 문제를 해결할 수 있다는 점에서 최근 클립을 운영하는 그라운드 X에 대한 관심이 높아지기도 했다. 그리고 이더리움의 가스비(일종의 수수료)가 비싼점도 단점이다.

클립(Klip)은 한국의 카카오의 암호화폐 지갑으로 카카오의 블록체인 자회사 그라운드 엑스(GroundX)가 개발했다. 카카오 클레이튼의 암호화폐인 클레이(Klay)와 클레이 기반 암호화폐를 보관할 수 있다.

가스비는 거래소 수수료와 별개로 이더리움을 송금할 때 '가스(Gas)'라는 수수료가 발생한다. 이더리움의 영문 철자 일부인 '이더(Ether)'는 석유화학물질 에테르와 그 표기와 같다. 이더리움 재단은 이것에 착안해 수수료 비용을 '가스(Gas)'라고 이름을 지었다. 그리고 이 과정에서 많은 전기가 사용된다. 요즘 대세인 친환경과는 다소 거리가 멀다.

마지막으로 현재의 가격 급등은 반드시 조심할 필요가 있다. 분명 NFT는 장점도 있고 소유권에 대한 위변조 방지가 가능하지만, 그런 점을 감안해도 현재의 가격 폭등은 다소 과한 측면이 있다. 그리고 왜 굳이 NFT를 이용해야 하는지에 대한 공감대가 형성돼야 한다는 점도 선행돼야 한다. 따라서 NFT 열풍에 휩쓸려 투자를 하기보다는 반드시 투자유의가 필요하다.

4. 메타버스와 NFT가 만난다면

피부로 와닿지 않는 것도 사실이고, 이게 왜 전세계적으로 선풍적인 인기를 끌고 있는지 공감이 되지 않는 것도 사실이다. 그리고 메타버스와 NFT를 따로 분리해서 볼 수도 없다. 메타버스의 공간 속에서 유저 간의 거래를 할 때 NFT가 반드시 쓰일 수밖에 없고, NFT 내에서도 메타버스의 시장점유율이 가장 높다.

SF영화 속에서나 가능할 법했던 메타버스의 세계는 서서히 우리 생활 속으로 침투하고 있다. 온라인 상에서 아바타를 통해 사회활동을 하는 Z세대도 급증하고 있다. 그리고 경제활동도 같이 증가할 것이다. 메타버스의 세계에서는 NFT가 충분히 재화로서의 역할을 담당할 수 있다. 메타버스에서의 부동산 거래뿐 아니라 다양한 사회활동도 가능하다.

예를 들어 코로나19 확산으로 공연계도 큰 타격을 입었다. 오프라인에서의 콘서트 개최가 어려웠기 때문이다. 이때 탈출구로 찾은 것이 온라인 공연이었다.

이미 BTS는 '다이너마이트(Dynamite)' 발표를 음악 전문 프로그램이나 콘서트가 아닌 온라인 게임 '포트나이트'에서 했다. 즉 메타버스 공간에서 신곡을 발표한 셈이다.

향후 NFT를 가진 이용자만 공연을 볼 수도 있고, BTS의 굿즈를 NFT를 통해 판매할 수도 있다. 그만큼 메타버스 공간에서 펼쳐질 여러 경제활동은 NFT를 빼고 상상하기는 힘들다.

이제 앞으로 메타버스 상에서 신곡을 발표하는 아티스트들도 많아질 것이고, 캐릭터를 통한 패션쇼가 열릴 수도 있다. 기업들의 메타버스를 이용한 마케팅도 다양해질 것이다. 그리고 사람들이 메타버스에 머무는 시간이 길어질수록 다양한 경제활동도 같이 증가할 것이고, 그 과정에서 NFT는 재화로서 각광을 받을 것으로 예상한다. 이제 막 태동하는 시장이지만, 분명 가능성과 장점이 많다. 앞으로도 유의 있게 지켜볼 필요가 있다.

5. 메타버스와 블록체인이 만나 시너지 창출

요즘 메타버스 이야기와 함께 빠지지 않고 등장하는 개념이 있다. 바로 블록체인과 NFT(Non-Fungible Token, 대체불가능한 토큰) 기술이다. 메타버스 시장에서 블록체인은 왜 빼놓을 수 없는 개념이 되었을까?

1) 플랫폼 내 불확실했던 아이템 소유권을 블록체인으로 증명

블록체인을 기반으로 하는 메타버스는 경제활동의 범위가 크게 넓어진 것이 특징이다. 블록체인 기술을 통해 아이템에 대한 소유권이 위변조가 불가능한 블록체인에 담기고, 이를 통해 가상세계 속 자산에 대한 소유권을 증명할 수 있다. 전세계 이용자들에게 해당 아이템이 내 것임을 알릴 수 있다.

또한 아이템의 판매 · 구매 기록 역시 블록체인에 남게 되어 투명한 거래가 가능해진다. 이미 현실세계의 중고거래에는 블록체인 기술이 활용되어 그간의 거래 이력을 모두 확인할 수 있다. 투명한 거래시스템은 공정한 마켓플레이스 형성에 기여한다. 블록체인을 통해 이루어지는 거래는 기본적으로 개인 간(P2P) 거래형태를 띤다. 이렇게 신뢰를 바탕으로 하는 구조는 이용자들의 네트워크를 더욱 견고하게 만든다.

2) 게임 속 돈을 바깥 세상으로 꺼내는 것이 가능(가상공간과 현실세계의 연결)

인터넷은 수많은 정보를 하나의 공간으로 가져왔고, 블록체인은 수많은 데이터베이스를 하나의 공간으로 가져오고 있다. 게임과 소셜미디어 산업에서는 독자적으로 저장되어있는 데이터베이스를 한 곳으로 모았을 때 가장 큰 시너지를 낼 수 있는 분야이다. 이러한 산업에서 데이터베이스는 플랫폼 내 아이템, 콘텐츠 등의 디지털 자산들을 의미한다. 기존의 이들 자산은 분명한 한계를 가지고 있다. 이 자산은 게임 밖으로 나갈 수도 없고, 나간다 한들 게임 밖에선 아무런 의미가 없는 자산이기 때문이다.

하지만 블록체인의 NFT(Non-Fungible Token, 대체 불가능한 토큰) 기술을 활용한다면 이용자가 플랫폼 내 아이템이나 콘텐츠를 소유할 수 있고, 자유롭게 거래할 수도 있다. 암호화폐와 연동된다면 아이템과 콘텐츠의 가치를 매겨 시장경제를 따르는 거래 또한 가능해진다. 뿐만 아니라 이러한 모든 데이터는 블록체인에 기록, 영구저장되기 때문에 게임이 사라져도 이용자의 재산을 지킬 수 있다.

NFT란 토큰 1개 당 가격이 같은 일반적인 가상자산과 달리, 토큰 1개 당 가치가 모두 다른 것을 말한다. 주로 게임 아이템 같은 희소성 있는 상품을 블록체인 상에서 토큰화할 때 쓰인다.

희소성 있는 상품이 가장 빛을 발하는 곳이 메타버스다. 메타버스 내에서 경제 활동이 이루어지려면 모든 재화가 희소성이 있어야 하고, 희소성에 따라 수요가

[그림 8-25] 디지털 레고인 복셀(Voxel)을 이용해 콘텐츠를 제작

창출되어야 한다. 세상에 하나밖에 없는 'NFT'는 그 자체로 희소성을 가진다. 그리고 그 희소성은 블록체인 상에서 증명된다.

일례로 '디센트럴랜드'에선 토지(랜드)가 NFT다. 토지를 소유한 이용자는 건물도 지을 수 있다. 희소성이 있으므로 토지는 당연히 가치를 지니고, 게임 내 마켓플레이스에서 이 토지를 판매할 수 있다.

'더 샌드박스'에서도 마찬가지다. 게임 내 부동산 '랜드(LAND)'가 NFT이며, 현재 랜드는 판매기간마다 완판 행진을 이어가고 있다. 또 이용자들은 [그리 8-4]처럼 디지털 레고인 복셀(Voxel)을 이용해 콘텐츠를 제작할 수 있고, 이 콘텐츠를 NFT로 변환해 소유권을 확립할 수 있다.

3) 희소성이 가치가 되어 네트워크를 강화

최근 게임 산업계에서는 '확률형 아이템'이 논란이 되고 있다. 특정 확률에 따라 아이템을 획득할 수 있는 확률형 아이템 시스템에서 이용자들이 수천만원을 지불하고도 원하는 아이템을 획득하지 못 하는 일이 비일비재하게 발생했다. 게임사가 부정확한 확률 정보, 허위정보로 소비자를 기만했음이 밝혀지며 과징금 수억원이 부과되기도 했다.

블록체인의 스마트 컨트랙트는 특성상 한번 설정(배포)하면 임의로 조작할 수 없는 특징이 있기에, 확률형 아이템이 지니고 있는 문제를 해결하고 신뢰를 회복할 돌파구가 될 수 있다. 게임사들은 블록체인 시스템을 통해 유저들의 신뢰를 얻을 수 있으며, 유저들 또한 자신들이 보유한 아이템의 가치를 인정받을 수 있다.

이는 확률형 아이템에만 국한되는 이야기가 아니다. 메타버스 내 크리에이터들이 희소성에 대한 가치를 보장받을 수 있다면 그들은 더 양질의 창작물을 내놓기 위해 노력할 것이고, 생태계 퀄리티의 상승은 더 많은 유저를 불러오는 선순환 시스템이 만들어질 수 있다.

IT 기술의 발달 역사를 살펴보면 폭발적인 사용자 니즈를 불러일으켜 관련 하드웨어나 인프라까지 급속하게 발달한 현상이 매번 있었다. '비지칼크(VisiCalc)', '엑셀(Excel)' 등은 PC 사용을 대중화시켰고, 이후 구글 · 유튜브 · 페이스북 · 카카오 등의 킬러앱은 거대 플랫폼 산업구조를 만들어냈다. 아직은 본격적이라 할 수 없는 블록체인 산업이 궤도에 오르기 위해서는 킬러앱의 등장이 절실하다. 오늘날 몇몇 전문가들은 '메타버스'가 그 킬러앱이 될 수 있을 거라 전망한다. 메타버스가 블록체인 기술이 필요하듯, 블록체인도 메타버스와의 결합을 바라는 이유이다.

수행 내용

재료 · 자료

- 메타버스 관련 자료

기기(장비 · 공구)

- 컴퓨터, 문서작성 프로그램, 프린터, 주변기기

안전 · 유의사항

- 메타버스 관련 장비의 안전 및 유의사항을 숙지한다.

수행 순서

01 블록체인 기술의 한계점에 대하여 분석하라.

블록체인 기술은 아직 해결해야 될 여러 가지 과제들이 있는데, 가장 광범위하게 확산된 애플리케이션이 비트코인이다 보니 주로 이와 관련된 이슈들이 논의되고 있다.

① 확장성과 지연성 : 블록파일이 무한하게 성장하며 P2P 네트워크의 모든 노드에서 반드시 복제되어야 하므로, 확장성과 지연(Latency) 문제가 발생한다.

② 신뢰성 : 무결성(Integrity)은 네트워크의 노드수가 아니라 해시파워(Hashpower)에 의해 결정되므로, 강력한 연산자원을 가진 독립체가 해시파워를 축적해 제네시스 블록(Genesis Block, 블록체인의 첫번째 블록)에 다시 작성할 가능성 존재한다.

③ 처리 건수 : 비트코인의 경우 10분마다 1MB 용량의 블록이 추가 생성되는데, 초당 7건의 거래 내역 처리가 가능한 것으로 비자카드가 초당 5만6천개의 거래내역을 처리하는 것과 비교해볼 때 매우 작은 용량이다. 블록용량은 거래 검증 및 승인에 소요되는 시간과 연계되므로 무작정 용량을 증설하는 것은 어렵다.

④ 암호화 : 기본적으로 블록체인의 콘텐츠, 트랜잭션, 기록 그 자체를 암호화하지는 않는다

⑤ 실수나 악용 : 블록체인은 한번 쓰면 변경할 수 없는 기록 저장소이다. 실수를 저지르는 사람이나 악용하는 사기성 거래가 있을 수도 있어, 블록체인을 이용해 훨씬 쉽게 파악할 수 있으나 이를 방지하기는 어렵다.

이외에 블록체인의 보안성과 신뢰성을 확보하는 과정이 과연 저비용인가에 대한 논란도 있다. 채굴자가 블록에 포함되어 있는 거래 정보를 검증하기 위해 암호를 푸는 과정은 꽤 많은 에너지를 요구하며 이러한 채굴을 위해서는 컴퓨팅 파워와 이를 가동할 수 있는 전기 에너지가 필요한데, 블록을 형성하고 이에 대한 보상을 받는 이는 가장 먼저 암호를 푸는 채굴자뿐이므로, 결과적으로 그 외의 모든 채굴자들은 의미 없이 컴퓨팅 파워와 전기에너지를 낭비한 셈이다.

다만 거래내역 하나하나의 유효성 검증이 중요한 애플리케이션이 아니라, 특정 기업이 과거기록을 임의로 수정하지 못하게 하는 기능에 초점을 맞춰 내부적으로 블록체인 기반의 문서기록시스템을 구축하는 등의 경우에는 채굴과정이 필요치 않다.

블록체인 기술 확산에 있어서 가장 시급히 해결돼야 할 과제로 거버넌스가 꼽히기도 한다. 네트워크 외부성이 강한 오픈 소스 프로그램의 특성상 기술의 안정적인 안착을 위해서는 누군가 강한 리더십을 가지고 초기 생태계를 효과적으로 만들어 갈 필요가 있으며, 합의에 도달할 수 있는 거버넌스 구조가 없다면 기술의 효용은 사용자에게 신속히 전달될 수 없다.

학습 8

02 이더리움, ERC20, ERC-721, 암호화폐와 메타버스 관련 코인 종류에 대하여 분석하라.

1. 이더리움(Ethereum)

블록체인 기술을 기반으로 스마트 계약 기능을 구현하기 위한 분산 컴퓨팅 플랫폼이자 운영체제다. 이더리움이 제공하는 이더(Ether)는 비트코인과 마찬가지로 암호화폐의 일종으로 거래되고 있다. 이더리움의 화폐단위는 ETH로 표시한다. 비트코인 이후에 등장한 알트코인 중 시가총액이 가장 높은 대표적인 알트코인이다.

2. NFT ERC-20, ERC-721

ERC는 이더리움 네트워크에서 토큰을 만들 때 따라야 하는 프로토콜을 의미한다. 20

번째 프로토콜이 ERC-20이다. 그리고 ERC-20 프로토콜에 맞추어 생산된 암호화폐가 ERC-20 토큰이다.

ERC-20은 대체 가능하지만 ERC-721(Ethereum Request for Comment)은 대체 불가능하다. 즉 ERC-721은 이더리움 네트워크에서 대체 불가능하다는 NFT(Non-Fungible Token)의 개념이 도입된 토큰이다.

대체불가토큰은 그들만의 독특하고 디지털적으로 희소성이 있다. ERC-20을 표준으로 구현한 많은 토큰들은 대체 가능한 토큰으로 만들어졌다. 대체가능이라는 의미는 쉽게 동일한 것으로 대체가 될 수 있음을 의미한다. 그러나 대체불가라는 각각이 고유한 정보 또는 특성을 갖게 되어 서로 교환을 할 수 없는 것을 뜻한다. 현존하는 많은 토큰들은 대체 가능 특성에 따라 이루어진다. 구체적으로 각 토큰이 10달러짜리 지폐라고 생각해 본다면 누군가에게 토큰을 보내고 일주일 후에 다른 토큰을 얻은 경우, 토큰은 동일하다. 그러나 대체불가토큰 일 경우가 토큰은 독특한 정보와 다양한 수준의 희귀성을 가지고 있게 된다. 따라서 다른 토큰을 받았다고 하여도 처음에 보낸 토큰과 같을 수 없다는 것을 의미한다. 이러한 특질에 따라 대체불가토큰을 거래하고 싶다면 ERC-20 표준 토큰들과는 달리 전체를 사고팔아야만 한다.

3. 암호화폐(Cryptocurrency)

'암호화'라는 뜻을 가진 'crypto-'와 통화, 화폐란 뜻을 가진 'currency'의 합성어로 분산 장부(Distributed Ledger)에서 공개키 암호화를 통해 안전하게 전송하고, 해시함수를 이용해 쉽게 소유권을 증명해 낼 수 있는 디지털 자산이다. 일반적으로 암호화폐는 블록체인이나 DAG(Directed Acyclic Graph)를 기반으로 한 분산 원장(Distributed Ledger) 위에서 동작한다.

최초의 암호화폐는 비트코인으로, 2008년 10월 31일에 공개된 논문 'Bitcoin : A Peer-to-Peer Electronic Cash System'을 바탕으로 2009년 1월 3일에 첫 블록이 만들어졌다. 2011년 10월 7일에 첫 배포된 라이트코인을 시작으로 비트코인 코드베이스에서 몇 가지 수정을 거친 암호화폐들부터 비트코인에서 영감을 받은 많은 디지털 자산들이 탄생하게 되었는데, 이들이 비트코인의 대안/보조적 성격을 지닌다고 하여 알트코인이라고 불렀다.

4. 메타버스 관련 코인종류

메타버스 관련 코인은 NFT코인이라도 부른다.

THETA(쎄타토큰), ENJI(엔진코인 : Enjin Coin), FLOW(플로우), MANA(Decentraland : 디센트럴랜드), CHZ(Chiliz : 칠리즈), WAXP(왁스), OGN(오리진프로토콜), SAND(샌드박스 : The SandBox)가 있다.

03 메타버스 경제의 핵심인 블록체인과 NFT 서비스 사례에 대하여 분석하라.

비트코인 기반 기술인 블록체인과 가상자산 등 대체불가토큰(NFT)은 메타버스 경제활동을 뒷받침하는 핵심이다.

데이터 위변조가 불가능한 블록체인 기술은 메타버스라는 가상공간에 신뢰를 높이고, NFT는 아바타 옷과 동작 등 각종 아이템을 토큰화한 뒤 가치를 매길 수 있기 때문이다.

글로벌 멀티플랫폼 게임기업 카카오게임즈가 핵심 계열사 프렌즈게임즈와 웨이투빗을 합병키로 한 것도 블록체인과 NFT 기반 신사업을 위해서다. 이들은 NFT를 활용해 게임, 음원, 영상, 미술품 등 디지털화된 자산을 유통하는 플랫폼을 구축하고 메타버스와도 접목할 계획이다.

위메이드도 '미르4' 글로벌 버전은 NFT로 서비스할 예정이다. 즉 제2, 제3의 로블록스 같은 메타버스 경제 플랫폼이 생겨나고 있는 것이다.

수많은 메타버스 경제 플랫폼이 서로 연결되기 위해서는 가상자산거래소 같은 기술이 핵심이다. 메타버스 생태계 완성의 키를 들고 있는 셈이다. 일례로 A메타버스에서 번 가상자산을 달러 등 법정화폐로 바꾸거나, A메타버스에서 쓰던 가상자산을 B메타버스에서도 동일한 가치로 쓰려면 가상자산거래소가 반드시 필요하다.

현재는 '페이팔'과 같은 간편송금 · 간편결제 기반 모바일 금융서비스가 환전상 역할을 하고 있다. 메타버스 경제가 확산될수록 가상자산거래소와 은행 및 증권사 같은 전통 금융플랫폼이 가상자산 환전까지 하게 될 것이다.

메타버스 사용자는 NFT를 활용해 자신의 디지털 창작물을 상품화하고 가상자산을 받고 팔아 수익을 창출할 것이다. 이렇게 얻은 소득이 현실세계 화폐로 환전이 가능해지면 메타버스 기반 현실과 가상융합 경제활동이 촉진될 것이다.

국내 IT업계에서는 카카오 블록체인 기술 계열사 그라운드X가 자체 개발한 블록체인 플랫폼 '클레이튼'과 메타버스의 경제 시너지에 주목하고 있다.

클레이튼을 공동운영하고 기술 및 사업에 대한 의사결정을 함께 하는 클레이튼 거버넌

학습 8

스 카운슬에 넷마블, 카카오게임즈, 펄어비스, 위메이드 등이 참여하고 있기 때문이다. 각 게임업체가 개발 운영하는 게임 내 아이템이 NFT와 접목돼 서로 사고팔 수 있게 될 것이다.

그라운드X는 NFT 발행도구(툴) '클립 파트너스'도 제공하고 있다. 또 최근 세계 최대 글로벌 NFT 마켓플레이스 '오픈씨(OpenSea)'와 기술통합을 완료해 올 상반기 중 클레이튼 기반 NFT 거래를 지원할 계획이다.

그라운드X는 오픈씨와 협력으로 글로벌 시장에서 클레이튼 기반 NFT가 쉽게 거래될 수 있는 기반을 마련했다. 창작자들이 클레이튼 위에서 수수료에 대한 고민 없이 NFT를 발행하고 글로벌 시장에 진출할 수 있는 발판이 되길 기대한다.

04 메타버스의 이더리움 블록체인을 기반으로 하는 가상현실 플랫폼 디센트럴랜드에 대하여 분석하라.

디센트럴랜드(Decentraland)는 이더리움 블록체인 기반의 가상현실(VR) 플랫폼을 위한 암호화폐이다. 디센트럴랜드라는 가상현실 세계에서 사용자는 토지를 구매하고 다양한 활동을 할 수 있으며, 다른 사용자에게 토지를 판매할 수도 있다. 이러한 토지거래 정보는 이더리움의 스마트 컨트랙트에 저장된다. 디센트럴랜드에서 사용되는 암호화폐 토큰은 마나(MANA)이다.

1. 개 요

디센트럴랜드는 이더리움 블록체인을 기반으로 하는 가상현실 플랫폼이다. 사용자는 디센트럴랜드 플랫폼에서 콘텐츠 및 응용 프로그램을 만들고 경험하며 수익을 창출할 수 있다. 디센트럴랜드의 땅은 지역사회에 영구적으로 소유되어 있기 때문에 창조물을 완전히 통제할 수 있다. 따라서 사용자들은 블록체인 기반 원장의 일부분에 가상토지의 소유권을 주장할 수 있다. 토지는 이더리움 스마트 계약에 저장되어 있으며, 대체가 불가능하고 양도할 수 있으며 유한한 디지털 자산이다.

토지는 마나라는 ERC20 토큰을 사용하여 구매할 수 있는데 세계 곳곳에서 디지털 상품 및 서비스를 구매할 때도 마나가 사용된다. 토지 소유자는 직교 좌표계(x, y)로 식별되는 토지의 일부에 어떤 내용이 게시되는지를 확인한다. 콘텐츠들은 정적인 3D 장면에서부터 게임과 같은 상호작용 시스템에 이르기까지 다양하게 구현될 수 있다. 디센트럴랜드는 다른 가상세계 및 소셜 네트워크와 달리 중앙집권화 된 조직이 관리하지 않는다. 소프트웨어의 규칙, 토지의 콘텐츠, 통화 경제성, 접근성 등에 대한 수정 권한을 가진 어떠한 대리인도 존재하지 않는다.

2. 등장배경

페이스북과 같은 대규모 독점적 플랫폼은 수억 명의 사용자들이 모여 상호작용하고, 콘텐츠를 공유하고 게임을 할 수 있는 생태계를 만들어줬다. 그들의 네트워크 효과는 거대한 게임회사와 온라인 커뮤니티를 육성하는데 도움이 되었다. 중앙집권적 조직이 관리하는 이 플랫폼은 네트워크의 규칙과 콘텐츠 흐름을 관리하는 동시에 플랫폼에 트래픽을 발생시키는 커뮤니티 및 콘텐츠 제작자로부터 상당한 수익을 창출한다. 디센트럴랜드는 콘텐츠 제작자가 자신의 창작물을 최대한 소유하고 지배할 수 있는 네트워크를 구축하는 것을 목표로 한다.

디센트럴랜드 팀은 2015년에 플랫폼을 개발하기 시작했다. 당시에는 소비자 관점의 플랫폼을 구축하기 위한 블록체인 기반의 인프라가 부족했기 때문에 암호화폐를 채택하는 것이 대중적이지 않았다. 하지만 그 이후, 암호화폐가 소비자들에게 인식되고 인프라가 구축되는 속도가 폭발적으로 증가했다. 예를 들어 2017년 07월까지 코인베이스에서만 840만 명의 사용자 계정이 만들어졌으며, 그 중 절반은 지난 12개월 동안 증가한 것이다. 이러한 성장으로 인해 디센트럴랜드와 같은 가상세계에서 분산된 상거래를 할 수 있는 사용자층이 충분하게 형성되었다. 이더리움이 주도하는 블록체인 인프라스트럭처는 현재 널리 보급되고 있지만, 아직 소액결제를 신속하게 처리할 수 있는 효율적인 방법이 없기 때문에 네트워크 트랜잭션의 처리량이 제한되고 있다는 문제점이 있다.

암호화폐는 글로벌하고 즉각적이며 저비용의 지불방법을 지원하기 위해 계속해서 진화하고 있다. 블록체인 지불 네트워크가 빠른 시간 내에 확장성을 달성하기 위해서는 거래가 오프체인으로 이루어져야 한다. 비트코인의 라이트닝 네트워크 또는 이더리움의 스테이트 채널과 같은 솔루션을 통해 암호화폐 산업은 저렴하고 빠른 글로벌 지불 시스템을 구현할 것이다.

중앙화된 대부분의 솔루션들은 다른 시스템과의 호환성이 낮고, 프라이버시와 표준화에 문제가 있음에도 불구하고 오늘날에도 잘 작동하고 있다. 디센트럴랜드는 콘텐츠 제작자와 사용자 간에 저비용으로 직접 지불하는 방식을 통해 인터넷 상거래를 근본적으로 변화시키는 것을 목표로 하고 있다.

학습 8

3. 특 징

1) 가상세계

디센트럴랜드는 디지털 부동산의 소유권을 블록체인 사용자에게 할당하기 위한 개념증명으로 시작되었다. 이 디지털 부동산은 처음에는 무한한 2D 그리드의 픽셀로 구현되었으며, 각 픽셀에는 소유자를 식별하고 픽셀의 색상을 설명하는 메타데이터가 포함되어 있었다. 이 실험은 디센트럴랜드 석기시대(Stone Age)라고 명명되었다.

2016년 말에 디센트럴랜드팀은 토지가 구획으로 나뉘어진 3D 가상세계인 청동기 시대(Bronze Age)를 개발하기 시작했다. 각 구획의 소유자는 수정된 비트코인 블록체인을 사용하여 이를 파일에 대한 해시 참조와 연결할 수 있었다. 이 참조에서 가상세계를 탐색하는 사용자는 DHT(Distributed Hash Table) 및 비트토렌트(BitTorrent)를 사용하여 해당 위치에 표시할 모델과 텍스처를 정의하는 구획콘텐츠가 포함된 파일을 다운로드 할 수 있다.

디센트럴의 다음 버전인 철기시대(Iron Age)는 토지의 소유권 및 콘텐츠 배포가 가능한 기존의 계층 위에 사회적 경험을 추가적으로 제공할 것이다. 철기시대에서는 개발자가 디센트럴랜드 위에 응용 프로그램을 만들고 다른 사용자에게 배포하여 수익을 창출할 수 있다.

철기시대에서는 P2P 통신, 상호적인 콘텐츠를 생산 수 있는 스크립팅 시스템, 가상세계 내부의 트랜잭션을 위한 빠른 암호화폐 결제시스템이 구현될 것이다. 커뮤니케이션 계층은 소셜 경험에 필수적인 요소이며 위치, 자세, 음성채팅 등을 제공할 것이다. 디센트럴랜드는 P2P 네트워크를 통해 이를 구현할 것이다. 스크립팅 시스템은 지주가 토지 구획에서 실행되는 3D 객체, 사운드 및 응용 프로그램의 동작 및 상호작용을 표현하는데 필요한 도구이다. 마지막으로 수수료가 낮은 결제 시스템은 가상세계의 빠르게 변화하는 환경에서 경제 시스템을 발전시키는 핵심요소이다.

2) 토지의 인접성

웹 도메인에서 토지의 인접성은 고유한 디센트럴랜드 토지의 구획을 만든다. 새로운 토지는 기존의 토지에 인접해야 한다. 이 인접성은 새로운 콘텐츠를 발견하고, 특별한 주제나 테마가 있는 지역을 만들 수 있도록 한다. 웹 도메인은 다른 콘텐츠에 대한 하이퍼링크를 무제한으로 가질 수 있는 반면에 디센트럴랜드의 토지 구획은 일정량의 인접성을 가진다. 인접한 토지의 콘텐츠는 멀리에서도 보일 수 있다. 콘텐츠 제작자는 지역을 설립하여 사람들을 목표만큼 확충할 수 있으며, 사용자는 다양한 테마를 경험할 수 있다.

사용자는 주변을 돌아다니며 우연히 만나게 되는 응용 프로그램들과 상호작용할 수 있다.

토지의 인접성은 토지가 무한한 상황에 비해 확연히 다른 경험을 제공한다. 만약 토지가 무한하다면 사용자는 여행을 통해 관련 콘텐츠를 찾는데 어려움을 겪을 것이다. 토지가 제한적으로 공급되기 때문에 개발자는 통행량이 많은 지역의 토지를 구입하여 많은 사용자를 확보할 수 있다.

3) 경제적 상호작용

디센트럴랜드가 응용 프로그램 개발자들에게 제안하는 가치는 응용 프로그램과 사용자 사이의 경제적인 상호작용을 완전히 활용하는 것이다. 이러한 경제적 상호작용을 구현하기 위해서는 플랫폼이 통화, 상품, 서비스의 3가지 자원에 대한 거래를 지원해야 한다.

디센트럴랜드는 인터넷상의 2명의 사용자가 서로 글로벌하게 즉시적이면서도 저렴한 결제가 가능하도록 핵심 시스템을 통합할 것이다. 암호화폐는 서로 신뢰할 수 없는 당사자 간의 거래에서 안전한 결제가 가능하며, 낮은 신뢰도의 허브-앤-스포크(Hub-and-spoke) 시스템은 이를 이미 증명했다.

디센트럴랜드는 가상세계에서 제공될 서비스의 구현을 위해 개발자로 하여금 사용자와 응용 프로그램이 서로 상호작용할 수 있는 프로그래밍을 구현할 수 있는 스크립팅 시스템을 개발하고 있다. 이 스크립팅 시스템은 클라이언트에서 단독으로 실행되지만, 단순한 로컬 이펙트에서부터 기존의 클라이언트-서버 구조에서 스테이트 채널을 기반으로 하는 P2P 상호작용에 이르기까지, 다양한 데이터 흐름 모델을 제공한다. 개발자는 빠르고 저렴한 소액 지불, 공정한 게임, 분산화 된 스토리지 및 블록체인 기반 스마트 계약을 사용하는 암호화폐 기술로 인한 혜택을 누릴 수 있다.

가상 상품들에 대한 거래를 촉진하기 위해서 아바타와 아이템 및 스크립트의 지속적인 생성과 배포를 보장하기 위한 경제적 인센티브가 마련되어야 한다. 정적인 콘텐츠는 임의로 복제될 수 있기 때문에 원 저작물을 인식할 수 있는 사회적 장치가 필요하다. 저작자를 설정하는 ID 시스템을 통해, 사용자는 암호화 서명으로 저작자의 동의를 따르며 검증받을 수 있다.

4. 구 조

1) 합의 레이어

디센트럴랜드는 이더리움의 스마트 계약을 이용하여 가상세계에서 토지에 대한 소유권을 유지한다. 디센트럴랜드는 이러한 대체 불가능한 디지털 자산을 랜드(LAND)라고

학습 8

부른다. 각 토지는 고유한 (x, y) 좌표, 소유자 및 토지 소유자가 플랫폼에서 보여주고자 하는 콘텐츠의 내용을 담고 있는 설명파일에 대한 참조값을 가지고 있다. 디센트럴랜드 클라이언트는 이더리움 네트워크에 연결하여 랜드의 스마트 계약에 대한 업데이트를 가져온다.

랜드는 ERC20 토큰인 마나를 이용하여 구입할 수 있다. 이 토큰은 토지를 청구하는 연결고리 역할을 하며 마나를 소각하면서 새로운 랜드를 만들어내게 된다. 구획은 새로운 좌표를 가지게 되며, 이는 그 주위에 비어있지 않은 구획이 있어야 한다.

2) 콘텐츠 배포 레이어

디센트럴랜드는 가상세계를 렌더링 하는데 필요한 콘텐츠를 분산 스토리지 시스템을 이용하여 배포한다. 렌더링 될 필요가 있는 각 구획에 대해, 구획의 내용에 대한 설명이 있는 파일에 대한 참조가 스마트 계약에 의해 검색된다. 현재의 솔루션은 프로덕션에서 증명되어 있는 토렌트 및 Kademlia DHT 네트워크를 사용하여, 각 구획마다 마그넷 링크(Magnet Link)를 저장한다. 그러나 IPFS 기술이 발전하면서 이는 강력한 대안이 될 것이다.

이 탈중앙형 배포 시스템을 사용하면 디센트럴랜드는 더 이상 중앙형 인프라를 사용할 필요가 없어진다. 따라서 사용자가 콘텐츠를 배포하고, 시스템을 유지하는데 드는 비용이 같은 곳에서 발생하게 된다. 이는 디센트럴랜드 생태계의 존재의 이유가 된다. 또한 디센트럴랜드에는 더 이상 강력한 콘텐츠를 검열하거나, 규칙을 강제로 변경하는 중앙기관이 존재할 수 없게 된다.

그러나 이러한 파일을 호스팅하고 콘텐츠를 제공하는데 필요한 대역폭을 유지하기 위해서는 상당한 비용이 든다. 현제 디센트럴랜드의 P2P 콘텐츠 제공 사용자들은 아무런 보상도 없이 선한 의지만으로 콘텐츠를 배포하고 있다. 그러나 미래에는 파일코인과 같은 프로토콜을 사용하여야 이 인프라 비용을 충당할 수 있을 것이다. 이 기술을 사용할 때까지 자동화 된 소액 결제시스템을 사용하여 서비스 품질에 대한 비용을 지불할 수 있다. 디센트럴랜드의 마나 연속 판매대금은 장기적으로 이러한 비용을 충당할 수 있다.

구획 및 토지에 대한 설명에는 그것을 렌더링 하는데 필요한 여러 파일목록, 토지 소유자가 호스팅 하는 서비스 목록 및 개체배치와 해당 동작을 시작하는 진입점이 포함된다. 이 서류는 다음과 같은 내용이 포암되어 있어야 한다.

(1) 콘텐츠 파일

구획 및 토지를 렌더링하는 데 필요한 텍스쳐, 오디오 파일 및 기타 관련 콘텐츠는 물론, 3D 메쉬의 참조값 또는 BLOB, 그리고 이것들을 렌더링 하는 방법에 대한 설명 없이 클라이언트가 렌더링 내용을 알 수 있도록 지정해야 한다.

(2) 스크립팅 시작 지점

스크립팅 시스템은 콘텐츠가 토지에 배치되는 방법과 그 동작을 제어한다. 이를 통해 어플리케이션과 애니메이션을 토지 내에서 사용할 수 있다. 또한 물체의 위치 및 이동, 사운드의 타이밍 및 빈도, 사용자와의 가능한 상호 작용 등과 같은 동작을 조정한다.

(3) 개인 간 상호작용

이를 통해 클라이언트는 사용자 간의 연결을 부트스트랩 하고 위치와 자세를 조정하며 음성채팅 및 메시징을 사용할 수 있는 서버에 연결할 수 있게 한다.

3) 실시간 레이어

클라이언트는 토지소유자가 호스팅 하는 서버나 써드파티의 도움을 받아 사용자들의 커뮤니케이션을 P2P로 연결하게 된다. 중앙화된 서버가 없는 경우에는 토지 소유자가 자신의 토지 내부에서 실행하려고 하는 어플리케이션뿐만 아니라 사용자들의 사회적인 상호작용을 제공하기 위해서 P2P 연결이 필요하다. P2P 연결을 관리하기 위해서 랑데부 서버를 제공할 수 있으며, 그렇지 못한 경우는 자신의 토지에 들어와 있는 두 사용자가 서로를 볼 수 없는 상황을 이해해야 한다.

이러한 서버의 유지 및 관리는 콘텐츠 서버와 동일한 방식으로 유도될 수 있다. STUN과 같은 경량 프로토콜에서 이러한 서버에서 요구되는 기능을 지원하며, 비용은 상당히 낮다. 그러나 여러 명의 동시 사용자를 지원하거나, 네트워크 연결 서비스와 같은 부가기능을 제공하고 이 비용을 충당하기 위해서 소액 결제시스템을 사용할 수 있다.

디센트럴랜드 사용자의 소셜 경험에는 아바타, 다른 사용자의 위치, 음성채팅, 메시징 및 가상환경과의 상호작용이 포함된다. 이러한 기능을 제공하기 위해서 Federated VoIP나 WebRTC와 같은 P2P 솔루션을 사용할 수 있다.

4) 결제 채널

라이트닝과 같은 범용, 공용 및 분산화 된 HTLC 네트워크를 구현하기 위해서는 적어도 1년이 걸린다. 하지만 신뢰도 낮은 허브-앤-스포크(low-trust hub-and-spoke) 결제 채널 네트워크들은 빠르고 저렴한 거래를 오늘날 바로 구현할 수 있도록 지원하고 있다. 결제 채널들은 디센트럴랜드의 핵심이며, 여기에는 두 가지 이유가 있다.

① 가상세계 내부의 구매

② 콘텐츠 및 P2P 서버의 서비스 품질향상에 대한 인센티브 제공

오늘날의 플랫폼은 신용카드 결제에 내재된 위험을 완화시키고 있다. 사용자는 결제 세부정보를 통해 어플리케이션이 아닌 플랫폼 자체를 신뢰한다. 결제 채널들을 통해 신원의 도용 위험없이 개발자에게 필요한 것들을 직접 구매할 수 있다.

디센트럴랜드 인프라의 일부분은 소액결제로 지불될 수 있다. 이러한 비용은 콘텐츠 호스팅, 서비스 제공, 다수의 사용자를 위한 공간의 오디오 프로세싱과 같은 P2P 프로토콜 실행 등을 포함하고 있다. 디센트럴랜드에서 개발자들은 어플리케이션을 운영하기 위해 비용이 들지만, 이것들이 상품화되는 과정을 통해 투입한 비용 이상의 수익을 창출할 수 있다. 그럼에도 디센트럴렌드는 새로운 개발자들의 진입장벽을 없애기 위해 마나 토큰을 판매한 수익의 일부를 이러한 인프라 서비스의 보조금으로 지급할 예정이다.

5) 신원확인 시스템

디센트럴랜드의 토지 소유권은 신원확인 시스템의 한 종류이며, 토지의 좌표를 통해 자격을 증명한다. 아바타, 아이템 및 스크립트 제작자가 제작 및 배포를 계속하도록 하는 경제적 인센티브도 필요하다. 콘텐츠는 임의로 복제될 수 있으므로 복제한 제작자에게 압박을 가하기 위해서는 사회적 합의에 의존해야만 한다.

사회적 합의는 디지털 콘텐츠의 희소성이 발생될 수 있도록 지원한다. 중앙 집중화된 시스템에서 이러한 희소성은 플랫폼을 만든 회사에 의해 보호된다. 반면 비트코인과 그 외의 작업증명 방식의 블록체인의 경우 암호를 푸는 과정을 통해 블록을 채굴하는 번거로운 경제적 비용이 소모되기 때문에 희소성을 입증할 수 있다.

디센트럴랜드는 분산화된 신분확인 시스템을 사용하여 가상세계 곳곳의 항목에 대한 소유권 계층을 만들 수 있다. 이 시스템은 공개키와 서명을 사람이 읽을 수 있는 이름으로 연결함으로써 사용자가 저작자의 동의를 쉽게 확인할 수 있도록 허용한다.

유포트(uPort) 또는 ENS(Ethereum Name Service) 등의 프로젝트를 사용하여 이를 수행할 수 있다. 또한 저자들이 창작을 하도록 유인할 수 있는 사회적 평판 시스템도 필요하다. 분산화 된 경제에서 콘텐츠 창출을 독려하는 장치는 여러 프로젝트들이 직접 또는 간접적으로 영향을 주고받으며 빠르게 진화하고 있다. 잠재적인 솔루션으로는 미디어체인(Mediachain), 큐레이션 마켓(Curation Markets), 레어 페페스(Rare Pepes) 등이 있다.

5. 활 용

1) 응용 프로그램

디센트럴랜드의 스크립팅 언어를 사용하면 응용 프로그램, 게임, 도박 및 동적인 3D

장면을 개발할 수 있다. 이 스크립팅 언어는 객체의 생성, 텍스처 불러오기, 물리적 효과 처리, 사용자 상호작용 인코딩, 음향, 결제 및 외부 호출 등 다양한 기능을 처리하도록 설계되었다.

2) 콘텐츠 선별

디센트럴랜드의 사용자들은 그들이 흥미롭다고 생각하는 지역으로 모일 것이다. 통행량이 많은 교차로 근처에 토지를 구입하면 사용자들이 몰려올 것이다.

3) 광 고

브랜드는 제품, 서비스 및 이벤트를 홍보하기 위해 통행량이 많은 토지나 그 인근에 간판을 달아 광고를 집행할 수 있다. 일부 지역은 뉴욕시의 타임스퀘어의 가상버전이 될 수도 있다. 브랜드는 그들의 잠재 고객들과 소통하기 위해 제품을 제공하고 함께 사용하는 경험을 제공할 수도 있다.

4) 디지털 수집품

디센트럴랜드는 사용자들이 제작자가 블록체인에서 발급한 희귀한 디지털 자산을 게시·배포·수집할 것이라고 기대한다. 오늘날 다른 가상세계나 온라인 포럼을 통해 벌어지는 일들처럼 이러한 디지털 자산은 스크립팅 시스템을 통해 디센트럴랜드 생태계에서 거래될 것이며, 앞서 언급한 소유권 인증시스템이 제공될 것이다.

학습 8

5) 소 셜

현재의 온라인 포럼, 채팅그룹 또는 다른 중앙집중화된 멀티 플레이어 게임에 모인 그룹들은 커뮤니티를 디센트럴랜드로 옮겨올 수 있다. 오프라인 커뮤니티는 디센트럴랜드에서 모임공간을 가질 수도 있다.

6) 그 밖의 활용 사례

디센트럴랜드에 구현할 수 있는 것이 무엇인지에 대한 기술적 명세는 없다. 따라서 훈련, 선문성 개발, 교육, 치료, 3D 디자인, 가상관광 등의 다양한 사례가 등장할 수 있다.

6. 토큰모델

1) 랜드와 마나토큰

철기시대가 시작됨에 따라 디센트럴랜드는 2가지 디지털 자산, 즉 가상세계를 분할하는 대체 불가능한 디지털 자산인 랜드(LAND)와 ERC20을 만족하며 랜드를 구매할 수 있는 자산인 마나(MANA)를 만들었다. 이 두 자산으로 물건과 서비스를 가상세계에서 구매할 수 있게 된다.

랜드의 유용성은 다른 관심 허브에 대한 인접성, 어플리케이션의 기능 그리고 신원확인 매커니즘에 기반한다. 개발자나 콘텐츠 제작자는 랜드를 확보하고, 이를 기반으로 하여 대상 유저를 확보할 수 있다. 모든 비어있는 랜드는 동일한 환율(1000마나 = 1랜드)로 구매할 수 있지만, 랜드는 유일하기 때문에 랜드의 위치나 거래에서의 차이로 인해 2차 시장에서 다양한 가격으로 거래될 것이다. 다른 한편으로 마나는 랜드의 새로운 토지 가격을 평가하는 대리인 역할을 한다. 또한 가상세계에서 상품과 서비스를 구매하는데 사용된 마나는 토큰에 대한 사용성 가치를 창출한다.

2) 네트워크 효과

위에 언급한 것과 같이 랜드에 대한 소유권은 마나를 통해 얻어진다. 이 토큰은 가치를 네트워크 위로 가져오고 새로운 랜드를 얻는 역할을 한다. 또한 마나는 가상세계의 상품 또는 서비스를 구매하는데 사용된다. 네트워크 효과가 시작되려면, 개발자와 콘텐츠 제작자가 디센트럴랜드에 상점을 개설하고 보상을 받아야 한다. 재단은 일련의 이정표를 충족시키는 예술, 게임, 앱 그리고 무수한 경험을 창작하기 위한 콘테스트를 개최한다. 이와 동시에 신규 사용자에게는 수당이 할당되어 즉시 경제활동을 할 수 있다. 이러한 재정적인 인센티브는 독립적으로 사용자와 개발자를 유치하여, 네트워크 효과가 시작되는 밑거름이 된다.

학습활동.8 교수 · 학습 방법

교수 방법

- 메타버스와 블록체인 기술융합에 대한 관련 용어, 구성, 방식 이해 정도를 파악한 후 수업을 진행한다.
- 교수자의 주도로 메타버스와 블록체인 기술융합 등의 내용을 PPT 자료로 제시한 후 설명한다.
- 가능하면 사전에 개인별 학습 자료를 준비하여 모든 학생이 참여할 수 있는 문제 해결식 수업, 협력 수업이 가능하도록 한다.
- 메타버스와 블록체인 기술융합 전 과정을 작업의 순서에 따라 단계적으로 실습이 이루어질 수 있도록 지도한다.
- 교재를 통해 수업을 준비하는데 있어서 필요한 모든 정보나 팁, 힌트 등 도움이 될 만한 내용들을 확인할 수 있다.
- 학생들이 만들게 될 각 모델들은 수업시간에 중점적으로 다뤄질 부분과 어휘, 질문, 답을 포함하고 있으며 또한 탐구할만한 추가적인 아이디어들도 포함하고 있다.

학습 방법

- 메타버스와 블록체인 기술융합에 대한 관련 용어를 숙지하고, 메타버스와 블록체인 기술융합에 대해 이해한다.
- 메타버스와 블록체인 기술융합의 각 단계별 중점 사항을 체계적으로 학습한다.
- 메타버스와 블록체인 기술융합의 수행순서의 전 과정을 실습한다.
- 메타버스와 블록체인 기술융합의 내용을 이해한다.
- 메타버스와 블록체인 기술융합을 이해하고 숙달이 될 때까지 학습한다.

학습활동.8 평가 및 피드백

평가 준거

- 평가자는 피평가자가 수행 준거 및 평가 내용에 제시되어 있는 내용을 성공적으로 수행할 수 있는 지를 평가해야 한다.

학습내용	평가항목	성취수준		
		상	중	하
메타버스와 블록체인 기술융합	메타버스와 블록체인 기술융합을 이해할 수 있다.			

평가 방법

- 작업 포트폴리오

학습내용	평가항목	성취수준		
		상	중	하
메타버스와 블록체인 기술융합	메타버스와 블록체인 기술융합을 이해할 수 있다.			

- 필기시험

학습내용	평가항목	성취수준		
		상	중	하
메타버스와 블록체인 기술융합	메타버스와 블록체인 기술융합을 이해할 수 있다.			

- 체크리스트를 통한 관찰

학습내용	평가항목	성취수준		
		상	중	하
메타버스와 블록체인 기술융합	메타버스와 블록체인 기술융합을 이해할 수 있다.			

- 피드백

1. 작업 포트폴리오
   - 제출한 보고서를 평가한 후 주요 사항에 대하여 표시하여 돌려준다.
2. 필기시험
   - 평가 결과 성적이 저조한 학생은 보고서 제출 기회를 부여한다.
3. 체크리스트를 통한 관찰
   - 실습 과정에서 평가한 후 개선해야 할 사항 등을 정리하여 돌려둔다.

참 | 고 | 문 | 헌

- 강민구, 비대면 융합산업 발전과 디지털 대전환, KISA report, 2021.07.
- 강지영, 인공지능기반 이상감지기술, 월간 SW중심사회, SPRi, 2021.4.
- 관계부처 합동, 가상융합경제 발전잔략, 2020.12.10.
- 김광우, 메타버스는 차세대 플랫폼 혁명, tech42, https://www.tech42.co.kr, 2021.5.18.
- 김병필, 인공지능 개척시대, 메타버스 속 인공지능, 중앙일보, 2021.5.17.
- 김봉수, 메타버스가 뭐죠, 아시아경제, https://www.asiae.co.kr/, 2021.06.06.
- 김상균 · 신병호, 메타버스 새로운 기회, 메가북스, 2021.
- 김상돈, 증강현실과 가상현실 그리고 디지털트윈, science time, 2021.6.15.
- 김서희, 가상현실의 확장 메타버스 도래, 2021 글로벌 ICT이슈 레포트, 2021.
- 김정호, 메타버스, 차세대 빅데이터 플랫폼 (1) 주목받는 이유, 테크데일리(TechDaily), http://www.techdaily.co.kr, 2021.5.24.
- 김하늬, 메타버스의 시대, 핵심은 데이터, 공학저널 (http://www.engjournal.co.kr), 2021.5.20.
- 김현정, 새로운 미래공간이 된 메디버스, 사이언스타임즈, 2021.3.31.
- 남현숙, 미국 VR · AR 기술정책의 진화, https://spri.kr/posts/view/22823?code=industry_trend, 2019.
- 노중호, 5차산업혁명의 실체를 분석한다, 노블사이언스, http://www.nobelscience.net, 2017.10.6.
- 대체불가토콘, 게임의 메타버스화 촉진할 블록체인경계의 핏줄, 글로벌 게임산업 동향, 한국콘텐츠진흥원, 2021.3.
- 리본소프트, https://www.rebornsoft.co.kr/빅데이터 플랫폼
- 박경일, 메타바스 새로운 기회, 로봇신문, 2021.05.16.
- 박민영, 메타버스 시대 주인공, '디지털 휴먼' 가치와 쓸모, 솔트룩스 인공지능 사이트, 2021.3.9.
- 박지혜, 다기오는 메타버스 시대 차세대 콘텐츠산업의 방향과 시사점, KIER, 산업경제, 2021.05.
- 박진호, K-인공지능 콘텐츠로 디지털 문화유산 한류 이룰 것, AI타임즈, 2021.3.23.
- 백승은, AI로 의상 디자인 가상 착장까지 ETRI패션상품 기술 개발, 2021.4.01.
- 블로터, [블록먼데이]"NFT서 미래 봤다"…'더샌드박스'가 꿈꾸는 블록체인 게임, 2020.10.19.
- 서정욱 외, XR 콘텐츠 UI/UX 디자인 평가 가이드라인 및 체계 개발 보고서, 2020.12.17.
- 신정아, 뉴미디어와 스토리두잉, 칠월의숲, 2009.
- 아주경제, 이번엔 부활할까? 싸이 월드 22년 흥망성쇠, 2021.02.03.
- 오현주, 메타버스가 다시오고 있다, nia, 2021.03.
- 우운택, 강상융합세계 선도를 위한 디지터트윈 기반 DNA_XR전략, 한국문화정보원, 2021.01.
- 이상엽, XR의 기술개요와 동향, 정보통신기술진흥센터, iitp, 2018.12.19.
- 이승환, 로그린 메타버스 인간 x 공간 x 시간의 혁명, SPRi, issue report, 2021.03.17.
- 이승환, 한상열, 메타버스 비긴즈 : 5대 이슈와 전망, SPRi, issue report, 2021.04.20.
- 이영호외 4, 보건의료 분야 가상증강현실 기술동향, IITP, 2021.5.26.
- 이자연, 가상증강현실(AR · VR)산업의 발전방향과 시사점, KIET, 2019.02.
- 이종관, ESG, 메타버스 그리고 AI; 5차혁명? 한경닷컴, https://www.hankyung.com/it/article/202106166511i, 2021.6.17.
- 이진규, 메타버스와 프라이버시, 그리고 윤리-논의의 시작을 준비하며, 2021.3.2.
- 임용준 · 김진웅, 가상 · 중강 및 혼합현실을 위한 디지털 홀로그래피 기술 연구동향, IITP, 2018.12.26.

학습 8

- 장한영, AI 기반 메터버스에서 누구나 디지털뮤지션이 될 수 있다, 인공지능신문, http://www.aitimes.kr, 2021.5.21.
- 정한영, AI 기반 메타버스에서는 누구나 디지털 뮤지션이 될 수 있다!, 인공지능신문, http://www.aitimes.kr, 2021.05.24.
- 전자신문, 반지의 제왕 애플, 스마트 링 특허 등장, 2021.01.13.
- 정득영 · 김상태 · 김연배, 디지털트윈의 기술정의와 세부적 발전 5단계 모델, 정보통신기획평가원, 2021.2.10.
- 조선일보, 42조원 가치, 로블록스...게임만들고 친구와 즐겨, 2022.03.22.
- 주영재, 현실과 독같은 디지털 으윈 아바타의 세계, 메타버스 각광, 주간경향 1417호 https://weekly.khan.co.kr/, 2021.3.08.
- 중앙일보, '아바타끼리 연애하고 회사도 만든다', 메타버스 플랫폼 '제페토'의 미래, 2021.04.03.
- 중앙일보, '세계 최초, 한국 최초의 게임들', 2008.9.23.
- 차종환, 5G만난 디지털트윈, 메타버스 이정표 세우다, 정보통신신문, 2021.3.16.
- 해시넷, http://wiki.hash.kr/
- 현대자동차그룹, VR technology for mobility development. https://www.youtube.com/watch?v=Wdawq_s1Zzg, 2019.12.18.
- Accenture, A responsible future for immersive technologies. https://www.accenture.com/us-en/insights/technology/responsible-immersive-technologies, 2019.5.15.
- Alan JS Han, 3D Audio의 현재와 미래, http://www.alanjshan.com/3d-audio/
- AR MR XR, The Metaverse is coming : Nvidia Omniverse. https://www.youtube.com/watch?v=lcuGpLLeGWM, 2020.10.6.
- Boost VC, Perkins Coie, & XR Association, 2020 augmented and virtual reality survey report. https://www.perkinscoie.com/images/content/2/3/231654/2020-AR-VR-Survey-v3.pdf, 2020.
- Coindesk Korea, NFT시장 급성장, 커지는 위작 · 저작권 분쟁, 2021.4.1.
- Dean Takahashi, Crucible is creating agents to keep the metaverse open. https://venturebeat.com/2021/01/27/crucible-is-creating-agents-to-keep-the-metaverseopen/, 2021.1.27.
- Dean Takahashi, Tim Sweeney : The open metaverse requires companies to have enlightened self-interest. https://venturebeat.com/2021/01/27/tim-sweeney-the-open-metaverse-requires-companies-to-have-enlightened-self-interest/, 2021.1.27.
- ETRI, AI 디자이너 모델 생성기술개발, 2021.4.1.
- Gartner, Gartner top 10 strategic technology trends for 2019. https://www.gartner.com/smarterwithgartner/gartner-top-10-strategic-technology-trends-for-2019/, 2018.10.15.
- Genies(n.d.), Celebrity avatars. http://avatars.genies.com/celebrity-avatars/
- https://doooob.tistory.com/231, 두우우부, 블록체인과 메타버스
- https://ko.wikipedia.org/wiki/
- https://luniverse.io/metaverse-and-blockchain/
- https://ty3026.tistory.com/129 케이, 메타버스 그리고 NFT, 새로운 세계가 열린다.
- https://www.ajunews.com/view/20210512155443174
- https://www.sedaily.com/NewsVIew
- ITBear, 증강현실 AR 내비 등장!! U+내비게이션. https://www.youtube.com/watch?v=a7RuuizGnIQ, 2020.8.11.

- James Paul Gee, What video games have to teach us about leaning and literacy, St. Martin's Griffin, 2007.
- Jane McGonigal, Reality is broken : Why games make us better and how they can change the world. Penguin Books, 2011.
- John Smart, Jamis Cascio, & Jerry Paffendorf, Metaverse Roadmap Overview. Acceleration Studies Foundation. http://www.metaverseroadmap.org/overview/, 2007.
- KB금융지주 경영연구소, 블록체인 시장의 다음 메가트렌드, NFT, 2021.03.02.
- Kevin Westcott, Jeff Loucks, Kevin Downs et al, Digital media trends survey, 14th edition. https://www2.deloitte.com/us/en/insights/industry/technology/digital-media-trends-consumption-habits-survey/summary.html, 2020.6.23.
- Lauren Kirchner, AOL settled with unpaid "volunteers" for $15 million. https://archives.cjr.org/the_news_frontier/aol_settled_with_unpaid_volunt.php, 2011.2.10.
- LG CNS, 사람이 눈 앞에 있는데 비대면? 가상융합(XR)이 온다!, https://blog.lgcns.com/2454, 2021.1.5.
- Neal Stephenson, Snow Crash. Bantam Books, 1992.
- North, Snow Crash, Bantam Books, 1992.
- SMTOWN, SM 신인 걸그룹 aespa, 11월 17일 데뷔 확정! 싱글 'Black Mamba' 전격 공개!, https://www.smtown.com/artist/newsDetail/4154, 2020.11.2.
- S-Oil 공식블로그, 현실보다 더한 현실, 디지털트윈, https://story.s-oil.com/, 2021.6.9.
- SPRi, 「비대면 시대의 Game changer, XR」, 2021 ICT 산업전망 Conference, 2020.
- T Times, 1년 만에 유니콘 건너뛰고, 2조 원 회사 된 호핀, 2020.10.22.
- theguru, 애플, VR 장갑 특허 획득…'메타버스' 시대 준비, 2021.01.05.
- Unity(n.d.), What is AR, VR, MR, XR, 360?, https://unity3d.com/what-is-xr-glossary
- Unreal Engine, 언리얼 엔진 4 문서-디지털휴먼, https://docs.unrealengine.com/ko/Resources/Showcases/DigitalHumans/index.html
- VentureBeat, The Metaverse is coming. https://www.youtube.com/watch?v=rbhC6wokNGc, 2020.4.29.
- VT Staff, The blockchain-based virtual world that can help usher in the metavrse. https://venturebeat.com/2021/02/04/the-blockchain-based-virtual-world-thatcan-help-usher-in-the-metaverse/, 2021.2.4.
- www.care-os.com
- www.gatebox.ai/grande
- www.teamflowhq.com

학습 8

학습 9 메타버스와 5G 네트워크 기술융합

학습 목표

1. 메타버스의 5G 네트워크 기술융합을 이해할 수 있다.

9-1 메타버스의 5G 네트워크 기술

1. 5G 네트워크의 개념

5G(5세대 이동통신) 네트워크란 차세대 무선시스템 기술로 광섬유 케이블을 통해 최대 속도가 1Gbps였던 4G 대비 크게 향상된 20Gbps를 제공하는 네트워크 시스템이다. 5G 이후 이동통신기술은 지금까지 불가능했던 혁신적 융합서비스와 장비 · 단말 등 제조분야 신산업을 창출할 것으로 기대하고 있다.

스마트폰 서비스(B2C)에 국한된 4G 이후 5G는 첨단단말에 적용되어 他산업에 융합서비스(B2B) 촉발하고 이후 도래할 6G를 통해 全산업 영역에 메타버스융합서비스가 안정적으로 적용, 고도화가 될 것으로 예상된다.

[그림 9-1]는 이동통신기술 발전전망도이다.

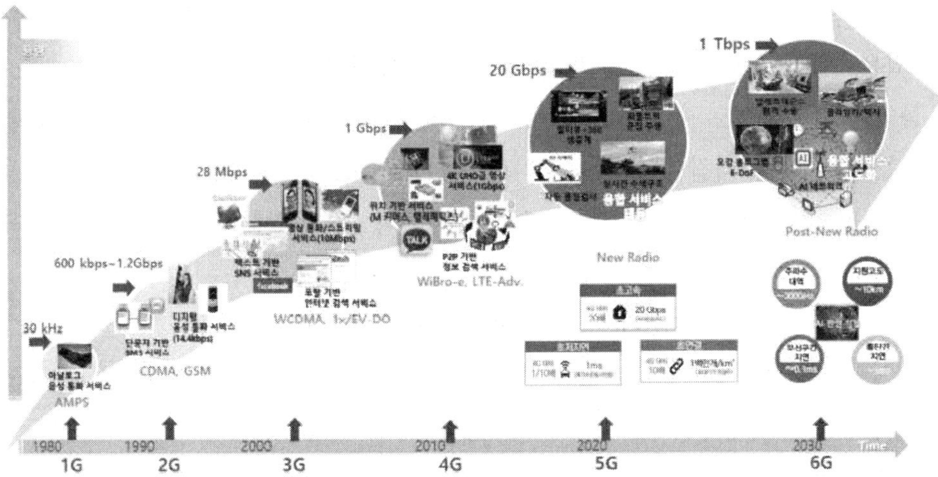

[그림 9-1] 이동통신기술 발전전망

5G 네트워크의 가장 큰 장점은 빠르고 안정적인 데이터 전송과 Wi-Fi 대비 더 다양한 기기 센서 웨어러블과의 연결을 지원하는 능력이다. [그림 9-2]처럼 5G 네트워크를 통해 방대한 데이터를 매우 빠르게 전송(초고속)하고 실시간(저지연)으로 모든 것을 연결(초연결)하는 것이 가능하다.

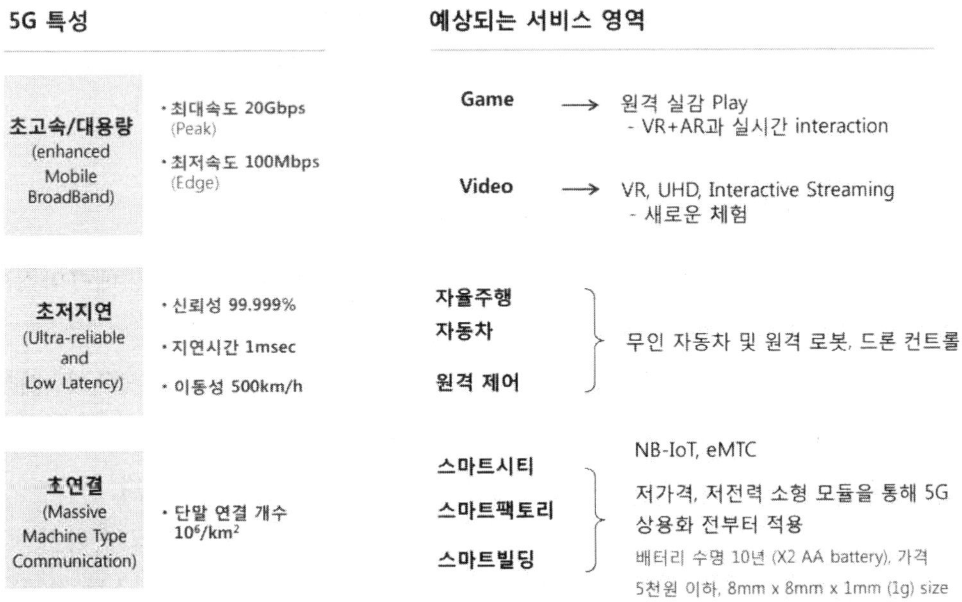

[그림 9-2] 5G 시대의 서비스

5G를 접목한 산업이 성공적으로 안착하기 위해서는 명령에 즉각적으로 반응할 수 있는 '빠른 응답속도(Low Latency)'가 중요하다.

응답속도(지연속도 · Latency)는 크기가 작은 데이터가 단말기와 기지국 사이를 오가는데 걸리는 시간이다. ms(밀리세컨, 1/1000초)으로 표시하며, 4G(LTE)의 경우 10ms의 응답속도를 보이고, 5G는 10분의 1 수준인 1ms의 응답속도를 가진다.

〈표 9-1〉 기존 이동통신(4G) 대비 5G 핵심성능 비교

핵심성능		4G	5G	4G와 5G 대비
초고속	최대 전송속도	1 Gbps	20 Gbps	20배
저지연	전송지연	100분의 1초	1,000분의 1초	1/10
초연결	최대 기기 연결수	십만개/km^2	백만개/km^2	10배

출처 : 혁신성장 실현을 위한 5G+ 전략(관계부처 합동, '19.4.8)

다양한 메타버스 융합서비스가 全 산업영역에 안정적으로 적용되기 위해서 5G의 기술적 한계를 극복하는 방향으로 6G의 기술발전이 이루어질 전망이다.

글로벌 선진국 및 해외 주요 이통 · 제조사는 5G의 한계를 극복하기 위해 6G의 기술성능 목표수립 및 관련 R&D를 경쟁적으로 착수중이다.

예를 들면 EU의 핀란드 오울루 대학, 미국의 NYU Wireless 센터, 중국의 화웨이, 캐나다 글로벌 R&D 센터 등이 대표적으로 연구하고 있다.

2. 5G 대량데이터 초고속 전송기술

수천만명의 이용자가 동시에 접속해 지연시간 없이 실감나는 메타버스 체험을 하려면 MEC, IoT, 5G와 같은 네트워크 기술이 핵심이다.

MEC란 통신 에지(Edge) 기지국에 분산 클라우드 컴퓨팅을 적용해 네트워크의 지연시간을 줄이고 속도와 보안성을 강화하는 기술이다. 메타버스에서 많은 접속자가 동시에 몰릴 때 부하를 분산하기 위해서는 MEC가 필수다.

메타버스와 5G 네트워크의 기술융합은 5G 시스템에 네트워크 슬라이스 관리시스템 NSSF(Network Slice Selection Function), 정책제어시스템 PCF(Policy Control Function), 5G 통합과금 수집시스템 CCS(Converged Charging System) 등과 같은 네트워크 솔루션 기술이 필수적이다.

NSSF(Network Slicing Selection Function) 시스템은 다양한 서비스를 제공하는 5G망 환경에서 사용자가 요청한 서비스에 대해 서비스 가능한 최적의 네트워크 슬라이스를 선택하고, 망에서 사용자에게 허가된 요청서비스를 지원할 수 있는 최적의 AMF(Access Management Function) 또는 AMF Set 정보를 제공하는 솔루션이다.

NSSF 시스템은 네트워크 슬라이스 선택기능을 제공하기 위해 3GPP(3rd generation partnership project) 5G System Architecture 상에서 HTTP2기반 Nnssf SBI(Service-based interface exhibited by NSSF)를 통해 아래의 서비스 처리 기능들을 수행한다.

① NS(Network Slice) Selection : 사용자에게 적합한 Network Slice 정보 제공
② NSSAI(Network Slice Selection Assistance Information) Availability : Access Network에서 서비스 가능한 S-NSSAI 정보 관리

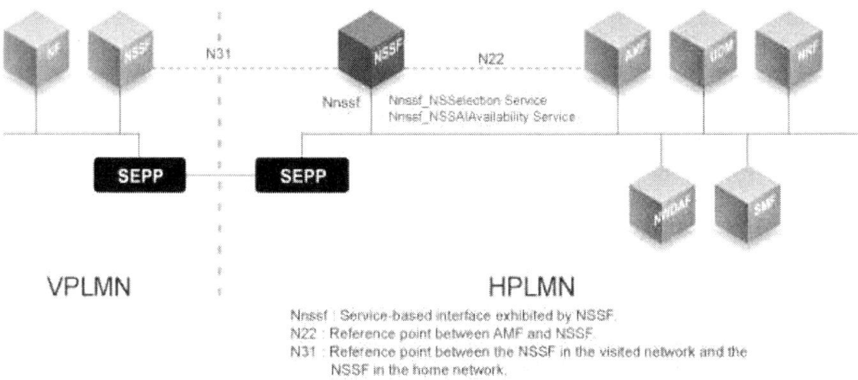

[그림 9-3] 3GPP 5G시스템 구조기반 NSSF연동 인터페이스

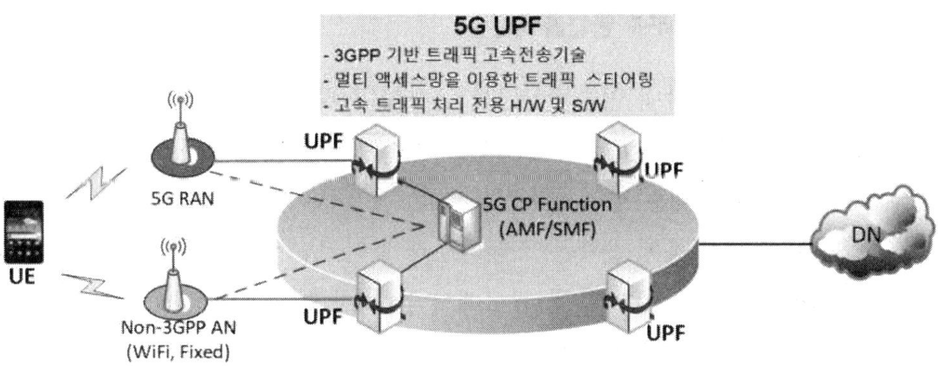

[그림 9-4] 5G 대량데이터 초고속 전송기술

메타버스 기반의 AR/VR, 홀로그램, 자율주행 등 5G서비스의 대용량/고화질 멀티미디어 트래픽의 고속 처리를 위한 5G 대용량의 빅데이터 트래픽 초고속 전송기술은 3GPP 표준 인터페이스 기반의 트래픽 제어, 멀티 액세스망을 이용한 트래픽 분산처리, 고속 트래픽 처리 전용 H/W 및 S/W의 세부기술로 이루어진다.

CUPS(Control and User Plane Separation)에 의한 제어와 트래픽의 완전한 분리처리로 대용량 빅데이터 트래픽의 고속 전송이 가능하다.

1) 3GPP Rel 15 표준 인터페이스 기반의 트래픽 제어

CUPS에 의한 SMF(Session Management Function)와의 N4 인터페이스를 통한 PDR/FAR/QER/URR Rule enforcement를 기반으로 하여 UPF(User Plane Function)를 제어한다.

2) 멀티 액세스망을 이용한 트래픽 스플리팅(Splitting)

액세스망에 독립적인 Common 코어 네트워크를 지향하는 5G 코어망은 멀티 액세스망을 통한 트래픽 스티어링(3GPP에서는 트래픽의 스티어링/스위칭/스플리팅 용어를 구분하여 사용하고, 스플리팅은 동일 데이터 스트림을 분산 처리하는 의미함) 기능을 가진다.

3) 고속 트래픽 처리 전용 H/W 및 S/W

대용량 트래픽의 고속처리를 위해서는 CP와 분리된 고속처리용 전용 H/W와 트래픽 전송을 위한 최소한의 패킷 처리 S/W가 필요하므로 별도로 구분하여 처리한다.

3. 메타버스와 차세대 통신플랫폼

메타버스 시장이 국내 이동통신 3사의 차세대 먹거리로 급부상하고 있다. 코로나19로 인해 온라인 가상 플랫폼의 필요성이 대두된 데다가, 5G 기반 킬러 콘텐츠를 확보할 수 있다는 점에서다.

독일의 비즈니스 통계 플랫폼 스태티스타에 따르면 메타버스 시장은 올해 307억달러(한화 약 34조 1077억원) 규모에서 2024년 약 2969억달러(한화 약 329조 8559억원)까지 성장할 전망이다.

시장조사업체 스트래티지 애널리틱스 역시 메타버스 시장이 현재 460억달러(한화 약 51조 1060억원) 규모로 오는 2025년까지 2800억달러(한화 약 311조 800억원)까지 성장한다고 예측했다.

통계에 따라 약간의 차이는 있지만 대체적으로 메타버스 시장이 4~5년 이내에 6배 수준의 성장을 통해 300조원에 달하는 시장을 형성할 것이란 분석이 지배적이다. 메타버스 시장의 성장 가능성을 본 이통3사는 본격적인 투자의 움직임을 보이고 있다.

[그림 9-5] SKT가 메타버스 서비스 'T프렌즈 2021 T-TALK'의 한 장면

[그림 9-5]처럼 'SK텔레콤이 그리는 메타버스의 미래'라는 주제의 강의를 듣기 위해 사람들이 모였다. 사람들은 마스크도 쓰지 않고 서로 가까이 앉아있었지만 코로나19 감염 위험은 없었다. 그곳은 가상공간이었기 때문이다. SKT가 마련한 '점프 버추얼 밋업' 앱에 마련된 가상공간에서 열린 강의에 사람들은 각자의 아바타로 참여했다. 참여자들은 발표자가 제시한 PDF 파일을 함께 보며 자신의 아바타로 채팅을 통해 의견도 주고받았다. 이는 메타버스 기술과 5G 네트워크 기술이 있었기에 가능했다

SK텔레콤은 기존 'MR(혼합현실) 서비스 CO'의 명칭을 '메타버스 CO'로 변경하고 관련 사업을 추진하는 등 이통3사 중 가장 메타버스 시장진출에 적극적이다.

SK텔레콤은 기업분할 시나리오 공개 이후 "존속 회사를 인공지능(AI) · 디지털 인프라를 기반으로 한 메타버스 기업으로 키우겠다"고 밝히기도 했다. [그림 9-6]처럼 SK텔레콤은 이미 점프 AR과 점프 버추얼 밋업을 통해 각각 300만명이 넘는 가입자를 확보하고 있다.

학습 9

[그림 9-6] '버추얼 밋업' 서비스 화면

올해 초에는 메타버스를 활용해 순천향대 입학식을 치러 눈길을 끌었으며, 지난달 개최된 '월드 IT쇼 2021'에서 메타버스 기반의 각종 신기술을 선보이는 등 국내 메타버스 시장을 선도하는 모습이다.

이 밖에도 페이스북의 가상현실(VR) 기기 오큘러스 퀘스트2의 국내 공식 유통사를 담당하고 카카오VX와 메타버스 기반의 골프중계를 기획하며, 외부와 협업에도 적극적으로 나서는 모습이다.

LG유플러스는 글로벌 5G 콘텐츠 연합체인 XR 얼라이언스 의장사를 맡아 메타버스 시장을 공략하고 있다. 회사는 지난해 세계 최초로 소비자용 5세대 통신(5G) 증강현실(AR)글래스 'U+리얼글래스'를 출시했다.

[그림 9-7]처럼 U+리얼글래스는 안경을 쓰듯 기기를 착용하면, 렌즈를 통해 원하는 콘텐츠를 보여주는 웨어러블 디바이스다. 렌즈가 투명해 서비스 이용 중에도 앞을 볼 수 있고 이용자를 둘러싼 360도 공간에 콘텐츠 화면 배치 · 크기 조정을 자유자재로 할 수 있다.

미국의 버라이즌, 프랑스의 오렌지텔레콤을 비롯한 각국의 대표 이통사들과 AR 기업 트리거 등 11개 회원사가 가입한 상태다.

XR 얼라이언스는 국제우주정거장(ISS)에서 촬영한 VR 콘텐츠 'Space Explorers : The ISS Experience'의 에피소드를 두 차례 공개했으며, 꾸준한 콘텐츠 확보로 메타버스 시장을 주도한다는 방침이다.

[그림 9-7] LGU+ '리얼 글래스' 사용 화면

KT는 정보통신기술(ICT) 기업들과 '메타버스 원팀'을 결성하면서 메타버스 생태계 조성을 위한 첫걸음을 내디뎠다.

메타버스 원팀에는 KT를 비롯해 VR · AR · MR 관련 사업체인 딜루션, 모온컴퍼니, 버넥트, 스마일게이트스토브, 스코넥엔터테인먼트, 위지윅스튜디오 등을 비롯한 9개 기업과 한국가상증강현실산업협회가 참여한다.

업계에서는 메타버스 원팀의 참가사들이 각각 VR · AR · MR 분야에서 검증된 기술력을 선보였던 만큼, 메타버스 시장의 주도권을 확보할 수 있는 고퀄리티 콘텐츠를 확보하는 데 무리가 없을 것으로 전망하고 있다.

메타버스는 유저 연령층, 가입자 수 증가 추이, 선순환 생태계 조성 등 차세대 플랫폼으로서의 조건을 갖췄다. 향후 콘텐츠 고도화와 수익화 모델이 갖춰지면 선순환 생태계가 더욱 확장될 것이다.

9-2 메타버스와 5G 네트워크 융합기술

5G는 데이터 전송속도와 용량 등에서 이전 세대보다 훨씬 효율적이므로 AR 공간에서 이런 기반이 매주 중요하다. VR 헤드셋이나 AI기반 봇은 클라우드 서버와 장치 간에 엄청난 양의 데이터를 압축할 수 있게 지연시간이 짧고 빠른 네트워크가 필요하다. 비디오와 몰입형 사운드 미디어로 가득찬 인터랙티브 3D 메타버스

를 구성하려 기존보다 훨씬 밀도가 높은 디지털 파일이 필요하므로 업로드와 다운로드 속도가 4G보다 훨씬 빠른 5G는 이런 큰 파일들 처리가 가능하다. 대용량 정보를 고속으로 전송할 수 있는 5G(5세대 이동통신)통신망이 확충되면서, 메타버스 붐이 일고 있다.

초고속 5G 통신 네트워크를 무기로 앞세운 이동통신업계가 이른바 '메타버스(3차원 가상세계)' 전쟁에 돌입했다. 현실과 비현실을 아우르는 메타버스를 새 먹을 거리로 삼은 이통사들이 메타버스 플랫폼 구축과 함께 증강현실(AR) · 가상현실(VR)을 활용한 각종 콘텐츠와 서비스를 쏟아내고 있어서다. 특히 디지털에 익숙한 MZ세대를 중심으로 호응도가 높아 메타버스 시대가 일상화할 날도 머지않았다는 평가다.

SK텔레콤, KT, LG유플러스 등 이통 3사는 최근 자사 5G 네트워크를 활용한 메타버스 플랫폼 구축과 함께 AR · VR 서비스를 확대하고 있다.

메타버스 플랫폼 구축의지를 강조한 SK텔레콤은 이르면 올여름 전후로 VR 기반 소셜 커뮤니케이션 서비스인 버추얼 밋업 등을 대폭 업그레이드한다. 이는 급성장이 전망되는 메타버스시장을 발 빠르게 선점하기 위한 행보다.

SK텔레콤이 볼류메트릭(Volumetric) 기술을 적용해 공개한 안무가 리아킴의 분신술 공연 등 메타버스 콘텐츠의 월간이용자수(MAU)는 이달 초 125만명을 넘어선 것으로 집계됐다.

[그림 9-8] 150개의 소셜월드 메타버스공간에서 진행된 입학식

[그림 9-8]처럼 SK텔레콤이 진행한 순천향대학교 입학식은 VR로 구현된 캠퍼스에 신입생들이 아바타로 참석하는 세계 최초 비추얼(Vitual)방식의 메타버스 입학식으로 치러져 화제가 됐다. 약 2500명의 새내기들은 '과잠(대학 단과대학별 점퍼)'을 장착한 자신의 아바타를 통해 입장하고, 총장 환영사와 신입생 대표 입학선서를 경청했다. 또 교수와 동기, 선배들과 인사도 나눴다.

KT 역시 TV홈쇼핑 채널에서 방송 중인 상품을 모바일과 TV 화면에 3D 콘텐츠로 구현하는 'AR쇼룸'을 선보이는 등 일상생활에 AR · VR를 접목한 서비스를 잇달아 선보이고 있다. 가상 모임 플랫폼 '인게이지'를 통한 VR 어학연수 프로그램은 가상공간에서 원어민 영어강사와 아바타 형태로 매일 회화수업을 받을 수 있도록 했다.

LG유플러스의 경우 의장사를 맡고 있는 5G 콘텐츠 연합체 XR얼라이언스를 통해 메타버스시장을 확장하고 있다.

국제우주정거장(ISS)에서 활동하는 우주비행사의 일상을 VR로 생생하게 감상할 수 있도록 한 첫번째 프로젝트는 에피소드2가 전세계에 동시 공개된다. LG유플러스는 향후 인기 드라마, 영화 콘텐츠의 주요 장면을 짧게 AR · VR화하는 방안 등도 구상 중이다.

학습 9

수행 내용

재료 · 자료

• 메타버스 관련 자료

기기(장비 · 공구)

• 컴퓨터, 문서작성 프로그램, 프린터, 주변기기

안전 · 유의사항

• 메타버스 관련 장비의 안전 및 유의사항을 숙지한다.

수행 순서

01 메타버스와 5G를 위한 MEC 기술동향에 대하여 분석하라.

Mobile Edge Computing(MEC)은 무선기지국에 분산 클라우드 컴퓨팅 기술을 적용하여 다양한 서비스와 캐싱 콘텐츠를 이용자 단말에 가까이 전개함으로써 모바일 코어망의 혼잡을 완화하고, 새로운 로컬서비스를 창출하는 기술이다.

현재는 European Telecommunications Standards Institute(ETSI)주도로 규격 작업이 진행되고 있으며, 동시에 산업계에서는 LTE 모바일 네트워크에 적용하는 시도들이 이루어지고 있다. 그러나 MEC기술은 Software Defined Network(SDN)/Network Functions Virtualization(NFV) 기술들과 함께 향후 2020년대에 도입될 5G 네트워크의 주요 구성 기술로서 부상하고 있다.

Mobile Edge Computing(MEC)은 애플리케이션 개발자나 콘텐트 제공자들에게 모바일 네트워크 에지에서 클라우드 컴퓨팅 능력과 IT서비스 환경을 제공한다. 특히 응용 애플리케이션들에게 초 저지연과 대용량 대역폭 제공, 실시간 네트워크 정보접근이 가능하도록 하여 준다.

MEC는 새로운 생태계와 가치 사슬을 제공한다. 네트워크 사업자들은 그들의 Radio Access Network(RAN) Edge를 검증된 외부 기관들에게 개방하여 모바일 가입자나 기

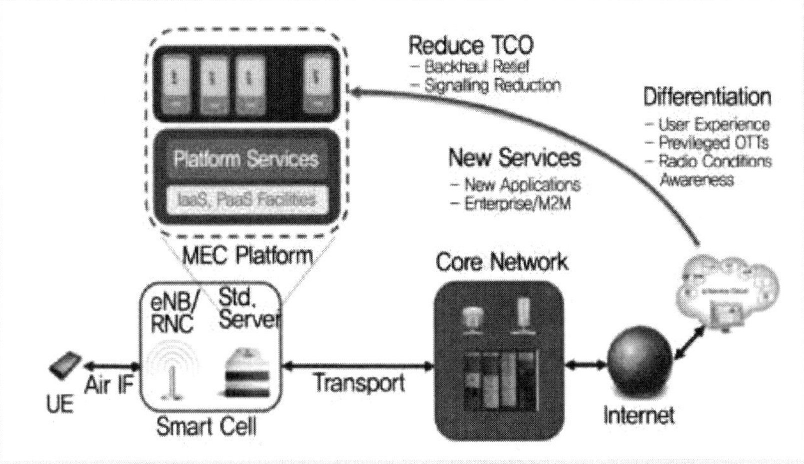

[그림 9-9] MEC의 개념

업, 산업들에 혁신적인 응용이나 서비스를 유연하고 신속하게 도입할 수 있게 하여 준다.

MEC가 제공하는 근접성, 상황인지, 민첩성, 빠른 응답시간, 속도 등은 가치로서 변환되어 모바일 사업자, 네트워크 장비업체, 서비스 사업자들의 비즈니스 모델 내에서 상호 보완적이고 상호 이익이 되는 역할을 제공한다. 또한 모바일 광대역 서비스 경험을 수익화하도록 만들어 준다.

MEC는 이동통신 기지국의 진화, IT와 통신의 융합 추세에 따른 자연스러운 산물이다. MEC는 일반 사용자나 엔터프라이즈 사용자들에게 새로운 비즈니스 영역을 만들거나 서비스를 가능하게 한다.

대표적인 Use Case에는 비디오 분석, Internet of Things(IoT), 증강현실, 최적화된 로컬 콘텐츠 분배 및 데이터 캐싱 등이 포함된다. 특히 MEC는 소프트웨어 애플리케이션들이 로컬 콘텐츠는 물론 액세스망의 상황에 대한 실시간 정보를 들여다 볼 수 있게 하여 준다.

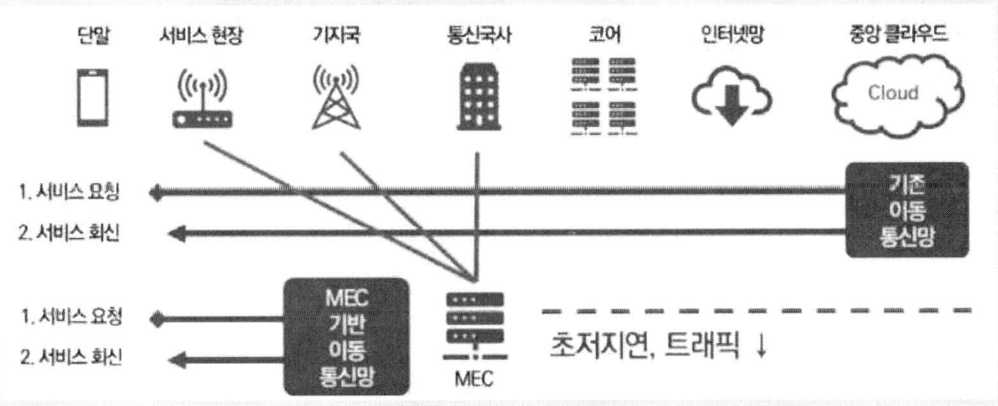

[그림 9-10] 데이터 전송 및 처리단계

학습 9

MEC 특징은 분산 클라우드 컴퓨팅 기술을 통해 코어망의 혼잡을 완화하고 새로운 로컬 서비스를 창출하는 기술이다.

최적화는 네트워크 경로를 최적화하여 트래픽 · 연산을 효과적으로 처리한다.

지능화는 이동통신망이 서비스 기반 컴퓨팅 아키텍쳐로 지능화한다. 단순 데이터 전송 통로를 데이터 수집 · 처리(컴퓨팅) 시스템으로 지능화하는 것이다. 산업 도메인별 특화된 융합서비스 촉진자로서 5G B2B 생태계 형성하고 고성능 컴퓨팅 작업을 단말에서 MEC로 이관하면서 단말의 경량화, 단가 하락 등 5G 융합단말 활용 및 확산에 유리한 여건으로 조성한다.

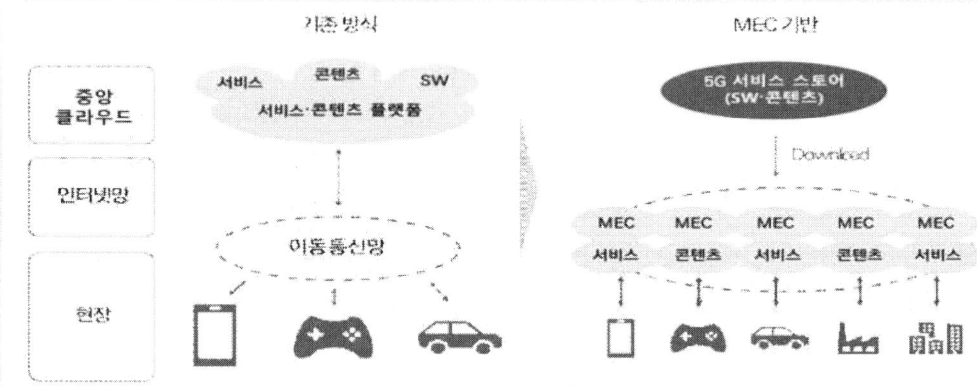

[그림 9-11] MEC적용 전 · 후 비교

MEC 기반 양자컴퓨팅 클라우드 서비스 인프라 구축 및 개념 검증이 추진중이다.

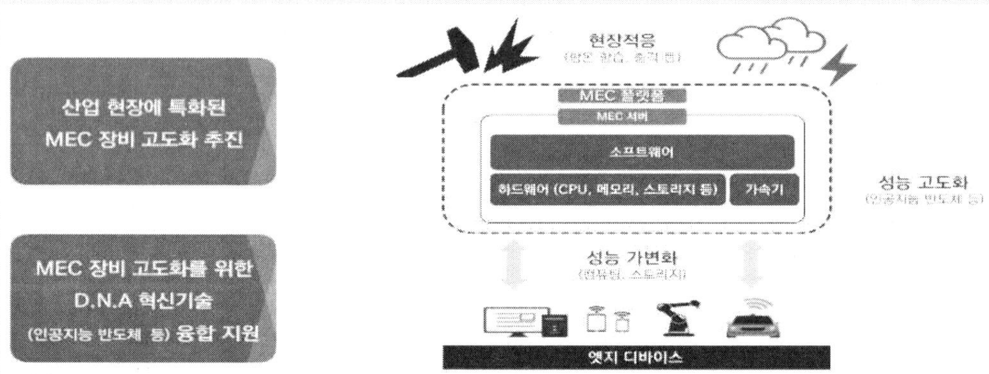

[그림 9-12] MEC기반 양자컴퓨팅 클라우드 서비스 인프라

02 통신사의 메타버스 주도권 경쟁현황에 대하여 분석하라.

KT와 LG유플러스도 메타버스 서비스를 일상의 영역으로 확산하고 있다.

1. 메타버스 운동회

KT는 최근에 서울 용산구 관내 어린이집 등에서 메타버스 운동회를 개최했다.

이번 행사는 코로나19로 외부활동이 제한된 상황에서 어린이들의 체육활동을 지원하기 위해 마련됐다. 굳이 가상현실 기기나 증강현실 안경을 착용하지 않더라도 반응형 기술 및 동작 인식이 가능한 센서를 연동, 어린이들이 실감나고 재미있게 체육 활동을 할 수 있도록 했다.

2. 메타버스 라운지

KT는 코로나로 인해 야구장 관중이 30%로 제한된 상황에서 팬들이 시·공간 제약 없이 선수들과 가상으로 소통할 수 있는 메타버스 라운지를 만들기도 했다. 여기에서 팬들은 KT 위즈 홈경기 시 선수들이 직접 참여하는 라이브 팬미팅에 참여할 수 있다.

3. 메타버스 원팀 구성

KT는 메타버스 생태계 확대를 위해 관련 기업들과 '메타버스 원팀'을 결성하기도 했다. KT를 비롯해 딜루션과 버넥트, 코아소프트, 위지윅스튜디오, 스마일게이트스토브 등 9개 기업과 한국가상증강현실산업협회가 참여 중이다. 이들은 참여기업을 지속적으로 늘려가면서 생태계 확대 및 기술발전에 힘을 모은다는 방침이다.

4. XR 얼라이언스

LG유플러스는 풍부한 가상현실 콘텐츠 제작역량을 바탕으로 글로벌 IT 기업이 참여하는 세계 첫 5G 콘텐츠 연합체 'XR 얼라이언스'의 의장사로 활동하고 있다. 이를 통해 미국 AR·VR 협업 플랫폼 개발기업 스페이셜과 함께 가상회의 솔루션을 개발했다.

5. 메타버스 기반의 아이돌 온라인 전시관을 운영

LG유플러스는 SM엔터테인먼트와 함께 메타버스 기반의 아이돌 온라인 전시관을 운영

학습 9

하고 있다. 최근 공개한 아이돌 그룹 '엑소'의 전시관은 단순 VR 영상 시청을 넘어 가상현실 속에서 원하는 공간으로 이동이 가능한 메타버스 개념을 접목했다.

6. 메타버스 중심의 사업 강화

통신사들이 앞다퉈 5G를 메타버스에 적용, 서비스 경쟁에 나서는 것은 관련 시장의 성장성이 크기 때문이다. 시장조사업체 스트래티지 애널리틱스(SA)에 따르면 메타버스 경제의 시장규모는 오는 2025년에 지금보다 6배 이상인 270억달러(약 31조원)로 커질 전망이다.

SK텔레콤 관계자는 "VR을 기반으로 한 메타버스 커뮤니케이션 서비스 사용자가 늘고 있는 추세"라며 "단순히 보는 것을 넘어 소셜 기능을 가미한 버추얼 밋업 서비스가 더 각광을 받을 것이고 미래 콘텐츠의 발전을 이끌어 갈 것으로 생각해 메타버스 중심의 사업을 더욱 강화할 예정"이라고 말했다.

03 메타버스와 같은 다양한 융합서비스를 안정적으로 적용하기 위한 5G의 기술적 한계와 6G로의 진화에 대하여 분석하라.

1. 5G의 4가지 기술적 한계

1) 종단간 지연 미고려

5G는 무선구간에 대한 지연시간만 1ms로 단축하였으며, 유선구간을 포함한 네트워크 종단간의 지연시간(수십ms) 단축효과는 미미하다.

2) 융합서비스 실현 한계

메타버스 및 자율자동차 같은 융합서비스 지원을 위한 트래픽 용량기술의 한계가 있다. 예를 들면 자율주행차 1대가 5~10Gbps를 사용할 것으로 전망되어 최대 20Gbps의 성능을 가진 5G로는 많은 수의 자율주행차를 제어하기 곤란하다.

3) AI 부분적용

인공지능(AI)를 부분적 네트워크 자원관리기능(코어 네트워크)에 부분적으로만 도입되고 있다.

4) 지상중심 커버리지

5G 커버리지는 지상으로부터 최대 120m 높이까지의 단말만을 지원하여 드론, 플라잉카 등 향후 등장할 공중 비행체에 대한 지원 미비하다.

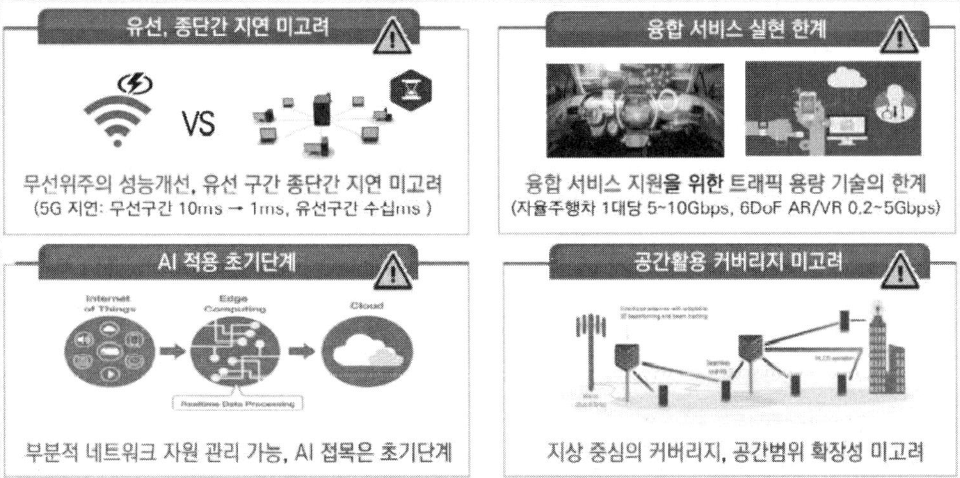

[그림 9-13] 5G의 4가지 기술적 한계

2. 6G로의 진화

이동통신 인프라와 서비스는 5G통신 세대가 6G로 진화함에 따라 초대역화, 초정밀화, 초지능화, 초공간화가 이루어질 것으로 예상된다.

기존의 5G는 첨단 단말에 적용되어 타산업과의 융합서비스(B2B)가 촉발될것으로 예상된다. 즉 메타버스 관련 융합서비스, 원격진로, 자율주행차, 기초적 홈 네트워크 등이다.

[그림 9-14] 5G통신 세대가 6G로 진화

6G로 진화되면 전산업 영역에 메타버스 등 융합서비스가 안정적으로 적용하고 고도화 될 것으로 전망한다.

1) 초대역화

초대역화는 비대면 초현실 서비스로 기존 5G보다 50배빠른 데이터 전송이 가능하다.

2) 초정밀화

초정밀화는 원격수술, 원격근로 등 서비스로 메타버스를 통하여 가상과 현실의 온전한 실시간 연결이다.

3) 초지능화

초지능화는 전국스마트시티 및 공장서비스로써 사람의 개입없는 똑똑한 인공지능으로 통신 및 자동제어를 구현한다.

4) 초공간화

초공간화는 공중 네트워크 서비스로써 초고속 통신이 공중, 해상으로 확대되는 것이다.

04 메타버스와 같은 초연결, 초실감, 초지능 서비스를 실현을 위한 네트워크 기술의 발전전망에 대하여 분석하라.

메타버스와 같은 융합서비스를 구현하기 위해 네트워크 기술은 초연결, 초실감, 초지능 서비스 실현을 위한 네트워크 인프라 핵심원천 기술 및 산업화 지원기술이 필요하다.

[그림 9-15]처럼 그 구현기술의 범위는 트래픽 폭증에 대응한 대용량 광 네트워크 및 부품/모듈 기술, 미션 크리티컬 응용 등 다양한 고신뢰 · 실시간 · 고품질 서비스 제공을 위한 패킷 네트워크 기술, 기존 인터넷의 한계를 극복하기 위한 미래 네트워크 구조 혁신 기술, 버티컬 산업으로 5G 확산을 위한 5G+ 모바일 코어 네트워크 기술, 네트워크 - 컴퓨팅 융합 환경에서 최적의 서비스를 제공하기 위한 지능형 네트워크 서비스 및 제어 · 관리 자동화 기술 등을 포함된다.

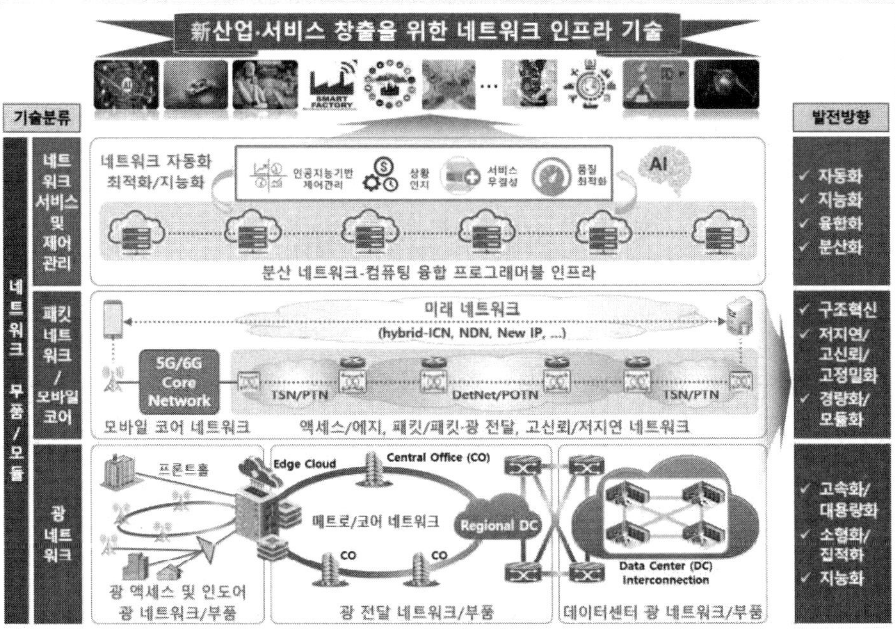

[그림 9-15] 메타버스와 같은 융합서비스 구현하기 위한 네트워크 인프라 기술

[그림 9-16]처럼 네트워크 분야의 발전전망은 네트워크 인프라가 초고속 · 대용량화와 함께 미션 크리티컬, 실감 서비스를 위한 저지연 · 고정밀 전달이 강화되고, AI 기술이 본격적으로 적용되어 종단간 운용관리 자동화 및 서비스 최적화를 위한 자율 네트워크로 진화될 전망이다.

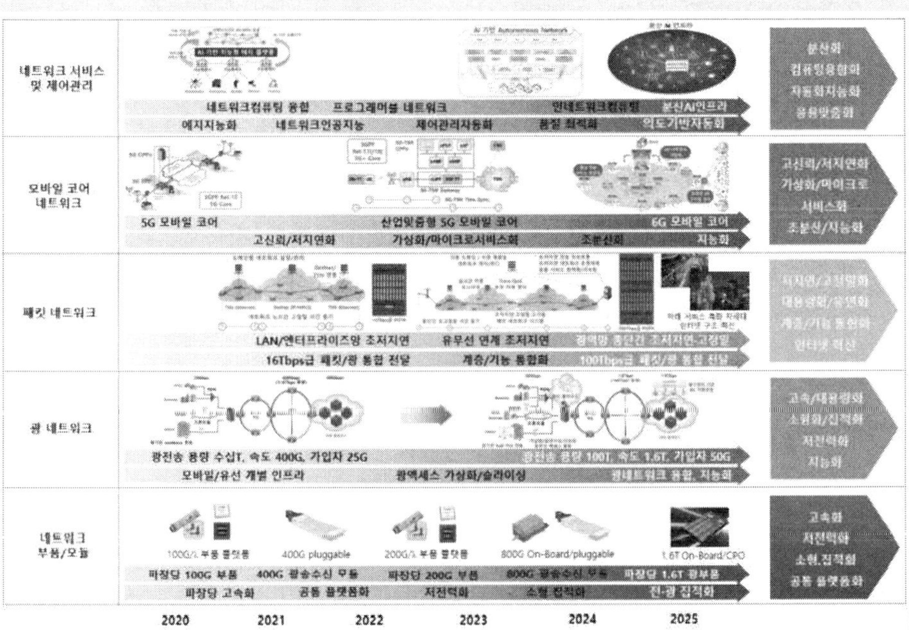

[그림 9-16] 네트워크 분야 기술발전 전망

학습 9

또한 미래 버티컬 산업 · 서비스 요구에 맞는 최적 인프라 제공을 위하여 네트워크-컴퓨팅 융합분산 인프라로 진화할 전망이며, 네트워크 슬라이싱 및 다양한 네트워크 구조 혁신기술을 통해 기존 IP 네트워크와 다양한 버티컬 특화 네트워크가 공존하는 유연한 네트워크 인프라로 발전이 예상된다.

1. 광 네트워크 및 부품/모듈

광 네트워크 및 부품/모듈 분야는 트래픽 폭증에 대응한 고속화 · 대용량화, 광통신 부품 · 장비 경쟁력 확보를 위한 소형화 · 집적화, 통신장비의 전력소비 문제해결을 위한 저전력화, 최적 전송품질 제공과 자원 관리 · 제어를 위한 지능화 방향으로 발전한다.

2. 패킷 네트워크

패킷 네트워크 분야는 대용량화 · 유연화, 계층 · 기능 통합, 저지연 · 고정밀화 등 패킷 및 패킷 · 광 전달망의 지속적인 고도화와 함께 현존 IP의 문제점을 근본적으로 해결하기 위한 차세대 인터넷 구조연구가 다시 활기를 띨 것으로 전망된다.

3. 모바일 코어

모바일 코어 분야는 버티컬 산업응용을 위한 저지연 · 고신뢰화와 함께, 손쉬운 망 구축 및 운영이 가능하고 다양한 버티컬 산업 요구사항에 유연하게 적용 가능하도록 마이크로서비스 기반으로 경량화 · 모듈화되는 방향으로 발전 전망이다.

4. 서비스 및 제어/관리

서비스 및 제어/관리 분야는 AI 기반 네트워크 제어관리 자동화, 분산지능을 활용한 능동적 서비스 제공을 위한 협업형 네트워크-컴퓨팅 융합 인프라로 발전될 전망이다.

학습활동.9 교수 · 학습 방법

교수 방법

- 메타버스와 5G 네트워크 기술융합에 대한 관련 용어, 구성, 방식 이해 정도를 파악한 후 수업을 진행한다.
- 교수자의 주도로 메타버스와 5G 네트워크 기술융합 등의 내용을 PPT 자료로 제시한 후 설명한다.
- 가능하면 사전에 개인별 학습 자료를 준비하여 모든 학생이 참여할 수 있는 문제 해결식 수업, 협력 수업이 가능하도록 한다.
- 메타버스와 5G 네트워크 기술융합 전 과정을 작업의 순서에 따라 단계적으로 실습이 이루어질 수 있도록 지도한다.
- 교재를 통해 수업을 준비하는데 있어서 필요한 모든 정보나 팁, 힌트 등 도움이 될 만한 내용들을 확인할 수 있다.
- 학생들이 만들게 될 각 모델들은 수업시간에 중점적으로 다뤄질 부분과 어휘, 질문, 답을 포함하고 있으며 또한 탐구할만한 추가적인 아이디어들도 포함하고 있다.

학습 방법

- 메타버스와 5G 네트워크 기술융합에 대한 관련 용어를 숙지하고, 메타버스와 5G 네트워크 기술융합에 대해 이해한다.
- 메타버스와 5G 네트워크 기술융합의 각 단계별 중점 사항을 체계적으로 학습한다.
- 메타버스와 5G 네트워크 기술융합의 수행순서의 전 과정을 실습한다.
- 메타버스와 5G 네트워크 기술융합의 내용을 이해한다.
- 메타버스와 5G 네트워크 기술융합을 이해하고 숙달이 될 때까지 학습한다.

학습 9

학습활동.9 평가 및 피드백

평가 준거

- 평가자는 피평가자가 수행 준거 및 평가 내용에 제시되어 있는 내용을 성공적으로 수행할 수 있는 지를 평가해야 한다.

학습내용	평가항목	성취수준		
		상	중	하
메타버스와 5G 네트워크 기술융합	메타버스와 5G 네트워크 기술융합을 이해할 수 있다.			

평가 방법

- 작업 포트폴리오

학습내용	평가항목	성취수준		
		상	중	하
메타버스와 5G 네트워크 기술융합	메타버스와 5G 네트워크 기술융합을 이해할 수 있다.			

- 필기시험

학습내용	평가항목	성취수준		
		상	중	하
메타버스와 5G 네트워크 기술융합	메타버스와 5G 네트워크 기술융합을 이해할 수 있다.			

- 체크리스트를 통한 관찰

학습내용	평가항목	성취수준		
		상	중	하
메타버스와 5G 네트워크 기술융합	메타버스와 5G 네트워크 기술융합을 이해할 수 있다.			

- 피드백

1. 작업 포트폴리오
   - 제출한 보고서를 평가한 후 주요 사항에 대하여 표시하여 돌려준다.
2. 필기시험
   - 평가 결과 성적이 저조한 학생은 보고서 제출 기회를 부여한다.
3. 체크리스트를 통한 관찰
   - 실습 과정에서 평가한 후 개선해야 할 사항 등을 정리하여 돌려둔다.

참 | 고 | 문 | 헌

- 강민구, 비대면 융합산업 발전과 디지털 대전환, KISA report, 2021.07.
- 강지영, 인공지능기반 이상감지기술, 월간 SW중심사회, SPRi, 2021.4.
- 관계부처 합동, 가상융합경제 발전전략, 2020.12.10.
- 김광우, 메타버스는 차세대 플랫폼 혁명, tech42, https://www.tech42.co.kr, 2021.5.18.
- 김동준, 300조 시장 메타버스, 이동3사 미래 먹거리로 급부상, 뉴데일리경제, 2021.6.03.
- 김병필, 인공지능 개척시대, 메타버스 속 인공지능, 중앙일보, 2021.5.17.
- 김봉수, 메타버스가 뭐죠, 아시아경제, https://www.asiae.co.kr/, 2021.06.06.
- 김상균 · 신병호, 메타버스 새로운 기회, 메가북스, 2021.
- 김상돈, 증강현실과 가상현실 그리고 디지털트윈, science time, 2021.6.15.
- 김서희, 가상현실의 확장 메타버스 도래, 2021 글로벌 ICT이슈 레포트, 2021.
- 김정호, 메타버스, 차세대 빅데이터 플랫폼 (1) 주목받는 이유, 테크데일리(TechDaily)(http://www.techdaily.co.kr), 2021.5.24.
- 김하늬, 메타버스의 시대, 핵심은 데이터, 공학저널, http://www.engjournal.co.kr), 2021.5.20.
- 김현정, 새로운 미래공간이 된 메타버스, 사이언스타임즈, 2021.3.31
- 남현숙, 미국 VR · AR 기술정책의 진화, https://spri.kr/posts/view/22823?code=industry_trend, 2019.
- 노중호, 5차산업혁명의 실체를 분석한다, 노블사이언스, http://www.nobelscience.net, 2017.10.6.
- 대체불가토콘, 게임의 메타버스화 촉진할 블록체인경계의 핏줄, 글로벌 게임산업 동향, 한국콘텐츠진흥원, 2021.3.
- 리본소프트, https://www.rebornsoft.co.kr/빅데이터 플랫폼.
- 박경일, 메타바스 새로운 기회, 로봇신문, 2021.5.16
- 박민영, 메타버스 시대 주인공, '디지털 휴먼' 가치와 쓸모, 솔트룩스 인공지능 사이트, 2021.3.9.
- 박지혜, 다기오는 메타버스 시대 차세대 콘텐츠산업의 방향과 시사점, KIER, 산업경제, 2021.5.
- 박진호, K-인공지능 콘텐츠로 디지털 문화유산 한류 이룰 것, AI타임즈, 2021.3.23.
- 백승은, AI로 의상 디자인 가상 착장까지 ETRI패션상품 기술 개발, 2021.4.1.
- 블로터, [블록먼데이]"NFT서 미래 봤다"…'더샌드박스'가 꿈꾸는 블록체인 게임, 2020.10.19.
- 서정욱외, XR 콘텐츠 UI/UX 디자인 평가 가이드라인 및 체계 개발 보고서, 2020.12.17.
- 송해리, 이동3사 기회의 땅 메타버스로간다, http://www.inews24.com/view/1373376, 2021.6.6.
- 신정아, 뉴미디어와 스토리두잉, 칠월의숲, 2009.
- 아주경제, 이번엔 부활할까? 싸이 월드 22년 흥망성쇠, 2021.02.03.
- 오현주, 메타버스가 다시오고 있다, nia, 2021.03.
- 우운택, 강상융합세계 선도를 위한 디지터트윈 기반 DNA_XR전략, 한국문화정보원, 2021.1.
- 이상엽, XR의 기술개요와 동향, 정보통신기술진흥센터, iitp, 2018.12.19.
- 이승환, 로그인 메타버스 인간 x 공간 x 시간의 혁명, SPRi, issue report, 2021.03.17.
- 이승환 · 한상열, 메타버스 비긴즈: 5대 이슈와 전망, SPRi, issue report, 2021.04.20.
- 이영호외 4, 보건의료 분야 가상증강현실 기술동향, IITP, 2021.5.26.
- 이자연, 가상증강현실(AR · VR)산업의 발전방향과 시사점, KIET, 2019.02.
- 이종관, ESG, 메타버스 그리고 AI; 5차혁명? 한경닷컴, https://www.hankyung.com/it/article/202106166511i, 2021.6.17.
- 이진규, 메타버스와 프라이버시, 그리고 윤리-논의의 시작을 준비하며, 2021.3.2.

학습 9

- 임용준 · 김진웅, 가상 · 중강 및 혼합현실을 위한 디지털 홀로그래피 기술 연구동향, IITP, 2018.12.26.
- 임일곤, 5G 메타버스 타고 실생활로 달려온다, http://news.bizwatch.co.kr/, 2021.6.30.
- 장한영, AI기반 메터버스에서 누구나 디지털뮤지션이 될 수 있다, 인공지능신문(http://www.aitimes.kr), 2021.5.21.
- 전자신문, 반지의 제왕 애플, 스마트 링 특허 등장, 2021.01.13.
- 정득영 · 김상태 · 김연배, 디지털트윈의 기술정의와 세부적 발전 5단계 모델, 정보통신기획평가원, 2021.2.10.
- 정한영, AI 기반 메타버스에서는 누구나 디지털 뮤지션이 될 수 있다!, 인공지능신문, http://www.aitimes.kr, 2021.5.24.
- 조선일보, 42조원 가치, 로블록스...게임만들고 친구와 즐겨, 2022.03.22.
- 주영재, 현실과 독같은 디지털 으윈 아바타의 세계, 메타버스 각광, 주간경향 1417호, https://weekly.khan.co.kr/, 2021.3.8.
- 중앙일보, '아바타끼리 연애하고 회사도 만든다.' 메타버스 플랫폼 '제페토'의 미래, 2021.04.03.
- 중앙일보, '세계 최초, 한국 최초의 게임들,' 2008.9.23.
- 차종환, 5G만난 디지털트윈, 메타버스 이정표 세우다, 정보통신신문, 2021.3.16.
- 최영일, 5G 빅데이터 트래픽 초고속 전송기술, IITP, 2019.8.7.
- 해시넷, http://wiki.hash.kr/
- 현대자동차그룹, VR technology for mobility development. https://www.youtube.com/watch?v=Wdawq_s1Zzg, 2019.12.18.
- Acceleration Studies Foundation. http://www.metaverseroadmap.org/overview/
- Accenture, A responsible future for immersive technologies. https://www.accenture.com/us-en/insights/technology/responsible-immersive-technologies, 2019.5.15.
- Alan JS Han, 3D Audio의 현재와 미래, http://www.alanjshan.com/3d-audio/
- AR MR XR, The Metaverse is coming : Nvidia Omniverse. https://www.youtube.com/watch?v=lcuGpLLeGWM, 2020.10.6.
- Boost VC, Perkins Coie, & XR Association, 2020 augmented and virtual reality survey report. https://www.perkinscoie.com/images/content/2/3/231654/2020-AR-VR-Survey-v3.pdf, 2020.
- Coindesk Korea, NFT시장 급성장, 커지는 위작 · 저작권 분쟁, 2021.4.1.
- Dean Takahashi, Crucible is creating agents to keep the metaverse open. https://venturebeat.com/2021/01/27/crucible-is-creating-agents-to-keep-the-metaverseopen/, 2021.1.27.
- Dean Takahashi, Tim Sweeney : The open metaverse requires companies to have enlightened self-interest. https://venturebeat.com/2021/01/27/tim-sweeney, 2021.1.27.
- ETRI, AI 디자이너 모델 생성기술개발, 2021.4.1.
- Gartner, Gartner top 10 strategic technology trends for 2019. https://www.gartner.com/smarterwithgartner/gartner-top-10-strategic-technology-trends-for-2019/, 2018.10.15.
- Genies(n.d.), Celebrity avatars. http://avatars.genies.com/celebrity-avatars/
- http://biz.newdaily.co.kr/site/data/html/2021/06/03/2021060300158.html.
- https://archives.cjr.org/the_news_frontier/aol_settled_with_unpaid_volunt.php
- https://doooob.tistory.com/231, 두우우부, 블록체인과 메타버스.
- https://ko.wikipedia.org/wiki/
- https://luniverse.io/metaverse-and-blockchain/.

- https://ty3026.tistory.com/129 케이, 메타버스 그리고 NFT, 새로운 세계가 열린다.
- https://www.ajunews.com/view/20210512155443174
- https://www.sedaily.com/NewsVIew
- ICT R&D 기술로드맵 2025, IITP.
- ITBear, 증강현실 AR 내비 등장!! U+내비게이션, https://www.youtube.com/watch?v=a7RuuizGnIQ, 2020.8.11.
- James Paul Gee, What video games have to teach us about leaning and literacy, St. Martin's Griffin, 2007.
- Jane McGonigal, Reality is broken : Why games make us better and how they can change the world, Penguin Books, 2011.
- John Smart, Jamis Cascio, & Jerry Paffendorf, Metaverse Roadmap Overview, 2007.
- KB금융지주 경영연구소, 블록체인 시장의 다음 메가트렌드, NFT, 2021.03.02.
- Kevin Westcott, Jeff Loucks, Kevin Downs et al, Digital media trends survey, 14th edition, https://www2.deloitte.com/us/en/insights/industry/technology/digital-media-trends-consumption-habits-survey/summary.html, 2020.6.23.
- Lauren Kirchner, AOL settled with unpaid "volunteers" for $15 million, 2011.2.10.
- LG CNS, 사람이 눈 앞에 있는데 비대면? 가상융합(XR)이 온다!. https://blog.lgcns.com/2454, 2021.1.5.
- Neal Stephenson, Snow Crash, Bantam Books, 1992.
- North, Snow Crash, Bantam Books, 1992.
- SMTOWN, SM 신인 걸그룹 aespa, 11월 17일 데뷔 확정! 싱글 'Black Mamba' 전격 공개!, https://www.smtown.com/artist/newsDetail/4154, 2020.11.2.
- S-Oil 공식블로그, 현실보다 더한 현실, 디지털트윈, https://story.s-oil.com/ 2021.6.9.
- SPRi, '비대면 시대의 Game changer, XR', 2021 ICT 산업전망 Conference, 2020.
- T Times, 1년 만에 유니콘 건너뛰고, 2조 원 회사 된 호핀, 2020.10.22.
- theguru, 애플, VR 장갑 특허 획득…'메타버스' 시대 준비, 2021.01.05.
- -the-open-metaverse-requires-companies-to-have-enlightened-self-interest/
- Unity(n.d.), What is AR, VR, MR, XR, 360?. https://unity3d.com/what-is-xr-glossary
- Unreal Engine, 언리얼 엔진 4 문서 - 디지털휴먼, https://docs.unrealengine.com/ko/Resources/Showcases/DigitalHumans/index.html, 2021.01.05.
- VentureBeat, The Metaverse is coming. https://www.youtube.com/watch?v=rbhC6wokNGc, 2020.4.29.
- VT Staff, The blockchain-based virtual world that can help usher in the metavrse. https://venturebeat.com/2021/02/04/the-blockchain-based-virtual-world-thatcan-help-usher-in-the-metaverse/, 2021.2.4.
- www.caro-os.com
- www.gatebox.ai/grande
- www.teamflowhq.com

학습 9

학습 10 메타버스와 IoT 기술융합

학습 목표

1. 메타버스의 IoT 기술융합을 이해할 수 있다.

10-1 메타버스의 IoT 기술

1. 사물인테넷의 개념

사물인터넷(IoT : Internet of Things)은 사람, 사물, 공간, 데이터 등 모든 것이 인터넷으로 서로 유기적으로 연결되어 상황정보를 생성·수집·공유·활용 분석, 예측 판단해 지능화된 서비스를 제공하는 제반 인프라 및 융복합 기술이다.

[그림 10-1]처럼 모바일 기반에서 IoT, 클라우드(Cloud), 빅데이터(BigData)가 연계된 새로운 가치와 서비스를 창출한다.

사물인터넷은 이미 존재하거나 향후 등장할 상호 운용 가능한 정보통신기술(센서·상황 인지기술, 통신·네트워크 기술, 칩 디바이스 기술, 경량 임베디드 네드워크 기술, 자율적·지능형 플랫폼 기술, 대량의 데이터를 처리하는 빅데이터 기술, 데이터 마이닝 기술, 사용자 중심의 응용서비스 기술, 웹서비스 기술, 보안·

프라이버시 보호 기술 등)을 활용하여 다양한 실재(實在) 및 가상사물 간의 상호 연결을 통해서, 진보된 서비스를 제공할 수 있게 하는 글로벌 인프라 스트럭처이다.

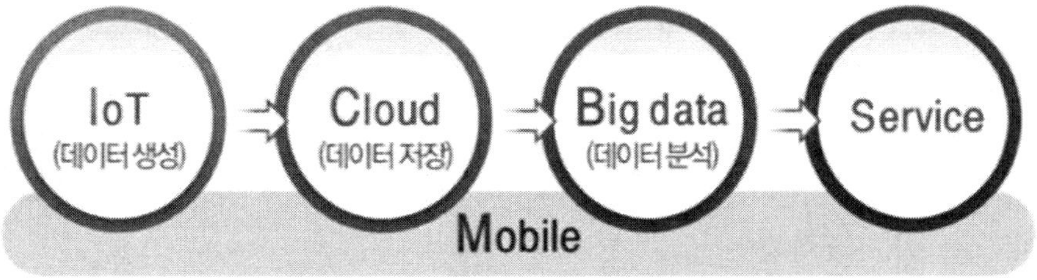

[그림 10-1] 사물인터넷의 서비스

사물인터넷의 발전단계에서 IoT 기술은 〈표 10-1〉처럼 연결형 IoT(Connectivity), 지능형 IoT(Intelligence), 자율형 IoT(Autonomy)의 3단계에 걸친 방향으로 진화 중이다.

〈표 10-1〉 IoT 기술의 발전단계 및 특징

발전단계	특 징
1단계 (연결형)	사물이 인터넷에 연결돼 주변 환경을 센싱하고 그 결과를 전송할 수 있으며, 모니터링 정보를 통해 원격에서 사물을 제어하는 단계 • 센싱-수집-관리(분석)를 목적으로 구축된 사물의 연결 및 관리기술
2단계 (지능형)	사물이 센싱 후 전송한 데이터를 클라우드에서 지능적으로'분석 → 진단 → 의사결정'하는 단계 • 1단계 기술에 지능이 추가되어, 센싱-수집-분석-진단-예측이 가능한 기술
3단계 (자율형)	사물이 지능을 가지고 자율적으로 상호 소통 및 협업해 인간의 최소 개입만으로 임무를 수행할 수 있는 단계 • 2단계 기술에서 클라우드에서 수행하던 분석-진단-예측을 디바이스에서 수행 가능한 기술

3단계의 자율형 IoT 시스템은 [그림 10-2]처럼 지능을 가진 사물이 주어진 상황에 맞게 자율적으로 상호 소통 및 협업하고 스스로 진화하며 임무를 수행할 수 있는 기술이다.

학습 10

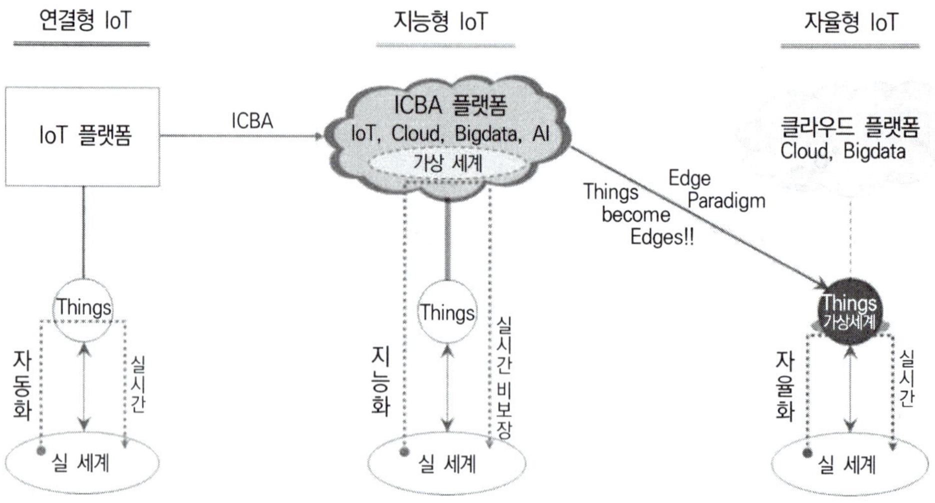

[그림 10-2] 자율형 IoT 시스템 정의

[그림 10-3]처럼 가상세계와 현실세계로 연결하는 사물인터넷은 모든 사물이 상호 인지반응으로 교감하는 하나의 가상현실 플랫폼에 구현된 가상플랫폼에 접속한 유저들이 자신의 아바타와 다른 유저의 아버타가 구현할 수 있는 환경인 XR 플랫폼이다.

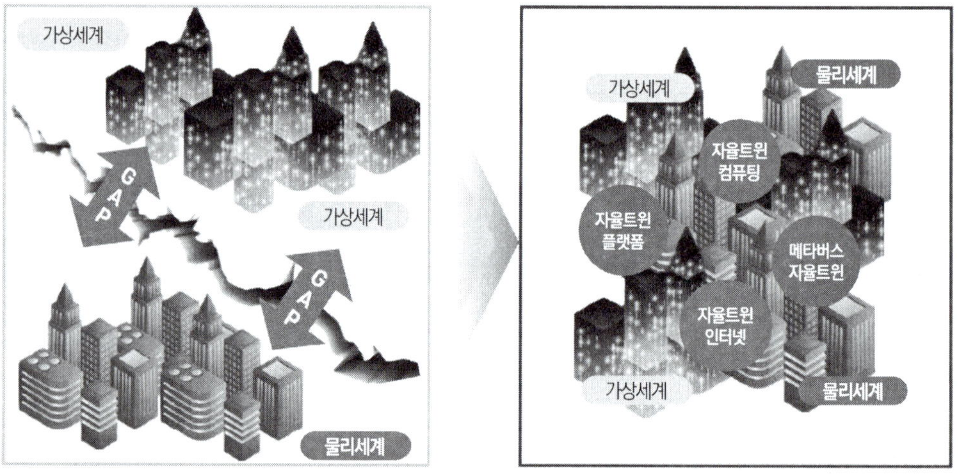

[그림 10-3] 가상세계와 현실세계로 연결하는 사물인터넷

사물인터넷이란 사물에 센서와 통신모듈을 부착하여 실시간 데이터를 인터넷으로 주고받을 수 있도록 하여 사물이 서로 알아서 정보를 주고받으며 대화를 나누게 되는 것으로 의미한다.

사물이 인터넷 및 다른 기기와 연결되면서 다음과 같은 항목의 범위와 실시간성이 대폭 확대되었다.

① 정보수집(Sensing)
② 수집정보 전달(Data Transferring)
③ 정보축적(Data Storing)
④ 정보융합 및 신규정보생성(Data Convergence & New Data Generation)

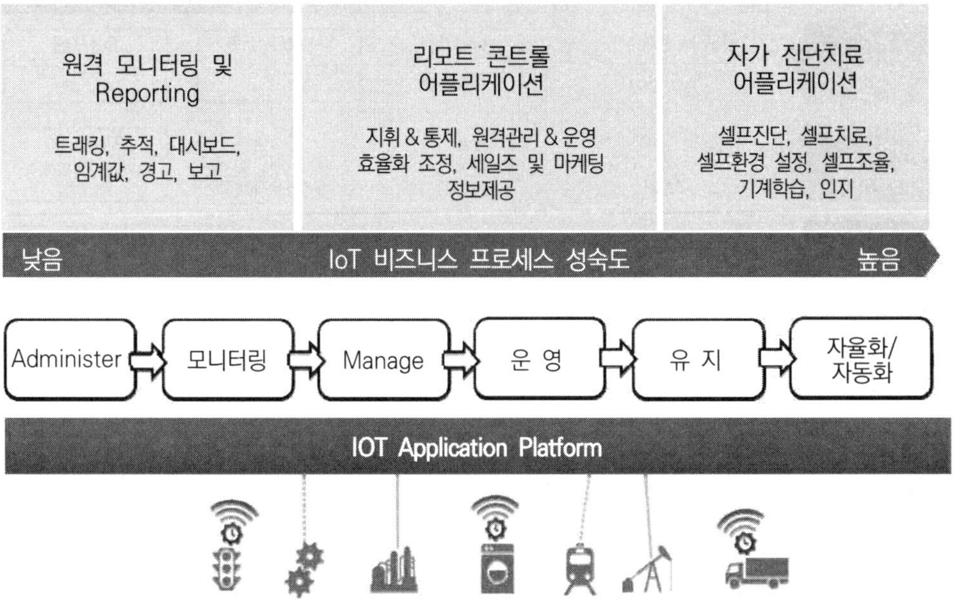

[그림 10-4] 사물끼리의 인터넷 프로세스

그 결과 원격 자동모니터링, 보고(트래킹, 추적, 대시보드, 임계값, 경고, 보고 등) 및 측정, 자동 프로세싱 및 제어, 리모트 컨트롤 어플리케이션(지휘와 통제, 원격관리 및 운영 효율화 조정, 세일즈 및 마케팅 정보제공 등), 자기 진단치료 어플리케이션(셀프진단, 셀프치료, 셀프환경설정, 셀프조율, 기계학습, 인지 등) 등 기기의 능동성이 비약적으로 신장되고 있다.

학습 10

2. 사물인터넷 기술의 분류

IoT의 기술의 범위는 [그림 10-5]처럼 IoT 플랫폼, IoT 디바이스, IoT 서비스, IoT 네트워킹 부문으로 구성한다.

IoT 플랫폼은 사물/공간/사람을 유기적으로 연결하고 상황을 분석/예측/판단해

지능화된 서비스를 제공하는 공통 플랫폼 기술이다.

IoT 디바이스는 IoT 환경을 구성하는 사물로서 센싱 및 액츄에이팅 기술을 수행하고, IoT 서비스는 IoT 기반 개인/공공/산업별 다양한 서비스 제공을 위한 기술이고 IoT 네트워킹은 IoT 사물 간, 사물-플랫폼 간 연결을 위한 유무선 통신 기술이다.

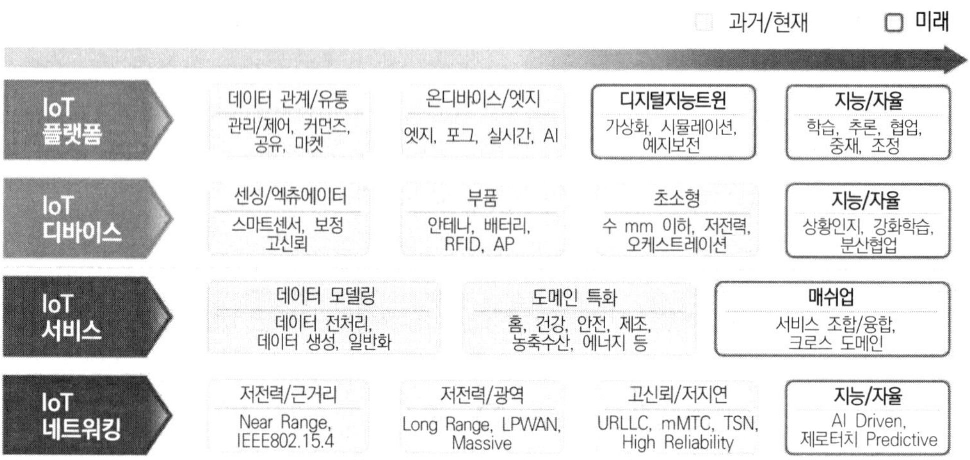

[그림 10-5] IoT 기술구성도

〈표 10-2〉 IoT 기술분류

기술분류	요소기술
IoT 플랫폼	데이터/관제 IoT 플랫폼 기술, 온디바이스/엣지 IoT 플랫폼 기술, 공유 · 유통 IoT 플랫폼 기술, 디지털트윈 IoT 플랫폼 기술, 지능/자율 IoT 플랫폼 기술
IoT 디바이스	IoT 센싱 및 액츄에이팅 기술, IoT 부품 및 반도체 기술, 초소형 IoT 디바이스 기술, 지능/자율형 IoT 디바이스 기술
IoT 서비스	도메인 데이터 모델링 기술, 서비스 도메인 특화 기술, 매시업 IoT 서비스 기술
IoT 네트워킹	저전력/근거리 IoT 네트워크 기술, 저전력/광역 IoT 네트워크 기술, 고신뢰/저지연 IoT 네트워크 기술, 지능형/자율형 IoT 네트워크 기술

3. 사물인터넷 기술 개발동향

1) IoT 플랫폼 기술

세계 주요국은 스마트홈 · 시티, 재난 · 안전, 교통, 제조 등 다양한 분야에서 지능형 서비스 제공을 위한 지능/자율 IoT 플랫폼 개발을 시작하였다.

클라우드 중심의 AI 기술과 연계한 지능/자율 IoT 플랫폼과 사물에 AI를 탑재해 자율성을 강화한 온디바이스/엣지 IoT 플랫폼 등 양방향 연구를 추진하고 있다. 사물의 트윈화를 통한 실시간 예측/대응 지능 트윈 플랫폼과 사물에서 수집한 다양한 데이터를 상호 공유하고 유통하기 위한 플랫폼 연구를 추진하고 있다.

지능형 IoT 플랫폼 분야에서 글로벌 기업에 대한 플랫폼 종속의 심각하다. 글로벌 기업의 클라우드 기반 IoT 플랫폼이 시장을 독식하고 있으며, 국내 플랫폼은 현장의 서버(On-premise)에서 동작하는 형태가 대부분을 차지하고 있다.

최근에는 도시 · 의료 · 에너지 · 수산 등의 분야에 자율최적화를 위해 디지털트윈 기술개발이 활발히 진행 중이다. 물리공간 객체를 가상공간에서 동일하게 데이터를 실시간 동기화한 후 모니터링, 문제분석, 문제예측, 문제대응 등의 기능을 수행하는 연구가 진행중이다.

〈표 10-3〉 IoT 플랫폼 기술의 주요동향

구 분	주요 동향
국 내	• 국내의 IoT 정보처리를 위한 인공지능/머신러닝 기술은 아마존-알렉사, 구글-어시스턴트, MS-코다나 등 삼성 빅스비를 제외하고는 국외 대기업의 클라우드 기반 지능 플랫폼과의 협업 서비스가 대다수를 차지 • ETRI는 디지털트윈의 기반인 CPS 플랫폼을 개발하였고, 이는 고수준 디지털트윈의 효율적으로 개발, 검증, 실시간 운용 및 제어하기 위한 고신뢰 자율제어 등을 포함 • 한국기술교육대는 대규모 버추얼 팩토리를 위한 고신뢰 디지털트윈 플랫폼 연구수행중이며, 버추얼 팩토리 구현을 위해 국제표준 이종 시뮬레이션 엔진 연동 기술기반 디지털트윈 최적화 및 동시성 제어기술 개발 • 삼성은 인텔 등 글로벌 기업과 사물인터넷 산업 표준 OCF(Open Connectivity Foundation) 표준화 및 플랫폼 개발 주도 • LG전자는 오픈 플랫폼(Open Platform)을 적극 활용한 오픈 커넥티비티(Open Connectivity)를 목표로 자사 가전플랫폼에서 사용되는 Web OS를 개방하고 구글 홈, 아마존 애저에서 자사의 가전기기를 제어하고 활용할 수 있도록 확대 • 삼성은 존 아틱(ARTIK), 삼성 커넥트(Samsung Connect), 스마트싱스 등 IoT서비스를 스마트싱스(Smart Things) 단일 플랫폼으로 통합해 진행할 예정이며, on-device AI 기술에도 주목하고 연구개발 진행 중 • SK텔레콤이 독일 도이치텔레콤이 추진하는 엣지컴퓨팅 비즈니스인 모비일 엣지X에 참여 논의 중
국 외	• 구글은 IoT엣지 기기에서 텐서플로 라이트 머신러닝 모델을 구동할 수 있도록 고안된 가속칩을 발표, 안드로이드 씽스(Things) 또는 리눅스 운영체제(OS) 기반 기기에서 작동하고 '18.10월 이후 개발자에게, 보급하고 '20년 본격 서비스 • 아마존은 클라우드에서 처리했던 인텔리전트 게이트웨이 플랫폼을 독립형 처리기능(AWS

구 분	주요 동향
	Lambda)과 클라우드 지원이 가능한 '그린그래스' 인텔리전트 IoT SW 플랫폼을 제공 - 기존의 NXP와 라즈베리파이 등 다양한 ARM Cortex M4 이상의 프로세서 사용할 수 있는 플랫폼 공개 • 마이크로소프트는 애저 IoT 허브, 애저 IoT 엣지, 애저 IoT 스위트라는 3가지 엣지기반의 처리기술을 공개 - x86기반의 OS기반의 제온부터 시작해 라즈베리파이, ARM cortex M3기반의 펌웨어를 지원하는 아두이노까지 폭넓게 엣지 솔루션을 지원 - 또한 STM과 협력을 통해서 더스트 센서(Dust Sensor) 분야까지 확대 추진 예정 • 미국의 GE가 생산하는 모든 산업 기계의 프로필을 구축하고 기계에 대한 공학적 모델을 획득중이며, GE PREDIX 상에서 실행되는 80만 개의 디지털트윈을 개발하였고, 헬스케어/메디칼/자동차/에너지/항공 등 산업전반의 다양한 분야로 확장 중 • 독일의 SIEMENS도 디지털트윈 플랫폼을 개발하고, 이를 우선 생산공정 최적화에 활용하고 있으며, MindSphere를 개방형 IoT 플랫폼의 기반으로 확대 적용하고 있어 향후 다양한 분야 응용(예 에너지관리)이 개발될 것으로 기대 • 프랑스의 다쏘는 헬스케어, 에너지 효율 및 점유를 최적화하기 위한 건물현황과 기술정보를 실시간 3D 데이터로 제공하는 사물인터넷 기반의 디지털트윈을 이용하여 스마트 시티를 구성하는 스마트 오브젝트, 스마트 빌딩 및 스마트 카의 통합 가상 환경을 제공 • ARM사의 Project Trillium은 Arm ML(Machine Learning) 프로세서 및 오픈 소스 Arm NN 소프트웨어로 머신러닝 컴퓨팅 플랫폼 제공 • 퀄컴은 NPU(신경망 처리 장치)가 탑재된 스냅드래곤(Snapdragon)의 AI(Application Processor)인 Snapdragon 845와 855 AP를 개발, 스냅드래곤 845는 전작인 스냅드래곤 835 대비 AI 성능이 약 3배 향상됐으며, NPU의 AI가 엣지(디바이스)에서 직접 작동해 클라우드에 접속 불필요 • NXP는 다양한 MCU 및 어플리케이션 프로세서에서 머신러닝 솔루션을 원스톱 기반으로 제공하는 AI 소프트웨어인 eIQ를 준비 하고 있다고 2018년 10월 발표

2) IoT 네트워킹 기술

IoT 네트워킹 기술은 보편서비스로 제공되는 공중망과 사용자의 임베디드 시스템으로 적용되는 로컬망으로 구성하였다. 공중망은 5G 기반의 네트워크 인프라와 더불어 대규모 IoT는 mMTC(massive Machine-Type Communication)의 (NB-IoT)가 제공되고 고신뢰·저지연 IoT는 URLCC(Ultra-reliable and Low-latency Communications) 규격 개발이 진행한다. 로컬망은 초대규모의 저전력 디바이스 접속을 위해 LPWA2) 기반의 Massive IoT 기술이 제공되고 Digital-Twin/CPS3)/AVB(Audio Video Bridging) 등 확정적 저지연의 고신뢰 서비스를 위한 critical IoT(가장 중요한 요소) 기술개발이 시작한다.

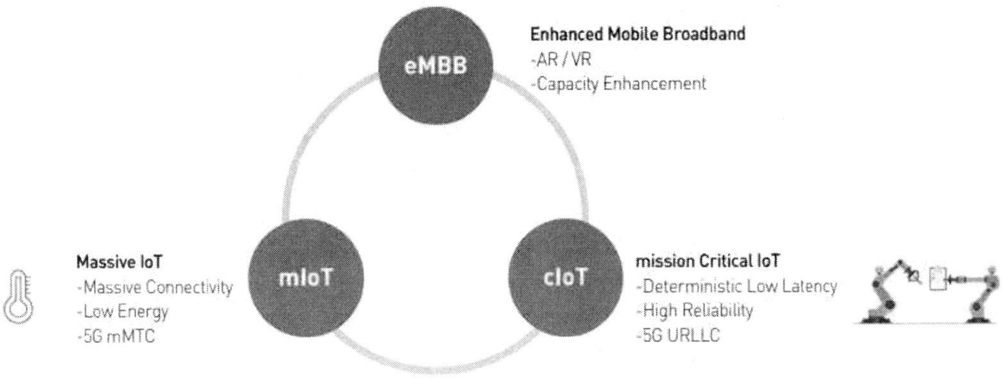

[그림 10-6] IoT 네트워킹 기술

〈표 10-4〉 IoT 네트워킹 기술의 주요동향

구 분	주요 동향
국 내	• 저전력 장거리 통신기술은 5G Massive MTC 기술을 대신하여 면허대역(NB-IoT)과 비면허대역(Sigfox, LoRaWan 등) LPWA 기술이 massive IoT 네트워크 기술로 공존 • 저전력 근거리 통신기술은 IEEE802.15.4-2006 기술을 적용한 ZigBee 기술에서 시작하여, 매체접근제어 계층에 채널도약 기법을 추가한 IEEE802.15.4g/e 기술기반의 Wi-SUN 기술이 개발되어 옥외 통신환경에서 스마트 미터링 등의 서비스 영역으로 확장 적용 • 과학기술정보통신부는 5G 기반 융합서비스 활성화를 위해, 인더스트리 4.0의 스마트 공장 자동화(Factory Automation)를 위한, 확정적 지연변이 특성과 높은 전달 신뢰성을 제공할 수 있는 고품질 산업용 IoT 무선 네트워크 기술의 개발을 2020년 시작 • 삼성전자, 마이크로소프트, 보쉬, 지멘스 등의 기업 · 기관이 참여하는 5G 스마트팩토리 얼라이언스는 5G를 활용한 산업 상용화 기술 및 다양한 비즈니스 모델에 대해 논의하고, 스마트공장 기술 상호운용성 규격 기준 협의 예정
국 외	• 3GPP의 URLLC는 2020년 6월까지 Release 16 Update의 5G Phase 2를 통해 고신뢰 시민감 데이터를 고려하여 공장의 이더넷 케이블을 대체할 수 있는 산업용 IoT 수준의 규격을 마무리 예정 • 3GPP의 mMTC 표준화는 R17까지 계획이 없으므로, R17이전은 NB-IoT가 mMTC를 대신할 예정 • 독일 프라운호퍼가 개발한 UWIN(Ultra Latency Wireless Industrial Network)기술은 안정적 무선전송을 위한 비표준 기술로, 2018년 Lab-Demos를 거쳐 2019년 파일럿 사업을 진행하고, 2020년 Evaluation Kit을 발표할 예정 • '18. 4월 발족한 5G-ACIA(5G Alliance for Connected Industries and Automation)는 5G 이동통신을 기반으로 제조업 고도화를 추진하는 협회로서, 초기에는 독일을 중심으로 한 유럽 기업들이 주도하였으며, 현재는 미국 · 일본 · 중국 등 통신기기 업체, 연구소, 학교 등 다양한 기관이 참여 중

3) IoT 디바이스 기술

IoT 디바이스 기술은 첨단센서, 나노 센서 경쟁력 확보 및 초소형 IoT 디바이스 기술 개발이 활발하다. 빅데이터, AI 등의 솔루션 개발을 위해 AI 프로세서나 클라우드에서 학습한 지능을 디바이스에 쉽게 탑재하기 위한 고성능 지능형 SoC 개발 경쟁 중이다. 통신 · 센서 등을 집적화하고 장기간 동작할 수 있는 저전력 · 초소형, 경량형 SoC 연구개발이 진행 중이다.

〈표 11-5〉 IoT 디바이스 기술의 주요동향

구 분	주요 동향
국 내	• MEMS 압력센서, MEMS 9축 모션센서, 마이크로폰, 복합광센서, 자기센서 등이 정부(산업부) 주도의 첨단 센서사업을 통해 국산화 개발 추진 • ETRI, KETI, 에어포인트사는 '18년부터 일회용/소형 IoT 디바이스와 디바이스 오케스트레이션을 위한 차세대 초소형IoT 기술개발 사업을 진행 중이며, 디바이스 소프트웨어 프레임워크(IoTWare)와 서비스 인프라를 '20년 말 오픈소스화할 예정
국 외	• 프랑스 LETI에서는 나노센서 플랫폼 기술개발을 통해 초고집적 센서 개발 및 초저가 개발기간 단축 등의 연구를 진행 중 • 미국은 스마트더스트 기술을 기반으로 다양한 센서네트워크 기반의 감시정찰 기술개발 진행 중 - DARP : 인지무선 기술기반의 XG 프로젝트, 살아있는 곤충에 MEMS 센서를 이식하여 군사용으로 활용하려는 곤충 사이보그 프로젝트, 코넬대학 및 미시건 대학의 딱정벌레를 움직이는 센서로 만드는 Cyborg Beetle 프로젝트 • 구글은 '19년 텐서플로 라이트 머신러닝 모델 처리 가속기인 '엣지 TPU' 하드웨어를 개발하여 공개, 엣지 TPU 칩은 동전 1/4 크기로 낮은 가격에 저전력 기능을 제공 • 알리바바는 '19. 9월 GPU 10개의 계산능력을 가진 AI칩을 개발해 클라우드에 적용하고 있다고 발표

4) IoT 서비스 기술

IoT 서비스 기술은 5G 네트워크가 전개되면서 로봇 · 자동화 · 가상/증강현실 · AI · 머신러닝 등과 같은 첨단기술과 연결돼 다양한 하이엔드 매시업 서비스로 출현하고 있다. 교통 · 의료 · 금융 등 처리 시간에 민감한 분야는 엣지/포그 컴퓨팅을 결합한 실시간 로컬 서비스가 급부상하고 있고, 물류 등의 분야는 사람과 접속을 최소화한 비대면 형태의 언택트 서비스가 주목하고 있다.

인간 · 환경중심의 IoT 서비스는 인간 모델링(Computational Human Modeling)과 생태모방(Biomimetics) 기술 등과 융합하고 있다.

인간의 일상생활부터 지적활동에 이르기까지 모든 것을 자동화하고 부족한 것을 대체해 개인 맞춤화, 지능화 · 일상화 형태로 구현되는 서비스로 진화하고 있다.

〈표 11-6〉 IoT 서비스 기술의 주요동향

구 분	주요 동향
국 내	• 한국지역난방공사와 LG유플러스는 IoT 기반 열 수송관 모니터링 및 관리시스템은 지하에 매설된 열 수송관을 원격으로 관리하기 위해 엣지 컴퓨팅 및 IoT 기술을 활용해 스마트 센싱 솔루션을 구축 • 국내 이동통신사를 중심으로 다양한 홈 IoT서비스를 IoT 기술이 접목된 토탈 라이프 스타일 솔루션으로 확대 발전 • 건전한 도시 물 순환-저영향개발 기술, 스마트 워터 그리드 및 통합수자원관리 기술 등의 기초연구가 분산되어 진행 중 • 바이오센싱 빅데이터를 활용한 치매 예측 및 조기진단기술, 재난으로 인해 발생하는 심리사회적인 문제의 조기 예방을 위한 연구 등이 진행 • 삼성전자나 LG전자 등 대기업은 스마트폰, 밴드, 시계 및 솔루션 위주로 개발하고 있으며 대학 및 연구소는 바이오패치, 센서 등 기초연구 위주로 기술개발 수행 • 최근 조선 · 항만 · 자율운항선박 등을 주제로 해 IoT 기술을 활용하는 해양 산업 도메인의 R&D가 활발히 진행
국 외	[미국] • 구글은 PAIR(People+AI Research) 프로젝트로 인간 중심(Human-Centered)접근이 가능한 인공지능 시스템 연구 및 디자인의 고도화, 인간과 기계 지능의 상호작용을 연구 • 美 애리조나 주립 대학의 CUbiC(Cognitive Ubiquitous Computing) 프로젝트는 장애가 있는 인간을 모델링하여 사용자의 필요와 욕구, 선호도, 습관과 버릇을 인지하여 햅틱피드백이나 시야확대 등으로 멀티미디어를 전달하고 학습하는 상호작용 기술을 개발 • IBM Watson User Modeling은 서비스에 사용자 모델링 기법 제공, 새로운 서비스 개발에 'Human'특징을 분석하고 적용, 인지적 · 사회적 특성을 추출하여 고객의 니즈를 예측 • 美 교통부가 도시공모(Smart City Challenge)를 통해 콜롬버스시에 커넥티드 교통 구축 중(~'20) • 美 Smart Cities Initiative('15~)에 1.6억 달러를 투자하여 교통혼잡해소, 경제성장촉진, 기후변화대응 등 지역문제 해결목적의 연구를 진행 • 美 Carnegie Mellon 대학 사라(SARA, the Socially Aware Robot Assistant) : 2017년 적응형 학습을 통해 상황, 맥락, 감정을 인지하고 사용자 의도를 파악해 스스로 상황 맞춤형 인디랙션을 제공하는 기술개발 • 美 노스웨스턴 대학의 우울증 판별, MIT와 매사추세츠 종합병원의 수면패턴 분석, 보스턴 아동병원의 불면증 행동양식 연구 등이 진행 • 美 뒤르켐(Durkheim) 프로젝트는 온라인 빅데이터를 활용해 퇴역 군인을 모델링 하여 자살 예방에 활용

학습 10

구 분	주요 동향
	[EU] • EU는 IERC 주도하에 교통 · 스마트홈 · 스마트시티 · 건강관리 등 14개 서비스 도메인 대상의 R&BD 추진 중 • EU는 인간중심컴퓨팅(HCC)기반의 스마트 모빌리티 모형과 사용자 관점에서의 전기자동차 소비패턴, 도로안전에 관련한 연구를 진행 • 프랑스 다쏘는 헬스케어, 에너지 효율 및 점유를 최적화하기 위한 건물현황과 기술정보를 실시간 3D 데이터로 제공하는 IoT 기반의 디지털트윈을 이용해 스마트시티를 구성하는 스마트 오브젝트, 스마트 빌딩 및 스마트 카의 통합 가상환경 제공 • EU, 에너지 효율화 및 교통문제 해결을 목표로 즉시 적용 가능한 실증기술 개발에 주력, Horizon 2020을 바탕으로 공통 핵심 적용기술 도출 • 영국 밀턴킨스 프로젝트 : 수요 반응형, 맞춤형 시민생활 지원서비스 제공 • 스페인 바르셀로나 : 환경 · 인프라, 각종 시설 데이터를 모니터링/분석해 시민서비스 제공 • 네덜란드 암스테르담 : 주택 · 빌딩 · 지역의 에너지 모니터링 및 절감을 위한 프로젝트 추진 [중국] • 항저우, 알리바바 주도의 스마트시티 시범단지 조성, 모바일 결제, 안면인식 결제, 교통량과 돌발생활을 고려해 신호체계를 조정하는 도시 대뇌 교통시스템 구현

4. 사물인터넷 생태계의 구성

스마트폰 · /모바일앱을 활용하여 누구나 쉽게 서비스를 개발 제공하고, 사물에 접속 · 이용할 수 있는 개방형 생태계로 변화하고 있고 공공산업 및 주변의 생활제품 등 다양한 소규모 적용분야가 있어 창의적인 아이디어를 가진 중소벤처기업이 주도 가능한 시장이다.

〈표 10-7〉 사물인터넷 생태계 현황

구 분	생태계 현황
서비스(S)	• 공공 : 다양한 시범사업을 추진하고 개발 · 운영비용 부담 등으로 확산 저조 • 산업 : 대기업 중심으로 도입, 중소기업은 비용문제로 도입 저조 • 개인 : 웨어러블, 가전, 자동차 등은 글로벌 기업 간 경쟁 중 중소기업은 다양한 생활제품 응용분야에 진출 노력 중
플랫폼(P)	• 국내 대기업은 플랫폼을 개발 중이나, 글로벌 시장 주도력 부족 • 국내 중소기업은 플랫폼 부재로 시장진입 어렵고, 글로벌 기업에 종속우려 • oneM2M*('12.7월) 중심으로 국제표준화 추진

구 분	생태계 현황
네트워크(N)	• 급증하는 트래픽을 SW로 유연하게 처리하는 기술개발 중 • 원격지 사물 연결을 위한 저전력 장거리 비면허 대역 통신요구 증대 • 5G, Giga인터넷, IPv6 등 사물인터넷 활성화를 위한 인프라 개발 · 구축 중
디바이스(D)	• 스마트폰 이후 글로벌 기업 중심으로 실감 · 지능 · 융합형 디바이스 개발 경쟁 • 웨어러블 디바이스, 스마트 센서 등을 중심으로 시장확대 전망
보안(Se)	• IoT 서비스(홈 · 가전, 의료 등) 보안 침해사고 사례가 나타남에 따라 보안대책 논의를 시작하는 단계 • 설계단계부터 보안, 프라이버시 등을 고려한 기술 및 서비스 개발 필요

출처 : 미래과학기술부, 사물인터넷 기본계획 연구, 2014.5

IoT의 중요한 3가지 플랫폼 기술을 반도체, 소프트웨어, 서비스 영역으로 구분하였다. 반도체 영역에서는 비용절감과 성능향상을 위해 모니터링 · 제어 목적의 프로세싱(Processing), 센싱(Sensing), 연결(Connectivity) 관련 기술이 중요하다. 또한 소프트웨어 부문에서는 디바이스 관리, 보안, 비즈니스 로직 및 분석, 모바일/웹 연결을 위한 애플리케이션 등을 포함하는 공통적인 소프트웨어 기능이 중요하고, 서비스 영역에서는 IoT 시스템을 신규 또는 기존 시스템 외에 다양한 이기종 사이트 및 시스템에 적용하는 것이 중요하다.

〈표 10-8〉 사물인터넷 디바이스 생태계 구성

구 분	플랫폼	통 신	서비스
유형	플랫폼 서비스 업체	네트워크 서비스 업체	
업체유형	IOT 플랫폼 SW IOT 종합관리솔루션	유무선 네트워크	전문 IOT 서비스
업 체	IBM, Cisco, Oracle, Google, Axeda, AT&T, SKT, KT, LGU+, LG CNS, 멜퍼, 페타리, 브레인넷, 인사이드M2M, CTRI, 한국전력, 현대차, 한국도로공사, 삼성SDS, 포스코 ICT, 삼성, LG 등	Sprint, T-Mobile, BT, AT&T, Verizon, Vodafone, NTT, China Mobile, SKT, KT, LGU+ 등	Sprint, T-Mobile, BT, AT&T, Verizon, Vodafone, CrossBridge, Numerex, KORE, 한국전력, 현대차, 한국도로공사, 삼성SDS, 포스코 ICT, 삼성, LG, 그밖에 의료, 전자기기, 금융, SW 등의 다양한 서비스 업체들

출처 : 산업통상자원부, 사물인터넷을 활용한 제조업 경쟁력 강화방안 연구, 2014.10.

10-2 메타버스의 IoT 기술융합

메타버스와 IoT의 융합기술은 가상세계와 현실세계로 연결하는 사물인터넷 시스템이다. 가상의 세계와 현실세계를 연결하는 사물인터넷 시스템은 여기에 동원되는 모든 사물이 상호 인지반응으로 교감하는 하나의 가상현실 플랫폼인 레이싱 경기장에 접속한 유저들이 자신의 아바타인 자동차를 몰고 다른 유저의 아바타인 자동차와 경주할 수 있는 환경인 레이싱 게임은 XR플랫폼이 하나의 예이다.

[그림 10-7] 사물과 메타버스의 연결

구글의 경우 지구 전체를 3차원 지도로 만들어 놓았고, 현실공간의 정보를 사물인터넷(IoT)을 통해 모아 융합(메시업)서비스를 만드는 그는 2007년 스마트폰이 등장해 생활에 혁신을 일으켰듯, 내년에 새로운 폼팩터가 등장할 가능성이 크고, 안경형 디스플레이가 새로운 폼팩터로서 폭발력을 가지고 사용될 수 있을 것이라고 전망했다.

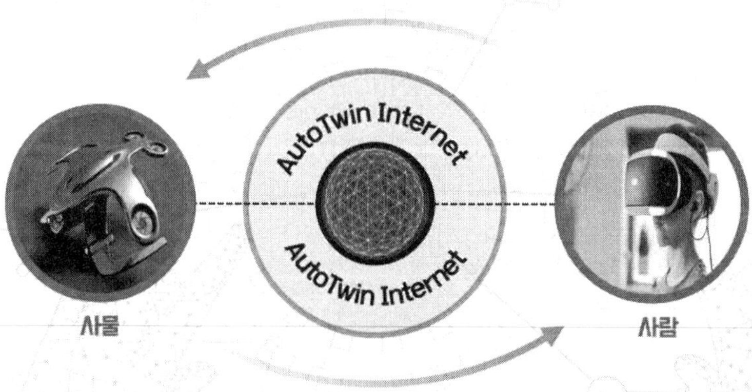

[그림 10-8] 자율트윈들의 글로벌 연결로 만들어진 세상

[그림 10-9] 메타버스 자율트윈 시스템

[그림 10-9]처럼 물리세계와 상호작용하는 자율트윈 기반 메타버스가 사물인터넷, 인공지능, 디지털트윈 등과 융합되어 메타버스 자율트윈 시스템으로 구축한다.

다양한 종류의 지능트윈 간 연계를 기반으로 트윈구성을 자유롭게 재조합하고 조작함으로써 복잡한 실세계 재현을 위한 스케일 및 정확도를 보장하고 자율적으로 동작하는 가상사회 실현을 위한 자율트윈시스템이다.

[그림 10-10]처럼 이 시스템은 자율트윈간 인터네트워킹 코어 프로토콜 기술, 자율트윈컴퓨팅/네트워킹 오케스트레이션 기술과 자율트윈 인터넷을 위한 보안기술을 개발하면 신뢰성 있는 자유트윈 인터넷을 실현할 수 있다.

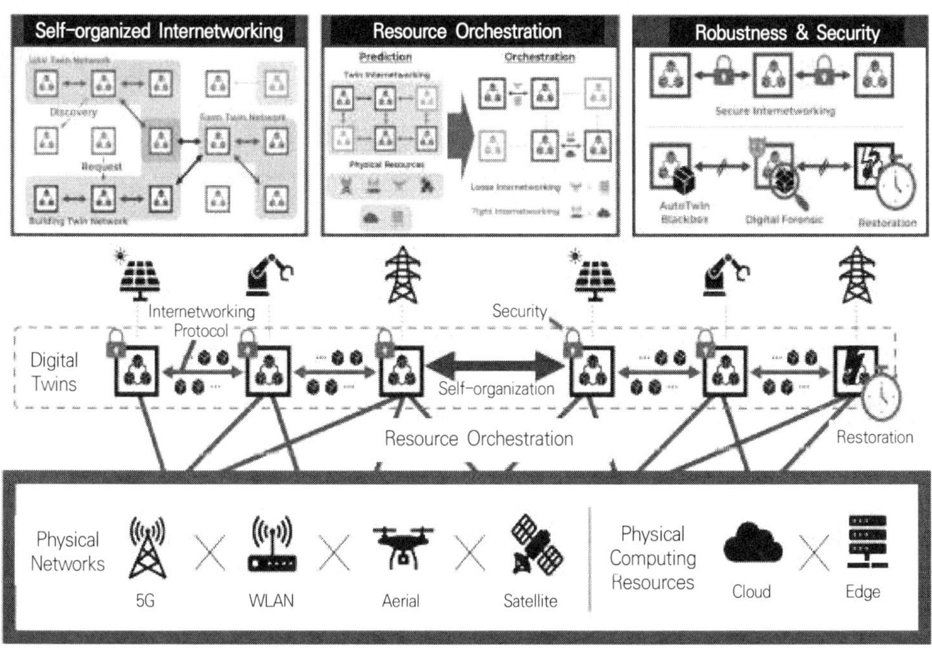

[그림 10-10] 자율트윈 인터넷 시스템의 보안

[그림 10-11]처럼 개방형 메타버스 환경에서 자율트윈 인스턴스 라이프사이클 관리기술 및 자율트윈 간 상호작용, 집단학습 기술 등의 개발을 통하여 자율트윈 사회화(Socialization)를 실현할 수 있다.

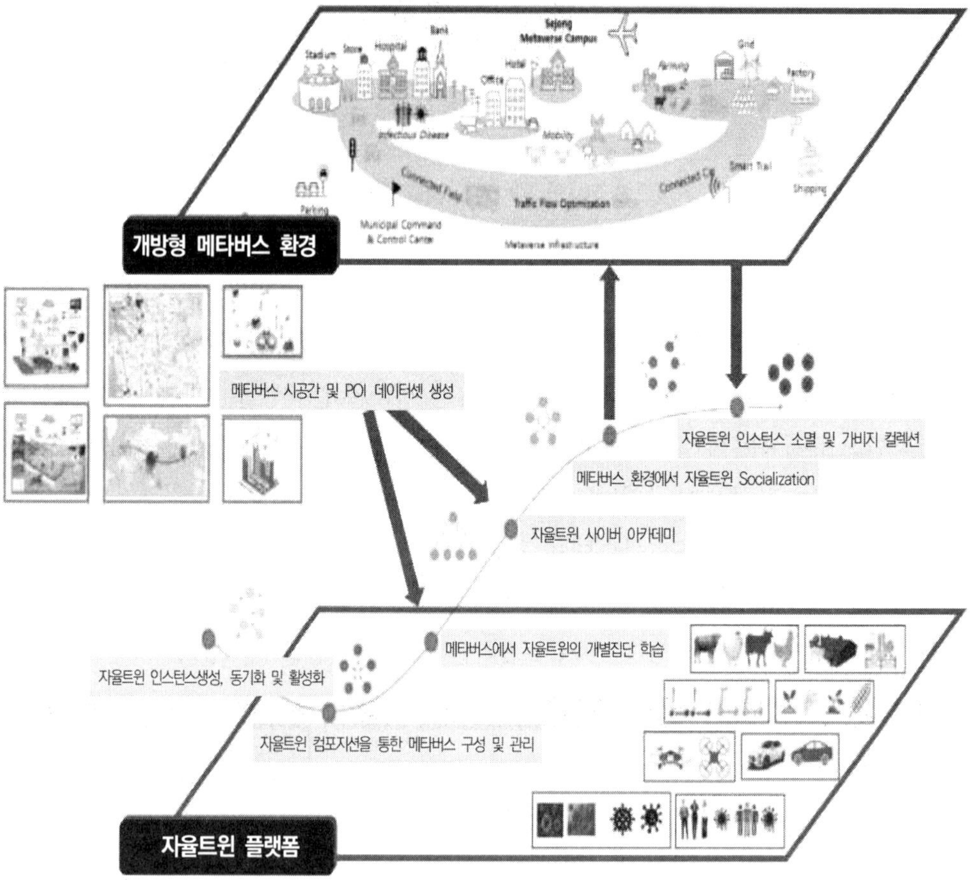

[그림 10-11] 자율트윈 사회화를 실현

[그림 10-12]처럼 메타버스 연동을 통하여 트윈간의 상호작용하는 링크드 자율트윈, 개별화된 지능화를 통하여 자율트윈 간의 집단지능, 소셜 학습 및 지능을 통하여 자율트윈 Socialization 등의 기술들을 구현함으로 물리적인 현실을 가상세계로 구현되는 메타버스 자율트윈 환경이 구현되는 것이다.

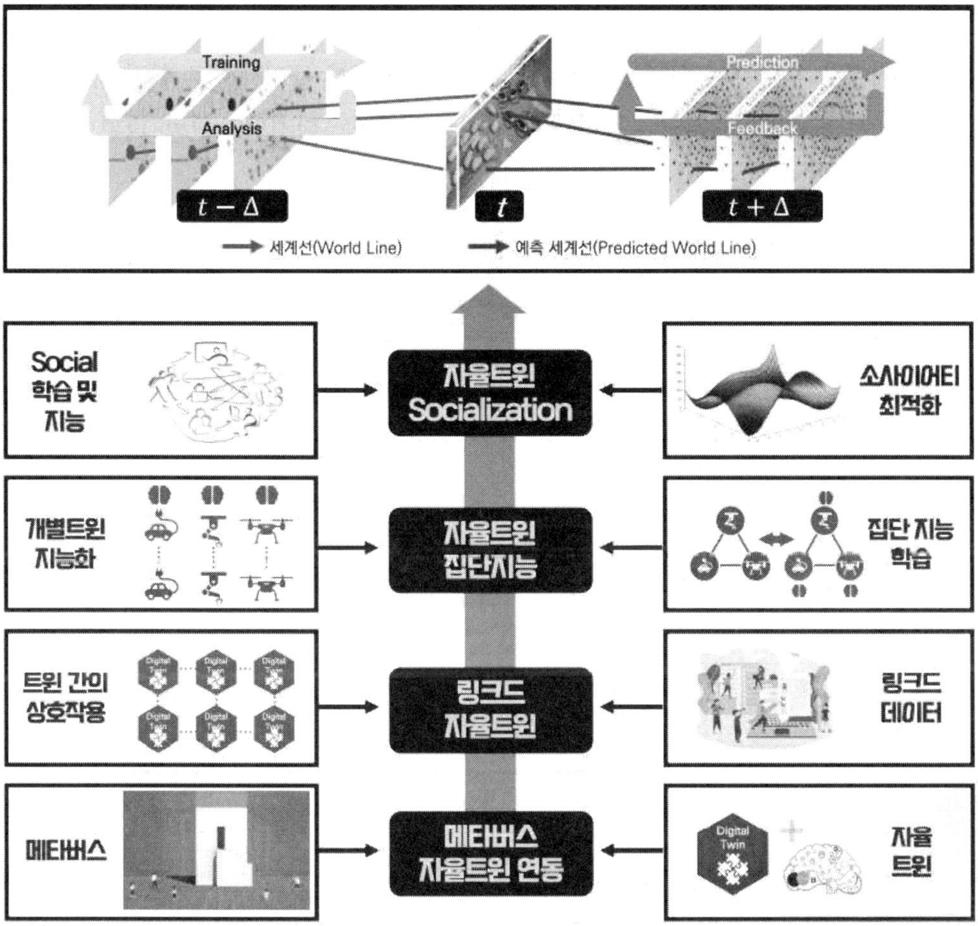

[그림 10-12] 메타버스에 자율트윈 환경이 구현

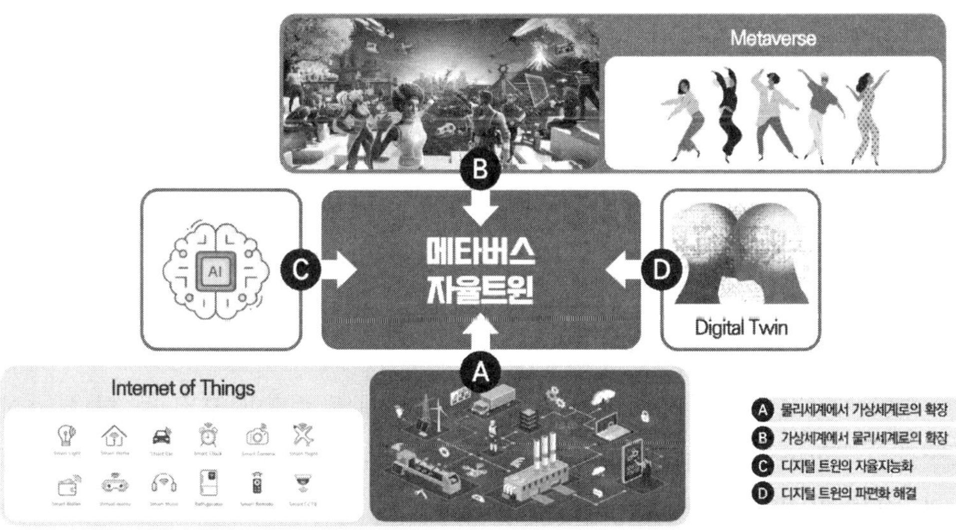

[그림 10-13] 메타버스 융합의 방향

[그림 10-13]처럼 메타버스 자율트윈 시스템을 구현하기 위하여 물리세계에서 가상세계로의 확장이 되는 사물인터넷, 가상세계에서 물리세계로 확장하는 기술로 사용되는 인공지능, 자율지능화의 디지털트윈 기술, 디지털트윈의 파편화를 해결하는 메타버스의 융합의 방향으로 기술이 발전하고 있다.

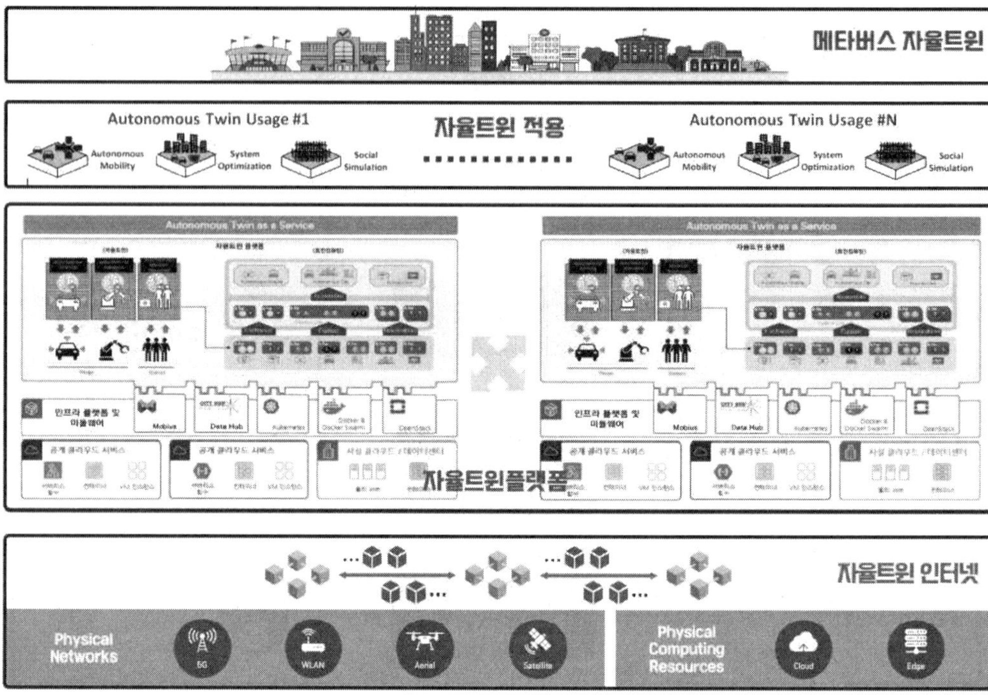

[그림 10-14] 메타버스 환경 하의 사물전달

[그림 10-14]의 사물이 공간을 이동하는 것만큼이나 메타버스의 다양한 반응을 현실에서 느끼는 것도 중요한 부분이다. 메타버스에서 일어난 각종 현상을 눈으로 보는 것은 더 이상 어려운 일이 아니지만, 그것이 주는 효과를 눈으로만 보는 것은 충분하지 않다. 메타버스에서 벌어진 현상을 눈 이외에 사람의 감각에 전달하는 것도 메타버스의 상호작용을 현실로 확장하는 주요한 요소 중 하나다. 다만 사람의 감각기관에 직접 신호를 보낼 수는 없으므로 그 효과를 낼 수 있는 하드웨어들이 필요하다.

수많은 감각 인터페이스 가운데 XR 장갑은 매우 중요한 요소 중 하나다. XR 장갑은 가상현실, 또는 증강현실에 나타나는 디지털 사물의 반응을 손을 통해 직접 전달하기 위한 장치다. 물론 장갑을 손에 끼지 않아도 메타버스와 XR 헤드셋이 손을 인식해 사물을 제어할 수는 있다. 하지만 XR 장갑은 사물의 크기와 형태,

움직임에 따라 장갑을 제어함으로써 이용자가 그 반응을 경험하도록 설계되어 있다.

예를들어 사람의 심장을 메타버스에서 쥐었을 때 일정한 가격으로 뛰는 박동을 손에 전달하므로 더 생생한 경험을 할 수 있다. XR 장갑 외에도 햅틱 슈츠도 메타버스의 감각을 경험하는 수단이다. 햅틱 슈츠는 온 몸에 걸치는 의복 형태로 제작되지만, 의복 안에 강도를 세밀하게 조정하는 진동 모터를 각 부위별로 배치해 메타버스에서 일어나는 충격을 몸에 전달한다. 메타버스 안에서 누군가와 부딪치는 것 같은 어떤 행위로 인한 몸의 변화가 발생했을 때 햅틱 슈츠를 통해 전달한다.

이처럼 대부분 메타버스에서 일어난 물리적 변화 위주로 우리의 감각을 활용하는 하드웨어로 보이지만, 독특한 장치들도 개발 중이다. 특히 냄새와 관련한 하드웨어도 개발되고 있는데, 메타버스의 특정 지역 또는 사람이나 사물로부터 날 수 있는 향기를 비슷하게 내려고 시도 중이다. 이를 테면 메타버스에서 총을 쐈을 때 나는 화약 냄새를 나도록 만들 수 있는데, 상황에 따라 향기를 조합해 내는 장치도 머지 않아 쓰게 될 듯하다.

수행 내용

재료 · 자료

- 메타버스 관련 자료

기기(장비 · 공구)

- 컴퓨터, 문서작성 프로그램, 프린터, 주변기기

안전 · 유의사항

- 메타버스 관련 장비의 안전 및 유의사항을 숙지한다.

수행 순서

01 사물인터넷의 적용사례 및 국내 주요 IoT 기업동향에 대하여 분석하라.

1. 사물인터넷의 적용사례

1) 가정의 사용사례

"우리는 대부분 세면하기 위해 아침에 일어나 거울 앞에 선다. 이 거울이라는 사물이 인터넷과 연결되어 있어 당신이 거울 앞에 아침에 서게 되면 오늘의 날씨와 뉴스, 교통상황 정도의 정보를 한쪽 편에 보여준다고 한다면 스마트한 거울 정도로 부를 수 있을 것이다. 이 상태는 거울이라는 사물이 네트워크 장비라는 다른 사물과 연결된 상태이다.

여기에 간밤에 당신이 수면을 취하는 동안 접했던 사물인 베게, 침대, 이불들이 당신이 밤새 얼마나 뒤척였는지 얼마의 시간을 램 수면을 취했는지, 땀은 얼마나 흘렸는지, 체온 등의 정보 들를 거울과 통신하여 전달한다면 거울은 당신의 컨디션을 알 수 있는 정보를 제공할 수 있는 사물들과 망을 구성한 상태라고 볼 수 있다. 이 단계도 사물인터넷이라 불릴 수 있겠지만 여기서 더 나아가 이러한 정보를 취합하여 거울 스스로 가까운 의료서비스를 지원하는 서버에 인터넷 망을 통해 접속하여 지능적으로 분석한 다음 오늘의 당신의 컨디션을 알려주고 감기기가 있다고 판단되는 경우 가까운 병원을 들릴 것을 조언하고 안내할 수 있다면 이것은 완벽하게 사물인터넷(IoT)으로 불릴 수 있을 것이다.

2) 카메라의 사용사례

가장 먼저 떠오르는 것은 카메라이다. DSLR과 같은 고가의 카메라들은 과거에는 반드시 PC로 사진을 옮겨야만 이 사진을 인터넷이라든가 SNS 등에 공유 할 수 있었다. 현재는 대부분의 카메라들이 WIFI기능을 내장하여 스마트폰과 통신을 통해서 사진을 가져오거나 카메라에서 프린트기로 바로 사진을 에어프린트할 수가 있다. 갤럭시 카메라와 같이 아예 통신기능 외에 스마트폰의 기능 일부와 카메라를 합친 제품도 등장하였다.

이와 같이 카메라가 통신이 가능해지고 인터넷에 연결되게 되자 예전처럼 사진을 반드시 PC로 옮기지 않고도 바로 출력하나 사용할 수 있는 당장의 편리함을 가져다주었다. 또한 이는 사진이라는 콘텐츠를 소비하는 형태까지 바꾸어 놓았다. 과거에는 사진은 인화하여 앨범으로 만들어 두는 것이었다면 현재는 스마트폰이 촬영한 사진들은 말할 것도 없고 카메라로 촬영된 사진들도 인화보다는 곧바로 SNS에 공유되거나 클라우드 상의 가상의 사진앨범 등에 디지털로 바로 저장되고 있다.

3) 전기의 사용사례

현대를 사는 우리는 전기제품이나 수도와 같은 문명의 산물을 벗어나 살 수 없다. 주변의 거의 모든 것이 전기를 쓰고 있다. 항상 이용하는 엘리베이터, 자동문, 휴대폰 등 전기를 쓰지 않는 물건을 찾기가 오히려 힘들다.

미래시대에는 전기나 수도처럼 사물이 통신을 통해 연결된 세상으로 예측해 본다. 이미 주변에는 인터넷에 연결된 사물들을 많이 볼 수 있다. 출근할 때 버스정류장에서 다음 버스가 언제쯤 도착하는지 몇 정거장 전인지를 정류장의 전광판을 통해 보고 있다. 물건을 사기 위해 카드를 사용하면 카드단말기는 인터넷을 통해 중계업체와 카드사로 전달되어 승인에 대한 응답을 준다. 엘리베이터에서는 인터넷에 연결된 화면을 통하여 광고를 보여주고 아파트내의 CCTV를 거실벽 월패드를 통해 화상으로 보거나 콘센트와 연결되어 현재 사용중인 전력을 표시하고 난방기기와 연결되어 이들을 제어하기도 한다. 부재중인 집에 택배를 받아두기 위한 무인 택배함 역시 인터넷과 연결되어 택배의 수령이나 보관 등의 정보를 제공하고 있다.

〈표 10-9〉 사물인터넷 제품 및 서비스 사례

업 종	구 분	내 용
가 전	월풀의 인터랙티브 레인지	센서, 디스플레이, 네트워크가 결합된 주방용 허브 역할을 수행하는 레인지
	필립스의 지능형 조명 휴(Hue)	사용자 감성과 상황에 맞춘 연출이 가능한 조명
	락키트론의 스마트 도어록	스마트폰으로 원격에서 개폐를 조정할 수 있는 도어락
에너지	네스트의 지능형 원격 온도조절기	학습능력을 갖추어 쾌적성을 제공하며 에너지 저감을 이루는 온도조절기
	벨킨의 전력관리위모(WeMo)	전기 콘센트에 장착하여 연결된 가전기기의 전력사용량 모니터링 및 On/Off 제어를 수행하는 스마트 플러그
	스페인 Gas Natural 사의 원격 검침	개별 가정의 가스계량기를 실시간으로 원격 검침
	러시아의 송유관 관리 시스템	유럽 전역에 설치된 송유관을 이동통신 기반으로 실시간 현황 파악, 효율적 공급과 도난방지 효과
의료/건강 관리	Vitality 사의 스마트 약병 GlowCap	환자에게 정확한 시간에 약을 복용할 수 있도록 도와주는 약병, 불빛, 오디오, 전화, SMS 등을 통해 알람
	Corventis 사의 심장박동 모니터링 NUVANT	심장박동 모니터링 필름 '픽스(PiiX)'를 이용해 환자의 심장 이상 여부를 판단하고, 이상 발생시 의사 연결
	프로테우스 바이오메디컬사의 스마트알약 Helius	Helius는 초미세 알약으로 위에 도달하면 위의 상황을 체크하여 스마트폰으로 전송
	나이키의 퓨얼밴드(Fuel Band)	사용자의 운동량, 칼로리 소모량, 운동거리, 운동시간 등을 수집할 수 있는 웨어러블 디바이스
자동차	시스코의 커넥티드 버스	버스의 GPS 추적을 통해 안전과 연비를 향상시키고, 승객들이 와이파이를 통해 인터넷 사용
	구글의 자율주행 자동차	인 주행, 보행자 추돌 방지, 차량거리 자동제어, 사각지대 위험감지 등이 탑재된 스스로 판단하고 주행
기 타	포스코의 공장 안전관리 시스템	500여 근로자들의 실시간 위치추적 시스템을 통해 안전사고를 방지
	영국의 스마트 시티	영국 Glassgow 도시에 교통, 범죄, 에너지, 환경 등 종합적 운영 시스템을 구축
	스페인 바르셀로나의 스마트 시티	전기자동차 충전인프라, 주차 시스템, 스마트 쓰레기통/가로등의 설치로 도시의 스마트화

2. 국내 주요 IoT 기업동향

IT/가전 · 통신 · 건설 분야 대기업을 중심으로 AI를 활용한 소비자 맞춤형 서비스 개발, 타 산업과의 협력을 통한 상생의 스마트홈 구축에 자원 · 역량 집중한다.

〈표 10-10〉 국내 주요 IoT 기업동향

구 분	주요 내용
IT/가전	• 삼성전자 - 스마트싱스 클라우드, 스마트싱스 앱 및 빅스비 등 자사의 플랫폼을 중심으로 IoT & AI 기반 스마트홈 구축 추진 - 홈 가전 사용 데이터 기반 AI에 의한 사용 패턴 · 환경 관련 데이터 분석으로 사용자 경험에 최적화된 제품 개발 집중 : 스마트 냉장고, 무풍에어컨 등 - 건설사(삼성물산, 롯데건설 등)와 협력으로 아파트에 홈 IoT 도입 추진 • LG진자 - AI 기반'LG 씽큐'를 활용한 홈 IoT 생태계 확장 - AI 스피커 씽큐 허브, 에어컨, TV, 로봇청소기, 세탁기 등 다양한 제품에 LG 씽큐 적용 - 중국의 스마트홈 전문기업인 '루미(Lumi)'와 협력으로 IoT 기반 다양한 AI 홈 IoT 서비스 제공 추진 • 삼성 SDS - 'Brightics IoT' 플랫폼을 통해 데이터 수집/운영/관리를 최적화 - 스마트홈, 스마트빌딩, 스마트팩토리 등에서 운영 가능한 IoT 서비스 제공 • LG CNS - 'INFioT' IoT 플랫폼을 스마트시티, 스마트홈, 스마트빌딩, 스마트팩토리 등에 적용 - INFioT를 통해 수집된 데이터는 AI 빅데이터 플랫폼 'DAP'와 연동으로 다양한 지능형 분석 서비스(도시환경 및 실시간 교통량 모니터링 서비스 등) 제공
통 신	• SKT - 산업 IoT 솔루션 및 플랫폼 개발을 위해 보쉬렉스로스코리아와 협력을 통해 댐/저수지 수문 예지보전1) 및 공장설비 유해물질 누수 감지 프로젝트 진행 - IoT/Data 전담팀을 통해 IoT 서비스 보급에 집중 • KT - AI 플랫폼 '기가지니'를 통해 가정용 홈 IoT 서비스 라인업 확대 - 다양한 홈 IoT 기기를 기가지니로 제어하여 사용할 수 있는 다양한 기기(공기청정기, 플러그, 조명, 선풍기 등) 활용 서비스 제공 - 건설사 · 아파트와 협력을 통해 AI 기반 홈 IoT 서비스 제공 확대 • LGU+ - AI 스피커 기반 다양한 홈 IoT 서비스 제공 - LH와 스마트 건설협력을 통해 세종시 스마트시티 아파트 건설에 적용 추진 : 지능형 CCTV 및 IoT 센서를 통한 건설현장의 안전관리 환경구축 등

학습 10

구 분	주요 내용
건설	• 삼성물산 - AI와 IoT 결합의 '래미안 A.IoT 플랫폼' 개발, 스마트홈에 적용해 아파트 입주민의 생활패턴을 분석하여 고객 맞춤형 생활환경 조성 추진 • LH - 지능형 홈 IoT 역량강화를 위해 KT, LGU+ 등 통신사와 협력 강화

02 사물인터넷의 요구기능 및 IoT 분야별 시장현황에 대하여 분석하라.

1. 사물인터넷의 요구기능

많은 객체 간의 통신이 필요한 사물인터넷 환경에서 식별(Identification)은 중요한 문제 중 하나이다. 무선으로 인터넷에 연결되는 장비들이 '13년 현재 1인당 1개 수준에서 '18년 1.5개로 증가할 것으로 전망되고 있으며, 단일 네트워크(Link-local) 수준을 포함하면 실제로 인터넷에 연결되는 객체의 수는 기하급수적으로 증가할 것으로 보인다. 이런 상황에서 객체의 식별정보로서 IPv6는 기존의 검증된 네트워크 통신구조를 그대로 활용하면서 동시에 거의 무제한에 가까운 식별정보를 생성해낼 수 있기 때문에 사물인터넷의 필수조건으로 여겨지고 있다.

소개하는 기술들 역시 이러한 이유로 IPv6 활용을 전제로 하고 있으며, IP 프로토콜을 중심으로 하는 인터넷의 Narrow-waist 구조로 인해 향후 신규 통신기술 및 서비스 개발에 있어서 IPv6에 대한 수요는 지속될 것으로 보인다.

이와 더불어 사물인터넷을 통해 통신하는 객체들은 제한적(Constrained) 환경에서 통신을 수행해야하기 때문에 이러한 환경적 특성에 따라 몇가지 기능들이 필요하다.

1) 저전력 무선네트워킹 기술

우선 저전력 무선네트워킹 기술이 필요하다. 사물인터넷 서비스의 제한적 환경에서 객체간 무선통신을 위해서는 통신범위(Range), 대역폭(Bandwidth), 비용(Cost), 전력 소비(Battery Consumption)이 무엇보다 중요하다.

기존의 무선통신기술 중 WiFi나 Cellular같은 전통적인 방식은 단순한 통신에 사용하기에는 많은 전력을 소비한다. 넓은 범위에서 서비스를 제공하기 위해서 출력을 높이거나 객체의 개수를 늘리는 방식을 도입하는 것 역시 많은 비용을 발생시키게 된다. 이러한 문제들을 해결하기 위해서 저전력 무선네트워킹 기술이 필요하다.

기존의 ZigBee, Bluetooth LE, wirelessHART 등의 기술은 특정한 서비스나 용도를 목적으로 개발되었기 때문에 보다 보편적인 활용을 위해 저전력 무선네트워킹 기술 개발이 필요하다.

2) 센서 최적화 기반 데이터 관리기술

사물인터넷 요구기능은 센서 최적화 기반 데이터 관리기술이 필요하다. 이 역시도 비용과 전력의 문제와 연계된다. 대규모 네트워크를 구성하게 되면 질의(Query)와 데이터 관리기능을 수행하기 위해 객체 간 통신에 의한 데이터 전송이 빈번해지게 되는데, 센서 객체로 구성된 네트워크에서 이와 같은 통신방식은 비효율적이다. 이를 해결하기 위해서 지능화된 DB관리 방법이 필요하며 TinyDB, SENFIS, AndulN, Antelope 같은 프로젝트를 통해 연구가 진행중이다.

3) 저전력 임베디드 OS

사물인터넷의 필요한 기술은 저전력 임베디드 OS이다. 효율적인 통신을 수행하기 위해 객체들은 주류의 OS를 작동시킬 수 있는 프로세서와 메모리를 탑재하기 어렵다. TinyOS, Contiki 등 저사양의 임베디드 OS들이 개발되고 있으며, ETRI에서 개발 중인 NanoQplus가 '14.3월 IPv6 Ready Phase-2(Gold) Logo 국제인증을 받기도 하였다.

4) 새로운 전력공급 및 저장기술 개발

사물인터넷의 요구기능은 새로운 전력공급 및 저장기술 개발이 필요하다. 필름형 배터리, 고밀도 배터리 등과 같은 전력저장기술과 신재생에너지를 이용한 하베스팅(Harvesting) 기술, 무선충전기술 등을 개발하고 있고, 현재 상용서비스에서 활용은 미비한 수준이다.

2. IoT 분야별 시장현황 및 전망

'19년 전세계 IoT 지출규모는 전년대비 16.9% 증가한 7,019억 달러를 기록했으며 '23년 1조 1,075억 달러에 이를 것으로 예측(IDC)한다. '19년 부문별로는 IoT 서비스 시장이 2,499억 달러(35.6%)로 전체시장의 35.6%, HW 시장이 2,365억 달러로 33.7%, SW 시장이 1,418억 달러로 20.2%, 커넥티비티 시장이 737억 달러로 10.5%를 차지한다. '19~'23년 연평균 성장률은 SW 시장이 14.8%로 가장 높고, 서비스 시장 12.5%, HW 시장 10.5%, 커넥티비티 시장 9.9% 등을 기록할 것으로 전망한다.

AI · 스마트홈 · 스마트시티 · 커넥티드카 등의 확산은 IoT 시장의 동반성장으로 연결한다. IoT에서 AI 관련 시장은 '18년 약 38억 달러에서 연평균 27.3% 성장해 '24년에는 162억 달러의 규모에 이를 전망(MarketandMarkets, 2019)이다.

세계 스마트홈 시장은 '19년 1,030억 달러 → '23년 1,570억 달러 시장규모가 형성될 것으로 전망(IoT Business News, 2019)이다.

스마트홈 시장성장에 힘입어 IoT 연결 스마트홈 디바이스 수는 '25년 약 640만 개로 증가할 것으로 예측(Business Insider, 2020)한다.

스마트시티에서 IoT 관련 시장은 '19년부터 연평균 22.6% 성장해 '25년 3,301억 달러의 시장이 형성될 것으로 추산(GlobeNewswire, 2019)한다.

IoT 관련 자동차 시장규모는 연평균 27.5%의 높은 성장을 통해 '23년 1,042억 달러로 예상(Businesswire, 2018)한다.

〈표 10-11〉 IoT 분야별 시장현황 및 전망

구 분	주요 현황
플랫폼	• 세계 IoT 플랫폼 시장은 '18년 약 112억 달러에서 연평균 17.9%의 빠른 성장을 통해 '23년 약 248억 달러의 시장규모가 형성될 것으로 예상(IDC, 2020) • 세계 IoT 플랫폼 시장은 '18년부터 연평균 28.5%씩 고성장을 통해 '23년 약 747억 달러 규모로 성장할 것으로 전망(Market Research Future, 2019)
센서 · 디바이스	• 세계 IoT 연결 디바이스 개수는 '18년 약 228억 개에서 연평균 8.9%씩 성장해 '25년에 약 416억 개로 늘어날 것으로 예측(IDC, 2019) • 세계 IoT 모듈/센서 시장은 '18년부터 1,986억 달러에서 '23년까지 연평균 11.7%씩 성장해 '25년 2,967억 달러에 달할 것으로 추정(IDC, 2020) • 세계 IoT 센서 시장은 '18년 약 52억 달러의 시장규모를 형성하였으며, '23년까지 연평균 33.6%의 빠른 성장을 할 것으로 관측(MarketsandMarkets, 2019) • 세계 IoT 칩셋 시장은 '18~'25년까지 연평균 15%씩 성장해 '25년 310억 달러 규모로 성장할 것으로 예상(Researchica, 2018) • 세계 IoT 디바이스 관리시장은 연평균 28.3% 성장해 '25년 51억 달러의 규모로 성장할 것으로 전망(Grand View Research, 2020)
서비스	• 세계 IoT 서비스 시장은 '19년 2.4억 달러에서 연평균 20.8%의 성장해 '25년 7.6억 달러의 규모에 이를 것으로 예측(QYR Research, 2019) - '25년 기준 IoT 개발 서비스 중 SW 개발이 45.3%로 가장 큰 비중을 차지하며, 인프라스트럭쳐 통합(Infrastructure Integration) 22.0%, 기획 및 컨설팅(Planning and Consulting) 20.5% 순
네트워크	• 세계 IoT 통신시장은 '19~'23년까지 36.9%의 빠른 성장이 예측되며, '17년 34.5억 달러에서 '23년 225.7억 달러로 시장규모가 크게 확대될 것으로 예측(Market Research Future, 2020)

구 분	주요 현황
	• 세계 NB-IoT 시장은 연평균 34.9%씩 고성장을 통해 '25년 60.2억 달러 규모로 성장할 것으로 전망(Grand View Research, 2019) • 세계 NB-IoT 칩셋 시장은 '19년 2.7억 달러에서 연평균 49.1%의 고성장을 통해 '24년 20억 달러의 시장규모가 형성될 것으로 예측(MarketsandMarkets, 2019)

〈표 10-12〉 글로벌 주요 IoT 기업 동향

구 분	주요 내용
IBM	• AI 기반 'Watson IoT'를 통해 차별화된 고객가치 제공 • AI 기능을 접목한 IoT 의료산업의 데이터 분석에서 제조 · 건설 · 유통 · 자동차 등 다양한 산업 고객군으로 산업영향력 확대 추진
Google	• 개방형 IoT 플랫폼인 안드로이드 OS 중심의 글로벌 IoT 생태계 영향력 확대 • '15년 소용량 메모리 장착형 저성능 기기용 IoT SW 플랫폼 '브릴루' 발표 • '18년 스마트폰과 차를 연결해 사용하는'안드로이드 오토'를 통해 구글의 AI 비서 서비스 중심으로 사용자 접근성 개선
Microsoft	• 데이터 분석 플랫폼 '애저(Azure)'를 중심으로 IoT 사업 추진 • 애저를 통해 머신러닝 기술을 적용해 IoT 발생 데이터를 클라우드에서 처리, 분석하는 기업용 서비스형 플랫폼'PaaS(Platform as a Service)' 제공
amazon	• 빅데이터 분석기반 AI와 HW 결합의 IoT 생태계 환경구축 • 'AWS IoT(데이터 분석 플랫폼)'-'Alexa(AI)'-'Echo(IoT 허브)'-'Dash button (자동주문 IoT)' 결합의 개방형 IoT 사업 추진 • IoT와 연계한 차별화된 클라우드 서비스와 사업영역을 스마트홈 시장으로 확대하며 컨슈머 IoT 시장 주도권 확대 도모

학습 10

03 지능형 시물인터넷에 대한 주요국의 정책동향에 대하여 분석하라.

1. 한 국

① 사물인터넷 활성화 정책 및 전략 발표

- 정부는 사물인터넷 기본계획 수립('14. 5), K-ICT 사물인터넷 확산 전략('15. 12), 4차 산업혁명 대비 초연결 지능형 네트워크 구축 전략('17. 12) 등 추진

② IoT 기술을 활용한 산업의 스마트 혁신 확대

- 스마트공장 확산 및 고도화 전략('18. 3)

• 중소기업 스마트 제조혁신 전략('18. 4)
• 스마트팜 확산 방안('18. 4)
• 농림축산식품부의 노지 스마트농업 시범사업('19. 12)

③ ICT 규제 샌드박스 통한 일반 콘센트 활용 전기차 충전서비스 임시 허가('19. 3)
• 일반 콘센트를 활용해 충전하는 스마트 IoT 전기자동차 충전콘센트 출시('20. 2)

④ 사물인터넷 도입 가이드라인 마련('19. 7)
• 행정기관들이 사물인터넷 서비스 도입시 겪는 기술적 어려움 해결을 목적으로 실무차원에서 도움 되는 내용으로 구성

⑤ 제4차 국가정보통신서비스 제공사업자 선정 및 IoT 요금제 마련('19. 7)
• 행정기관 대상으로 저렴한 요금으로 빠르고 안전한 통신망 서비스를 제공
• 사물인터넷 서비스 활성화에 대비해 IoT 서비스의 신규 요금제 마련

⑥ 과기정통부, 사물인터넷 육성에 117억 원 지원('20. 2)
• 공공·산업·일상 등 다양한 사물인터넷 분야의 혁신적 제품, 서비스 발굴 및 확산
• 사물인터넷 제품·서비스 검증·확산 사업 공모하여 21개 과제 선정, 117억 원 지원

⑦ 사물인터넷을 활용한 비대면 기술 및 서비스 활용 본격화
• 사물인터넷(IoT) 기반 무인기지국 원격전원관리 시스템 적용 본격화('20. 4)
• IoT, VR·AR 등 기술을 소상공인 경영현장에 접목해 서비스 마케팅을 혁신하는 '스마트상점'의 도입 및 확산('20. 4)

⑧ 2020년 ICT R&D 혁신 바우처 지원사업 선정('20. 5)
• 사물인터넷(IoT)과 인공지능(AI) 등 31개 과제에 오는 2024년까지 5년 동안 3,224억 원 투입
• 총 31개 선정과제 중 사물인터넷 분야는 11개(35.5%)

⑨ 한국판 뉴딜 추진방향('20. 5)
• IoT, 로봇 등 첨단 물류기술을 활용한 디지털 물류서비스 체계 구축

2. 미 국

① IoT 기반 인프라 사회 구축 조성 및 기술개발 정책 환경 마련
• IoT 국가전략 결의안('15. 3)을 통해 농업, 교육, 에너지, 헬스케어, 안전, 보안 및 교통 등의 분야 IoT 활용 촉진, IoT 정책 추진 현황 보고서('17. 7) 발간 등

② Smart IoT Act 법안 발의('18. 7)

• IoT 장치 연구수행 및 업계에 권장되는 규정, 모범사례 및 지침제시
• 효율적 IoT 규제를 위해 IoT 관할권을 가진 연방기관 내 중복기관 업무 식별

③ 각 연방정부 부처별 IoT 정책수립 및 개발지원 추진
• 국토안보부(DHS) : 저비용 · 통합형 IoT 활용 홍수 침수 센서 연구개발
• 국립과학재단(NSF) : IoT 등 기술을 활용해 상업적 성공이 기대되는 중소기업 지원
• 상무성(NTIA) : 거주자 밀집환경 공간에서 새로운 IoT 관련 테스트베드 개발 진행
• 연방통상위원회(FTC) : 개인정보보보 및 보안 분야에서 IoT 기술이 소비자에게 미치는 영향 파악
• 법무부(DOJ) : IoT 장치를 활용한 잠재적 국가안보위협 대처 방안 연구

④ IoT 산업의 잠재적 정책 이슈에 대한 논의 가속화('20. 2)
• IoT 규제 프레임워크 : IoT 기술에 맞는 새로운 규제 프레임워크 개발
• 개인정보보호 : 방대한 양의 데이터 수집이 가능한 IoT 기술에 대한 개인 정보보호문제 정책 마련
• 데이터 보안 : 사이버 공격 위험에 대비한 데이터 보안정책 마련

⑤ Digital Policy for Physical Distancing('20. 4)
• 정보기술혁신재단(ITIF)은 코로나19 대응 스마트 시티 프로그램과 국가 사물인터넷 전략개발 추진
• IoT 기기를 통해 스마트 온도조절장치, 운동습관, 수면행동, 전반적 건강지표를 추적하고, 팬더믹 상황에 대응하는 데이터 생성

3. 일 본

① IoT 정책 로드맵('16. 7)
• 일상생활의 모든 영역에서 2025년까지 IoT 도입 파급효과 극대화 목표

② 빅데이터 공유 가이드라인('17. 4)
• 빅데이터 공유 가이드라인 마련으로 안정적인 IoT 데이터 거래 지원 인프라 구축

③ IoT Security 대책 제언('17. 4)
• 총무성은 IoT 보안 취약성에 대응을 위한 IoT 보안대책 마련

④ 지역 IoT 활성화 지원
• 총무성의 지역 IoT 구현 추진 태스크포스('16. 9) : 의료 · 간호 · 농림수산업 · 교육 · 관광 등 다양한 영역에서 IoT 추진
• 총무성의 지역 IoT 민관 네트워크('17. 7) : 농업 · 관광 · 교육 등의 분야에 ICT

기술도입 사례 공유 및 새로운 기회 지원

⑤ 미래투자전략 2018('18. 6)

- IoT를 활용해 생활 불편 해소, 산업 생산성 향상 및 산업의 불편 해소, 안전한 지역 커뮤니티 및 도시 실현

⑥ AI 전략 2019('19. 3)

- AI R&D 성과의 사회 전반 확산을 통해 산업성장, IoT 활용 데이터 기반 정비, 디지털 산업화를 촉진

⑦ Society 5.0 실현 규제개혁 제안('20. 3)

- 일본 경제단체연합회는 IoT · 로봇 등 혁신적 기술을 활용한 제조 · 서비스 생산성 향상, 안전한 사회 인프라 정비 등 제도 개혁 촉진

4. 유 럽

① EU의 디지털 단일시장 전략('15. 4)

- 글로벌 IoT 주도권 확보를 위한 전략으로 EU 내 사용자 중심의 확장 가능한 IoT 개방형 생태계 플랫폼 구축

② EU의 사이버보안 강화 마련을 위한 법안 초안 마련('18. 7)

- IoT 등 인터넷 연결제품 및 IT 환경에 대한 소비자 신뢰도 개선

③ 독일의 "High-Tech Strategy 2025" 전략('18. 9)

- 사회문제 해결과제 중 IoT 기술을 활용해 환자의 간호 · 간병 테스트를 위한 주거 공간 개발연구 지원

④ EC의 Shaping Europe's Digital Future('20. 2)

- 5G, IoT, 블록체인, 슈퍼컴퓨팅, 데이터 공유 등을 바탕으로 디지털 혁신 솔루션 개발 촉진 및 기업사회 전반에 걸친 정책 프레임 워크 발표

5. 중 국

① 2006~2020년 국가 중장기 과학기술 발전계획('06. 2)

- 중국 전역의 사물인터넷 산업망 구축

② 중국제조2025('15. 5)

- 4차 산업혁명에 대응해 중국 정부가 발표한 하드웨어 중심의 업그레이드 정책
- 빅데이터, 인공지능, 사물인터넷, 클라우드 컴퓨팅 등 혁신기술을 제조산업에 접목해 제조 스마트화 촉진

③ 인터넷 플러스('16. 8)

- 인터넷, 빅데이터, 사물인터넷, 클라우드 컴퓨팅 등을 기존 주력산업에 도입해 전자 상거래, 인터넷 금융 등 신성장 산업 분야의 발전 강화

④ 공기조절기 스마트 인증 규칙('16. 8)

- IoT 기반 스마트홈 기기 활성화를 위한 정부의 지원정책 및 인증규정 세분화

⑤ 실버산업 스마트화 발전계획('17. 2)

- IoT 활용 스마트 건강 실버서비스 제품/서비스 보급 및 표준 제정
- 100개 이상의 스마트 건강 시범기지 건설 추진

⑥ 2019년 정부 공작보고('19. 3)

- 인공지능, IoT 등을 적용한 제조분야 산업 고도화 추진

⑦ 첨단기술 육성계획('20. 6)

- '20년 양회기간 코로나19 대응 AI, 5G, IoT, 빅데이터 등 4차산업 혁명 핵심기술에 '25년까지 10조 위한(1,730조 원) 투자계획 발표

04 시물인터넷의 기술별 표준화 동향에 대하여 분석하라.

1. IoT 플랫폼 기술

〈표 10-13〉 IoT 플랫폼 기술의 표준화

구 분	주요 동향
국 내	• TTA 사물인터넷/스마트시티 플랫폼 PG(PG1001) : '15년 사물 간 관계 모델을 통한 사물 협업 제공 관련 표준이 제정됐으며, '17년에는 온톨로지 기반 사물 검색 기술 표준화가 진행 - 산하 oneM2M 실무반(WG10011)에서 oneM2M에서 제정한 표준을 파트너십 협약에 따라 공식 비준된 국제 사실 기술 표준을 국내 TTA 단체 표준으로 이관, oneM2M Rel-3 표준에 포함된 oneM2M TS-0026이 TTA 단체 표준으로 제정, oneM2M 적합성 시험 규격인 TS-0018, TS-0025는 2020년 승인 예정으로 이후 TTA 국내 표준으로 전환 제정 • TTA 사물인터넷 네트워킹 PG(PG1002) : 사물인터넷 저전력 네트워킹 유즈케이스 표준, 사물인터넷 저전력 디바이스 연동 프레임워크 표준, OCF 플랫폼과 BLE 디바이스 간 브릿징 표준 개발 예정 • OCF코리아포럼 : OCF의 표준규격의 한글화 작업 및 KS 인증 작업을 진행 중, '19년 KS 인증 대상 OCF 규격의 버전에 대한 조사 작업이 진행

학습 10

구 분	주요 동향
	• 사물인터넷융합포럼 : 사물인터넷 응용 분야에서 정의된 온톨로지에 대한 표준화 진행
국 외	• oneM2M SDS : 3GPP 네트워크에서 제공하는 인터페이스를 oneM2M 플랫폼과 연동하기 위한 oneM2M API를 표준개발 중으로 이를 이용해 oneM2M 단말이나 응용 서비스가 이동통신망이 제공하는 기능을 쉽게 구현 가능 • oneM2M TDE : 3GPP SCEF와 연동되는 oneM2M IN(Infrastructure Node), ADN (Application Dedicated Node) 기술에 대한 표준 적합성 시험규격 개발 중 • OCF Bridging TG : OCF 브릿징 관련 기술들에 대한 총괄관리 및 OCF Bridging Specification에 대한 개발작업을 진행 중 • OCF BLE-Bridging PG : 기술규격에 대한 개발은 마무리된 상태이며 참조구현을 개발 중 • OCF Z-Bridging PG : ZigBee 및 Z-Wave에 대한 기술규격 개발은 마무리되고, ZigBee의 참조구현이 CTT 검증을 통과한 상태이며, Z-Wave 참조구현은 개발 중 • OCF U+ Bridging PG : Haier의 IoT 플랫폼인 U+에 대한 브릿징 기술표준은 2018년도에 완료되었으며, 참조구현이 개발 중 • OCF JOOE PG : oneM2M에 대한 브릿징 표준을 개발하는 JOOE PG에서는 2019년에 브릿징을 할 대상인 oneM2M 디바이스가 거의 전무한 상황을 들어 단방향 브릿징 (oneM2M client → OCF server)만 개발을 완료하고 PG 활동 종료 • 3GPP SA2/CT1 : 3GPP는 Rel-13부터 MTC(Machine Type Communication) 지원을 통해 M2M/IoT 환경에서 발생할 3GPP 네트워크 이슈를 대응 기술을 개발하고, Rel-14 및 Rel-15에서는 SCEF(Service Capability Exposure Function) API, NIDD(Non-IP Data Delivery)와 같은 셀룰러 IoT 지원 기능을 표준 개발 중

2. IoT 네트워킹 기술

〈표 10-14〉 IoT 네트워킹 기술의 표준화

구 분	주요 동향
국 내	• TTA 근거리 무선통신 PG(PG907) : LPWA를 위한 물리계층 기술 표준기술 개발완료 후 차별적 매체접근관리 기술의 표준기술 개발이 진행 중 • TTA 사물인터넷 네트워킹 PG(PG1002) : 에너지 전력분야를 위한 사물인터넷 네트워킹을 위한 시스템 구조, 등록절차, 데이터 모델, 물리계층 기술 표준화 개발 중
국 외	• ITU-R SG5 : 기지국과 단말로 구성된 광역 센서/액츄에이터 네트워크 관련 권고 (M.2002-2011)와 보고서(M.2224-2012)를 제정 • ITU-T SG11 : IoT Edge 환경에서 인공지능 기술을 활용한 기술표준(Q.5001)을 2018년에 개발 완료하고, 후속 권고안을 제안하여 작업 중 • IEEE : 2018년 3월 회의부터 IEEE802.15.4w TG-LPWA의 LPWA 물리계층과 매체접근제거 기술에 대한 표준화를 진행 중 • IETF LPWAN WG : 헤더 압축 등 LPWA 특유의 극히 제한적 상황을 위한 신규 표준개발을 진행 중

구 분	주요 동향
	• IETF 6lo WG : NFC 기반 IPv6 통신을 위한 적응계층 프로토콜 표준을 개발하여 2019년에 제정할 예정이며, 사물인터넷 저전력 통신을 위한 활용성 및 유즈케이스 표준을 개발 중 • IETF T2TRG/COINRG : IoT Edge Computing 관련 표준안을 개발 중 • ETSI : 2018년 UNB 기술기반의 유즈케이스에 관한 TR 103 249, 프로토콜과 아키텍처를 정의하는 TS 103 358, TS 103 357 규격 개발을 완료 • oneM2M SDS : oneM2M 시스템에서 Edge 컴퓨팅을 지원하는 방안 스터디를 진행중으로 기술보고서(TR-0052)는 2019년 상반기에 완료하고, 이후 아키텍처 규격(TS-0001)에 반영하여 Rel-4 신규 기술에 포함될 예정

3. IoT 디바이스 기술

〈표 10-15〉 IoT 디바이스 기술의 표준화

구 분	주요 동향
국 내	• RRA : 공공 단말기 접근성 가이드라인을 통해 키오스크의 장애인 접근성의 기능요구사항을 정의하고 있으며, 표준화된 접근성 보조기기들이 개발될 것으로 예상 • JTC1 SC35 전문위원회 : JTC1 SC35에서 개발한 ISO/IEC 13066-1 보조기기 상호운용성 인터페이스 요구사항 및 권장사항 표준에 대해 부합화 표준으로 한국산업표준 제정 완료 • TTA 지능형반도체 PG(PG417) : 반도체 설계를 HDL(Hardware Description Language)로 기술하는 하드웨어 기술언어 코딩지침과 투명지문 인식을 위한 소자의 특성 측정방법에 대한 표준을 개발 중 • 지능형반도체포럼 : 반도체 안전성 관련 표준으로 인공지능 프로세서의 보안성 강화를 위한 안전성 플랜과 인공지능 프로세서 기능안전 인터페이스 표준을 개발 중
국 외	• ITU-T SG20 WP1 : IoT 서비스의 장애인, 고령자 및 일시적 장애인 등의 서비스 사용을 위한 접근성 요구사항(Y.4204)에서 보조기기의 호환성 보장, 인터페이스 간 충돌, 간섭에 대한 대책의 필요성 등을 정의하고, 사물인터넷 서비스 연동을 위한 디바이스 탐색 및 다바이스 프로파일 관리 기술표준(ITU-T Y.IoT-sd-arch)을 개발 중 • JTC1 SC25 : 'Interconnection of Information Technology Equipment' 분야의 표준 개발 중이며, 이중 WG4에서 'Interconnection of Computer Systems and Attached Equipment' 분야 표준을 개발 중 • JTC1 SC35 : PC 및 모바일기기와 접근성 보조기기의 상호운용을 위한 인터페이스-운영체제 간 표준 요구사항 정의 • ISO TC22 SC32 : 'ISO 26262, Road Vehicles-Functional Safety 2nd Edition' 개발로 자동차 안전성 표준을 반도체 분야까지 확대하였으며, 반도체 설계에 적용될 것으로 전망 • ETSI TC HF : 접근성 보조기기의 접속을 위한 모바일 기기의 AT 명령어 확장 표준 정의 • IEEE-SA(Standards Association) WWG(Wearable WG) : 'P360, Wearable Consumer Electronic Devices' 대한 표준을 개발 중

학습 10

4. IoT 서비스 기술

〈표 10-16〉 IoT 서비스 기술의 표준화

구 분	주요 동향
국 내	• RRA : 2019년 5월 사물인터넷 접근성 요구사항 표준 [스마트홈] 개발 완료 • TTA 사물인터넷/스마트시티 플랫폼 PG(PG1001) : 사물인터넷 기반 스마트캠퍼스의 디바이스관리 및 서비스를 위한 참조모델을 정의, 스마트시티 환경을 위한 정보의 통합관리 플랫폼 관련 정보모델을 위한 요구사항 제정 • TTA ITS/차량ICT PG(PG905) : LTE 기반 철도구축사업의 진행 경험을 바탕으로 LTE 기반 철도통신 시스템 구조 및 요구사항 기술표준과 LTE 기반 철도통신 시스템의 차량이동국 기술보고서를 2016년 제정하고 KRNA, KT, ETRI, 삼성전자에서는 LTE 기반 철도통신기술의 네트워크 특성 및 단말 특성과 철도운용을 통한 환경 등의 특성을 연구하고 관련 시험규격을 철도실무반(WG9051)을 통해 2017년 제정완료 • TTA 바이오인식 PG(PG505) : 바이오인식과 생체신호등을 이용한 비대면 인증과 안전성, 연동 요구사항 등의 표준을 제정 중 • TTA CPS PG(PG609) : 디지털트윈 제조와 관련된 유즈케이스 및 디지털트윈 제조를 위한 요구사항을 정의를 위한 표준화 작업을 진행 중
국 외	• ITU-T SG20 : 사물인터넷 환경(애플리케이션과 서비스로 구분)에서 정보취약계층의 접근성을 보장하기 위한 요구사항을 개발, 이와 함께 스마트시티에서 대중교통이 취약계층의 접근을 보장하기 위한 정보접근성 요구사항을 개발 중 • JTC1 SC41 WG5 : 산업용 사물인터넷 기술 보고서에서 디지털트윈의 현황을 포함하고 있으며, 차후 디지털트윈 신규 표준화가 진행될 것으로 전망 • ISO TC184 SC4 WG15 : 디지털트윈 제조 프레임워크 개요 및 원칙, 참조구조, 디지털 표현, 정보교환 표준화 작업 진행 중 • oneM2M : 가전 디바이스 프로파일 정의를 위한 별도의 규격서(TS-0023) 개발 중으로, 가전뿐만 아니라 홈에서 사용될 수 있는 모든 IoT 기기를 대상으로 진행 중 -'18년 RAILDE(Railway Domain Enablement) 워크아이템을 채택하고 철도 사물인터넷 분야의 사물인터넷 정보모델을 제정 • oneM2M RDM : TS-0023에 다양한 산업영역을 일반, 도시, 건강, 홈, 산업, 차량, 철도 등으로 구분하여 관련 센서 및 디바이스의 정보모델을 정의 • OCF : 오직 가전 기기(냉장고, 청소기 등) 대상으로만 가전 디바이스 프로파일 정의를 위한 별도의 규격서(OCF Smart Home Device Specification) 개발 중, OCF 1.0 규격서가 공개되었고 향후 차기 버전에서 기기 및 기능 정의를 지속적으로 개발 예정 • ECONET : 에너지 관련 디바이스 프로파일 정의 중으로 oneM2M 디바이스 프로파일 정의시 사용되는 SDT(Smart Device Template)과 쉽게 변환 가능 • OMA : 웹기반의 GotAPI와 DWAPI를 통해 2015년 홈에서 사용 가능한 헬스케어 디바이스 프로파일을 정의하였고, 2017년에는 3D프린터 디바이스 프로파일을 정의, '18년에는 IPSO얼라이언스와 합병해 5월 IPSO WG을 신설하고 LwM2M 기반의 디바이스 프로파일 제정을 개시 • 3GPP SA1 : 2016년 FRMCS 기술보고서로 서비스 요구사항을 정의, 2017년부터는

구 분	주요 동향
	MONSTERY 워크아이템을 통해 MCx(Mission Critical Services)규격인 TS22.179, TS22.280, TS22.281, TS22.282의 개정 및 TS22.289 기술표준 문서로 철도시스템 관련 장치를 포함한 요구사항 정의 완료 • W3C : 웹 기술과 연동하기 쉬운 디바이스 프로파일을 정의할 수 있는 정의 템플릿(TD : Thing Description) 개발 중 • UIC : 2018년에 FU7100 사용자 요구사항 기술규격을 제정 완료해, 철도 디바이스 관련 정보 요구사항 규격화 • FIDO : FIDO2를 통해 이동통신기기에 인증 서비스 플랫폼 기술 규격을 제정하였고, FIDO Biometric Certification Program을 통해 생체정보를 통한 서비스 인증 기술요구사항과 센서/디바이스 인증프로그램을 제공 중

05 메타버스와 지능형 사물인터넷의 관계에 대하여 분석하라.

비대면 융합산업 분야에서 IoT는 디지털트윈과 인터넷 연결을 확장(Network of the Networks)함으로써 '메타버스 가상세계의 사물인터넷 단말'의 상호작용과 모니터링으로 전통산업의 비대면 디지털 전환을 위한 다양한 기회를 제공하게 될 것이다.

코로나로 인한 비대면 확대로 IoT를 활용한 베타버스 AR/VR 기반의 디지털트윈이 전통산업과 융합되는 디지털 대전환의 핵심이 될 것이다. 실제 산업현장에서 생산품이나 시스템이 IoT로 연결됨으로써 가상세계와 실시간 모니터링 및 제어할 수 있는 혼합세계를 맞게 될 것이다.

[그림 10-15]처럼 현실세계에 사물인터넷 기술을 적용하면 클라우드에 디지털트윈 기술을 구축하게 되면 가상세계가 만들어지는 것이다.

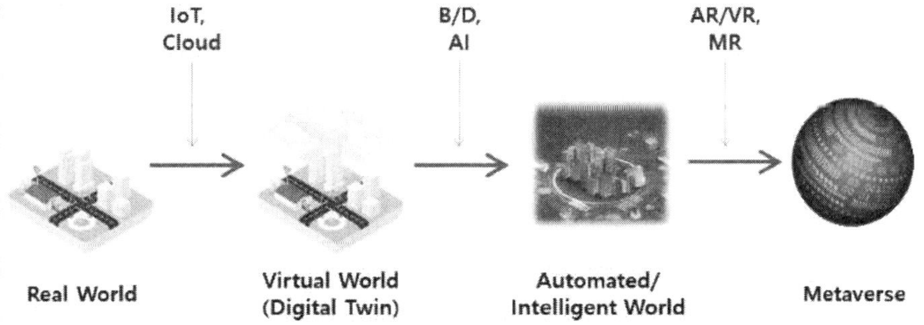

[그림 10-15] 메타버스와 지능형 사물인터넷의 관계

여기에 빅데이터나 인공지능 기술을 적용하면 가상세계와 물리적인 현실세계가 융합하는 세상이 만들어지는 것이다.

전통산업의 발전을 위한 ICT 산업융합은 [그림 10-16]처럼 산업간 장벽이 무너지고, 산업간 융합산업을 창출하였다. 하지만 최근 기존 전통산업의 틀이 변화하면서, 융합 환경의 경쟁력 향상을 위하여 다른 산업과 서비스 및 지식 등을 디지털 메타버스 같은 신기술을 접목하고 있다.

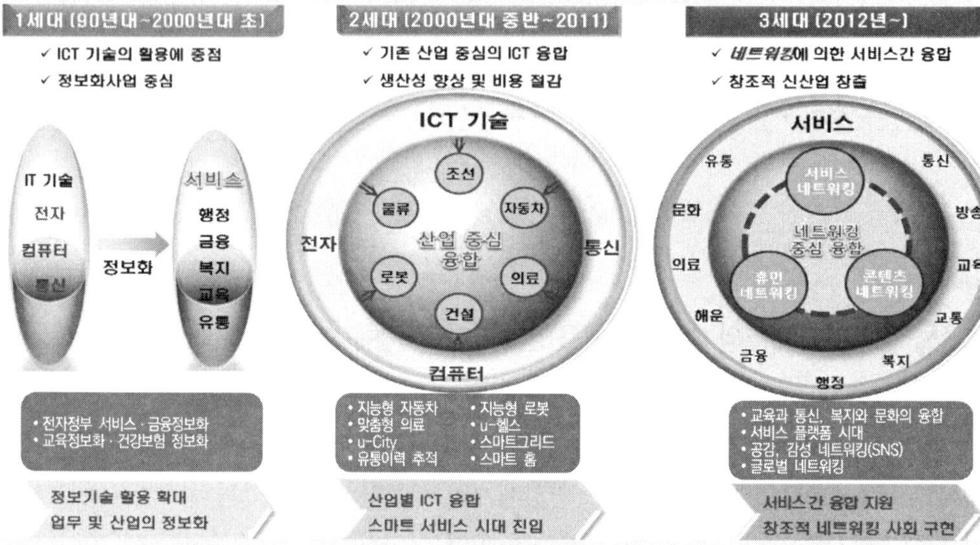

[그림 10-16] ICT인프라와 산업융합의 단계별 특징

시공간 인지형 5/6G와 자율 사물인터넷, 지능형 AI/Bigdata, 초자동화 로보틱 프로세스 자동화(RPA : Robotic Process Automation), XR 콘텐츠 등 메타버스의 디지털 신기술을 적용하는 디지털 대전환(DT, Digital Transformation)의 요소가 되고 있다.

그리고 여기에 XR기술을 접목하여 현실세계의 데이터를 실시간으로 반영하는 아바다를 등장시켜서 만들어지는 진정한 메타버스 세상이 만들어지는 것이다.

아바타들이 존재하는 메터버스는 가상 세상과 실제 세상의 구별이 없어지고 또 가상 속의 '나'와 현실 속의 '나'가 구분이 없는 상황으로 나아가고 있다.

06 메타버스의 5C 중 연결(Connectivity)이 사물인터넷 기술과의 연결에 대하여 분석하라.

메타버스 정의에는 '3D 인터넷', '아바타', '일상과 경제활동' 등 그 특징이 잘 드러난다. 하지만 메타버스 패러다임이 사회전반에 아직 널리 퍼지지 않았기 때문에 여전히 많은 사람들이 메타버스를 모바일앱 혹은 플랫폼 서비스와 혼동하거나 VR 게임 정도로 인식하는 경향이 있다. 때문에 기존 플랫폼 서비스나 VR 등의 실감형 콘텐츠와 차별화되는 메타버스만의 고유 특징 5가지, '5C'를 규정하고 있다.

1. Connectivity(연결)

메타버스는 시공간을 연결하고, 서로 다른 메타버스 세계를 연결하고, 사람과 사람(아바타)을 연결하고, 현실과 가상을 연결한다. 시공간을 초월해 인류가 쌓은 지식을 공유하고 정보를 나눌 수 있다. 그 결과 새로운 연결의 힘을 토대로 또 다른 세계를 창조 확장해 날 갈 수 있다.

비대면 문화 확산 및 사회적 거리두기로 인한 관계 단절 속에 생활 속 다양한 여가 형태가 양산되면서 새로운 문화생활이 잉태되기 시작했다. 공연문화계는 오프라인 공연 형태를 온라인에서 재현하는 것을 넘어 색다른 장르의 개척을 시도하면서 새로운 문화 형태를 창출하였다.

유명 가수들은 3D 입체 영상기술을 활용하여 증강현실을 체험할 수 있는 실감 콘서트를 개최하는가 하면 게임 기반 메타버스에서 세계 최초로 뮤직비디오나 공연을 펼치기도 한다.

이 기술이 바로 사물인터넷과 메타버스의 융합기술이다.

2. Canon(세계관)

메타버스에는 '세계관' 사상이 담겨있다. 메타버스의 시공간은 설계자와 참여자들에 의해 채워지며 확장해나간다. 메타버스의 주 이용층인 디지털 세대는 콘텐츠나 서비스를 설계자가 의도한 목적대로만 소비하는 수동적 사용자가 아니라 같이 즐기고 경험할 수 있는 판을 깔고 그 콘텐츠를 취향대로 소비하고 생산하고 확산까지 하는 능동적 사용자이다. 이런 능동적 사용자들은 메타버스에서 나름에 세계관을 형성하여 콘텐츠를 생산하며 공유하고 즐긴다.

3. Creator(창작자)

메타버스에서는 누구나(AI조차도) 콘텐츠 창작자가 될 수 있다. 메타버스는 3D 디지털 콘텐츠로 구성된 세상이며 그 세계를 누구나 확장할 수 있기 있기 때문에 참여자가 자발적으로 세계를 구축하는 창작자이자 동시에 이용자이다. 공간(맵), 게임, 나만의 블로그, 사진 · 영상 촬영, 아바타 의상 제작, 실감 콘텐츠 제작 등 창작물을 무한히 생산할 수 있다.

4. Currency(디지털 통화)

메타버스 안에서는 생산과 소비가 가능하고, 가치를 저장 · 교환하기 위한 디지털 화폐가 통용된다. 현재는 그 안에서만 통용되는 사이버머니 성격에 가깝지만, 머지않아 가상세계에서의 통화(通貨)로서 그 역할을 다함은 물론이고 달러화 같은 기축통화나 금, 은과 같은 실물자산 등과도 교환이 가능할 것으로 예측된다. 메타버스 시장이 본격적으로 성장하고 많은 사람들이 경제활동영역을 디지털 공간으로 확대할 것으로 예상한다.

5. Continuity(일상의 연장)

메타버스는 일상의 연속성을 보장한다. 다시 말해 메타버스에서 친구를 만나고, 쇼핑을 하고, 학교를 가고, 회사에서 회의 하는 등의 일상, 여가, 경제활동이 단발성 행위나 일회성 체험에 그치고 않고 지속적인 인생 여정처럼 진행된다는 것이다. 현실세계가 진짜 내가 살아온 나날의 축척이라면 메타버스 또한 아바타가 보낸 나날의 축적이다. 심지어 현실의 나와 메타버스의 아바타가 상호작용한 결과도 일상의 결과로 반영된다.

07 메타버스 관련 IoT의 새로운 비즈니스 모델을 발굴하기 위한 DX(디지털 트랜스포메이션)에 대하여 분석하라.

디지털 트랜스포메이션(통칭 DX) 정책으로 인해 많은 기업들이 해당 변화에 민감하게 반응하고 있다. 현재 대기업과 IT 친화력이 높은 일부 서비스 산업에서는 적극적으로 DX 과제를 추진하고 있으나, IT 관련성이 적은 기업들이나 규모가 적은 중소기업들은 DX의 중요성을 인지하고 있으면서도 적극적으로 추진하기 어려워하는 상황이다.

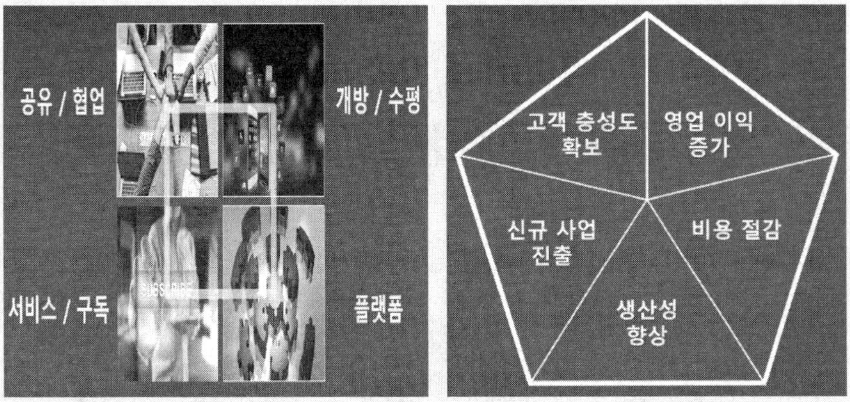

[그림 10-17] 디지털 트랜스포메이션(DX)의 요소

[그림 10-17]처럼 성공적인 DX 추진을 위한 핵심 요소사항은 다음과 같다.

1. 회사 내 메타버스에 대한 구체적인 청사진 마련

성공적인 메터버스 관련 디지털 트랜스포메이션을 수행하기 위해서는 최초 계획이 매우 중요한 것으로 나타났다. 많은 기업의 경우 사내의 재원이 한정돼 있다는 문제가 크기 때문에 회사의 현 상황에 대한 면밀한 검토 위에 베타버스의 디지털 트랜스포메이션을 추진하기 위한 명확한 계획을 세우는 것이 우선시 된다.

2. 회사 구성원들 간의 긴밀한 커뮤니케이션 구축

사내 직원들과 메타버스의 디지털 트랜스포메이션과 관련된 인식이 공유되지 않는다면 지속적인 갈등으로 인해 디지털화 비용이 계속 발생한다.

그렇기에 현장 직원들과 메타버스 디지털 전문가, 경영진 등 3개의 주체들이 긴밀하게 소통해 공통의 비전과 필요성을 인식하고 현장과 경영전략 간의 간극이 벌어지지 않도록 주의를 기울여야 한다.

3. 디지털 트랜스포메이션을 통한 혁신가치 발굴

[그림 10-18]처럼 기업들의 DX 전략을 단계별로 범위를 정하고 속도를 조절하고 공유를 통하여 단순히 메타버스의 디지털화에 멈추는 것이 아니라 메타버스의 디지털화를 통해 기존 업무를 효율화하고 이를 통해 발생하게 된 여유 재원을 새롭게 활용해 새로운 이노베이션에 투자하는 전략을 통해 새로운 부가가치를 창출하는 것을 목표로 한다.

이는 많은 기업들의 재원은 한정돼 있으나 잉여재원이 발생함으로써 메타버스 관련 새로운 사업에 대한 기회를 마련해 새롭게 도약할 수 있는 기회이다.

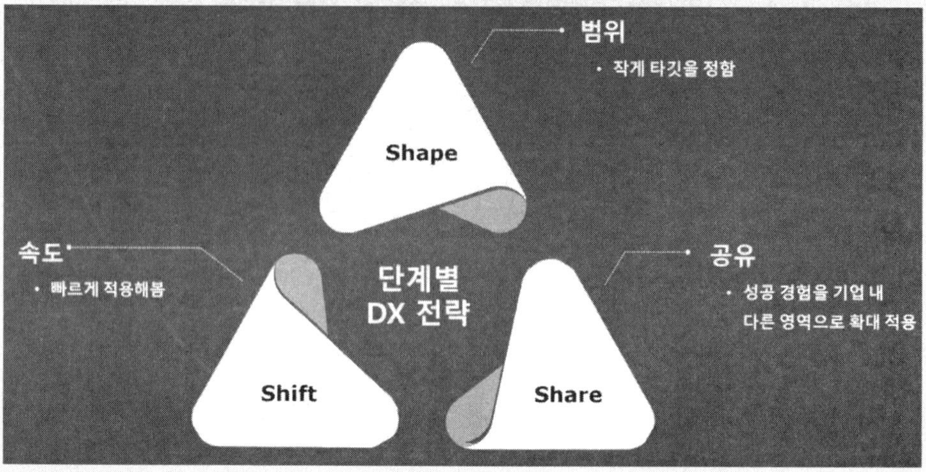

[그림 10-18] 디지털 트랜스포메이션(DX)의 단계별 전략

학습활동.10 교수 · 학습 방법

교수 방법

- 메타버스와 IoT 기술융합에 대한 관련 용어, 구성, 방식 이해 정도를 파악한 후 수업을 진행한다.
- 교수자의 주도로 메타버스와 IoT 기술융합 등의 내용을 PPT 자료로 제시한 후 설명한다.
- 가능하면 사전에 개인별 학습 자료를 준비하여 모든 학생이 참여할 수 있는 문제 해결식 수업, 협력 수업이 가능하도록 한다.
- 메타버스와 IoT 기술융합 전 과정을 작업의 순서에 따라 단계적으로 실습이 이루어질 수 있도록 지도한다.
- 교재를 통해 수업을 준비하는데 있어서 필요한 모든 정보나 팁, 힌트 등 도움이 될 만한 내용들을 확인할 수 있다.
- 학생들이 만들게 될 각 모델들은 수업시간에 중점적으로 다뤄질 부분과 어휘, 질문, 답을 포함하고 있으며 또한 탐구할만한 추가적인 아이디어들도 포함하고 있다.

학습 방법

- 메타버스와 IoT 기술융합에 대한 관련 용어를 숙지하고, 메타버스와 IoT 기술융합에 대해 이해한다.
- 메타버스와 IoT 기술융합의 각 단계별 중점 사항을 체계적으로 학습한다.
- 메타버스와 IoT 기술융합의 수행순서의 전 과정을 실습한다.
- 메타버스와 IoT 기술융합의 내용을 이해한다.
- 메타버스와 IoT 기술융합을 이해하고 숙달이 될 때까지 학습한다.

학습 10

학습활동.10 평가 및 피드백

평가 준거

- 평가자는 피평가자가 수행 준거 및 평가 내용에 제시되어 있는 내용을 성공적으로 수행할 수 있는 지를 평가해야 한다.

학습내용	평가항목	성취수준		
		상	중	하
메타버스와 IoT 기술융합	메타버스와 IoT 기술융합을 이해할 수 있다.			

평가 방법

• 작업 포트폴리오

학습내용	평가항목	성취수준		
		상	중	하
메타버스와 IoT 기술융합	메타버스와 IoT 기술융합을 이해할 수 있다.			

• 필기시험

학습내용	평가항목	성취수준		
		상	중	하
메타버스와 IoT 기술융합	메타버스와 IoT 기술융합을 이해할 수 있다.			

• 체크리스트를 통한 관찰

학습내용	평가항목	성취수준		
		상	중	하
메타버스와 IoT 기술융합	메타버스와 IoT 기술융합을 이해할 수 있다.			

• 피드백

1. 작업 포트폴리오
   - 제출한 보고서를 평가한 후 주요 사항에 대하여 표시하여 돌려준다.
2. 필기시험
   - 평가 결과 성적이 저조한 학생은 보고서 제출 기회를 부여한다.
3. 체크리스트를 통한 관찰
   - 실습 과정에서 평가한 후 개선해야 할 사항 등을 정리하여 돌려둔다.

참 | 고 | 문 | 헌

- 강민구, 비대면 융합산업 발전과 디지털 대전환, KISA report, 2021.07.
- 강지영, 인공지능기반 이상감지기술, 월간 SW중심사회, SPRi, 2021.04.
- 고선영 외, 메타버스의 개념과 발전방향, 정보처리학회지, 제28권 제1호, 2021.03.
- 관계부처 합동, 가상융합경제 발전전략, 2020.12.10.
- 글로벌 게임산업 동향, 대체불가토큰, 게임의 메타버스화 촉진할 블록체인경계의 핏줄, 한국콘텐츠진흥원, 2021.03.
- 김광우, 메타버스는 차세대 플랫폼 혁명, tech42, https://www.tech42.co.kr, 2021.5.18.
- 김동준, 300조 시장 메타버스, 이동3사 미래 먹거리로 급부상, 뉴데일리경제, http://biz.newdaily.co.kr/site/data/html/2021/06/03/2021060300158.html, 2021.6.03.
- 김병필, 인공지능 개척시대, 메타버스 속 인공지능, 중앙일보, 2021,5.17.
- 김봉수, 메타버스가 뭐죠, 아시아경제, https://www.asiae.co.kr/, 2021.06.06.
- 김상균 · 신병호, 메타버스 새로운 기회, 메가북스, 2021.
- 김상돈, 증강현실과 가상현실 그리고 디지털트윈, science time, 2021.6.15.
- 김서희, 가상현실의 확장 메타버스 도래, 2021 글로벌 ICT이슈 레포트, 2021.
- 김우용, 맥스트, 과기정통부 'XR 메타버스 프로젝트' 주관사 선정, https://zdnet.co.kr/, 2021.5.14.
- 김정호, 메타버스, 차세대 빅데이터 플랫폼 (1) 주목받는 이유, 테크데일리(TechDaily), http://www.techdaily.co.kr, 2021.5.24.
- 김종득, 인천시, 'XR 메타버스 프로젝트' 시동, 현대일보, http://www.hyundaiilbo.com
- 김하늬, 메타버스의 시대, 핵심은 데이터, 공학저널, http://www.engjournal.co.kr, 2021.5.20.
- 김현정, 새로운 미래공간이 된 메타버스, 사이언스타임즈, 2021.3.31.
- 남현숙, 미국 VR · AR 기술정책의 진화, https://spri.kr/posts/view/22823?code=industry_trend. 2019.
- 노중호, 5차산업혁명의 실체를 분석한다, 노블사이언스, http://www.nobelscience.net, 2017.10.6.
- 리본소프트, https://www.rebornsoft.co.kr/빅데이터 플랫폼
- 박경일, 메타바스 새로운 기회, 로봇신문, 2021.05.16.
- 박민영, 메타버스 시대 주인공, '디지털 휴먼' 가치와 쓸모, 솔트룩스 인공지능 사이트, 2021.3.9.
- 박지혜, 다가오는 메타버스 시대 차세대 콘텐츠산업의 방향과 시사점, KIER, 산업경제, 2021.05.
- 박진호, K-인공지능 콘텐츠로 디지털 문화유산 한류 이룰 것, AI타임즈, 2021.3.23.
- 백승은, AI로 의상 디자인 가상 착장까지 ETRI패션상품 기술 개발, 2021.4.01.
- 블로터, [블록먼데이]"NFT서 미래 봤다"…'더샌드박스'가 꿈꾸는 블록체인 게임, 2020.10.19.
- 서정욱 외, XR 콘텐츠 UI/UX 디자인 평가 가이드라인 및 체계 개발 보고서, 2020.12.17.
- 세종대학교, 메타버스 자율트윈 핵심기초연구보고서, 2021.5.19.
- 손상영, 플랫폼 경쟁이론의 정책적 시사점, KISDI 이슈리포트(08-06). 정보통신정책연구원, 2008.
- 송혜리, 이동3사 기회의 땅 메타버스로간다, http://www.inews24.com/view/1373376, 2021.6.6.
- 신동형, 메타버스 개념 이해, tech42.co.kr, 2021.05.04.
- 신정아, 뉴미디어와 스토리두잉, 칠월의숲, 2009.
- 아주경제, 이번엔 부활할까? 싸이 월드 22년 흥망성쇠, 2021.02.03.
- 안필용, Beyond DX, 2019.
- 오현주, 메타버스가 다시오고 있다, nia, 2021.03.
- 우운택, 강상융합세계 선도를 위한 디지터트윈 기반 DNA_XR전략, 한국문화정보원, 2021.01.

학습 10

- 이상엽, XR의 기술개요와 동향, 정보통신기술진흥센터, iitp, 2018.12.19.
- 이승환, 로그린 메타버스 인간×공간×시간의 혁명, SPRi, issue report, 2021.03.17.
- 이승환 · 한상열, 메타버스 비긴즈 : 5대 이슈와 전망, SPRi, issue report, 2021.04.20.
- 이영호 외 4, 보건의료 분야 가상증강현실 기술동향, IITP, 2021.5.26.
- 이자연, 가상증강현실(AR · VR)산업의 발전방향과 시사점, KIET, 2019.02.
- 이종관, ESG, 메타버스 그리고 AI : 5차혁명? 한경닷컴, https://www.hankyung.com/it/article/202106166511i, 2021.6.17.
- 이진규. 메타버스와 프라이버시, 그리고 윤리-논의의 시작을 준비하며, 2021.3.2.
- 임용준 · 김진웅, 가상 · 증강 및 혼합현실을 위한 디지털 홀로그래피 기술 연구동향, IITP, 2018.12.26.
- 임일곤, 5G 메타버스 타고 실생활로 달려온다, http://news.bizwatch.co.kr/, 2021.6.30.
- 장한영. AI기반 메터버스에서 누구나 디지털뮤지션이 될 수 있다, 인공지능신문, http://www.aitimes.kr, 2021.5.21.
- 정한영, AI 기반 메타버스에서는 누구나 디지털 뮤지션이 될 수 있다!, 인공지능신문, http://www.aitimes.kr, 2021.05.24
- 전자신문, '반지의 제왕 애플, 스마트 링 특허 등장', 2021.01.13.
- 정득영 · 김상태 · 김연배, 디지털트윈의 기술정의와 세부적 발전 5단계 모델, 정보통신기획평가원, 2021.2.10.
- 정상희, 플랫폼 비즈니스와 메타버스, 글로벌경제신문, https://www.getnews.co.kr/news/, 2021.6.30.
- 조선일보, '42조원 가치, 로블록스...게임만들고 친구와 즐겨', 2022.03.22.
- 주영재. 현실과 독같은 디지털 트윈 아바타의 세계, 메타버스 각광. 주간경향 1417호. https://weekly.khan.co.kr/. 2021.3.08.
- 중앙일보, '세계 최초, 한국 최초의 게임들', 2008.9.23.
- 중앙일보, '아바타끼리 연애하고 회사도 만든다.' 메타버스 플랫폼 '제페토'의 미래, 2021.04.03.
- 차종환, 5G만난 디지털트윈, 메타버스 이정표 세우다, 정보통신신문, 2021.3.16.
- 최아름, 메타버스 일놀이 문화 크게 바꿀 것, 정보통신신문, http://www.koit.co.kr. 2021.04.30.
- 최영일, 5G 빅데이터 트래픽 초고속 전송기술, IITP, 2019.8.7.
- 최창현, 플랫폼이란, 2014.06.
- 최필식, 메타버스와 상화작용 위한 하드웨어의 진화, 2021 KISA Report, 한국인터넷진흥원, 2021.
- 콘텐츠부, 조선일보, https://biz.chosun.com/industry, 2021.5.18.
- 플랫폼전문가그룹(Platform Advisory Group), 플랫폼을 말하다 v 1.5, 클라우드북스, 2013.
- 한상기, 메타버스를 위한 소프트웨어 플랫폼, 2021 KISA Report, 한국인터넷진흥원, 2021.
- 해시넷, http://wiki.hash.kr/
- 현대자동차그룹, VR technology for mobility development, https://www.youtube.com/watch?v=Wdawq_s1Zzg, 2019.12.18.
- Gartner, Gartner top 10 strategic technology trends for 2019, https://www.gartner.com/smarterwithgartner/gartner-top-10-strategic-technology-trends-for-2019/, 2018.10.15.
- Accenture, A responsible future for immersive technologies, https://www.accenture.com/us-en/insights/technology/responsible-immersive-technologies, 2019.5.15.
- Alan JS Han, 3D Audio의 현재와 미래, http://www.alanjshan.com/3d-audio/
- AR MR XR, The Metaverse is coming : Nvidia Omniverse. https://www.youtube.com/watch?v=IcuGpLLeGWM, 2020.10.6.

- Boost VC, Perkins Coie, & XR Association, 2020 augmented and virtual reality survey report, https://www.perkinscoie.com/images/content/2/3/231654/2020-AR-VR-Survey-v3.pdf, 2020.
- Coindesk Korea, "NFT시장 급성장, 커지는 위작 · 저작권 분쟁", 2021.4.1.
- Dean Takahashi, Crucible is creating agents to keep the metaverse open, https://venturebeat.com/2021/01/27/crucible-is-creating-agents-to-keep-the-metaverseopen/, 2021.1.27.
- Dean Takahashi, Tim Sweeney : The open metaverse requires companies to have enlightened self-interest, https://venturebeat.com/2021/01/27/tim-sweeney-the-open-metaverse-requires-companies-to-have-enlightened-self-interest/, 2021.1.27.
- ETRI, AI 디자이너 모델 생성기술개발, 2021.4.1.
- Genies(n.d.), Celebrity avatars, http://avatars.genies.com/celebrity-avatars/
- https://doooob.tistory.com/231, 두우우부, 블록체인과 메타버스
- https://ko.wikipedia.org/wiki/
- https://luniverse.io/metaverse-and-blockchain/
- https://ty3026.tistory.com/129 케이, 메타버스 그리고 NFT, 새로운 세계가 열린다.
- https://www.ajunews.com/view/20210512155443174
- https://www.sedaily.com/NewsVIew
- ITBear, 증강현실 AR 내비 등장!! U+내비게이션, https://www.youtube.com/watch?v=a7RuuizGnIQ, 2020.8.11.
- James Paul Gee, What video games have to teach us about leaning and literacy, St. Martin's Griffin, 2007.
- Jane McGonigal, Reality is broken : Why games make us better and how they can change the world, Penguin Books, 2011.
- KB금융지주 경영연구소, '블록체인 시장의 다음 메가트렌드, NFT', 2021.03.02.
- Kevin Westcott, Jeff Loucks, Kevin Downs et al. Digital media trends survey, 14th edition, https://www2.deloitte.com/us/en/insights/industry/technology/digital-media-trends-consumption-habits-survey/summary.html, 2020.6.23.
- Lauren Kirchner. AOL settled with unpaid "volunteers" for $15 million. https://archives.cjr.org/the_news_frontier/aol_settled_with_unpaid_volunt.php, 2011.2.10.
- LG CNS, 사람이 눈 앞에 있는데 비대면? 가상융합(XR)이 온다!, https://blog.lgcns.com/2454, 2021.1.5.
- Neal Stephenson, Snow Crash, Bantam Books, North(1992), Snow Crash, Bantam Books, 1992.
- ohn Smart, Jamis Cascio, & Jerry Paffendorf. Metaverse Roadmap Overview, Acceleration Studies Foundation, http://www.metaverseroadmap.org/overview/, 2007.
- SMTOWN, SM 신인 걸그룹 aespa, 11월 17일 데뷔 확정! 싱글 'Black Mamba' 전격 공개!, https://www.smtown.com/artist/newsDetail/4154, 2020.11.2.
- S-Oil 공식블로그, 현실보다 더한 현실, 디지털트윈, https://story.s-oil.com/, 2021.6.09.
- SPRi, '비대면 시대의 Game changer, XR', 2021 ICT 산업전망 Conference, 2020.
- T Times, '1년 만에 유니콘 건너뛰고, 2조 원 회사된 호핀', 2020.10.22.
- theguru, "애플, VR 장갑 특허 획득…'메타버스' 시대 준비", 2021.01.05.

- Unity(n.d.), What is AR, VR, MR, XR, 360?, https://unity3d.com/what-is-xr-glossary
- Unreal Engine, "언리얼 엔진 4 문서 - 디지털휴먼", https://docs.unrealengine.com/ko/Resources/Showcases/DigitalHumans/index.html
- VentureBeat, The Metaverse is coming, https://www.youtube.com/watch?v=rbhC6wokNGc, 2020.4.29.
- VT Staff, The blockchain-based virtual world that can help usher in the metavrse. https://venturebeat.com/2021/02/04/the-blockchain-based-virtual-world-thatcan-help-usher-in-the-metaverse/, 2021.2.4.
- www.care-os.com
- www.gatebox.ai/grande
- www.teamflowhq.com

학습 1	메타버스의 개요
학습 2	메타버스의 혁명
학습 3	메타버스의 융합기술
학습 4	메타버스와 인공지능 기술융합
학습 5	메타버스와 빅데이터 기술융합
학습 6	메타버스와 XR 기술융합
학습 7	메타버스와 디지털트윈 기술융합
학습 8	메타버스와 블록체인 기술융합
학습 9	메타버스와 5G 네트워크 기술융합
학습 10	메타버스와 IoT 기술융합
학습 11	**메타버스의 플랫폼**
학습 12	메타버스의 활용
학습 13	메타버스의 미래와 진화

학습 목표	1. 메타버스의 플랫폼에 대하여 이해할 수 있다.

11-1 서비스의 플랫폼

1. 플랫폼의 정의

일반적으로 플랫폼(Platform)이라고 하면 제일 먼저 '기차역'을 상상한다.

사전적으로는 '사람들이 기차를 쉽게 타고 내릴 수 있도록 만든 편평한 장소', 즉 'Plat(편평한) + Form(모습)'으로 여러 사람이 편리하게 이용할 수 있도록 만든다. 즉 '플랫폼'은 많은 사람이 쉽게 이용하는 승강장이 별도의 마케팅 없이 다양한 비즈니스 모델을 만들어서 수입을 창출하는 목적으로 공간을 탈바꿈하게 사용되는 경우이다. 플랫폼의 종류는 계속 진화하면서 하드웨어 플랫폼, 소프트웨어 플랫폼 및 응용소프트웨어 플랫폼 등으로 진화하게 되었다. 이러한 범용플랫폼에서 스마트폰의 등장으로 다양한 운영체제(OS)와 어플리케이션 개발과 더불어 SNS의 대중화를 이루면서 새로운 형태의 플랫폼 비즈니스가 탄생하게 되었다.

IT기술과 인공지능 빅데이터 기술의 발달, 그리고 모바일 환경의 확장으로 시간과 공간의 한계를 넘어 현실과 가상환경으로 발전해 가고 있는 것이다. 이 또한 메타버스 플랫폼 환경이 탄생하게 되는 것이다.

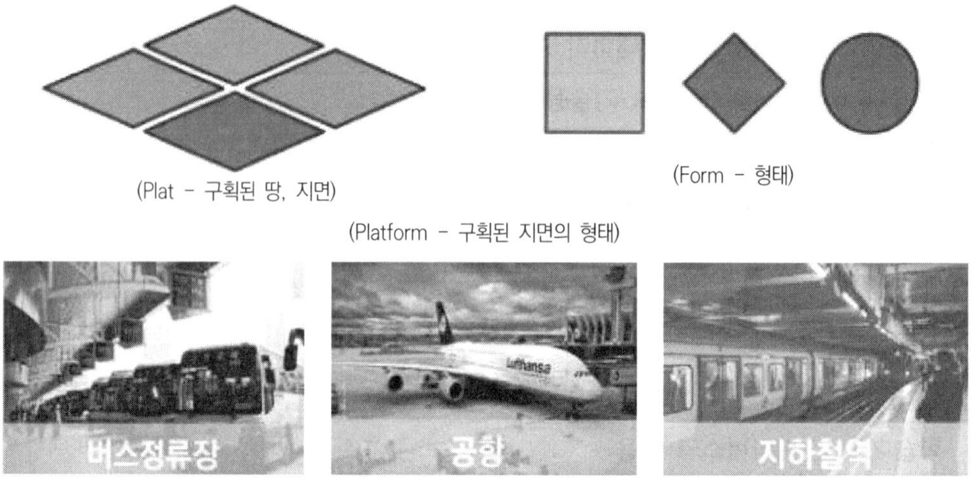

[그림 11-1] 플랫폼의 개념

2. 서비스 플랫폼의 개요

서비스 플랫폼이란 응용서비스를 이용자에게 전달하는 틀로서 서비스가 생성, 실행, 관리되는 서비스들의 플레이 그라운드라 할 수 있다.

'서비스'는 이용자가 비즈니스 목적을 달성하거나 원하는 솔루션을 제공받기 위해 서비스 제공자와 맺은 관계를 바탕으로 한 상호작용을 의미한다. 즉 금융서비스, 의료서비스, 교육서비스 등이다.

서비스의 의미를 컴퓨터 소프트웨어 분야로 한정하여, 인터넷을 통해 표준화된 인터페이스(Open API)로 제공되는 고수준의 기능을 제공하는 개체로서 여러 응용(Application)서비스, 비즈니스 프로세스, 그리고 시스템에서 공통적으로 재사용 가능한 웹서비스로 정의한다. 이에 서비스 플랫폼은 응용서비스, 비즈니스 프로세스, 웹서비스들을 효과적으로 생성 · 실행 · 배포 · 관리할 수 있게 하는 시스템 구조 또는 환경이라 정의할 수 있다.

융합서비스는 각기 다른 도메인(예 방송, 통신, 인터넷, 의료, 물류분야 등)에서 공개된 웹서비스들을 조합하여 생성된 서비스로서 이용자에게 새로운 가치를 제공해 주는 서비스 기반 응용으로 정의한다. 따라서 융합서비스 플랫폼은 서비스 제공자가 서로 다른 도메인의 서비스들을 손쉽게 찾아 융합하고, 융합된 서비스를 실행·배포할 수 있도록 제공되는 서비스 플랫폼이라 정의할 수 있다. 이와 같은 융합서비스 플랫폼은 단순히 하나의 종류만 있는 것이 아니라 도메인의 종류, 융합의 대상, 네트워크 상의 위치에 매우 다양하게 존재할 수 있다. 또한 기술적으로는 SOA 기술, SIP/IMS기술, 웹 서비스 기술, 시맨틱 서비스 기술이 유기적으로 결합한 매우 복잡한 요소기술들의 집합으로 볼 수 있다.

3. 서비스 플랫폼의 종류

1) 서비스 딜리버리 플랫폼(SDP)

서비스 플랫폼의 효시라 할 수 있는 통신사업자의 서비스 딜리버리 플랫폼(SDP)은 호 서비스 외에 부가 서비스를 제공하기 위해 통신망 내부에 구축했던 서비스 생성, 배포, 실행, 관리를 위한 시스템이었다. 이는 1세대 서비스 플랫폼에 해당하고 주로 모바일 콘텐츠와 메시지 서비스를 전달하는 역할을 수행하였으며 점차 기능과 역할을 확장하여 2, 3세대로 발전하는 원동력이 되었다.

2) 2세대 서비스 플랫폼

2세대 서비스 플랫폼은 통신망의 자원을 개방하여 음성, 멀티미디어, 위치, 프레즌스, 과금서비스를 통신분야 외에서도 사용할 수 있도록 하였다. 즉 2세대 서비스 플랫폼은 통신서비스를 개방하여 IT 서비스와 융합하고자 하는 융합서비스 플랫폼으로서의 첫 시도였다. 이어 웹 2.0의 참여, 공유, 개방의 패러다임을 적극 수용하고자 등장한 3세대 서비스 플랫폼은 효과적인 분야간 서비스 융합, 융합서비스의 라이프 사이클 관리를 위하여 SOA 기술을 적극 수용하였다.

2세대 플랫폼의 대표적 사례로는 개방형 서비스 구조 기반의 개방형 서비스 플랫폼을 들 수 있다. 개방형 서비스 구조란 통신망의 기능들을 표준화된 인터페이스로 정의하고, 응용 프로그램들이 사용할 수 있도록 개방하여 통신망의 구조에 독립적으로 다양한 부가서비스가 개발될 수 있도록 하는 서비스 개발 패러다임이다. 여기에서 응용서비스 계층과 전달망 계층 사이의 표준화된 인터페이스를 Open API라고 하며 호 제어, 이동성 제어, 과금 제어, 프레즌스 등의 통신망 기능들이 추상화 되어 API로 규격화 되었다.

학습 11

3) 3세대 서비스 플랫폼

IMS 기반의 멀티미디어 서비스를 제공하는 서비스 딜리버리 플랫폼도 3세대 서비스 플랫폼에 해당한다. 3세대 서비스 플랫폼의 중요한 목표는 Telecom과 웹 2.0을 접목하는 것이다. 즉 2세대 서비스 플랫폼으로부터 시도되었던 '개방'이라는 패러다임에 참여 · 공유하고, 집단 지성이라는 웹 2.0의 모든 원칙을 도입하는 것이다.

2세대 서비스 플랫폼에서 네트워크의 개방을 시도해 왔으나 '인터넷 SMS 발송' 서비스를 제외하고는 새로운 킬러서비스가 등장하지 못하고 있다. 따라서 통신사업자는 인터넷 사업자들처럼 자신의 가입자들을 응용개발자로 변화시키는 방법과 사용자 생성 콘텐츠(User-generated Content) 혹은 소셜 응용으로부터 새로운 수익을 유도하는 방법을 현재 사업모델에 접목시켜야 한다. 이를 위해서는 우선 통신사업자가 보유하고 있는 이용자, 서비스, 네트워크에 대한 데이터와 관련된 API를 공개하고, 이를 손쉽게 매시업(Mash-up) 할 수 있는 인터페이스나 위젯 라이브러리를 함께 제공한다면 3세대 서비스 플랫폼의 활용도를 높일 수 있을 것이다.

4) 4세대 서비스 플랫폼

4세대 서비스 플랫폼은 진정한 융합서비스 플랫폼으로서 융합서비스의 개인별, 상황별, 의미별 활용에 초점을 두고 진화할 것이라는 것은 세계의 선진 연구들로부터 파악할 수 있다. 특히 차세대 서비스와 응용기술연구에 선두 주자인 유럽 FP에서는 다양한 방면에서 서비스 기술 프로젝트를 수행중이다.

서비스분야 간 서비스들을 융합하여 새로운 서비스를 제공할 수 있는 융합서비스 플랫폼의 활용분야로는 최근 들어 부상하고 있는 매니지드 서비스 플랫폼이나 클라우드 서비스 플랫폼이 있다.

(1) 매니지드 서비스 플랫폼

매니지드 서비스란 네트워크 사업자, MVNO 또는 콘텐츠 제공자가 네트워크 관리, 장비 및 서비스 플랫폼의 관리, 응용서비스 및 콘텐츠 관리 등의 일상적인 운영 및 관리업무를 제 삼자에게 대행시키는 것을 의미한다.

국내에서도 MVNO 사업의 활성화, 통신과 웹 2.0 기술의 융합 등으로 콘텐츠 및 응용서비스에 대한 매니지드 서비스 요구가 활성화될 것으로 예상되며, 융합서비스 플랫폼은 이러한 매니지드 서비스의 응용서비스 호스팅 플랫폼으로 향후 중요한 역할을 할 수 있을 것으로 보인다.

(2) 클라우드 서비스 플랫폼

클라우드 컴퓨팅은 동적으로 규모의 조정이 가능한 가상화된 컴퓨팅 자원을 인터넷을 통해 서비스의 형태로 제공하는 방식을 총칭한다. 클라우드 서비스는 클라우드 컴퓨팅에서 무엇을 가상화하여 서비스 하는가에 따라 대표적으로 IaaS, PaaS, SaaS, DaaS 등으로 나누어진다. 또한 클라우드 서비스는 호스팅 서비스 방식에 따라 사설 클라우드 서비스와 공공 클라우드 서비스로 나누어 볼 수도 있다. 공공 클라우드 서비스 중 SaaS와 PaaS 모델은 인프라 스트럭처뿐 아니라 응용의 구축 및 실행 관련 영역이 포함된다는 점에서 유사하나 PaaS는 응용의 개발 환경을 제공한다는 데에서 차이를 가지게 된다. 현재 국내의 많은 기업들도 공공 클라우드 서비스를 제공하기 위해 준비중이고 향후 IaaS 중심의 접근에서 SaaS나 PaaS 시장으로 확대될 것으로 보여 공공 클라우드 서비스의 PaaS 플랫폼으로 활용 방안이 적극적으로 고려되어야 할 것으로 보인다.

11-2 메타버스의 플랫폼

1. 메타버스 플랫폼의 개요

현재 우리가 갖고 있는 하드웨어와 소프트웨어 플랫폼은 이런 궁극적인 메타버스로 진입하기 위한 초기 모습이라고 생각하며, 이제 본격적으로 메타버스를 위한 담론을 시작할 수준에 와 있다고 생각한다. 이런 단계에 도달할 수 있었던 것은 역시 적절한 가격에 매우 성능이 뛰어난 하드웨어가 등장했기 때문이며, 여기에는 오큘러스 퀘스트2가 보여준 역할이 매우 크다.

학습 11

1) 개발 플랫폼의 개요

2017년 구글과 애플이 ARCore와 ARKit을 발표해서 모바일에서 증강현실을 만들기 위한 플랫폼이 본격적으로 시작되었다고 본다. 이후 이를 지원하는 프레임워크가 유니티나 언리얼, 그리고 안드로이드와 iOS 개발 플랫폼을 통해서 제공되었다.

애플의 ARKit는 이미 2016년에 애플이 인수한 플라이바이(Flyby) 미디어가 근간이 되어 만들어졌으며, 플라이바이 미디어는 구글 '프로젝트 탱고'의 비전 기반 소프트웨어 파트너였다.

AR코어와 AR키트가 성능이나 지원 체계가 뛰어나지만, 구글이나 애플이 인증한 기기에서만 구동이 되기 때문에 사용에 제약도 있고 고성능의 스마트폰이어야 제대로 활용할 수 있어서 일반 사용자들이 많이 쓰는 다양한 기기를 생각하면 좀 다른 SDK가 필요할 수 있다. 개발 회사가 이런 경우 선택하는 것이 뷰포리아(Vuforia)나 맥스트 AR(MAXST AR)이다.

특히 맥스트는 국내 기업으로 많은 상을 수상하고, 대기업과 협력을 하기도 하는 기대가 되는 회사이기도 하다. 최근에는 맥스트 VPS라는 공간 기반 AR 플랫폼을 런칭해서 실내외 공간에 3차원 공간 지도를 만들어 사용자의 위치 특위뿐만 아니라 AR 내비게이션, 광고, 게임과 같은 실감형 콘텐츠를 제공하고자 한다.

[그림 11-2] 맥스트 VPS

2) 버티컬 영역의 플랫폼

교육이나 마케팅 영역에서 가볍게 메타버스 개체를 만들 수 있는 소프트웨어 플랫폼으로는 고메타의 메타버스 스튜디오가 있다. 이런 유의 애플리케이션은 구글 플레이나 애플의 앱스토어에 하면 많은 앱이 등장하고 있다.

메타버스 내에서 협업을 하기 위한 플랫폼 분야도 매우 큰 관심을 받는 영역이다.

이 영역에서 눈에 띄는 스타트업으로는 스페이셜(Spatial)이 있다.

[그림 11-3] 스페이셜 협업 플랫폼

메타버스 내에서 협업을 위한 크로스 플랫폼을 만드는 이 회사는 국내 카카오벤처, 삼성 넥스트, LG 테크놀로지벤처스의 투자도 받았지만 인스타그램의 창업자 중 한 명인 마이크 크리거와 징가 창업자인 마크 핀커스로부터도 투자를 받았다. 2020년 1월에 1,400만 달러를 투자 받은 것을 포함해 총 누적금액으로 2,200만 달러를 투자 받았다.

스페이셜은 자체 인공지능 알고리듬을 이용해 각 사람의 2차원 이미지로부터 3D 아바타를 만들고 사용자들 사이에서 웹페이지, 미디어 콘텐트, 3차원 객체, 화이트보드에 쓰기 등을 같은 방에 있는 것처럼 할 수 있다. 현재 마텔, 퓨리나/네슬레, BNB 파리바 은행 등에서 공식적으로 사내협업에 사용하고 있다.

메타버스 플랫폼에서 제공하는 기능만이 아니라 밖에서 만들거나 연계하고 메타버스 안으로 들어올 수 있는 기능이 필요하다. 콘서트, 시사회, 시장 등의 외부 시스템이나 실세계의 모습이 쉽게 접목할 수 있어야 하며, 사용자들이 자신의 창의성을 발휘해 무엇인가 새로운 것을 만들어 내고 메타버스로 가져올 수 있어야 한다. 포트나이트의 크리에이티브 모드가 이런 모습의 프로토타입일 수 있으며, 앞으로 많은 게임이나 애플리케이션이 이런 확장성을 가져 나가야 한다.

2. 메타버스 플랫폼의 종류

1) 메타버스의 게임 SNS 플랫폼

메타버스는 게임, SNS 등 서비스 플랫폼과 결합되어 급속히 확산 중이다. 기존 게임이 미션 해결, 소비중심 이였다면 메타버스 플랫폼에서는 유저가 자신의 아이디어로 가상자산(Virtual Asset)을 만들어 수익을 창출하고 다른 유저들과 공연 등 다양한 사회, 문화적 교류가 이루어진다는 점에서 차이가 있다.

플랫폼 참가자의 수익모델이 존재하고, 전세계 가입자가 급속히 증가하는 등 플랫폼 경쟁력이 높아 메타버스 확산의 동력이 될 전망이다.

(1) 로블록스 게임 플랫폼

① 전세계 이용자 : 1억 6400만명('20.8월 기준)

② 가상세계를 스스로 창조하고 실시간으로 게임을 즐길 수 있는 플랫폼

③ 게임개발, 아이템 판매로 연 10만 달러(약 1억1,200만원)가 넘는 수익을 올리는 유저도 존재

④ 가상화폐 'Robux'가 통용돼 경제 생태계까지 완성된 '제2의 현실세계'

[그림 11-4] 메타버스 게임 SNS 플랫폼

(2) 마인드 크래프트 게임 플랫폼

① 전세계 이용자 : 1억 1200만명('19 기준)

② 레고 같은 블록을 이용자가 마음대로 쌓아서 새로운 가상세상을 만드는 게임

③ 2011년 서비스 시작 후 2014년 MS가 3조원에 인수

(3) 포트나이트 게임 플랫폼

① 전세계 이용자 수 : 3억 5000만명('20년 5월 기준)

② 2017년에 출시, 배틀로얄 방식의 게임과 함께 파티로얄이라는 공간에서 사용자들이 함께 어울리며 즐겁고 편한 시간을 보낼 수 있도록 지원

③ 미국 힙합가수 트래비스 스캇은 포트나이트 가상 콘서트로 오프라인 대비 매출 10배를 달성(216억 규모), 나이키는 포트나이트 아바타 신발 아이템을 출시, 디즈니는 마블 캐릭터를 활용한 아바타 의상 등의 아이템 출시

(4) 제페토 SNS 플랫폼

① 전세계 이용자 수 : 2억명(2020말 기준)

② 3D 아바타 기반 Social 네트워크 서비스

③ 이용자는 AR 패션 아이템 제작 등의 수익창출이 가능

④ 제페토에서 개최된 블랙핑크 버추얼 팬 사인회는 3천만 · 아바타 공연은 4천만 view를 돌파, 제토퍼와 제휴하여 구찌 IP를 활용한 아바타 패션 아이템 출시 및 브랜드 홍보 전용공간을 구축, 나이키는 아바타 신발 등 패션 아이템을 출시, 한국관광공사는 익선동 · 한상공원 등 서울의 관광지를 묘사한 가상공간을 만들고 해외 이용자를 대상으로 한국여행 홍보이벤트를 진행

(5) 샌드박스 게임 플랫폼

① 블록체인 기반의 가상게임, 생활 플랫폼

② 플랫폼 내에서 유통되는 코인 SAND는 가상화폐 거래소 업비트와 빗썸에서 거래 가능

(6) 디센트럴랜드 생활 플랫폼

① 블록체인 기반 가상세계 플랫폼 : 유저가 이름과 아바타를 직접 설정한 뒤 가상세계를 탐험

② 유저들은 업데이트, 토지경매 등 커뮤니티와 연관된 모든 의결사항을 투표할 수 있고, 게임 개발사마저도 유저의 동의없이 게임 세계관 변경이 불가

2) 메타버스의 산업플랫폼

메타버스 제작 · 구현 플랫폼의 활용영역이 게임을 넘어 전 산업에 확대중이며, 진화된 플랫폼도 지속적으로 등장하고 있다.

주로 게임의 가상세계 제작에 활용되던 Unity, Unreal 개발 플랫폼이 최근 다양한 산업에 확대 적용중이며, 개발자 생태계도 커지는 중이다.

(1) Unity

① 가상게임 제작의 플랫폼 경쟁력을 건설, 엔지니어링, 자동차 설계, 자율주행

등 타산업으로 확대 중이다.

② Unity는 건설, Engineering, 자동차설계, 자율주행차 등의 영역으로 사업확장을 추진중이며, 개별 산업영역들이 가진 시장잠재력이 게임산업을 넘어설 것이다.

③ Unity는 2004년 설립되었고, 스마트폰에서 구동되는 모바일 게임은 절반 정도가 Unity 엔진으로 제작되며, Unity를 이용해서 만든 게임은 매달 전세계에서 50억 건 이상 다운로드 되었다.

④ 닌텐도 스위치 게임의 70%, 엑스박스, 플레이스테이션에서 구동되는 게임의 30~40%가 Unity로 제작된다. 또한 PC게임 시장에서는 Unity 점유율이 40%이고, 홀로렌즈를 이용하는 AR SW시장에서 Unity 점유율은 90%이다.

(2) Unreal

① Unreal은 에픽 게임즈가 개발한 게임엔진으로 현실과 구분하기 어려울 만큼의 고품질 그래픽 구현이 가능하여 대작 게임용 활용되며, 최근 타산업 활동도 증가하고 있다.

② 엔씨소프트의 리니지2M, 넥슨의 V4, 카트라이더 드리프트 등은 언리얼 엔진으로 제작하고 있다.

③ Unreal 타산업 활용사례는 디즈니+'스타워즈 만달로리안', HBO '왕좌의 게임' 사전시각화, 영화 해운대 등의 CG · 시각효과, 웨더채널 버추얼 스튜디오, 평창동계올림픽 개회식 '증강현실(AR) 효과' 등 방송분야, BMW, 아우디, 맥라렌, 페라리 등의 자동차 시각화와 맞춤 판매 등 자동차분야, 동대문 디자인 플라자를 디자인한 자하하디드, 삼성 래미안 등의 건설분야가 있다.

(3) 구글, 애플 플랫폼

① 구글, 애플은 모바일 AR을 쉽게 구현할 수 있는 개발 플랫폼 ARCore와 ARKit를 발표하였고, 이를 활용한 다양한 모바일 AR서비스가 출시되었다.

② ARCore, ARKit를 활용하면 2016년 큰 인기를 끈 증강현실 게임 '포켓몬고'와 같은 게임을 손쉽게 제작이 가능하다.

(4) 메타버스 제작 플랫폼

① 메타버스 제작 플랫폼을 활용하는 개발자 생태계는 지속적으로 확대 중이다. 50만명 이상의 학생들이 Unity를 통해 3차원 입체세계를 구성해 내는 작업을

공부하고 있고, 수년 안에 100만명을 돌파할 것이다.

② 모바일앱 개발자가 세계 1,200만명 정도 커진 것처럼 3차원 가상현실을 만드는 수많은 개발자 생태계가 형성될 것이다.

(5) 메타버스 구현의 엔비디아 플랫폼

① 메타버스를 구현을 지원하는 새로운 플랫폼도 지속 등장하고 있어 진화의 속도가 빨라질 전망이다. 엔비디아 플랫폼은 실제와 같은 가상세계를 협업으로 쉽고, 빠르게 구현하는 옴니버스(Omniverse)를 발표('20.10)하며 전 산업의 활용 가능성을 시사하였다.

[그림 11-5] 엔비디아 플랫폼의 옴니버스

② 메타버스는 게임에만 있는 것이 아니고 옴니버스에서는 각각의 사람들이 다른 장소에서 같이 작업을 한다. 누군가 모델링이란 덩어리를 만들면 누군가는 색칠하고, 누군가는 조명을 달고, 누군가는 카메라로 촬영을 하고 감독은 그 과정을 지켜보고 있다. 지금은 한명이 작업을 끝나면 다음 작업으로 넘어가는 직렬구조이지만, 옴니버스는 많은 사람이 동시에 작업에 참여해서 바로 확인할 수 있는 시스템이다.

(6) 에픽 게임즈 플랫폼

① 에픽 게임즈 플랫폼은 누구나 쉽게 가상인간 'Meta human'을 제작할 수 있는 'Meta Human Creator'를 출시('21.2)하였다.

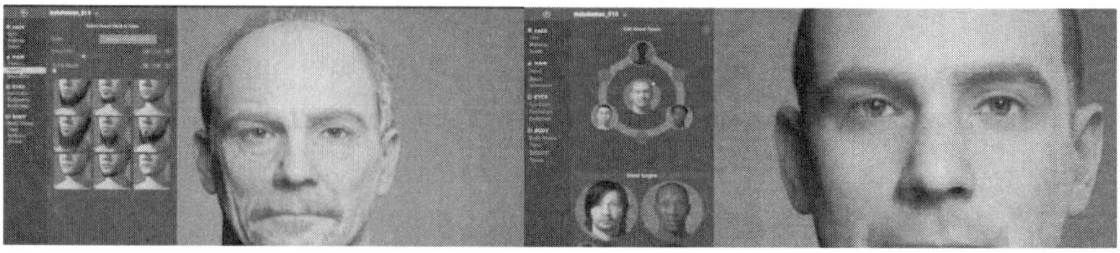

[그림 11-6] 에픽 게임즈 플랫폼의 ‘Meta Human Creator’

3) 메타버스 협업 플랫폼

메타버스 협업 플랫폼이 새로운 의사소통과 일하는 방식의 변화를 주도 중이다.

(1) MS의 협업 플랫폼

① MS는 메타버스 시대를 이끌어나갈 협업 플랫폼 Mesh를 공개('21.3)하였다. Azure를 기반으로 구축된 Mesh는 사용자로 하여금 다른 지역에 있어도 서로 같은 방에 있는 것처럼 느끼도록 지원하는 혼합현실 플랫폼이다. Mesh를 활용하면 교육, 설계, 디자인, 의료 등 다양한 분야에서 시공간을 초월한 협력이 가능하다.

[그림 11-7] MS의 협업 플랫폼

② 기존 2D 기반의 MS 협업 플랫폼이 3D 기반의 Mesh와 통합되어 진화되면서 다양한 산업분야와 융합하고 있다.

③ Mesh는 MS Teams와 MS Dynamics 365 등과 통합될 예정이며, 무한한

가능성을 열어 두고 파트너들의 다양한 시도를 지원하며 새로운 생태계를 위한 플랫폼을 제공한다.

④ Mesh를 지원하는 응용 프로그램도 개발 중인데, 해양교육 등을 지원하는 비영리단체 OceanX는 MS Mesh와 협력을 발표하고 이를 활용한 Holographic Labo를 발표하였다.

(2) Spacial, Glue 협업 플랫폼

① MS 이외에도 Spacial, Glue 등 다양한 메타버스 기반 협업 플랫폼이 존재하며, 비대면 상황과 맞물려 사용량이 급증하고 있다.

② AR기반 원격협업 도구를 제공하는 Spatial의 사용량은 코로나 19 이전보다 10배 이상 증가하였다.

[그림 11-8] Spatial과 Glue 플랫폼

학습 11

수행 내용

재료 · 자료

- 메타버스 관련 자료

기기(장비 · 공구)

- 컴퓨터, 문서작성 프로그램, 프린터, 주변기기

안전 · 유의사항

- 메타버스 관련 장비의 안전 및 유의사항을 숙지한다.

수행 순서

01 플랫폼의 종류별 특징을 분석하라.

1. 하드웨어 플랫폼

하드웨어에도 '플랫폼'이 있다. 즉 'Platform Technology'이며 이 의미는 '제품개발을 가능하게 하는 기술이나, 현재 또는 미래의 개발을 지원하는 프로세스'이다.

제조업은 하드웨어를 대량생산, 판매함으로써 돈을 번다. 그래서 '공산품화'가 중요하다. 즉 공산품화는 동일품질의 제품을 안정적으로 생산한다는 것이다. 이러한 생산을 위해 '프로세스(Process)'와 '자동화(Automation)'가 필수이다. 작업공의 기분에 따라 품질이 변하지 않게 해준다.

그러면 품질이 일정해지고, 원가가 안정된다.

하드웨어에선 이런 '프로세스'와 '물리적 장치'가 '하드웨어 플랫폼'이다. 예를 들면 "현대 소나타와 기아 K5가 플랫폼을 공유한다."의 의미는 엔진, 조향장치가 똑같다는 뜻이다. 여기에 품질 검수기준 및 부품규격 같은 것도 포함이 된다. 플랫폼 운영과 복제가 가능하기 때문이다. 이것이 가능하면 공장을 증설할 수 있다.

즉 하드웨어에서 플랫폼이란 표준공정을 통해 다양한 제품을 만들어내는 기반과 도구를 지칭한다.

'소프트웨어'는 어떨까? '소프트웨어'도 하드웨어처럼 '공정'이 중요한 때가 있었다. 이는 컴퓨터 안에 설치해서 팔았을 경우이다. 그래서 소프트웨어도 그 PC 제품의 일부분이었다. 이 경우의 소프트웨어는 하드웨어 부품 중의 하나였다. 그래서 프로세스와 제작공정이 중요했다.

초창기 SI 업체들은 소프트웨어 제작공정을 '플랫폼'으로 만들고 싶어했다. 공정화된 품질경영을 앞세웠다. 훌륭한 제품을 반복생산할 수 있음을 증명하려 했다. 그 증명서가 'ISO 9001'인증이다. 건설업 같은 곳에서 쓰는 국제인증서로 이런 '소프트웨어 생산공정'도 '플랫폼'이라고 불렀다.

2. 소프트웨어 플랫폼

하드웨어와 관계없이 소프트웨어가 단독역할을 하게 되면서부터 소프트웨어에도 '플랫폼'이라는 개념이 본격적으로 만들어진다. 수십년 전에는 컴퓨터 종류마다 소프트웨어를 다르게 만들었다. CPU와 OS 등 실행환경이 달랐기 때문이다. Java와 웹브라우저가 나오면서 이 문제가 극복되었다.

하드웨어가 아닌 Java, 웹브라우저 위에서 프로그램이 작동하도록 만들어졌다. 그래서 윈도우(OS), 브라우저, 자바 등을 '플랫폼'으로 부르기 시작했다. 다양한 기능들이 세트로 모여있는 특정분야의 한정된 실행환경도 새로운 '플랫폼'이라고 칭하기 시작했다.

예를 들면 MAME는 옛날 오락실 게임을 PC에서 실행시켜주는 실행환경용 프로그램이다. 처음에 10개 정도일 때는 그냥 게임기로 불리었는데, 게임 숫자가 40~50개를 넘어가자 게임 플랫폼이라고 하였다. 일부러 MAME용으로 게임을 만드는 개발회사가 생겼다.

그 이후에는 '개발플랫폼'이라는 개념도 등장한다. 개발하기 쉽게 여러 가지 환경을 제공해주는 것을 말한다. 개발플랫폼은 코딩을 쉽게 해주는 라이브러리들과 코딩을 도와주는 여러 가지 도구들이 있다. 이렇게 소프트웨어에서 '여러 가지 기능을 제공해주는 공통 실행환경'을 소프트웨어 플랫폼이라고 한다.

3. 서비스 플랫폼

웹브라우저가 생기면서 인터넷으로만 돈을 버는 '서비스사업'이 생겼다. '인터넷포털'이 돈을 벌게 되었다.

산업분류로는 '정보통신 제공업', 즉 '인터넷 서비스'라고 한다. 이러한 '인터넷 서비스'가 진화를 하여 '서비스 플랫폼'이라는 용어가 등장한다. 예를 들면 대표사례가 '트위터'이다. API를 오픈함으로써 자기네 기능을 자유롭게 쓰게 한다.

개발자들은 API를 연동해서 앱을 만들고 광고를 붙여 돈을 벌기 시작하였다. 그런 앱들이 많아지자 '트위터'에 쌓이는 콘텐츠가 급격하게 많아지기 시작하였다. 그래서 트위터는 수많은 뉴스정보를 갖게 되었고, 개발자들은 소액이지만 수익활동을 할 수 있게 되었다.

즉 '서비스 플랫폼'이란 다른 서비스들이 내 서비스를 쉽게 활용할 수 있게 해도록 해주는 인터넷 기반의 기술환경을 말한다.

4. 새로운 개념, 복잡한 개념으로의 플랫폼 탄생

스티브 잡스가 아이폰 발표 현장에서 '플랫폼'이란 용어를 꺼낸다. 애플생태계의 도구로 활용되기 시작하는 것이다. 그러자 개념이 조금 어려워지기 시작한다.

애플은 아이폰의 Mac OS를 설치한 후 앱스토어를 탑재하였다. 손에 들고 다니는 작은 컴퓨터가 된 것이다. 사용자들은 PC에서 구매한 후 아이폰으로 앱을 옮기지 않고, 앱스토어에서 바로 앱을 구매 · 설치할 수 있게 되었다. 그러자 아이폰은 '앱 판매자'와 '구매자'가 동시에 몰리는 플랫폼이 되어 버린 것이다. 운영정책, 지원조직까지 만들어 플랫폼이 알아서 돌아갈 수 있게 만든 것이다.

일종에 새로운 생태계가 만들어진 것으로, 이 도전은 성공했고 IT 역사의 새로운 플랫폼인 앱스토어가 탄생함으로 콘텐츠를 사고파는 장터 플랫폼이 탄생한 것이다.

이 플랫폼은 콘텐츠관리, 구매관리, 결제시스템 등으로 구성되어 있다. 이 단위시스템들도 '소프트웨어 플랫폼'으로 불리게 되었다. 즉 비즈니스 형태가 '비지니스 플랫폼'이 된 것이다.

이렇게 사업 복잡성이 높아지고 플랫폼의 의미가 넓어지게 되자, 사람들은 다양한 현장에서 '플랫폼'이라는 용어를 사용하기 시작하였다.

5. 비즈니스를 플랫폼으로 진화

비슷한 맥락으로 내 비즈니스가 다른 비즈니스의 일부로 사용되는 경우, '비즈니스 플랫폼'이라고 부른다. 인터넷 서비스에서 많이 등장하므로 서비스 플랫폼과 혼용되기도 한다.

'플랫폼 비즈니스'라고 하면 이런 플랫폼을 사업수단이나 제품으로 사용하는 것으로, 2가지 유형이 있다.

1) 성공한 비즈니스를 '플랫폼'으로 확장하는 경우

트위터의 경우이다. 먼저 비즈니스를 잘 되게 만들고, 장사가 잘 되면 다른 업체들이 내 사업을 이용하고 싶어 한다. 그 때 플랫폼을 만들어 희망자들을 수용하고, 생태계가 형성되도록 규칙을 만든다. 그러다 보면 어느 순간 봇물 터지듯이 사업이 급성장하게 된다.

비즈니스가 플랫폼이 되었다고 해서 '비즈니스 플랫폼'이라고 부른다. 페이스북, 포스퀘어, 구글맵도 이렇게 했다.

2) 플랫폼부터 개발하고 비즈니스를 만드는 경우

처음부터 플랫폼을 만드는 경우가 있다. 사람들이 붐빌 길목을 예상하고 가게를 여는 것이다.

처음에는 장사가 잘 안된다. 우연히 사람들이 길목을 지나가다가 진가를 알아보는 되는 것이다. 이는 백화점처럼 입점형식으로 운영되고, 업체가 들어올 때마다 트래픽이 계단현상으로 증가한다. Apigee, Mashery, Amazon Web Service가 이런 경우이다.

우리나라에선 11번가, 지마켓 등이 이런 경우이다. 순수한 IT는 아니지만 이 경우는 대부분 입점업체가 대박을 치면서 플랫폼이 뜨는 경우이다.

3) 인프라형 비즈니스 플랫폼

사업을 시작하는 시점엔 이 2가지를 혼동해서는 안 된다. '성공한 비즈니스'가 플랫폼이 되는 것과 플랫폼이 '성공한 비즈니스'가 되는 건 완전히 다른 이야기이다. 사람들이 흔히 첫번째 경우를 두번째 경우로 착각하지만, 시장에는 전자가 많다. 애플이나 구글이 플랫폼을 잘 만들어 성공한 것처럼 보이지만, 사실은 이미 성공한 사업을 플랫폼으로 바꾼 것이다. 그러면서 더 크게 성공한 것이다.

'인프라형 비즈니스'도 있다. 도로망처럼 시설을 기반으로 하는 사업이고, 시설을 깔고 이용료를 받는 것이다. 이는 돈이 많은 대기업들이 많이 도전한다. 이 경우에도 플랫폼을 빛내줄 킬러서비스가 필요하다.

결국 서비스가 잘되어야 플랫폼도 잘 되는 것이다.

6. 융합플랫폼

안드로이드가 나오고, 윈도우10이 나오고, 크롬북이 나왔다. 모두 플랫폼을 표방하고 있으며 개발지원 도구도 가지고 있다. 하지만 성공한 건 그다지 많지 않다. 왜냐하면 플랫폼의 성공은 범용하드웨어를 전제로 하기 때문이다. 이미 널리 사용되어지고 있는 PC, 스마트폰은 경쟁이 심한 '레드오션'시장이다.

그래서 IT업계는 구글 글래스나 구글 자동차와 같은 새로운 범용 하드웨어의 등장을 주목하고 있다. 왜냐하면 그것은 새로운 플랫폼 시장이 탄생하고, 새로운 대박 신화가 열릴 수 있다는 뜻이기 때문이다. 새로운 범용 하드웨어는 새로운 성공의 기회이다.

이제는 모든 산업분야에서 IT 없는 미래를 상상하기 힘들다. 하지만 아직도 IT융합 플랫폼의 성공사례는 많지 않다. 반대로 이야기하자면 '융합플랫폼'은 아직 열리지 않은 신세계이다. 우리가 열지 않아도 미래의 누군가에 의해 반드시 열릴 시장이다. 그렇다면 먼저 도전을 해보는 것 나쁘지 않다.

융합의 세계란 쉬운 말로 하면 시장이 크지 않아서 아직 IT자본이 침투하지 않는 복잡하고 까다로운 시장을 말한다.

7. IT 사업가의 탄생으로 또 다른 진화

제조업체가 플랫폼을 만드는 것은 어렵다. 하드웨어만 팔아도 충분히 돈을 벌기 때문이다. 그러므로 새로운 플랫폼 사업에 도전할 이유가 없고, 이는 오히려 기존 사업을 깍아 먹을 수도 있다. 또한 직원들의 가치관도 하루 아침에 바뀌지 않는다. 때문에 IT융합에는 유연한 가치관을 가진 새로운 사람들이 필요하다. 그래서 이 사람들을 'IT사업가'라고 부른다.

IT사업가는 어떤 사람들일까? IT 실무경험이 많은 사람들이다. '하드웨어'뿐 아니라 '소프트웨어'의 사업적 특성까지 잘 이해하는 사람들이다. 앱, API, 결제시스템 등은 사업과정이 건설, 제조업과 완전히 다르다. SI형 개발과 단발성 투자로는 절대로 좋은 결과를 얻어낼 수 없다. 이 분야는 역사가 짧아서 이론이 없기 때문에 아직은 현장경험이 더 중요하다. 그런데 이 분야엔 현장경험이 많은 IT사업가들이 적다. 그런 사업가가 늘다보면 의사소통도 쉬워지고 시장성장도 빨라질 것이다.

물론 블루오션이라고 해서 사업이 쉬운 건 아니다. 경험 많은 사람들이 좀 더 많이 도전했으면 좋겠다.

카카오나 네이버처럼 이제는 플랫폼 비즈니스 사업하는 기업이 대기업군으로 우리나라의 시총 자산을 우지좌지 한다.

02 서비스 플랫폼 비즈니스 모델의 유형에 대하여 분석하라.

플랫폼 비즈니스 모델은 가게(Store)형, 사슬(Chain)형, 상거래(Commerce)형, 대리인(Agent)형, 웹서비스(Web Service)형, 그리고 게임 비즈니스 모델로 분류할 수 있다.

1. 가게형 모델

가게형 모델은 수요자와 공급자들이 플랫폼을 근거로 필요한 가치를 교환하는 비즈니스로, 애플의 앱스토어가 이에 해당한다.

2. 사슬형 모델

사슬형 모델은 비즈니스 수행을 위한 가치사슬을 플랫폼에 형성해 두고 이를 기반으로 참여자들의 협업을 통해 가치활동을 전개해 비즈니스를 완성하는 것으로, 홍콩의 리엔펑이 대표적인 사례이다. 패션산업 강자로 알려진 리엔펑은 단 한 명의 재봉사도 없이 의류 생산업체와 고객을 연결해주는 플랫폼 역할에 충실할 뿐이다.

3. 상거래형 모델

상거래형 모델은 다양한 상품 공급자와 수요자들이 만나는 상거래 모델과 사이트를 플랫폼으로 운영하는 비즈니스로, 단순한 정보의 중개자에서 거대한 커머스 플랫폼을 구축하는 것을 전략으로 하는 이베이가 이에 해당한다.

4. 대리인형 모델

대리인형 모델은 플랫폼으로서 거래 사이트가 직접 매매를 하는 것이 아니라 공급자와 수요자들이 자유롭게 매매할 수 있도록 서비스하는 대리인 역할을 하는 비즈니스이다.

온라인 서점의 대표주자인 아마존이 소매점 전략에서 에이전트 전략으로 변화하고, 유통업에서 플랫폼을 통한 디지털 중개업자가 된 아마존의 행보는 플랫폼 전략의 미래를 보여주는 듯하다.

5. 웹서비스 모델

웹서비스 모델은 플랫폼 기반의 각종 원격 컴퓨팅 서비스를 비즈니스로 하는 모델로, 아마존 웹서비스(AWS)가 대표적이다. AWS는 클라우드 컴퓨팅 환경에서 다른 웹사이트나 클라이언트 측 응용프로그램에 대해 온라인 서비스를 제공하는데, 모두 플랫폼 기반에서 제공되고 있다.

6. 게임 비즈니스 모델

게임 비즈니스 모델은 플랫폼 기반으로 게임에 관한 수요와 공급을 연결하는 비즈니스이다. 페이스북이 많은 플랫폼 기반의 게임 비즈니스 모델을 확보하고 있으며, 카카오톡 역시 2012년 7월30일부터 플랫폼을 기반으로 한 게임 비즈니스를 시작해 성공을 거두었다.

03 XR 메타버스 플랫폼 사례에 대하여 분석하라.

1. XR 메타버스 프로젝트

XR 메타버스 프로젝트는 현실 같은 가상공간을 만들어 증강현실로 현실세계와 서비스가 연결된 메타버스 플랫폼을 구축하는 것이다.

XR 서비스 사용자는 App-in-app 방식의 통합 애플리케이션 하나만 다운로드 받으면 이 모든 서비스를 이용할 수 있게 된다. 현재 서비스 실증지역으로 서울 창덕궁과 북촌 한옥마을, 천안 독립기념과 3개 지역, 약 170만 제곱미터의 실내외 공간을 대상으로 추진중에 있다.

이번 사업은 개방형 오픈 플랫폼으로 진행된다는 것이 눈에 띄는 점이다. 누구에게나 3곳의 실증지역에 대한 XR 공간지도 데이터를 활용, XR 콘텐츠를 제작할 수 있는 'XR 콘텐츠 제작 스튜디오'가 제공된다. 다른 지역에도 XR 공간지도를 제작할 수 있는 'XR 공간지도 제작도구'도 공개될 예정이다.

2. XR 메타버스 플랫폼

[그림 11-9]처럼 XR 메타버스 플랫폼 맥스트는 관광 및 여행정보를 제공하는 AR 도

시정보 서비스, 청각 및 시각 사회적 약자를 위한 AR 공간안내 서비스, 매장별 맞춤형 정보를 서비스하는 AR 광고서비스, 사용자 체험형 AR 전시서비스, 지역 맞춤형 스토리텔링 체험인 AR 투어&리뷰서비스, 이동형 AR 미션 게임서비스, AR 내비게이션 서비스, 가상현실과 증강현실 사용자가 동시에 참여하는 XR텔레프레즌스 서비스 등 총 8가지의 서비스를 제공한다.

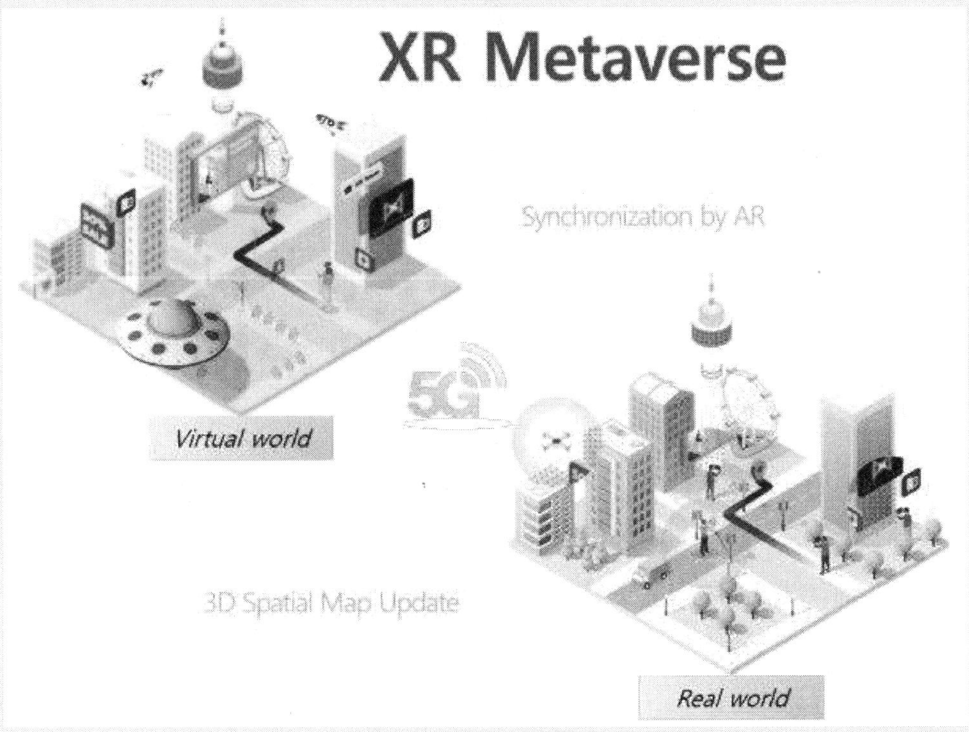

[그림 11-9] XR 메타버스 플랫폼 맥스트 사례

이번 메타버스 프로젝트를 위해 콘텐츠-플랫폼-네트워크-디바이스의 CPND 모든 영역에서 국내 최고의 XR 기술력을 보유한 기업이 대거 참여했다.

메타버스 플랫폼을 만들어 서비스 대상지역을 확대해 나갈 것이며, 크라우드 소싱 방식의 XR 공간지도 기술을 통해 보다 빠른 XR 메타버스 생태계를 구축한다.

XR 메타버스 프로젝트에 선정된 맥스트는 XR 메타버스 생태계 구축을 위해 2022년까지 총 80억 원을 지원받게 되며, 2023년에는 수행평가 결과에 따라 국비를 추가로 지원받는다.

서비스 실증지역으로 서울 창덕궁과 북촌 한옥마을, 그리고 천안 독립기념관 3개 지역의 약 170만 제곱미터의 실내외 공간을 대상으로 추진된다.

학습 11

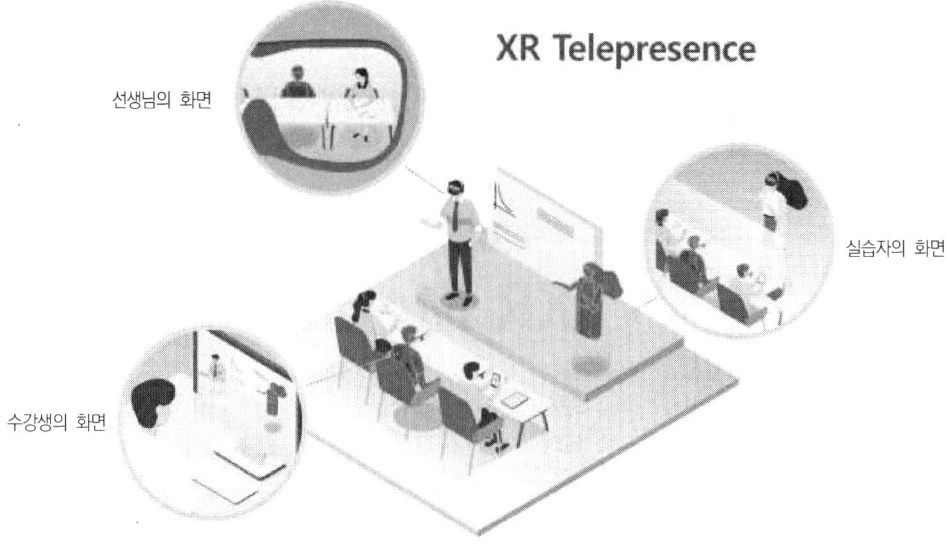

[그림 11-10] 가상현실과 증강현실 사용자가 동시에 참여하는 XR 텔레프레즌스 서비스

맥스트는 이미 코엑스 일대의 60만 제곱미터의 실내외 공간을 AR 공간지도로 만드는 VPS 기술을 선보인 바 있으며, 해당 기술을 바탕으로 XR 메타버스 플랫폼을 구축한다.

3. XR 메타버스 인천이음 프로젝트

과학기술정보통신부와 한국전파진흥협회가 디지털뉴딜 사업의 일환으로 추진하는 것으로 'XR 메타버스 프로젝트' 공모사업에 'XR 메타버스 인천이음 프로젝트'가 선정됐다.

'확장현실 메타버스(XR)'는 현실세계와 동일한 크기의 디지털 가상공간을 구축하고, 이 가상공간에서 축적된 정보를 XR 기술에 활용해 현실세계 사용자에게 제공함으로써 관광·쇼핑·편의 등 다양한 서비스를 지원하는 온-오프라인 결합·확장의 현실 플랫폼이다.

이 프로젝트에 참여하는 전문기술기업은 네이버랩스, 에스피테크놀로지, 플레이스비, 인시그널, 페네시아 등이며 수요기관으로는 인천국제공항공사, 인천관광공사, 인천교통공사가 참여한다. 또 인천테크노파크가 지역산업을 육성·지원한다. 인천지역 인천국제공항, 개항장, 송도, 부평역 일원 등 380만m^2의 3차원 공간지도를 구축하고 시각장애인 등의 사회적 약자가 포함된 시민의 의견을 수렴하는 리빙랩을 운영해 실사용자 기반의 기술 만족도를 향상시킬 계획이다. 또한 국내 최고의 XR 메타버스 전문기업의 기술력을 통해 생태계 구축 및 서비스 확산을 성공적으로 추진할 계획이며, 이와함께 XR 메타버스 관련 지역기업을 대상으로 추가 공모를 진행해 XR 메타버스 기술 이전 등을 추진해 지역 신산업도 육성할 방침이다.

04 메타버스와 플랫폼 비지니스 서비스 사례에 대하여 분석하라.

1. 메타버스 플랫폼 비즈니스의 개요

앞으로 메타버스가 주류 플랫폼으로 살아남아 발전할 수 있을 것인가에 대해 많은 논쟁이 많다.

많은 기업들이 기술혁신을 통해 기존 산업을 붕괴하고 새로운 산업체계를 만드는 창조적 혁신과정(Creative Destructor, 슘페터, 1942년)을 통해 주력 기업으로 성장하였다.

또한 파괴적 기술(Destructive Innovation, 크리스텐슨, 1997년)의 등장으로 이러한 주력 기업을 붕괴하여 새로운 가치를 창출한다. 결국에는 창조직 혁신과 파괴직 혁신 과정의 반복을 통해 새로운 기술기업이 등장하고 사라지고 있다.

또한 사피언스(Sapiens)와 호모 데우스(Homo Deus)의 저자 유발하라리(Yuval Noah Harari)는 인간은 현실세계와 상상의 현실세계(Imagined Reality)의 이중 현실세계(Dual Reality)에서 살아왔고 갈수록 상상의 현실세계는 더욱 강력해지고 있다고 한다.

2. 산업혁명과 비즈니스의 기회

실제로 산업발전과 그 시대의 대표적인 기업들의 발전의 변화를 분석해보면 놀라운 사실을 알 수 있다.

1차, 2차 산업혁명 시대 대표적 기업들인 Exxon(1870년), GE(1892년), 포드(1903년), GM(1908년), 현대(1947년), 월마트(1962년) 등의 창조적 혁신과 파괴적 혁신의 주요 영역은 현실세계의 기술혁신이었다.

그러나 3차, 4차 산업혁명 시대 대표적인 기업들인 마이크로소프트(1975년), 아마존(1994년), 구글(1998년), 알라바바(1999년), 페이스북(2004년), 카카오(2010년) 등 대부분 상상의 현실 세계에서와 관련된 혁신 기업들이다.

1차, 2차 산업혁명 기업 중 하나인 GM의 시장가치가 55.46 Billion달러(약 56조원)인 반면에 3차, 4차 산업혁명 기업 중 하나인 우버가 120Billion달러(약 130조원, 2028년 추정), 디디추싱이 100Billion달러(약 111조원, 2021년 추정)으로 2배 이상 평가된다는 것을 알 수 있다. 또한 2016년부터 최근까지 미국의 시가총액 상위를 차지하고 있는 기업인 애플, 아마존, MS, 구글 알파벳, 페이스북은 모두 디지털 기반의 플랫폼 사업체들로 상상의 현실세계의 기술혁신에 해당된다.

학습 11

1차, 2차 산업혁명 기업들은 대부분 고전적인 가치사슬모델(Value Chain model) 기반으로 가치사슬 체인의 한쪽 끝(예 공급업체의 원/부재료)에 있는 투입물을 더 가치 있는 산출물인 완제품으로 변환하는 일련의 선형활동을 기반으로 공급측 규모의 경제를 구축하고 가치를 창출한다.

반면 3차, 4차 산업혁명 기업들은 플랫폼을 통해 생산자와 소비자 간의 상호작용인 네트워크 효과(Network Effect)를 극대화하여 가치를 창출하는 수요 측 규모의 경제를 구축하여 성장한다.

3. 플혯폼 비즈니스의 네트워크 효과

수요 측 규모의 경제인 플랫폼 비즈니스는 메칼프의 네트워크 효과, 즉 사용자가 증가함에 따라 기하급수적으로 사용자 가치가 증가한다. 결국의 플랫폼 사업자는 양면시장을 획득하여 양면시장을 통제하고 관리 · 감독하면서 네트워크 효과를 극대화하는 사업자이다.

전통적인 공급 측 규모의 경제는 자본과 노동 등 생산요소가 한 단위 추가될 때 늘어나는 한계생산량이 점차 줄어드는 수확체감의 법칙과 다르게 플랫폼 비즈니스는 이러한 네트워크 효과를 이용하여 투입된 생산요소가 늘어나면 늘어날수록 산출량이 기하급수적으로 증가하는 수확체증의 법칙을 달성하기 때문에 경쟁에서 전통적인 기업을 압도할 수 있었다.

4. 미래의 플랫폼 비지니스

미래에는 이러한 플랫폼 비즈니스 모델을 활용하여 VR/AR/MR 등 디바이스의 발전과, 이용자들이 직접 콘텐츠를 제작 · 소비하고 자체 화폐를 사용해 결제 · 보상할 수 있는 경제 환경을 제공한다. 뿐만 아니라 NFT(대체 불가능한 토큰)의 활용으로 디지털 자산의 소유권과 판매이력을 관리하고, 2G/3G/4G에서 5G로 진화를 통해 연결성 더욱더 강화 시키고 있으며, DNA(Data, Network, AI) 등의 인프라의 급속적인 발전의 도움으로 메타버스 플랫폼 시대로 진화하게 될 것이다.

5. 독자적인 가상세계의 비즈니스 사례

코로나19 바이러스로 인한 언텍트 시대로 인해 대면접촉이 아닌 개인이 직접 만든 아바타를 통한 사회적 교류를 하면서, 독자적 가상세계 및 문화를 창조하기 때문에 감정이입 효과가 매우 높게 나타날 것이다.

로블록스는 미국에서 16세 미만 청소년의 55%가 가입할 정도로 폭발적으로 인기를 가지고 있는 메타버스 플랫폼으로 하루 평균 접속자만 4000만 명에 육박하고 있다. 또한 조 바이 미국대통령은 지난 대선 당시 닌테도 게임인 '동물의 숲'에서 아바타를 통해 선거 유세를 하였으며, 가상 부동산 거래 사이트인 디센트럴랜드의 "EARTH2"는 지구를 그대로 복제해 가상 세계에서 부동산을 판매하여 암호화폐 가격의 상승과 함께 가상세계 부동산 가격 상승으로 이어지고 있고 콘서트, 입학식, 신입사원 연수, 대통령 선거운동, 가상 부동산 등 사회, 경제 분야와 게임, 공연, 소셜 기능을 지닌 메타버스 플랫폼의 이용자들이 꾸준하게 증가하고 있다.

또한 전세계 시가총액 Top 10기업 중 8개(시가 총액 합계 약 9800조원, 2021년 기준)가 메타버스 시장에 진출하여 경쟁에 돌입했다.

6. 메타버스 플랫폼 생태계 구성도

1) 메타버스의 정의

메타버스라는 용어는 닐 스티븐슨의 소설 스노우 크래쉬(Snow Crash, 1992년)에서 나왔다. 초월을 뜻하는 메타(Meta)와 우주와 세계를 뜻하는 유니버스(Universe)를 합성한 단어로 '가상과 현실이 끊임없이 상호작용하며 공진화하고 그 속에서 사회 · 경제 · 문화 활동이 이루어지면서 가치를 창출하는 세상'으로 정의를 내리고 있다.

ASF는 2006년 메타버스를 증강현실(Augment Reality, ㉠ 포켓몬고), 거울세계(Mirror World, ㉠ 구글맵, 디지털트윈), 라이프로깅(LifeLogging, ㉠ 애플워치), 가상세계(Virtual World, ㉠ VR게임)로 분류하였지만 범주가 아주 넓고 광범위하며, 서로 융합하여 사용되고 발생하기 때문에 명확하게 정의하기가 어렵다.

메타버스 정의 및 분류에 대한 명확한 사회적인 합의점이 없다는 것이 모호함을 더욱 부추기고 있다.

2) 메타버스 플랫폼 생태계

메타버스 플랫폼 생태계 구성은 디바이스 영역, 콘텐츠 영역, 플랫폼 영역, 인프라 영역으로 구분하여 메타버스 플랫폼 생태계를 구성하고 있다.

(1) 디바이스 영역

디바이스(Device) 영역은 메타버스 사용자들의 경험, 즉 UI/UX(User eXperience)에 중요한 영역을 차지하고 있다.

과거 휴대폰, 2D, 마우스/키보드에서 편의성(착용), 상호 작용성(동작, 시선), 공간 확장성(3D 이상)으로 발전되고 있다. 특히 VR(가상현실)/AR(증강현실)/MR(혼합현실) 디

학습 11

바이스 개발이 한창이다. 해상도, 무게, 가격 측면에서 일반화하기 위해서 애플(VR장갑), MS(홀로렌즈), 페이스북(오큘러스), 구글(글라스) 등이 기술개발에 많은 투자를 하고 있으며, 스마트폰을 대체할 것인가에 대해서 관심이 높은 영역이다.

(2) 콘텐츠 영역

콘텐츠(Contents) 영역은 메타버스 사업 성공에 가장 중요한 요소이다. 이용자에게 가치 있는 콘텐츠를 지속적으로 안전하게 제공하는 것이 메타버스 성장의 핵심적인 요인이 된다.

가장 큰 변화 중 하나는 과거의 메타버스에서 콘텐츠는 공급자가 제공하는 콘텐츠를 소비하였으나, 지금은 개인이 디지털 패션, 게임 등 다양한 콘텐츠 제작/판매하고 메타버스 플랫폼 사업자가 제공하는 화폐로 교환가능하고 제작된 디지털 콘텐츠는 NFT(대체불가능 토큰)으로 소유권을 명확하게 할 수 있다.

또한 기업/학교/병원/정부 등의 사용자는 게임, 공연, 세미나, 민원, 회의/미팅 등에 관련된 콘텐츠를 제작 및 제공할 예정이다.

(3) 메타버스 플랫폼 영역

메타버스 플랫폼(Platform) 영역에는 서비스를 제공하는 로블록스, 제페토, 마인크래프트, 샌드박스, 포트나이트, 디센트럴랜드 등 메타버스 서비스 사업자가 있다. 또한 메타버스의 제작과 구현을 지원하는 유니티(Unity), 언리얼(Unreal), 구글 ARCore, 애플 ARKit, NVIDIA Omniverse 등 메타버스 구현 플랫폼 사업자 등이 있다.

메타버스 서비스 사업자는 초기에 게임, SNS 위주에서 사회/경제/문화 영역으로 확장하고 있다. 이용자들은 메타버스를 통하여 기존 게임의 미션 해결을 넘어서 이용자가 자신의 아이디어로 가상자산을 만들어 수익을 창출하기도 하고 다른 유저들과 다양한 사회, 경제, 문화적인 측면에서 교류를 하고 있다.

① 로블록스 경우 : 로블록스 경우 가입자가 1.64억 명(2021년 기준)으로 IPO이후 1년만에 기업가치가 7배 상승하였다. 미국 16세 미만 청소년의 55% 가입, 하루 평균 접속자만 4000만 명에 육박(2021년)하고 있으며 YouTube, instager, facebook, TikTok 등 보다 3배 많은 시간을 소비하고 있다.

플랫폼 내 가상공간을 제공하고 이용자들에게 자유도를 부여해 다양한 활동을 지원하고 소셜과 경제활동이 가능한 환경 제공으로 인해 이용자들이 급증하고 있다. 특히 가상화폐 Robux 통용 경제 생태계를 구축하였으며, 게임개발 및 아이템 판매 연 10만 달러(약 1억1천원) 수익을 획득하는 가입자도 있다.

이용자는 크리에이터, 게임을 제작하는 디벨로퍼 역할도 가능하며, 직접 아이템과 게임을 만들 수 있고, 약 800만명의 개발자와 5,000만개가 넘는 게임을 창출하고 있다.

스튜디오에서 제작된 게임은 클라우드를 통해 모바일, PC, 콘솔 등 다양한 플랫폼에서 이용이 가능하다. 또한 게임 개발자에게는 70%, 아바타와 아이템 개발자에게는 수익의 30%를 Robux(디지털화폐)를 지급하고 있다. 개발자 환전(DevEX) 프로그램을 통해 실제 달러로 환금 가능하며, 환금은 10만 Robux(1Robux당 0.0035 달러)부터 가능하다.

특히 로블록스에서 판매되는 구찌 백이 실물 버전보다 더 많이 팔려 놀라기도 하였다. 실제 약 380만원인 구찌 디오니소스백이 아바타를 위한 디지털 아이템 형태로 35만 로북스(약 460만원)에 판매되었다(2021년).

② 에픽게임즈의 포트나이트 : 에픽게임즈가 제공하는 포트나이트는 2017년 출시되었고, 가입자는 3.5억명(2021년)이다. 베틀로얄 장르의 게임이지만 다른 이용자들과 함께 콘서트나 영화를 관람할 수 있는 파티로열 모드로 제공한다.

③ 트래비스 스캇의 온라인 콘서트 : 2020년 4월 미국의 유명 래퍼 트래비스 스캇은 파티로열 모드에서 온라인 콘서트를 개최했는데 공연 당시 1,230만명이 동시 접속(약 2,770만명 관람)하였으며, 공연 수익은 2,000만 달러(216억 규모)로 집계되어 오프라인 대비 10배의 매출을 올린 것으로 유명하다.

④ BTS 다이너마이트(Dynamite)의 안무버전 뮤직비디오 : 2020년 9월 BTS도 신곡 다이너마이트의 안무버전 뮤직비디오를 파티로얄 모드에서 전세계 최초로 공개하기도 하였다. 이를 계기로 BTS 소속사 하이브는 위버스(Weverse)라는 자체 메타버스 플랫폼을 제작하여 팬들과 소통한다.

⑤ 제페토 : 제페토 경우는 네이버의 자회사 네이버제트가 2018년 8월 제페토 서비스를 출시하여 2020년 말 기준 이용자수가 2억 명이다. 이는 3D 아바타 기반의 Social 네트워크 서비스로 자신만의 아바타를 유난히도 예쁘게 꾸밀 수 있는 특징을 가지고 있다.

블랙핑크의 제페토 가상 팬사인회는 전세계 팬 4600만명이 모였으며(2020년 9월), 블랙핑크와 셀레나 고메즈가 함께한 '아이스크림'의 아바타 퍼포먼스 영상은 1억뷰 달성 및 제페토에서 개최된 블랙핑크 버추얼 팬 사인회는 3000만, 아바타 공연은 4000만 View를 돌파하기도 하였다.

하이브, SM, JYP엔터테인먼트 등 국내 대표 엔터테인먼트사로부터 170억원의 투자를 유치하고 가상공연, 팬사인회 등의 공간으로 활용되고 있다.

이용자와 크리에이터로 구성되어 있지만, 이용자는 콘텐츠 및 서비스를 소비도 하고

학습 11

직접 크리에이터가 되기도 한다(유튜브와 유사한 구조). 이용자가 제페토 스튜디오에서 아바타의 패션 아이템을 디자인 등록하면 심사를 거쳐 판매가 가능하며, 판매수익은 자체 재화인 ZEM, 추후 환금이 가능하다.

내가 꾸민 아바타를 주인공으로 활용하여 드라마 제작/공유도 가능하며, 이용자는 AR 패션 아이템 제작 등 수익창출이 가능하다.

아이템 판매 수수료, 브랜드와의 제휴 마케팅 등으로 수익을 창출, 이용자가 광고를 시청할 경우 광고 수익 창출도 가능하다. 구찌, 나이키, 등과의 협업을 통해 B2B 수익도 창출하고 있으며, 크리에이터가 만든 아이템이 판매될 때마다 결제 수수료(30%)를 받는 구조로 더욱 강화할 예정이다.

⑥ 디센트럴랜드 : 디센트럴랜드 경우는 블록체인 기반 가상세계 플랫폼으로 아바타로 가상 세계를 탐험할 수 있다. 유저들은 업데이트, 토지 경매 등 커뮤니티와 연관된 모든 의결사항을 투표로 결정하고 있으며, 게임 개발사도 유저 동의 없이 게임 세계관 변경이 불가하다.

가상 부동산 한 필지(EST #4186)가 7억8000만원(약 70만 4000달러)에 팔리기도 하였으며, 결제수단인 마나(MANA)는 디센트럴랜드의 독자적 암호화폐로 10만 달러가 넘는 가상 부동산 거래가 한달에 수백 건 발생하고 있다.

디센트럴랜드는 가상세계 속 등기부 등본과 유사하게 특정 디지털 자산의 소유권을 누가 갖고 있고 이자산의 가치는 얼마인지 등을 증명할 수 있는 '대체 불가능 토큰(NFT)' 활용을 통하여 메타버스 플랫폼을 활성화하고 있다.

⑦ 메타버스 구현 플랫폼 사업자 : 메타버스 구현 플랫폼 사업자를 살펴보면 월 50억 이상 게임 다운로드, 스마트폰 모바일 게임 50%점유, PC 게임시장 점유율 40% 이상, 닌텐도 스위치 게임의 70%, 엑스박스, 플레이스테이션 게임 3~40%를 차지하고 있는 유니티(Unity)가 있다.

또한 에픽 게임사에서 제공하는 언리얼(Unreal)는 고품질 그래픽 구현의 가능성 때문에 대작 게임용으로 주로 이용되고 있으며, 엔씨소프트 리니지 2M, 넥슨 V4, 카트라이더 드리프트, 스타워즈 만달로리안, 왕좌의 게임, 해운대 등 CG 및 시각효과, 평창올림픽 증강현실 효과 등으로 유명하다.

또한 쉽게 가상인간 Meta Human을 제작 가능한 Tool를 제공하고 있다. MS(마이크로소프트사)의 Mixed Reality 협업 플랫폼 Mesh를 출시하였고, GPU로 유명한 NVIDIA(엔비디아)사는 전 산업을 대상으로 확장가능한 NVIDIA Omniverse 구현 플랫폼 발표하기도 하였다.

(4) 인프라 영역

인프라 영역의 연결성, 편의성에서 많은 발전이 이루어지고 있다.

① 연결성 측면 : 연결성 측면에서 2G, 3G, 4G에서 5G로 발전하였는데, 이는 메타버스 콘텐츠 전송속도의 향상을 가져왔다. 특히 5G 서비스는 4G에 비해 20배 빠른 속도와 10배 이상 빠른 반응과 10배 더 많은 사람의 기기접속이 가능하다.

② 편의성 측면 : 편의성 측면에서는 휴대에서 착용으로 발전, 터치에서 동작, 시선 등으로 발전, 2D에서 3D로 발전 및 CPU(직열처리, 하나하나 처리)에서 GPU(병열처리, 동시처리)으로 점진적으로 발전하고 있다.

경제활동 지원능력으로는 과거 도토리 등 화폐유통이 불가능했으나 암호화폐, NFT 등 유통이 가능한 화폐를 제공하고 있다. 특히 NFT는 블록체인을 기반으로 소유권과 판매이력 등의 관련 정보가 모두 블록체인에 저장되어 최초 발행자 확인 및 위조가 불가능하여 자산 소유권 명확, 게임/예술품/부동산 등의 기존 디지털 자산을 디지털 토큰화하는 수단으로 사용되고 있다.

디지털 아티스트 비플 만든 10초 비디오 클립은 74억에 판매되었으며, 가수 그라임스(엘론머스크의 아내로 잘 알려짐)의 워님프 디지털 컬렉션 10점이 65억에 낙찰, NFT 발행된 패리스 힐튼의 고양이 그림이 1천 850만원 낙찰되기도 하였다.

7. 메타버스 플랫폼의 해결해야 하는 과제

메타버스 플랫폼이 일반화되기 위해서 VR/AR/MR/XT의 멀미문제, 활용도의 가치제공, 사회 및 윤리의 문제 등 해결해야 하는 과제가 많이 존재한다.

1) VR/AR/MR/XT의 멀미문제

VR/AR/MR/XR 등 장기간 착용 및 사용시 발생하는 멀미문제를 해결하기 위해서는 높은 주사율과 높은 해상도 등의 해결이 필요하다. VR/AR/MR/XR 기기 대중화의 걸림돌인 멀미 외에도 무게감, 디바이스 가격, PC와 콘솔 기반 사용 등의 문제해결도 필요하다.

페이스북은 이러한 문제를 해결하기 위해서 오큘러스 Quest2출시, PC/콘솔 없이 헤드셋만으로 VR환경 활용 대중화, 사무실 플랫폼인 Infinite Office, 가상 소셜 VR플랫폼인 호라이존(Horizon), AR필터 제작 플랫폼 Spark AR 등 플랫폼 개발에 많은 투자를 하고 있다.

애플은 VR 스트리밍 업체인 'NEXT VR'을 인수해 AR Glass 출시를 준비하고 있다.

MS는 가상현실 소셜미디어 'Altspace VR' 인수와 홀로렌즈 기기를 출시하며 생태계를 확장할려고 하고 있다.

2) 활용도의 가치제공

활용도 측면에서 MZ 세대를 지속적으로 유인하고 다양한 계층 참석 가능한 가치 제공을 위해 고민해야한다. 특히 어른들을 위한 메타버스 컨텐츠 개발이 필요하다.

3) 사회 및 윤리의 문제

사회 및 윤리 측면에서 개인 정보 프라이버시, 윤리, 범죄, 빈부격차 등 문제점하기 위한 준비가 필요하며 가상세계에의 지나친 몰입은 현실에서의 일상을 황폐화, 정체성 장애를 발생 가능성이 높기 때문에 해결책이 필요하다.

8. 메타버스 플랫폼의 미래

메타버스 플랫폼의 미래는 이러한 메타버스 플랫폼이 당장 산업의 전 영역에 활용되기보다는 체험형 메타버스 서비스에서 산업 특화형 메타버스 서비스를 거쳐 지능형 메타버스 서비스로 진화할 것으로 보인다.

산업에 메타버스 플랫폼을 적용할 경우 교육산업에서는 2D화상 교육이 증강현실 3차원 공간 활용을 통한 교육으로, 리테일 산업에서는 온라인 구매에서 가정에서 증강현실 AR 거울을 활용하여 가상 피팅 및 구매하게 될 것이다.

설비/건설산업에서는 디지털트윈 기반의 시설관리로 해외출장 및 시설방문을 하지 않아도 가능하기 때문에 출장비와 시간을 절약할 수 있을 것이다. 또한 디자인 산업에서는 기존 컴퓨터 디자인 및 검증 모델 생산에서 메타버스를 통해 장소의 구애 없이 글로벌 현지에서 가상으로 참여하여 협업하여 디자인을 설계하고 검증하게 될 것이다.

메타버스 플랫폼은 디바이스, 콘텐츠, 플랫폼 서비스 사업자, 개발사업자 및 인프라 영역에서 종합적인 생태계를 구축할 필요가 있으며, 우리 기업들이 참석 가능한 분야를 면밀히 연구하여 메타버스 시대에 대비하여야 한다.

메타버스 플랫폼은 종합적인 생태계가 잘 구축되어야 성공할 수 있기 때문에 경쟁 우위를 위해서 정책적인 지원도 동시에 이루어져야 하겠다.

학습활동.11 교수 · 학습 방법

교수 방법

- 메타버스의 플랫폼에 대한 관련 용어, 구성, 방식 이해 정도를 파악한 후 수업을 진행한다.
- 교수자의 주도로 메타버스의 플랫폼 등의 내용을 PPT 자료로 제시한 후 설명한다.
- 가능하면 사전에 개인별 학습 자료를 준비하여 모든 학생이 참여할 수 있는 문제 해결식 수업, 협력 수업이 가능하도록 한다.
- 메타버스의 플랫폼 전 과정을 작업의 순서에 따라 단계적으로 실습이 이루어질 수 있도록 지도한다.
- 교재를 통해 수업을 준비하는데 있어서 필요한 모든 정보나 팁, 힌트 등 도움이 될 만한 내용들을 확인할 수 있다.
- 학생들이 만들게 될 각 모델들은 수업시간에 중점적으로 다뤄질 부분과 어휘, 질문, 답을 포함하고 있으며 또한 탐구할만한 추가적인 아이디어들도 포함하고 있다.

학습 방법

- 메타버스 플랫폼에 대한 관련 용어를 숙지하고, 메타버스의 플랫폼에 대해 이해한다.
- 메타버스 플랫폼의 각 단계별 중점 사항을 체계적으로 학습한다.
- 메타버스 플랫폼의 수행순서의 전 과정을 실습한다.
- 메타버스 플랫폼의 내용을 이해한다.
- 메타버스의 플랫폼을 이해하고 숙달이 될 때까지 학습한다.

학습활동.11 평가 및 피드백

평가 준거

- 평가자는 피평가자가 수행 준거 및 평가 내용에 제시되어 있는 내용을 성공적으로 수행할 수 있는 지를 평가해야 한다.

학습 11

학습내용	평가항목	성취수준		
		상	중	하
메타버스의 플랫폼	메타버스의 플랫폼을 이해할 수 있다.			

평가 방법

- 작업 포트폴리오

학습내용	평가항목	성취수준		
		상	중	하
메타버스의 플랫폼	메타버스의 플랫폼을 이해할 수 있다.			

- 필기시험

학습내용	평가항목	성취수준		
		상	중	하
메타버스의 플랫폼	메타버스의 플랫폼을 이해할 수 있다.			

- 체크리스트를 통한 관찰

학습내용	평가항목	성취수준		
		상	중	하
메타버스의 플랫폼	메타버스의 플랫폼을 이해할 수 있다.			

- 피드백

1. 작업 포트폴리오
   - 제출한 보고서를 평가한 후 주요 사항에 대하여 표시하여 돌려준다.
2. 필기시험
   - 평가 결과 성적이 저조한 학생은 보고서 제출 기회를 부여한다.
3. 체크리스트를 통한 관찰
   - 실습 과정에서 평가한 후 개선해야 할 사항 등을 정리하여 돌려둔다.

참 | 고 | 문 | 헌

- 강민구, 비대면 융합산업 발전과 디지털 대전환, KISA report, 2021.07.
- 강지영, 인공지능기반 이상감지기술, 월간 SW중심사회, SPRi, 2021.4.
- 고선영 외, 메타버스의 개념과 발전방향, 정보처리학회지, 제28권,제1호, 2021.03.
- 관계부처 합동, 가상융합경제 발전잔략, 2020.12.10.
- 김광우, 메타버스는 차세대 플랫폼 혁명, tech42, https://www.tech42.co.kr, 2021.5.18.
- 김동준, 300조 시장 메타버스, 이동3사 미래 먹거리로 급부상, 뉴데일리경제, 2021.6.03.
- 김병필, 인공지능 개척시대, 메타버스 속 인공지능, 중앙일보, 2021.5.17.
- 김봉수, 메타버스가 뭐죠, 아시아경제, https://www.asiae.co.kr/, 2021.06.06.
- 김상균 · 신병호, 메타버스 새로운 기회, 메가북스, 2021.
- 김상돈, 증강현실과 가상현실 그리고 디지털트윈, science time, 2021.6.15.
- 김서희, 가상현실의 확장 메타버스 도래, 2021 글로벌 ICT이슈 레포트, 2021.
- 김우용, 맥스트, 과기정통부 'XR 메타버스 프로젝트' 주관사 선정, https://zdnet.co.kr/, 2021.5.14.
- 김정호, 메타버스, 차세대 빅데이터 플랫폼 (1) 주목받는 이유, 테크데일리(TechDaily), http://www.techdaily.co.kr, 2021.5.24.
- 김종득, 인천시, 'XR 메타버스 프로젝트' 시동, 현대일보, http://www.hyundaiilbo.com
- 김하늬, 메타버스의시대, 핵심은 데이터, 공학저널, http://www.engjournal.co.kr, 2021.5.20.
- 김현정, 새로운 미래공간이 된 메타버스, 사이언스타임즈, 2021.3.31.
- 남현숙, 미국 VR · AR 기술정책의 진화, https://spri.kr/posts/view/22823?code=industry_trend, 2019.
- 노중호, 5차산업혁명의 실체를 분석한다, 노블사이언스, http://www.nobelscience.net, 2017.10.6.
- 대체불가토큰, 게임의 메타버스화 촉진할 블록체인경계의 핏줄, 글로벌 게임산업 동향, 한국콘텐츠진흥원, 2021.3.
- 리본소프트, https://www.rebornsoft.co.kr/빅데이터 플랫폼
- 박경일, 메타바스 새로운 기회, 로봇신문, 2021.05.16.
- 박민영, "메타버스 시대 주인공, '디지털 휴먼' 가치와 쓸모", 솔트룩스 인공지능 사이트, 2021.3.9.
- 박지혜, 다기오는 메타버스 시대 차세대 콘텐츠산업의 방향과 시사점, KIER, 산업경제, 2021.05.
- 박진호, K-인공지능 콘텐츠로 디지털 문화유산 한류 이룰 것, AI타임즈, 2021.3.23.
- 백승은, AI로 의상 디자인 가상 착장까지 ETRI패션상품 기술 개발, 2021.4.01.
- 블로터, "[블록먼데이]"NFT서 미래 봤다"…'더샌드박스'가 꿈꾸는 블록체인 게임", 2020.10.19.
- 서정욱 외, XR 콘텐츠 UI/UX 디자인 평가 가이드라인 및 체계 개발 보고서, 2020.12.17.
- 세종대학교, 메타버스 자율트윈 핵심기초연구보고서, 2021.5.19.
- 손상영, 플랫폼 경쟁이론의 정책적 시사점, KISDI 이슈리포트(08-06), 정보통신정책연구원, 2008.
- 송해리, 이동3사 기회의 땅 메타버스로간다, http://www.inews24.com/view/1373376, 2021.6.6.
- 신동형, 메타버스 개념 이해, tech42.co.kr, 2021.05.04.
- 신정아, 뉴미디어와 스토리두잉, 칠월의숲, 2009.
- 아주경제, "이번엔 부활할까? 싸이 월드 22년 흥망성쇠", 2021.02.03.
- 오현주, 메타버스가 다시오고 있다, nia, 2021.03.
- 우운택, 강상융합세계 선도를 위한 디지터트윈 기반 DNA_XR전략, 한국문화정보원, 2021.01.
- 이상엽, XR의 기술개요와 동향, 정보통신기술진흥센터, iitp, 2018.12.19.
- 이승환, 로그린 메타버스 인간×공간×시간의 혁명, SPRi, issue report, 2021.03.17.

학습 11

- 이승환 · 한상열, 메타버스 비긴즈 : 5대 이슈와 전망, SPRi, issue report, 2021.04.20.
- 이영호 외 4, 보건의료 분야 가상증강현실 기술동향, IITP, 2021.5.26.
- 이자연, 가상증강현실(AR · VR)산업의 발전방향과 시사점, KIET, 2019.02.
- 이종관, ESG, 메타버스 그리고 AI; 5차혁명? 한경닷컴, https://www.hankyung.com/it/article/202106166511i, 2021.6.17.
- 이진규, 메타버스와 프라이버시, 그리고 윤리-논의의 시작을 준비하며, 2021.3.2.
- 임용준 · 김진웅, 가상 · 증강 및 혼합현실을 위한 디지털 홀로그래피 기술 연구동향, IITP, 2018.12.26.
- 임일곤, 5G 메타버스 타고 실생활로 달려온다, http://news.bizwatch.co.kr/, 2021.6.30.
- 장한영, AI기반 메터버스에서 누구나 디지털뮤지션이 될 수 있다, 인공지능신문, http://www.aitimes.kr, 2021.5.21.
- 전자신문, '반지의 제왕 애플, 스마트 링 특허 등장', 2021.01.13.
- 정득영 · 김상태 · 김연배, 디지털트윈의 기술정의와 세부적 발전 5단계 모델, 정보통신기획평가원, 2021.2.10.
- 정상희, 플랫폼 비즈니스와 메타버스, 글로벌경제신문, https://www.getnews.co.kr/news/, 2021.6.30.
- 정한영, AI 기반 메타버스에서는 누구나 디지털 뮤지션이 될 수 있다!, 인공지능신문, http://www.aitimes.kr, 2021.05.24.
- 조선일보, '42조원 가치, 로블록스...게임만들고 친구와 즐겨', 2022.03.22.
- 주영재, 현실과 독같은 디지털 으윈 아바타의 세계, 메타버스 각광, 주간경향 1417호, https://weekly.khan.co.kr/, 2021.3.08.
- 중앙일보, '아바타끼리 연애하고 회사도 만든다', 메타버스 플랫폼 '제페토'의 미래", 2021.04.03.
- 중앙일보, '세계 최초, 한국 최초의 게임들', 2008.9.23.
- 차종환, 5G만난 디지털트윈, 메타버스 이정표 세우다. 정보통신신문, 2021.3.16.
- 최아름, 메타버스, 일놀이 문화 크게 바꿀 것, 정보통신신문, http://www.koit.co.kr, 2021.04.30.
- 최영일, 5G 빅데이터 트래픽 초고속 전송기술, IITP, 2019.8.7.
- 최창현, 플랫폼이란, 2014.06.
- 최필식, 메타버스와 상화작용 위한 하드웨어의 진화, 2021 KISA Report, 한국인터넷진흥원, 2021.
- 콘텐츠부, 조선일보, https://biz.chosun.com/industry, 2021.5.18.
- 플랫폼전문가그룹(Platform Advisory Group), 플랫폼을 말하다 v 1.5, 클라우드북스, 2013.
- 한상기, 메타버스를 위한 소프트웨어 플랫폼, 2021 KISA Report, 한국인터넷진흥원, 2021.
- 해시넷, http://wiki.hash.kr/
- 현대자동차그룹, VR technology for mobility development, https://www.youtube.com/watch?v=Wdawq_s1Zzg, 2019.12.18.
- Accenture, A responsible future for immersive technologies, https://www.accenture.com/us-en/insights/technology/responsible-immersive-technologies, 2019.5.15.
- Alan JS Han, 3D Audio의 현재와 미래, http://www.alanjshan.com/3d-audio/
- AR MR XR, The Metaverse is coming : Nvidia Omniverse. https://www.youtube.com/watch?v=lcuGpLLeGWM, 2020.10.6.
- Boost VC, Perkins Coie, & XR Association, 2020 augmented and virtual reality survey report. https://www.perkinscoie.com/images/content/2/3/231654/2020-AR-VR-Survey-v3.pdf, 2020.
- Coindesk Korea, "NFT시장 급성장, 커지는 위작 · 저작권 분쟁", 2021.4.1.

- Dean Takahashi, Crucible is creating agents to keep the metaverse open, https://venturebeat.com/2021/01/27/crucible-is-creating-agents-to-keep-the-metaverseopen/, 2021.1.27.
- Dean Takahashi, Tim Sweeney : The open metaverse requires companies to have enlightened self-interest, https://venturebeat.com/2021/01/27/tim-sweeney-the-open-metaverse-requires-companies-to-have-enlightened-self-interest/, 2021.1.27.
- ETRI, AI 디자이너 모델 생성기술개발, 2021.4.1.
- Gartner, Gartner top 10 strategic technology trends for 2019. https://www.gartner.com/smarterwithgartner/gartner-top-10-strategic-technology-trends-for-2019/, 2018.10.15.
- Genies(n.d.), Celebrity avatars. http://avatars.genies.com/celebrity-avatars/
- http://biz.newdaily.co.kr/site/data/html/2021/06/03/2021060300158.html
- https://doooob.tistory.com/231, 두우우부, 블록체인과 메타버스
- https://ko.wikipedia.org/wiki/
- https://luniverse.io/metaverse-and-blockchain/
- https://ty3026.tistory.com/129 케이, 메타버스 그리고 NFT, 새로운 세계가 열린다.
- https://www.ajunews.com/view/20210512155443174
- https://www.sedaily.com/NewsVIew
- ITBear, 증강현실 AR 내비 등장!! U+내비게이션. https://www.youtube.com/watch?v=a7RuuizGnIQ, 2020.8.11.
- James Paul Gee, What video games have to teach us about leaning and literacy. St. Martin's Griffin, 2007.
- Jane McGonigal, Reality is broken : Why games make us better and how they can change the world. Penguin Books, 2011.
- John Smart, Jamis Cascio, & Jerry Paffendorf, Metaverse Roadmap Overview.Acceleration Studies Foundation. http://www.metaverseroadmap.org/overview/, 2007.
- KB금융지주 경영연구소, "블록체인 시장의 다음 메가트렌드, NFT", 2021.03.02.
- Kevin Westcott, Jeff Loucks, Kevin Downs et al. Digital media trends survey, 14th edition. https://www2.deloitte.com/us/en/insights/industry/technology/digital-media-trends-consumption-habits-survey/summary.html, 2020.6.23.
- Lauren Kirchner, AOL settled with unpaid "volunteers" for $15 million. https://archives.cjr.org/the_news_frontier/aol_settled_with_unpaid_volunt.php, 2011.2.10.
- LG CNS, 사람이 눈 앞에 있는데 비대면? 가상융합(XR)이 온다!, https://blog.lgcns.com/2454, 2021.1.5.
- Neal Stephenson, Snow Crash, Bantam Books, 1992.
- North, Snow Crash, Bantam Books, 1992.
- SMTOWN, SM 신인 걸그룹 aespa, 11월 17일 데뷔 확정! 싱글 'Black Mamba' 전격 공개!, https://www.smtown.com/artist/newsDetail/4154, 2020.11.2.
- S-Oil 공식블로그, 현실보다 더한 현실, 디지털트윈, https://story.s-oil.com/, 2021.6.09.
- SPRi, 「비대면 시대의 Game changer, XR」, 2021 ICT 산업전망 Conference, 2020.
- T Times, "1년 만에 유니콘 건너뛰고, 2조 원 회사 된 호핀", 2020.10.22.
- theguru, "애플, VR 장갑 특허 획득…'메타버스' 시대 준비", 2021.01.05.
- Unity(n.d.), What is AR, VR, MR, XR, 360?. https://unity3d.com/what-is-xr-glossary

학습 11

- Unreal Engine, "언리얼 엔진 4 문서 - 디지털휴먼", https://docs.unrealengine.com/ko/Resources/Showcases/DigitalHumans/index.html
- VentureBeat, The Metaverse is coming, https://www.youtube.com/watch?v=rbhC6wokNGc, 2020.4.29.
- VT Staff, The blockchain-based virtual world that can help usher in the metavrse. https://venturebeat.com/2021/02/04/the-blockchain-based-virtual-world-thatcan-help-usher-in-the-metaverse/, 2021.2.4.
- www.care-os.com
- www.gatebox.ai/grande
- www.teamflowhq.com

학습 1	메타버스의 개요
학습 2	메타버스의 혁명
학습 3	메타버스의 융합기술
학습 4	메타버스와 인공지능 기술융합
학습 5	메타버스와 빅데이터 기술융합
학습 6	메타버스와 XR 기술융합
학습 7	메타버스와 디지털트윈 기술융합
학습 8	메타버스와 블록체인 기술융합
학습 9	메타버스와 5G 네트워크 기술융합
학습 10	메타버스와 IoT 기술융합
학습 11	메타버스의 플랫폼
학습 12	**메타버스의 활용**
학습 13	메타버스의 미래와 진화

학습 목표	1. 메타버스의 활용을 이해할 수 있다.

12-1 메타버스의 시장동향

1. 메타버스의 시장

메타버스 시장은 [그림 12-1]처럼 글로벌 기준 2030년 1.5조 달러, GDP의 1.81%에 이를 전망이다.

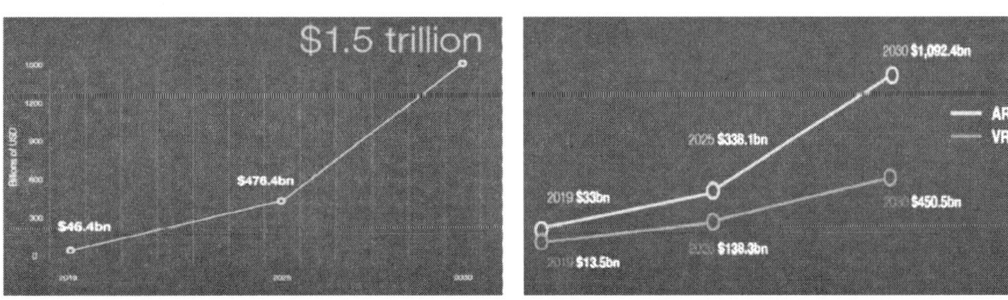

(a) XR 시장전망 (b) VR 및 AR별 시장전망

[그림 12-1] 메타버스 시장 전망(출처 : PWC(2020), "Seeing is Believing")

'27년 8,553억 달러로 성장하며 세계 GDP 1%를 넘어 '30년 1.81%에 도달할 것으로 예상된다. 메타버스의 기술적 근간을 형성하는 XR(eXtended Reality) 시장 기준의 전망치이다. XR은 VR(Virtual Reality), AR(Augmented Reality)를 총칭한다.

증강현실(Augmented Reality) 시장의 성장이 가상현실(Virtual Reality)보다 클 것으로 예측한다.

SK텔레콤이 인공지능(AI), 5세대(5G)를 이용한 '메타버스' 사업에 공을 들이고 있다. 메타버스를 차세대 신기술로 점찍고, 입학식과 채용 설명회 등에 적극 활용하고 있다. 이를 통해 본격적인 '탈통신 기업'으로 거듭난다는 전략으로 풀이된다. '13년부터 자체 증강현실(AR) · 가상현실(VR) 기술 플랫폼인 'T 리얼 플랫폼'을 기반으로 멀티 텍스처 렌더링과 초저지연 실시간 동기화, 아바타 프레임워크 등 다양한 독자기술을 개발해 오고 있다. 지난해에는 AR · VR 관련 총 140여건의 특허를 확보했다.

2. 메타버스의 성장요건

메타버스의 성장요건은 투자, 기술혁신, 생태계 선순환이다.

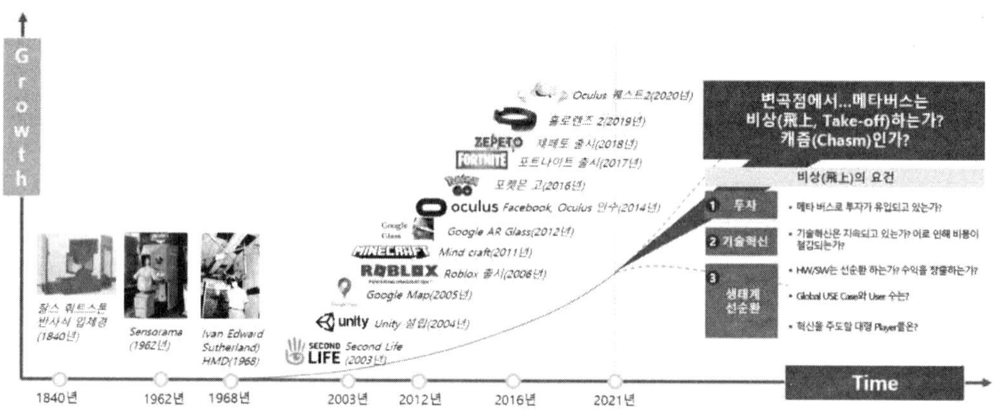

출처 : SPRi

[그림 12-2] 메타버스의 성장요건

1) 새로운 블로오션

실감콘텐츠를 가능하게 하는 5G 가상현실(VR) · 증강현실(AR) 기술이 발전하면서 메타버스가 디지털 세계의 새로운 블로오션으로 주목한다.

VR · AR 등을 구현하는 HMD 디바이스 보급과 활발한 투자가 이루어지고 있는 입체영상, 홀로그램 시장이 메타버스 플랫폼 성장과 인기를 뒷받침한다.

HMD 디바이스 시장은 초기 큰 호응을 얻지 못했으나 최근 페이스북 · 구글 등 불편한 착용감, 디바이스 가격, 킬러콘텐츠 부재 등에 대대적으로 투자하며 성능이 개선되었다.

2) 원격지원 시장 확대

코로나19 사태로 비대면 시대가 급속히 도래하며 모든 기술의 원격지원이라는 시장 니즈를 피할 수 없게 되었으며, 소비자도 원격환경과 각종 비대면 서비스에 익숙해지는 디지털 전환이 가속되고 있다.

영상회의, 원격수업, 원격근무 등 대부분 일상 활동에서 원격 비대면 방식이 빠르게 침투하고 있다.

대중집합이 금지 · 제한되면서 교육 · 의료 · 공연 · 스포츠 산업도 단순 일방 중계를 넘어 메타버스와 같은 상호작용이 가능한 디지털 공간의 활용방안을 모색하기 시작하였다.

3) Z세대 기반 비지니스로 급부상

가상공간에서 또 다른 자아를 형성해 현실세계에서 이루지 못했던 꿈과 목표를 실현해 나갈 수 있다는 점에서 Z세대 사이에서 급부상하고 있다.

Z세대(1990년대 중반에서 2000년대 초반에 태어난 세대)는 어렸을 때부터 게임 · 소셜미디어(SNS) 등 온라인 환경에 노출됐기에 가상세계에 대한 거부감이 크지 않은 것이 특징이다.

주 소비층으로 떠오른 Z세대를 겨냥해 게임 · 유통 · 광고업계는 이들에게 친숙한 가상공간 기반 마케팅과 비즈니스 개발에 활기가 생기고 있다.

3. 국가별 관련 정책방향

1) 한 국

산업혁신과 경제성장의 동력으로서 XR에 주목하는 가운데 관계부처 협력을 통해 기술적, 사회적, 문화적 관점에서 종합적으로 접근하고 있다.

기술 · 사회 분야는 2020년 '가상융합경제 발전 전략'을 수립하고 경제사회 전반의 XR 활용 확산, XR의 고도화와 확산을 위한 핵심 인프라 확충, XR 기업의 글로벌 경쟁력 확보를 추진 방향으로 설정하고 있다.

문화 분야는 문체부는 2019~21년 실감형 콘텐츠 육성 예산을 대폭 늘리고 (261→974→1,355억원) 문화 · 관광 · 체육 분야의 콘텐츠 생산 기반을 마련하고 있다.

2) 범유럽

유럽연합(EU : European Union)은 조직 · 지원과 연구 · 혁신으로 분야를 나누어 유럽의 XR 산업성장을 위한 이니셔티브를 추진하고 있다.

조직 · 지원분야에서는 유럽집행위원회(EC : European Commision)가 2018년 XR4ALL 플랫폼을 구축하고 XR 기술 커뮤니티 조직, XR 기술 및 연구 아젠다 발굴, 혁신 프로젝트 보조, 투자 · 기술이전 지원의 역할을 수행하고 있다.

연구 · 혁신분야는 '19년부터 약 23.4백만 유로를 투자하여 교육, 돌봄, 건강, 건설업, 인더스트리 4.0 등의 분야에 적용될 XR 기술개발에 착수했다.

3) 영 국

영국은 XR 기술 및 콘텐츠를 산업적 · 문화적으로 육성하는 한편 해당 서비스의 잠재적 위험으로부터 이용자를 보호하기 위한 균형을 추구하고 있다.

산업육성 분야는 혁신청(InnovateUK)에서 2018년부터 XR 기술 산업현황을 조사 · 분석해 오는 한편, 창의 클러스터를 통해 관련 콘텐츠 개발을 확산하고 있다.

보호조치 분야는 디지털 · 문화 · 미디어 · 스포츠부에서 2019년 발표한 몰입형 · 중독적 기술에 대한 보고서에서 연령 제한, 확률형 아이템, 허위정보, 규제장치 등에 관한 정부입장 및 향후계획을 추진하고 있다.

4) 미 국

미국은 상무부, 국방부, 보건복지부, 국토안보부 등의 정부부처와 독립기관으로 구성된 NITRD(Networking and Information Research and Development) 프로그램 중심으로 1990년대부터 XR 기술정책을 추진하고 있다.

1990년대의 원천기술 개발지원단계, 2000년대~2010년대 중반까지의 VR기술 확산단계를 지나 현재 AR 시스템 및 AI 융합에 초점을 두고 과학 · 공학 · 교육 분야 혁신을 도모하고 있다.

12-2 메타버스의 주요활용

1. 교육분야 활용

교육분야 활용은 정체성 탐색, 상황학습, 경험확장, 몰입확대, 문제해결, 시스템적 사고 등의 기회를 제공하여 연령대에 따른 발달과업을 수행하고 지식을 효과적으로 확장하는데 사용한다. 교육, 게임, HCI, 인터랙티브 미디어 등의 학문분과에서 메타버스의 교육적 효과를 증명하면서 교육분야에서의 접목을 확대하는 추세이다.

1) 세컨드 라이프 내에 지어진 홀로 코스트 박물관

메타버스를 활용한 대표적 교육사례로, 전쟁 당시 상황에 대한 간접경험의 기회를 제공하고 추모회 등을 통해 공감에 기반한 학습환경을 조성한다.

[그림 12-3] 세컨드 라이프 내에 지어진 홀로 코스트 박물관

2) 메타버스 스튜디오를 활용한 증강현실 교구개발

메타버스 스튜디오는 고메타(GoMeta)가 개발한 증강현실 콘텐츠 개발앱으로 코딩 스킬 없이 위치기반기술을 접목한 게임형 교구를 교사가 직접 제작할 수 있도록 지원한다.

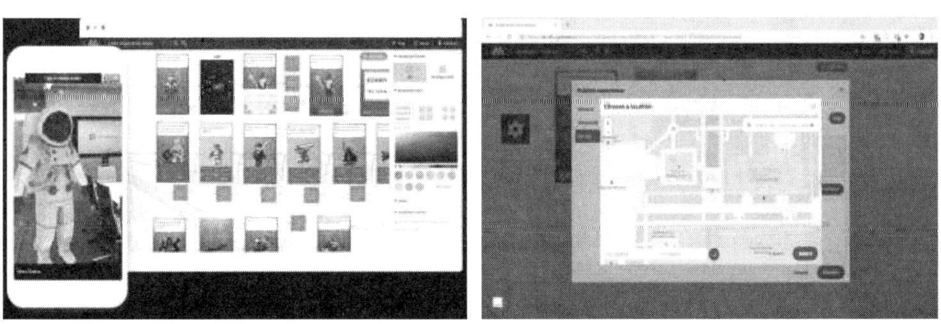

[그림 12-4] 메타버스 스튜디오를 활용한 증강현실 교구개발

학습 12

2. 문화예술분야 활용

문화예술분야 활용은 공간적 · 시간적 제약이 따르는 문화예술분야에서의 관객 유입으로 산업 경쟁력을 높이는 한편 전시 · 공연작과 관객과의 상호작용성 강화를 위해 활용한다. 전시 · 공연 공간을 그대로 디지털 플랫폼상에 제공하는 서비스에서 나아가 상호작용과 시공간성을 확장하는 방식으로 변화한다.

1) 시카고∅∅프로젝트

시카고 역사 박물관에서는 AR/VR 기술을 활용하여 사진, 영화, 청각자료 등의 박물관 전시품들을 그 역사가 담긴 장소에서 재현함으로써 상호작용과 몰입의 경험을 가능케한다.

[그림 12-5] 시카고∅∅프로젝트 사례

2) 포트나이트 콘서트

2019년에는 DJ인 마시멜로와 협업으로 콘서트를 열어 1,100여만명 이상의 이용자가 동시 관람했으며, 2020년에는 래퍼인 스래비스 스캇이 대륙별로 가상의 투어를 개최하여 2,700여만명의 이용자가 관람한다.

[그림 12-6] 포트나이트 콘서트 사례

3. 홍보, 마케팅분야 활용

전통 미디어와 일부 온라인 미디어의 일방향적 소통의 한계를 극복하고 몰입형 광고와 오가닉 마케팅을 위한 기회를 제공한다. 샌드박스형 게임의 경우 낮은 비용으로 인해 기업뿐만 아니라 공공·공익, 문화·예술, 정계 등 다양한 분야에서의 접목도 증가한다.

1) 구찌 X 테니스 클래시, 루이비통 X 리그 오브 레전드

구찌는 테니스 클래시에서 구찌 디자인의 아바타용 테니스복 판매, 루이비통은 리그 오브 레전드에서 선보였던 루이비통 디자인의 스킨을 실제 제품으로 출시한다.

[그림 12-7] 구찌 X 테니스 클래시, 루이비통 X 리그 오브 레전드

2) 모여봐요 동물의 숲에 지어진 조 바이든 대통령 대선캠프

2020년 미국 대선 당시 조 바이든 후보자 선거캠프에서는 게임 내에 가상의 캠프를 마련하고 게임 이용자를 대상으로 선거공약을 알리고 투표를 권유한다.

[그림 12-8] 모여봐요 동물의 숲에 지어진 조 바이든 대통령 대선캠프

4. 엔터테인먼트 분야 활용

엔터테인먼트 업계의 주요 자산인 파워 셀레브리티와 팬 간의 상호작용을 다양화 하는 방식으로 활용한다. 특히 셀레브리티 아바타를 구현하여 팬 개개인에게 특화된 소통기회를 제공하고 기업과의 파트너십을 통해 제품을 판매한다.

1) 지니가 영입한 셀레브리티 아바타

지니(Genies)는 3D 아바타 제작 플랫폼으로 셀레브리티 아바타 에이전시를 운영하며 소셜 미디어 관리, 이벤트 개최, 협찬 브랜드 발굴, 디지털 굿즈 판매 등을 대행한다.

[그림 12-9] 지니가 영입한 셀레브리티 아바타

2) 아바타와 함께 활동하는 걸그룹 에스파

SM엔터테인먼트는 2020년 현실의 아이돌과 가상세계의 아바타가 함께 활동하는 콘셉트의 걸그룹 에스파(Aespa)를 데뷔시켰으며, 실제 인물과 아바타가 서로의 세계를 오가는 스토리텔링을 가진다.

[그림 12-10] 아바타와 함께 활동하는 걸그룹 에스파

5. 일상생활 분야 활용

일상생활 분야의 활용은 요리, 건강관리, 인테리어, 길찾기, 뷰티 등 다양한 일상 분야에서 증강현실 기술을 활용한 서비스가 점진적으로 증가하고 있다. 현재까지는 활용도가 높지 않으나 라이더 스캐너 등 3D 센서, 향상된 AP가 모바일기기에 적용되고 5G가 대중화 되면서 콘텐츠 및 이용이 증가될 것으로 예상된다.

1) 가구배치 앱 이케아 플레이스

이케아는 2017년 이케아 제품을 실제 비율과 동일하게 3D로 구현하여 주변 공간에 가구를 배치해 볼 수 있는 증강현실 앱을 출시했다.

[그림 12-11] 가구배치 앱 이케아 플레이스

2) U+카카오내비 증강현실 길안내

5G 사용이 가능한 일부 스마트폰에서 카카오내비의 증강현실 길 안내 기능을 제공한다.

[그림 12-12] U+카카오내비 증강현실 길안내

6. 생산 · 제조분야 활용

생산 · 제조분야의 활용은 XR4 기술을 사용하여 생산공정의 효율성 및 정확도 증진, 직원훈련, 원격보수, 업무공유 등에 활용하여 생산 · 제조의 혁신을 도모한다.

GE(General Eletronics), BMW, 월마트, DHL 등 세계적 제조 · 유통 · 물류 기업에서 XR 기술을 업무에 도입하여 그 효과성을 입증하면서 적용사례가 증가될 전망이다.

1) 삼성중공업의 VR 교육시스템

삼성중공업은 실습 기회 확보가 어렵고 실습의 효과도 낮은 선박도장업무에 가상현실 교육훈련 시스템을 도입하고, 도장작업 기능인력 육성을 위한 시간 및 비용을 절감하고 있다.

[그림 12-13] 삼성중공업의 VR 교육시스템

2) 현대자동차의 버츄얼 프로세스

현대자동차는 디자인 스케치 → 3D 모델링 → 디자인 품평 → 디자인 적합성 및 설계구조 검증 → 부품 거동 검증 등 자동차 생산 전공정에 VR 기술을 적용한 버츄얼 프로세스를 도입하였다.

[그림 12-14] 현대자동차의 버츄얼 프로세스

수행 내용

재료 · 자료

• 메타버스 관련 자료

기기(장비 · 공구)

• 컴퓨터, 문서작성 프로그램, 프린터, 주변기기

안전 · 유의사항

• 메타버스 관련 장비의 안전 및 유의사항을 숙지한다.

수행 순서

01 기업들의 새로운 비즈니스 공간이 된 메타버스 활용에 대하여 분석하라.

1. 기업의 비즈니스 영역 활용사례

최근 메타버스의 영역이 마케팅, 콘서트, 의료, 교육 등 전 산업으로 빠르게 확장되고 있다. 가장 많은 사례는 엔터테인먼트 업계에서 찾아볼 수 있다.

특히 오프라인 공연과 이벤트의 대체재로서 메타버스를 적극 활용하고 있다. 게임 '포트나이트(Fortnite)'에서 개최된 래퍼 '트래비스 스캇'의 공연은 2,770만 관객이 관람하면서 약 200억 원의 수익을 올렸다. 이는 오프라인에서 공연할 때보다 높은 수익이다.

또한 파워 셀러브리티와 팬 간 상호작용을 다양화하는 방식으로도 활용되고 있다. 예를 들면 엔씨소프트는 지난 1월 출시한 K팝 커뮤니티 플랫폼 '유니버스(UNIVERSE)'를 통해 가상공간 안에서 팬들과 스타의 소통을 가능하게 했다. 이는 인공지능(AI)과 모션캡처 기술 등을 적용한 것으로, 실제 스타의 목소리를 딥러닝한 AI가 팬이 원하는 시간에 모닝콜을 해주거나 스타와 팬이 직접 통화하는 것처럼 팬의 안부를 물어보는 '프라이빗 콜' 서비스를 선보였다.

다양한 이벤트도 메타버스 안에서 개최되고 있다. UC버클리는 코로나19로 졸업식을 취소하는 대신 가상세계를 배경으로 한 게임인 '마인크래프트'에 캠퍼스를 열고 졸업식을 진행했다.

국내에서는 청와대가 마인크래프트에 어린이들을 초청해 2020년 어린이날 행사를 개최하기도 했다.

2. 새로운 비즈니스 공간으로 메타버스 활용

기업들은 메타버스를 새로운 기회로 인식하면서 메타버스 경쟁력 확보에 주력하고 산업혁신 방안을 모색하고 있다.

1) 오큘러스 퀘스트 활용

그간 가상현실(VR) 기술에 공격적으로 투자해온 페이스북은 '오큘러스 퀘스트(Oculus Quest)'를 활용한 새로운 업무수행 방식을 제시하고 있다.

오큘러스 퀘스트를 착용하고 언제 어디서나 가상의 업무공간에 접속할 수 있는 인피니트 오피스가 그것이다.

실제 모니터 대신 입체 스크린을 활용하고, 마우스 대신 손가락을 이용해 입체 스크린을 조절할 수 있다. 가상공간 속 사무실에서 다른 직원들과 협업도 가능해 생산성을 효율적으로 끌어올릴 수 있다.

2) 입체 시각화 툴인 홀로룸 활용

기업들은 메타버스를 통해 고객과 소통하고 고객경험을 향상시키기 위해 노력하고 있다.

집과 관련된 모든 제품군을 판매하는 미국기업 로스(Lowe's)는 고객이 인테리어 공사나 가구구입 등 중요한 구매결정을 할 때 느끼는 불확실성에 주목하고 입체 시각화 툴 '홀로룸(Holoroom)'을 선보였다.

이를 통해 소비자는 로스의 다양한 제품을 가상공간에서 사용해보고 배치해보고 바꿔보면서 보다 편하게 구매를 결정할 수 있게 되었다.

예를 들면 구입 전에 홀로룸에서 기기를 사용해본다거나 부엌 조리대 상판을 여러 색상으로 바꾸고 가구 배치를 변경해보는 것이다. 이렇게 메타버스에서 꾸민 공간은 저장하고 비교해볼 수도 있다.

3) 모바일 테니스 게임인 테니스 클래시 활용

고객과의 소통 측면에서 메타버스는 전통 미디어와 일부 온라인 미디어의 일방적 소통의 한계를 극복하고 몰입형 광고와 오가닉 마케팅을 위한 기회를 제공한다.

[그림 12-15] 제페토와 구찌 협업

예를 들어 구찌는 모바일 테니스 게임인 '테니스 클래시'에서 구찌 디자인의 아바타용 테니스복을 판매했고, 게임 속 아이템들을 실제 구찌 웹사이트에서도 판매했다. 루이비통은 '리그 오브 레전드(LoL)'에서 선보인 루이비통 디자인의 스킨을 실제 제품으로 출시했다.

루이비통과 LoL의 로고를 결합해 제작한 의류, 신발, 가방, 액세서리 등 총 47종의 한정판 아이템은 출시된 지 한 시간도 지나지 않아 매진된 바 있다.

이렇게 메타버스 플랫폼을 활용한 홍보, 마케팅 사례는 빠르게 증가하고 있다.

4) 버추얼 싱가포르 활용

공공부문에서도 활용사례가 증가하고 있다. 싱가포르는 국토부와 국립연구재단 등이 주도하는 '버추얼 싱가포르(Virtual Singapore)'를 통해 다양한 국가정책 이슈를 시뮬레이션 결과로 예측하고, 이를 정책수립에 활용하고 있다.

예를 들면 공기흐름을 분석하고 건물 대피 시뮬레이션을 해보는 것이다. 또한 도시 각 지역, 각 건물에 비치는 일조량 파악과 건물옥상에 태양광 발전시설을 설치할 경우의 발전량도 예측할 수 있다.

02 메타버스를 활용한 신산업 창출에 대하여 분석하라.

1. 가상공간의 초기단계(다양한 플랫폼과 디바이스 출현)

이렇게 전 산업에 영향을 미치고 있는 메타버스의 실제적인 구현은 플랫폼과 디바이스가 크게 좌우한다. 현재의 메타버스는 3D 아바타를 통한 오픈월드에서의 상호작용이 주를 이루고 있으며, 몰입형 시각화 기술인 VR, 증강현실(AR), 홀로그램 등이 도입되고 있는 '가상공간' 구축의 초기단계라고 할 수 있다.

현실과 구분이 어려운 수준의 가상공간으로 메타버스가 점차 진화하면서 이에 따른 다양한 플랫폼과 디바이스가 출현하게 될 것이다.

2. 가상세계와 협업단계(전 산업의 확대)

지난해 10월 엔비디아는 실제와 같은 가상세계를 협업으로 쉽고 빠르게 구현하는 '옴니버스(Omniverse)'를 발표하면서 전 산업의 활용 가능성을 시사했다. 옴니버스는 최초 모델링부터 최종 렌더링까지 모든 3D 시각화 프로세스를 클라우드에서 실시간으로 작업할 수 있도록 만들어진 개발자 친화적인 플랫폼인데, 최근에는 영화제작에도 활용되고 있다.

실제로 메타버스를 제작하고 구현하는 플랫폼의 활용영역은 게임을 넘어 전 산업으로 확대 중이다.

가상게임 제작의 플랫폼으로 높은 점유율을 차지하고 있는 '유니티(Unity)'는 최근 건설, 엔지니어링, 자동차 설계, 자율주행 등 타산업으로 영역을 확장중이다. 지난해 존 리치텔로 유니티 CEO는 50만명 이상의 학생이 유니티를 통해 3차원 입체세계를 구성해내는 작업을 공부하고 있고, 수년 안에 100만 명을 돌파할 것이며, 모바일앱 개발자가 세계 1,200만명 정도로 커진 것처럼 3차원 가상세계를 만드는 수많은 개발자 생태계가 형성될 것이라고 언급한 바 있다.

현재 메타버스 시장의 규모를 전망할 때 많은 연구기관들이 AR 또는 VR 시장규모나 이를 총칭하는 확장현실(XR : eXtended Reality) 시장을 언급하고 있다. 메타버스로의 몰입에 가장 큰 영향을 미치는 것이 VR · AR 기기이기도 하고, XR이 메타버스의 기술적 근간을 형성하기 때문이다.

글로벌 컨설팅 기관 PwC는 2020년 'Seeing is believing'이라는 보고서를 통해 메타버스 시장이 글로벌 기준 2030년 1.5조 달러에 이르고 GDP의 1.81%를 차지할 것이라고 전망하였다. 특히 AR 시장은 2030년 1조 924억 달러로 VR 시장의 2030년 전망치 4,505억 달러보다 클 것으로 예측하였다.

현재 VR은 이미 오큘러스가 선점했다고 해도 과언이 아니다. 오큘러스의 경우 AR에 비해 구현 난이도가 낮은 VR 시장을 빠르게 공략하여 성능 고도화와 동시에 단말 가격을 계속 낮춰가면서 엔터테인먼트 중심의 니치마켓 형성에 성공하였다. AR 기기의 경우 이제 초기시장을 형성해가고 있다.

차세대 메타버스 구축에는 현실세계의 데이터를 수집할 수 있는 AR 단말이 유리하다. 이에 페이스북, MS, 애플, 구글 등 글로벌 테크 기업들이 AR 글라스 개발에 대거 착수하고 있다.

3. 새로운 비즈니스 모델 등장

새로운 비즈니스 모델도 속속 등장하고 있다. 기존 가상공간에서의 게임 플랫폼과 메타버스 플랫폼의 가장 큰 차이는 유저가 자신의 아이디어로 가상자산을 만들어 수익을 창출하고 다른 유저들과 다양한 사회문화적 교류를 형성한다는 것이다. 예를 들어 가상세계 플랫폼 로블록스에서는 로블록스가 무료로 제공하는 개발도구를 이용해 쉽게 게임을 만들어 옷, 무기 같은 아이템을 팔아 수익을 거둘 수 있다. 이렇게 판매가 가능한 가상아이템의 종류는 무궁무진하다.

지난해 방탄소년단(BTS)이 '다이너마이트'의 안무를 포트나이트에서 처음 공개했는데, BTS의 안무를 구입하여 자신의 아바타가 BTS와 함께 춤을 출 수 있도록 설정할 수 있었다. 전세계 메타버스 플랫폼 가입자가 급속하게 증가하면서 플랫폼의 경쟁력은 높아지고 사람들이 많아지자 광고, 가상자산, 콘텐츠 등 여러 수익모델이 창출되고 있으며, 메타버스 플랫폼 안에 적극적으로 이용자들이 가상세계를 확장하고 설계할 수 있도록 장려하면서 플랫폼은 더욱더 진화하는 선순환 구조가 형성되고 있다.

신한카드는 신성장 동력을 확보하고자 가상현실을 활용한 비즈니스 플랫폼을 구축하고 있다. 맞춤형 마케팅을 통해 최적의 상품 서비스를 제공하는 신한카드의 메타버스 비즈니스 전략이 주목받고 있다.

[그림 12-14]처럼 현대자동차는 메타버스 플랫폼 네이버제트(NAVER Z)의 '제페토' 속 가상공간에서 쏘나타 N 라인을 시승할 수 있다.

현대자동차는 업계 최초로 메타버스 플랫폼에서 자사 차량을 구현해 시승경험을 제공하는 회사가 됐다. 제페토 이용자들은 맵 속 인기공간인 다운타운과 드라이빙 존에서 쏘나타 N 라인을 시승할 수 있다.

학습 12

[그림 12-16] 현대자동차 메타버스 플랫폼에서 자사 차량을 구현, 시승경험

현대자동차는 또한 자신의 아바타를 이용해 영상과 이미지를 제작할 수 있는 제페토의 비디오 및 포토 부스에서 쏘나타를 활용할 수 있게 해 MZ세대만의 자동차 콘텐츠 생산과 그로 인한 마케팅 효과를 기대하고 있다.

현대자동차는 우수한 상품성을 갖춘 쏘나타를 매개체로, MZ세대가 주된 사용자인 가상세계 플랫폼까지 고객경험을 확장할 것이다.

향후 차종을 확대해 다양한 글로벌 플랫폼에 지속적으로 차량을 구현하고, 신기술을 선도하는 브랜드 이미지를 구축해 나갈 것이다.

4. 새로운 직업군 등장

수익 모델뿐만 아니라 메타버스 관련 새로운 직업군도 탄생하고 있다. 메타버스에서 소비되는 각종 재화, 아이템을 설계하고 제작하는 것이다.

예를 들면 제페토에서는 각종 의류, 아이템을 사용자가 자유롭게 제작해 마켓에서 거래할 수 있다. 메타버스 안에서 사용자를 상대하는 대상이 디지털휴먼만 있는 것은 아니다. 사람이 직접 조종하는 아바타들도 필요하며 이와 관련된 일자리는 지속적으로 증가할 것이다.

최근 블록체인 메타버스 플랫폼 '디센트럴랜드'는 코인데스크를 통해 메타버스 내 카지노에서 일할 직원을 채용한다고 밝혔다. 메타버스에서 아바타로 근무하고, 업무는 이더리움 블록체인상에 기록되며, 급여는 가상자산으로 지급받는 방식이다. 실제로 최근 디센트럴랜드 카지노에 풀타임 매니저가 채용되었고, 메타버스 내에서 일정관리, 실적관리 등 현실에서 카지노 매니저가 감독하는 일을 하고 있다.

03 메타버스 금융시장 활용의 도입 용이성과 효과성에 대하여 분석하라.

증강현실(AR : Augmented Reality)과 가상현실(VR : Virtual Reality) 등으로 구현 가능한 모든 가상현실을 의미하는 메타버스(Metaverse)의 급속한 성장이 예상되고 있는 가운데, 국내외 금융사들도 메타버스 금융시장 선도를 위한 서비스 개발에 박차를 가하고 있다.

1. 금융중심형 활용

국내외 선도 금융사 역시 업무영역에 메타버스 기술을 도입하는 추세다.

Citi은행은 트레이더 전용 AR 분석기를 개발해 금융자료분석 및 원격 의사소통에 활용 중이며, Common Bank와 HSBC는 상품소개 및 고객상담용 메타버스 서비스를 개발했다.

현재까지 메타버스 금융서비스는 AR · VR 기술을 기존의 금융서비스와 연계해 기존 서비스를 보완하는 '금융중심형'이 주류를 이루고 있다.

2. 가상경제 플랫폼 도입 활용

최근에는 단순 AR · VR 도입을 넘어 가상화폐와 가상자산을 중심으로 구성되는 경제 시스템인 가상경제 플랫폼이 부상하고 있는 추세다.

가상경제의 성장으로 메타버스 플랫폼 업체 등 비금융기업과 금융기업 간 연계서비스가 본격화될 것으로 보고 있다.

가상경제 플랫폼에서의 금융상품 연계, 유통업과의 제휴를 통한 O2O(Online - to-Offline) 금융 등이 가능해지면서 금융업의 새로운 시장진출 및 신규고객 확보가 가능해질 것이라는 전망이다.

3. 주요 메타버스 펀드 ETF 투자

국내 자산운용사들이 미국보다 한 발 앞서 메타버스(Metaverse)에 투자하는 펀드를 선보이며 관련 시장을 선도하고 있다. KB자산운용이 업계 최초로 메타버스 펀드를 출시한 데 이어 삼성자산운용도 메타버스 펀드를 내놨다. 금융상품을 통해 메타버스에 투자할 수 있는 길이 국내에서 가장 먼저 열린 셈이다.

글로벌 컨설팅 기업 PwC는 2019년 50조원이던 메타버스 경제가 2025년에는 540조원, 2030년에는 1700조원 규모로 성장할 것으로 예상했다.

〈표 12-1〉처럼 삼성자산운용은 메타버스와 관련한 글로벌 기업에 투자하는 '삼성글로벌메타버스' 펀드를 출시한다. 삼성글로벌메타버스 펀드는 2개의 집중투자 그룹과 6개의 테마로테이션 그룹으로 나누어 운용한다.

〈표 12-1〉 주요 메타버스 펀드 운영

회 사	상 품	특 징	패표종목
삼성자산운용	글로벌 메타버스펀드	메타버스 8대 산업에 집중투자테마로테이션 방식으로 투자	페이스북, 페이팔, 로블록스, 네이버
KB자산운용	메타버스경제 펀드	메타버스 하드웨어, 소프트웨어, 플랫폼 기업에 투자	애플, 마이크로소프트, 앤비디아, 유니티
미래에셋 글로벌엑스	Video Games & Esports ETF	게임산업에 집중 투자	앤비디아, 액티비젼블리자드, 일렉트로닉이츠, 넷이즈
아크인베스트	Next Generation Internet ETF	차세데 인터넷 산업에 집중투자	테슬라, 쇼피파이, 드윗터, 로블록스

집중투자 그룹은 클라우드 컴퓨팅과 가상현실(VR) 관련 기업에 투자한다.

테마로테이션 그룹은 관심도와 모멘텀에 따라 리스크 관리 및 수익률을 극대화할 수 있는 주제로 모빌리티, 온라인 게임, 온라인 페이먼트, 온라인 플랫폼, 3D 디자인 툴 등이 포함된다.

삼성자산운용은 자체 개발한 빅데이터 분석시스템을 사용하여 메타버스 테마 유니버스를 구성한 뒤 관심도와 모멘텀을 결합한 전략을 통해 초과수익을 추구한다.

메타버스가 코로나19 팬데믹 이후 언택트 시대를 주도할 메가트렌드로 자리 잡고 있지만 메타버스를 테마로 한 펀드나 상장지수펀드(ETF) 상품은 미국에서도 아직 찾기 어렵다. 글로벌 게임 개발 · e스포츠 등에 투자하는 'Global X Video Games & Esports ETF(HERO)'나 정보기술(IT) · 모바일 기술에 투자하는 'ARK Next Generation Internet

ETF(ARKW)' 등이 그나마 근접하지만 메타버스 대표 종목 비중은 미미한 수준이다.

이런 상황에서 메타버스에 투자하고자 하는 수요에 한국 운용사들이 미국보다 발 빠르게 반응한 것이다.

KB메타버스경제 펀드는 출시 이후 투자자들에게 큰 관심을 받고 있다. 개인투자자들 입장에서 빠르게 진화하는 메타버스 경제 수혜주를 선별해 투자하는 것은 쉽지 않은 일이다.

KB메타버스경제 펀드는 가상현실 및 증강현실(AR) 기기 등을 제조하는 페이스북 · 애플 · 마이크로소프트 등 하드웨어 기업과 오토데스크 · 엔비디아 · 유니티소프트웨어 등 가상공간을 구현하는 소프트웨어 기업, 로블록스 · 네이버 · 하이브 등 플랫폼 및 콘텐츠 기업 등에 투자한다.

메타버스 투자에 대한 관심은 해외주식 투자실적을 통해서도 드러난다.

한국예탁결제원에 따르면 올해 들어 서학개미들이 가장 많이 순매수한 종목 5위와 14위에 유니티소프트웨어와 로블록스가 자리 잡고 있다. 유니티소프트웨어 순매수 규모는 3억3300만달러, 로블록스는 1억 6300만달러에 이른다.

KB자산운용은 빅테크 기업을 제외하면 메타버스의 장기적 성장을 견인할 수 있는 기업이 적다. 애플, 페이스북 등 빅테크 기업 비중은 40% 안팎으로 제한하는 대신 로블록스와 같은 메타버스 대표 종목 비중을 차츰 늘려나갈 것이다.

04 메타버스가 불러올 디스플레이 변화에 대하여 분석하라.

1. 빅테크 업체가 주도할 마이크로 디스플레이 시장

메타버스를 현실과 이어주기 위한 AR/VR 기기의 역할 또한 더욱 중요해질 것이다. 특히 기존 평면 디스플레이의 한계를 뛰어 넘어 3D 세계를 제대로 구현하기 위한 마이크로디스플레이 기술들이 개발되고 있다. 대부분의 AR/VR 기기는 시각 정보전달에 초점을 맞추기 때문에 안경 등의 기기에 1인치 이하의 마이크로디스플레이를 탑재하여 영상을 구현해야 한다.

〈표 12-1〉처럼 대표적인 마이크로디스플레이 기술로는 High Temperature Poly Silicon Liquid Crystal Display(HTPS LCD), Liquid Crystal on Silicon(LCoS), Digital Micromirror Device(DMD), OLED on Silicon(OLEDoS) 등이 있으며, 최근

각광받고 있는 기술은 OLEDoS 마이크로디스플레이로, 빠른 응답속도와 고화질 등의 장점을 보유하고 있다.

〈표 12-2〉 마이크로디스플레이 종류 및 특징

종 류	성숙도	화 질	전력 효율	최대 밝기	부피 및 무게	응답속도
HTPS LCD	High	Low~Med	Med	High	Med	Low
LCoS / DMD	High	Low~Med	Low	Very High	Low	Med
OLEDoS	Med~High	High	High	Med-High	High	High

최근 언론 보도 등에 따르면 Apple 또한 TSMC와 협력하여 OLEDoS 마이크로디스플레이를 개발 중에 있다. Apple은 해당 기술을 AR/MR 안경, 헤드셋 등에 적용할 계획이며, 오는 6월 열리는 애플 세계 개발자 컨퍼런스(WWDC)에서 OLEDoS 마이크로디스플레이 기술을 적용한 MR 헤드셋을 공개한 후 2022년 공식 출시될 것으로 전망된다. 해당 제품은 8K 해상도를 지원하고 15개의 카메라 모듈이 적용될 예정이다.

또한 Apple뿐 아니라 Facebook, Microsoft 등 빅테크 업체들을 중심으로 메타버스 및 그와 관련된 헤드셋, 글라스 등의 하드웨어 개발이 활발하게 추진되고 있다. DSCC에 따르면 AR/VR 헤드셋용 디스플레이 매출액은 2020년 $347M(약 4,000억원)에서 2026년 $4,211M(약 4조 7,000억원) 규모로 확대될 전망이다.

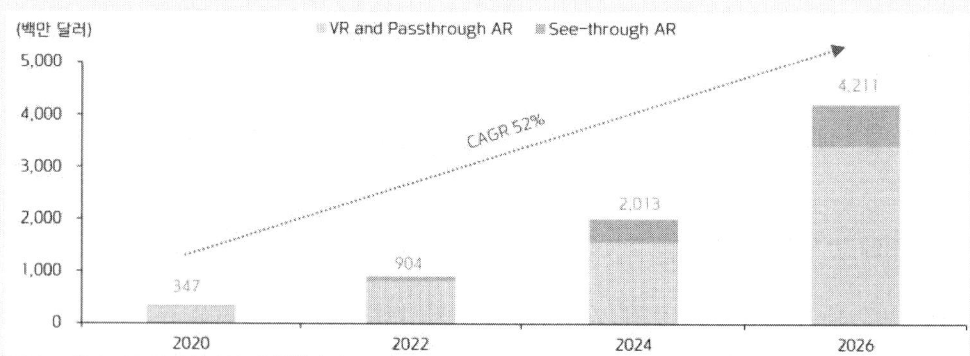

[그림 12-17] AR/VR 헤드셋용 디스플레이 매출액 추이 및 전망

2. OLEDoS 마이크로디스플레이, OLED와 실리콘 웨이퍼 결합

OLED 패널은 OLED 소재를 유리 기판인 TFT(Thin Film Transistor) 백플레인에 증착(evaporation)하여 생산한다. 그러나 Apple이 TSMC와 개발 진행중인 것으로 알려진 OLEDoS 기술은 OLED 소재를 유리기반의 TFT 백플레인이 아닌 실리콘(Si) 웨이

퍼에 증착하기 때문에 'OLED on Silicon'을 줄여 OLEDoS 기술이라 칭한다. 이를 '마이크로디스플레이'와 'OLEDoS'를 합쳐 'Micro OLED'라고 부르기도 한다. 2011년 Sony가 White OLED(WOLED) + R,G,B 컬러필터를 적용한 OLEDoS 마이크로디스플레이를 발표했으며 BOE, Olightek, Kopin, eMagin, Microoled 등의 다양한 업체들이 해당 기술의 개발과 생산을 추진중에 있다. LG디스플레이 또한 2020년 SID를 통해 0.42인치 크기와 3,500 ppi(pixel per inch)를 가진 OLEDoS 마이크로디스플레이를 공개한 바 있다.

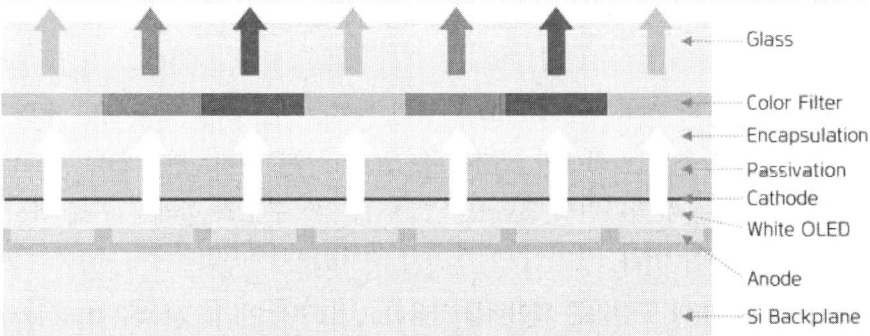

[그림 12-18] OLEDoS 마이크로디스플레이 구조

	0.23 type		0.39 type		0.5 type		0.7 type	
	ECX336B	ECX336C	ECX334A	ECX334C	ECX337A	ECX339A	ECX335B	ECX335S
Appearance								
Resolution	nHD+ 640 × RGB × 400	nHD+ 640 × RGB × 400	XGA 1024 × RGB × 768	XGA 1024 × RGB × 768	Quad VGA 1280 × RGB × 960	UXGA 1600 × RGB × 1200	Full-HD 1920 × RGB × 1080	Full-HD 1920 × RGB × 1080
Max. Luminance	1,600cd/m²	3,000cd/m²	500cd/m²	1,000cd/m²	1,000cd/m²	1,000cd/m²	500cd/m²	3,000cd/m²
Contrast	100,000:1	100,000:1	100,000:1	100,000:1	100,000:1	100,000:1	100,000:1	100,000:1
Video I/F	RGB 24bit YCbCr24/16bit	RGB 24bit YCbCr24/16bit	RGB 24bit YCbCr 16bit	Sub-LVDS LVDS	Sub-LVDS LVDS	Sub-LVDS LVDS	Mini-LVDS LVDS	Mini-LVDS LVDS
Power Supply	1.8V (logic) 10V (analog)	1.8V (logic) 10V (analog)	1.8V (logic) 10V (analog)	1.8V (logic) 10V (analog)	1.8V (logic) 10V (analog)	1.8V (logic) ±5V (analog)	1.8V (logic) 10V (analog)	1.8V (logic) 10V (analog)
Mass Production	Available	Available	Available	Available	Available	Available	Available	Available

[그림 12-19] Sony의 OLEDoS 마이크로디스플레이 제품

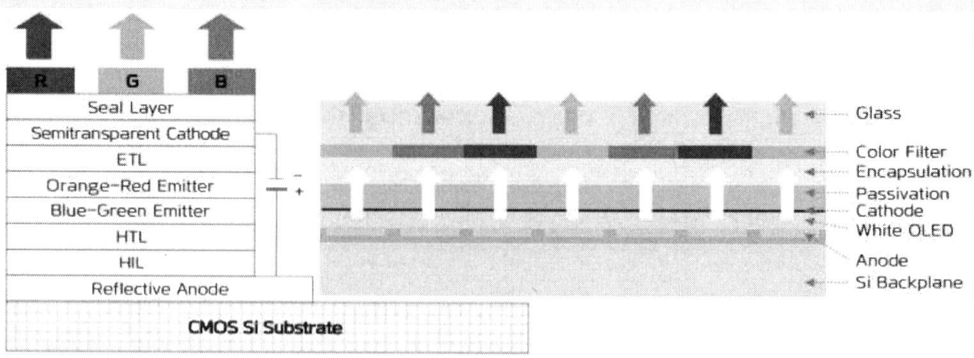

[그림 12-20] OLEDoS 마이크로디스플레이의 구조

스마트폰이나 TV에 사용되는 OLED 패널의 픽셀크기는 20~300μm인 반면, 마이크로 디스플레이에 사용되는 픽셀의 크기는 4~20μm 수준이다. 현재 OLED 스마트폰과 TV 패널에 적용하는 유리기판의 Oxide/LTPS TFT는 구조적 한계로 인해 픽셀의 크기를 줄이는 데 제한이 있다.

그러나 유리기판이 아닌 실리콘 웨이퍼를 사용하고, TFT가 아닌 CMOS(Complementary Metal-oxide Semiconductor) 기술을 적용하면 기존 TFT 보다 훨씬 미세한 패턴 공정이 가능하여 마이크로 디스플레이처럼 작은 픽셀을 집적할 수 있다.

간단히 설명하면 OLED 소재를 반도체 미세공정에 접목하여 만든 기술이 'OLEDoS 마이크로 디스플레이'라고 할 수 있다.

OLEDoS 마이크로디스플레이는 스마트폰 OLED 패널에 적용되는 것과 같이 Top Emission 발광 (상부 발광형)구조이나, 스마트폰 OLED 패널에 적용 중인 R,G,B OLED 발광층 구조는 적용되지 않고 있다.

현재 OLEDoS의 구조는 OLED TV에 적용되고 있는 'WOLED 발광층 + 컬러필터' 구조를 가지고 있다. LG디스플레이의 OLED TV 패널과 동일하게 WOLED 발광층을 통해 흰색 빛이 나오면 컬러필터를 통과하여 R, G, B를 구현한다. OLEDoS 마이크로디스플레이에도 R,G,B OLED 발광층 구조를 적용하면 휘도와 화소를 더욱 개선시킬 수 있으나, 마이크로디스플레이의 작은 화소 크기로 인하여 R,G,B OLED 소재를 증착할 때 필요한 FMM(Fine Metal Mask)을 사용할 수 없다.

FMM의 홀 크기가 마이크로디스플레이의 화소 크기 보다 크기 때문이다. 이로 인해 FMM이 아닌 오픈 마스크 증착 방식을 사용하는 WOLED 발광층 구조가 적용되고 있다.

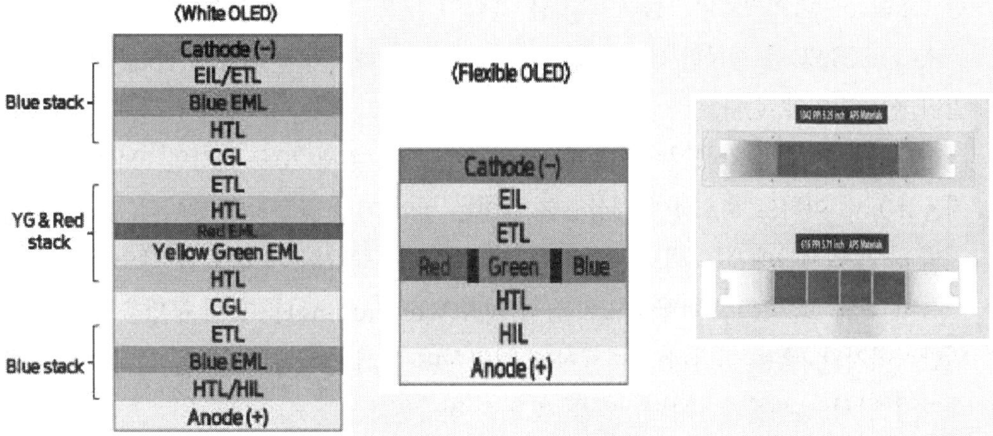

(a) WOLED TV 패널의 발광층 구조　　(b) R,G,B 발광층 구조　　(c) FMM Stick

[그림 12-21] WOLED TV 패널의 발광층 구조 vs R.G.B 발광층 구조

3. RGB OLEDoS, FMM의 발전과 함께 결국 가야할 길

사용자들이 AR/VR/XR 기기를 더 편리하게 사용하기 위해서는 기기가 사용자의 움직임을 더 빠르게 인식하고, 최대한 사람의 눈과 유사한 스펙을 가지고 있어야 어지러움 등의 문제점을 개선시킬 수 있다.

기기에 탑재된 디스플레이의 해상도(ppi)를 우선적으로 높여야 이미지를 이질감 없이 선명하게 볼 수 있고, 화면주사율(Hz)을 높일수록 응답시간을 줄이므로 화면 움직임이 부드러워 어지러움이 없다.

사람의 눈이 최대 2,183ppi, 60ppd(pixel per degree)까지 인식할 수 있는 것을 고려하면 1,000 니트의 휘도, 2,000ppi, 50 이상의 ppd까지 발전하여야 한다.

현재 OLEDoS 마이크로디스플레이에 적용되고 있는 WOLED 방식은 600ppi 수준으로 발광층은 OLED를 사용하지만, 색은 LCD와 동일한 컬러필터 방식을 구현하고 있기 때문에 휘도와 화소에 한계가 있다. 특히 WOLED 발광층을 통해 나온 빛이 컬러필터를 통과하면 휘도 손실이 크기 때문에 휘도를 높이기가 어렵다는 문제점이 있다.

WOLED 방식이 아닌 기존 중소형 OLED 패널에 적용되고 있는 R,G,B OLED 방식으로 패터닝 하면 휘도를 약 세 배 높일 수 있다. 실제로 미국의 마이크로디스플레이 업체인 eMagin은 컬러 필터가 없는 R,G,B OLED 발광층을 증착하여 휘도와 발광효율을 크게 증가시킨 OLEDoS 기술을 구현한 바 있으며, OLEDoS 기술개발에 적극적인 BOE 또한 R,G,B OLED 방식을 구현하고자 노력하고 있다.

메타버스의 발전과 함께 향후 WOLED가 아닌 R,G,B OLED를 증착하는 방식을 적용한 OLEDoS 마이크로디스플레이 기술 개발이 더욱 가속화될 것이다.

R,G,B OLED를 증착한 OLEDoS 마이크로디스플레이가 발전하기 위해서는 FMM 개발이 선행되어야 한다.

현재 AR 기기의 해상도는 최대 600ppi 수준으로, 현재 20㎛ 이상인 FMM의 구멍 크기를 10μm 이하로 축소하여 해상도를 높이는 것이 가장 급선무일 것이다. FMM 개발을 진행 중인 업체들에게는 새로운 시장이 열리게 되는 중요한 기회가 될 것으로 판단된다.

특히 현재 FMM은 화학약품으로 습식 식각(Wet Etching)을 통해 구멍을 뚫는 방식이 일반적이지만, 홀을 하나하나 미세하게 가공하여 고해 상도용 FMM을 생산하기 용이한 레이저 방식도 새롭게 주목을 받을 것으로 전망한다.

WOLED 기반의 OLEDoS 마이크로디스플레이 양산라인을 이미 셋업 중인 BOE 또한 R,G,B OLEDoS 마이크로디스플레이를 개발하고 있는 것으로 파악되며, 관련 FMM이나 OLEDoS 증착용 장비를 개발 및 생산 중인 업체들에 주목할 필요가 있다.

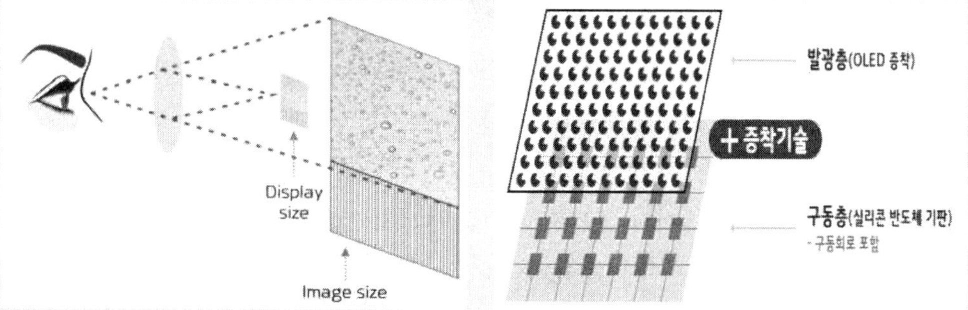

(a) 사람 눈과 비슷한 스펙의 마이크로디스플레이 (b) OLEDoS 기본 구조

[그림 12-22] 마이크로디스플레이와 OLEDoS의 기본 구조

학습활동.12 교수 · 학습 방법

교수 방법

- 메타버스의 활용에 대한 관련 용어, 구성, 방식 이해 정도를 파악한 후 수업을 진행한다.
- 교수자의 주도로 메타버스의 활용 등의 내용을 PPT 자료로 제시한 후 설명한다.
- 가능하면 사전에 개인별 학습 자료를 준비하여 모든 학생이 참여할 수 있는 문제 해결식 수업, 협력 수업이 가능하도록 한다.
- 메타버스의 활용 전 과정을 작업의 순서에 따라 단계적으로 실습이 이루어질 수 있도록 지도한다.
- 교재를 통해 수업을 준비하는데 있어서 필요한 모든 정보나 팁, 힌트 등 도움이 될 만한 내용들을 확인할 수 있다.
- 학생들이 만들게 될 각 모델들은 수업시간에 중점적으로 다뤄질 부분과 어휘, 질문, 답을 포함하고 있으며 또한 탐구할만한 추가적인 아이디어들도 포함하고 있다.

학습 방법

- 메타버스 활용에 대한 관련 용어를 숙지하고, 메타버스의 활용에 대해 이해한다.
- 메타버스 활용의 각 단계별 중점 사항을 체계적으로 학습한다.
- 메타버스 활용의 수행순서의 전 과정을 실습한다.
- 메타버스 활용의 내용을 이해한다.
- 메타버스의 활용을 이해하고 숙달이 될 때까지 학습한다.

학습활동.12 평가 및 피드백

평가 준거

- 평가자는 피평가자가 수행 준거 및 평가 내용에 제시되어 있는 내용을 성공적으로 수행할 수 있는 지를 평가해야 한다.

학습내용	평가항목	성취수준		
		상	중	하
메타버스의 활용	메타버스의 활용을 이해할 수 있다.			

평가 방법

• 작업 포트폴리오

학습내용	평가항목	성취수준		
		상	중	하
메타버스의 활용	메타버스의 활용을 이해할 수 있다.			

• 필기시험

학습내용	평가항목	성취수준		
		상	중	하
메타버스의 활용	메타버스의 활용을 이해할 수 있다.			

• 체크리스트를 통한 관찰

학습내용	평가항목	성취수준		
		상	중	하
메타버스의 활용	메타버스의 활용을 이해할 수 있다.			

• 피드백

1. 작업 포트폴리오
   - 제출한 보고서를 평가한 후 주요 사항에 대하여 표시하여 돌려준다.
2. 필기시험
   - 평가 결과 성적이 저조한 학생은 보고서 제출 기회를 부여한다.
3. 체크리스트를 통한 관찰
   - 실습 과정에서 평가한 후 개선해야 할 사항 등을 정리하여 돌려둔다.

참 | 고 | 문 | 헌

- 강민구, 비대면 융합산업 발전과 디지털 대전환, KISA report, 2021.07.
- 강지영, 인공지능기반 이상감지기술, 월간 SW중심사회, SPRi, 2021.4.
- 고선영 외, 메타버스의 개념과 발전방향, 정보처리학회지, 제28권,제1호, 2021.03.
- 관계부처 합동, 가상융합경제 발전전략, 2020.12.10.
- 김경영, 4년 뒤 시장 규모만 315조원...'메타버스' 공들이는 SK텔레콤, https://www.techm.kr/news/, 2021.5.01.
- 김광우, 메타버스는 차세대 플랫폼 혁명, tech42, https://www.tech42.co.kr, 2021.5.18.
- 김도향, 기업 비즈니스 영역으로 부상한 미래공간 메타버스, 통상뉴우스, https://tongsangnews.kr/webzine/2106/special_2.html, 2021.06.
- 김동준, 300조 시장 메타버스, 이동3사 미래 먹거리로 급부상, 뉴데일리경제, http://biz.newdaily.co.kr/site/data/html/2021/06/03/2021060300158.html, 2021.6.03.
- 김병필, 인공지능 개척시대, 메타버스 속 인공지능, 중앙일보, 2021.5.17
- 김봉수, 메타버스가 뭐죠, 아시아경제, https://www.asiae.co.kr/, 2021.06.06.
- 김상균,신병호, 메타버스 새로운 기회, 메가북스, 2021.
- 김상돈, 증강현실과 가상현실 그리고 디지털트윈, science time, 2021.6.15.
- 김서희, 가상현실의 확장 메타버스 도래, 2021 글로벌 ICT이슈 레포트, 2021.
- 김우용, 맥스트, 과기정통부 'XR 메타버스 프로젝트' 주관사 선정, https://zdnet.co.kr/, 2021.5.14.
- 김정호, 메타버스, 차세대 빅데이터 플랫폼 (1) 주목받는 이유, 테크데일리(TechDaily), http://www.techdaily.co.kr, 2021.5.24.
- 김종득, 인천시, 'XR 메타버스 프로젝트' 시동, 현대일보, http://www.hyundaiilbo.com
- 김태영, 메타버스 '급부상... 신한카드, AI 비즈니스 전략' 주목, 시장경제, http://www.meconomynews.com, 2021.3.22.
- 김하늬, 메타버스의 시대, 핵심은 데이터, 공학저널, http://www.engjournal.co.kr, 2021.5.20
- 김학준 외, 메타버스 새로운 디지털 전쟁터, 키움증권 리서치 센터, 2021.5.17.
- 김현정, 새로운 미래공간이 된 메타버스, 사이언스스타임즈, 2021.3.31.
- 남현숙, 미국 VR · AR 기술정책의 진화, https://spri.kr/posts/view/22823?code=industry_trend, 2019.
- 노중호, 5차산업혁명의 실체를 분석한다, 노블사이언스, http://www.nobelscience.net. 2017.10.6.
- 대체불가토콘, 게임의 메타버스화 촉진할 블록체인경계의 핏줄, 글로벌 게임산업 동향, 한국콘텐츠진흥원, 2021.3.
- 라도삼, 비트의 문명, 네트의 사회, 서울 : 커뮤니케이션북스, 1999.
- 류철균, 가상세계형 SNS 개발 컨셉 설계, KTF 전략보고서, 2007.
- 리본소프트, https://www.rebornsoft.co.kr/빅데이터 플랫폼
- 메디비스, 코로나19 · 비대면 시대 맞이해 차세대 플랫폼 부상ICT Brief, IITP, 2021.5.17.
- 문지웅, 1700조 시장'이라는데 수혜주 찾기는 어렵고…메타버스 펀드가 뜬다, https://www.mk.co.kr/ 2021.6.28.
- 박경일, 메타바스 새로운 기회, 로봇신문, 2021.05.16.
- 박지혜, 다가오는 메타버스 시대 차세대 콘텐츠산업의 방향과 시사점, KIER, 산업경제, 2021.05.
- 박진호, K-인공지능 콘텐츠로 디지털 문화유산 한류 이룰 것, AI타임즈, 2021.3.23.
- 백승은, AI로 의상 디자인 가상 착장까지 ETRI패션상품 기술 개발, 2021.4.01.

학습 12

- 서정욱외, XR 콘텐츠 UI/UX 디자인 평가 가이드라인 및 체계 개발 보고서, 2020.12.17.
- 세종대학교, 메타버스 자율트윈 핵심기초연구보고서, 2021.5.19.
- 손상영, 플랫폼 경쟁이론의 정책적 시사점, KISDI 이슈리포트(08-06), 정보통신정책연구원, 2008.
- 송해리, 이동3사 기회의 땅 메타버스로간다, http://www.inews24.com/view/1373376, 2021.6.6.
- 신동형, 메타버스 개념 이해, tech42.co.kr, 2021.05.04.
- 신정아, 뉴미디어와 스토리두잉, 칠월의 숲, 2009.
- 안필용, Beyond DX, 2019.
- 여명숙, 사이버스페이스의 존재론과 그 심리철학적 함축, 이화여자대학교 철학과 박사학위논문, 1998.
- 오수연, 메타버스, 어디까지 뻗어나갈까…313조원 시장 열린다, https://www.ajunews.com/, 2021.6.15.
- 오현주, 메타버스가 다시오고 있다. nia, 2021.03.
- 우운택, 강상융합세계 선도를 위한 디지터트윈 기반 DNA_XR전략, 한국문화정보원, 2021.01.
- 이동재, 점점 늘어나는 국내 메타버스 활용 사례...글로벌 300조원 시장 열린다, https://www.hellot.net/news, 2021.6.28.
- 이상엽, XR의 기술개요와 동향, 정보통신기술진흥센터, iitp, 2018.12.19.
- 이영호외 4, 보건의료 분야 가상증강현실 기술동향, IITP, 2021.5.26.
- 이자연, 가상증강현실(AR · VR)산업의 발전방향과 시사점, KIET, 2019.02.
- 이종관, ESG, 메타버스 그리고 AI; 5차혁명? 한경닷컴, https://www.hankyung.com/it/article/202106166511i, 2021.6.17.
- 이진규. 메타버스와 프라이버시, 그리고 윤리-논의의 시작을 준비하며, 2021.3.2.
- 이채리, "가상현실의 비실재론적 현실성", 과학철학, Vol.6, No.2, 2003.
- 임용준 · 김진웅, 가상 · 증강 및 혼합현실을 위한 디지털 홀로그래피 기술 연구동향, IITP, 2018.12.26.
- 임일곤, 5G 메타버스 타고 실생활로 달려온다, http://news.bizwatch.co.kr/, 2021.6.30.
- 장한영, AI기반 메터버스에서 누구나 디지털뮤지션이 될 수 있다. 인공지능신문, http://www.aitimes.kr, 2021.5.21.
- 정득영 · 김상태 · 김연배, 디지털트윈의 기술정의와 세부적 발전 5단계 모델, 정보통신기획평가원, 2021.2.10.
- 정상희, 플랫폼 비즈니스와 메타버스, 글로벌경제신문, https://www.getnews.co.kr/news/, 2021.6.30,
- 정한영, AI 기반 메타버스에서는 누구나 디지털 뮤지션이 될 수 있다!, 인공지능신문, http://www.aitimes.kr, 2021.05.24.
- 조혜진, 메타버스 금융시장, 도입 용이성과 효과성 고려 후 선정해야, 산업일보, http://www.kidd.co.kr/news/222814, 2021.6.22.
- 주영재, 현실과 독같은 디지털 트윈 아바타의 세계, 메타버스 각광, 주간경향 1417호, https://weekly.khan.co.kr/, 2021.3.08.
- 차종환, 5G만난 디지털트윈, 메타버스 이정표 세우다, 정보통신신문, 2021.3.16
- 최아름, 메타버스, 일놀이 문화 크게 바꿀 것, 정보통신신문, http://www.koit.co.kr, 2021.04.30.
- 최영일, 5G 빅데이터 트래픽 초고속 전송기술, IITP, 2019.8.7.
- 최창현, 플랫폼이란, 2014.06.
- 최필식, 메타버스와 상화작용 위한 하드웨어의 진화, 2021 KISA Report, 한국인터넷진흥원, 2021.
- 카메츠 아츠시, "멀티버스시대로 향하는 가상세계", 도쿄 : 지적자산창조, 8월호, 2007.
- 콘텐츠부, 조선일보, https://biz.chosun.com/industry, 2021.5.18.
- 플랫폼전문가그룹(Platform Advisory Group), 플랫폼을 말하다 v 1.5, 클라우드북스, 2013.

- 한상기, 메타버스를 위한 소프트웨어 플랫폼, 2021 KISA Report, 한국인터넷진흥원, 2021.
- 한혜원, 메타버스 내 가상 세계의 유형 및 발전방향 연구, 디지털콘텐츠학회 논문지, 제9권 제2호, 2008.6.2.
- 해시넷, http://wiki.hash.kr/
- 현대자동차그룹. VR technology for mobility development. https://www.youtube.com/watch?v=Wdawq_s1Zzg, 2019.12.18.
- Accenture, A responsible future for immersive technologies. https://www.accenture.com/us-en/insights/technology/responsible-immersive-technologies, 2019.5.15.
- Alan JS Han, 3D Audio의 현재와 미래, http://www.alanjshan.com/3d-audio/
- AR MR XR, The Metaverse is coming : Nvidia Omniverse. https://www.youtube.com/watch?v=IcuGpLLeGWM, 2020.10.6.
- Betsy Book, "Moving Beyond the Game: Social Virtual Worlds", State of play 2 Conference, http://www.virtualworldsreview.com, 2004.10.
- Bill Gates, 이규행 역, 미래로 가는 길, 서울 : 삼성출판사, 1997.
- Boost VC, Perkins Coie, & XR Association. 2020 augmented and virtual reality survey report. https://www.perkinscoie.com/images/content/2/3/231654/2020-AR-VR-Survey-v3.pdf, 2020.
- David Gelernter, Mirror Worlds, New York: Oxford University Press, 1993.
- Dean Takahashi, Crucible is creating agents to keep the metaverse open.https://venturebeat.com/2021/01/27/crucible-is-creating-agents-to-keep-the-metaverseopen/, 2021.1.27.
- Dean Takahashi, Tim Sweeney : The open metaverse requires companies to have enlightened self-interest. https://venturebeat.com/2021/01/27/tim-sweeney-the-open-metaverse-requires-companies-to-have-enlightened-self-interest/, 2021.1.27.
- Edward Castronova, "The Right to Play", http://www.nyls.edu/pdfs/castronova.pdf, 2003.
- Erica Naone, "Creating a Web of Worlds", Technology Review, MIT, 2008.1.11.
- ETRI, AI 디자이너 모델 생성기술개발, 2021.4.1.
- Gartner, Gartner top 10 strategic technology trends for 2019. https://www.gartner.com/smarterwithgartner/gartner-top-10-strategic-technology-trends-for-2019/, 2018.10.15.
- Genies(n.d.), Celebrity avatars. http://avatars.genies.com/celebrity-avatars/
- https://doooob.tistory.com/231, 두우우부, 블록체인과 메타버스
- https://ko.wikipedia.org/wiki/
- https://luniverse.io/metaverse-and-blockchain/
- https://ty3026.tistory.com/129 케이, 메타버스 그리고 NFT, 새로운 세계가 열린다.
- https://www.ajunews.com/view/20210512155443174
- ITBear, 증강현실 AR 내비 등장!! U+내비게이션. https://www.youtube.com/watch?v=a7RuuizGnIQ, 2020.8.11.
- James Paul Gee, What video games have to teach us about leaning and literacy, St. Martin's Griffin, 2007.
- Jane McGonigal, Reality is broken : Why games make us better and how they can change the world, Penguin Books, 2011.
- Jean Baudrillard, "the Perfect Crime", Selected Writi ngs, California: Standford University Press, 2001.

학습 12

- John Smart, Jamaais Cascio, Jerry Paffendorg, Meta verse Roadmap, acceleration studies foundations, 「Metaverse Roadmap Summit」, SRI International
- John Smart, Jamis Cascio, & Jerry Paffendorf, Metaverse Roadmap Overview. Acceleration Studies Foundation. http://www.metaverseroadmap.org/overview/, 2007.
- Kevin Westcott, Jeff Loucks, Kevin Downs et al, Digital media trends survey, 14th edition. https://www2.deloitte.com/us/en/insights/industry/technology/digital-media-trends-consumption-habits-survey/summary.html, 2020.6.23.
- Lauren Kirchner. AOL settled with unpaid "volunteers" for $15 million. https://archives.cjr.org/the_news_frontier/aol_settled_with_unpaid_volunt.php, 2011.2.10.
- LG CNS, 사람이 눈 앞에 있는데 비대면? 가상융합(XR)이 온다!, https://blog.lgcns.com/2454, 2021.1.5.
- Marie-Laure Ryan, Narrative as Virtual Reality, Baltimore: The Johns Hopkins University Press, 2003.
- Menlo Park, Canada, 2006.5.5~6, SRI ,www.metaver seroadmap.org
- Michael Heim, 여명숙 옮김, 가상현실의 철학적 의미, 서울 : 책세상, 1997.
- Michael Spring, "가상현실과 종합적 정보전달", Sandra K. Helsel & Judith Roth, 노용덕 옮김, 가상현실과 사이버스페이스, 서울 : 세종대학교 출판부.
- Neal Stephenson, Snow Crash, Bantam Books, 1992.
- Neal Town Stephenson, 김장환 옮김, 스노우크래쉬(Snow Crash), 서울 : 새와 물고기, 1996.
- Nicholas Negroponte, being digital, New York : Rand om House, 1995.
- North, Snow Crash, Bantam Books, 1992.
- Paper, Department of Information Science, Pennsylvania: University of Pittsburgh, 1989.
- Paul Jackson, "the Real Business of Virtual World", Forrester Research, http://www.forrester.com/Rese arch/Document/Excerpt/0,7211,40701,00.html, 2007.3.23.
- Peter Lewis, "Metaphor in Visualization", Working
- Pierre Levy, 권수경 옮김, 집단지성, 서울 : 문학과지성사, 2002.
- Pierre Levy, 전재연 옮김, 디지털 시대의 가상현실, 서울 : 궁리, 2002.
- SMTOWN, SM 신인 걸그룹 aespa, 11월 17일 데뷔 확정! 싱글 'Black Mamba' 전격 공개!, https://www.smtown.com/artist/newsDetail/4154, 2020.11.2.
- S-Oil 공식블로그, 현실보다 더한 현실, 디지털트윈, https://story.s-oil.com/ 2021.6.09.
- Unity(n.d.), What is AR, VR, MR, XR, 360?. https://unity3d.com/what-is-xr-glossary
- VentureBeat. The Metaverse is coming. https://www.youtube.com/watch?v=rbhC6wokNGc, 2020.4.29.
- VT Staff. The blockchain-based virtual world that can help usher in the metavrse. https://venturebeat.com/2021/02/04/the-blockchain-based-virtual-world-thatcan-help-usher-in-the-metaverse/, 2021.2.4.
- William Gibson, 김창규 옮김, 뉴로맨서(Neuromancer), 서울 : 황금가지, 2005.

학습 1	메타버스의 개요
학습 2	메타버스의 혁명
학습 3	메타버스의 융합기술
학습 4	메타버스와 인공지능 기술융합
학습 5	메타버스와 빅데이터 기술융합
학습 6	메타버스와 XR 기술융합
학습 7	메타버스와 디지털트윈 기술융합
학습 8	메타버스와 블록체인 기술융합
학습 9	메타버스와 5G 네트워크 기술융합
학습 10	메타버스와 IoT 기술융합
학습 11	메타버스의 플랫폼
학습 12	메타버스의 활용

학습 13 메타버스의 미래와 진화

학습 목표

1. 메타버스의 미래와 진화를 이해할 수 있다.

13-1 메타버스 시대의 미래준비

1. 메타버스 시대의 준비

본격화될 새로운 혁명, 메타버스 시대에 대한 준비가 필요하다. 다양한 메타버스 플랫폼의 확산, 지속되는 기술혁신, 투자의 증가로 인해 확산이 본격화 될 것으로 전망된다.

인간, 시간, 공간에 대해 기존에 가지고 있던 상식과 관성을 넘어선 새로운 전략 구상이 필요하다. 다양한 분야에 인간×시간×공간을 결합한 새로운 메타버스 경험을 설계하여 미래 경쟁력의 확보가 절대적으로 필요하다. 이제 복합범용기술 기반의 메타버스 시대에는 현실의 나, 가상의 나, 제3의 인물 등 새로운 인간의 모습을 구현할 수 있고, 시·공간을 초월한 경험설계가 가능하다.

현재 메타버스는 게임과 놀이(Play), SNS 등 소통(Communication) 영역에서 상대적으로 많이 활용되고 있으나 확산은 이제 시작단계로, 전 산업과 사회영역에서 활용방안을 강구하고 있다.

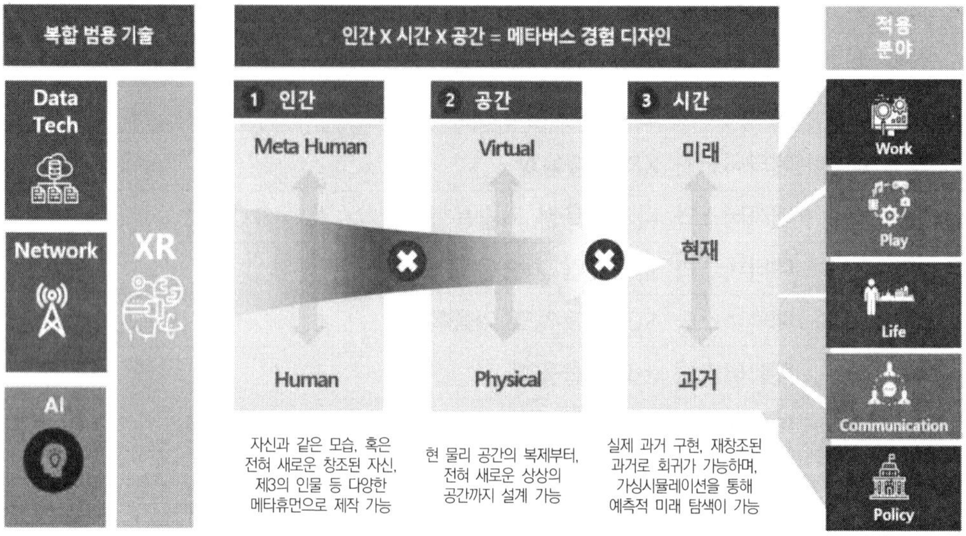

출처 : SPRI 이슈레포트

[그림 13-1] 메타버스의 미래

2. 기존 콘텐츠가 메타버스 안에 담기는 시대 도래

메타버스가 코로나19 환경에서 대표 온택트 상호작용 공간으로 부상하면서 현실과 가상이 어우러진 엔터테인먼트 및 소통 문화가 대중화될 것으로 전망한다.

또한 가상과 현실 상호작용의 주요한 수단인 아바타가 더욱 진화하고 XR과 AI를 활용한 아바타가 등장해 새로운 콘텐츠 비즈니스 모델이 창출될 것이라 전망한다.

3. 기업의 새로운 비즈니스 영역으로 부상

기업들은 메타버스를 새로운 기회로 인식하면서 메타버스 경쟁력 확보에 주력하고 산업혁신 방안을 모색한다. 예를 들면 페이스북은 오큘러스 퀘스트를 착용하고 언제 어디서나 가상의 업무 공간에 접속할 수 있는 인피니트 오피스라는 새로운 업무수행 방식을 제시한다. 메타버스가 점차 진화하면서 이에 따른 다양한 플랫폼과 웨어러블 디바이스가 출현하게 되어, 다학제간 융합형 기술 개발이 필요하다.

4. 미래의 메타버스 경쟁력 확보 사례

1) 기업의 경쟁력 확보전략

기업은 메타버스 경쟁력 확보에 주력하고 새로운 산업혁신 방안을 모색해야한다. 기업의 메타버스 경쟁력에 대한 점검과 협력 네트워크를 재구성하고, 변화하는 소비자 행동과 이에 대응한 차별화 전략을 수립해야 한다.

메타버스 시대에 먼저 들어선 Z세대와의 소통 등 마케팅 융합(Marketing Mix)의 변화와 초월적 협력이 절대적으로 필요하다.

미국의 10세~17세 청소년의 40%가 매주 한번 이상 포트나이트에 접속해 전체 여가의 25%를 보내고 있으며, 만 9~12세 어린이의 2/3, 16세 이하 어린이 · 청소년의 1/3, 10대 52%가 현실 친구보다 ROBLOX 내 관계에 더 많은 시간을 사용중이다.

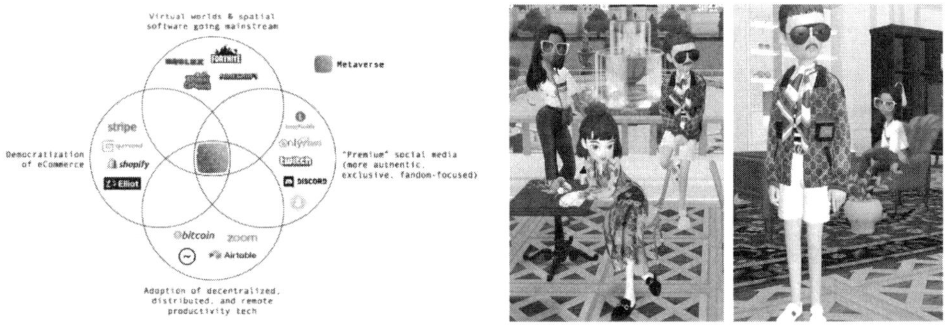

(a) 텐센트의 메타버스 협력 네트워크　　(b) ZEPETO×GUCCI 협력

출처 : www.notboring.co/p/tencents-dreams, "Tencent's Dreams Part II : Investing in the Metaverse." ; https://www.gucci.com

[그림 13-2] 메타버스의 협력 네트워크 사례

[그림 13-2]처럼 텐센트는 신사업 추진, 투자 등 다양한 방식으로 메타버스 경쟁력을 확보하고 생태계 확보에 주력하고 있다. 제페토는 Gucci와 협력하여 Gucci IP 활용한 의싱, 엑세시리, 3D 월드맵 등을 출시히고 있다.

기존 기업의 SW · Contents One Source Multi Use, N-Screen 전략을 메타버스 시대에 맞추어 재해석하고 진화하고 있다. 이제 기존 전략과 함께 One Source Multi Avatar, N-Space 전략을 구상하고 이를 활용한 생산성, 고객혁신 방안을 모색하고 있다.

학습 13

부동산 기업 'eXpRealty'는 오프라인 사무실을 없애고 가상환경에서만 근무하고 있다. 모든 직원들은 'eXp World'를 개인 컴퓨터에 설치한 후 개인정보를 입력하고 회원가입 후 로그인하면 자연스럽게 온라인 가상공간의 사무실이 생기고 그곳에서 자신을 대신하는 아바타가 출퇴근하는 개념이다.

2) 정부의 경쟁력 확보 전략

정부는 메타버스 정부(Metaverse Government)를 구상하고 공공 · 사회를 혁신해야 한다. 메타버스 시대에 맞는 미래지향적 정책설계와 이행방안을 모색하고, 다양한 정책실행 분야에 인간×시간×공간을 결합한 새로운 메타버스 경험을 구상해야 한다.

특히 교육, 의료 등 정책이 당면한 큰 문제(Grand Challenges)를 해결 미션(Mission)으로 설정하고, 메타버스 도입을 통해 해법을 탐색해야 한다.

교육적인 측면에서 기존 오프라인 대학, 사이버대학에서 진화한 메타버스 대학 등 미래지향적 교육방안을 모색해야 한다.

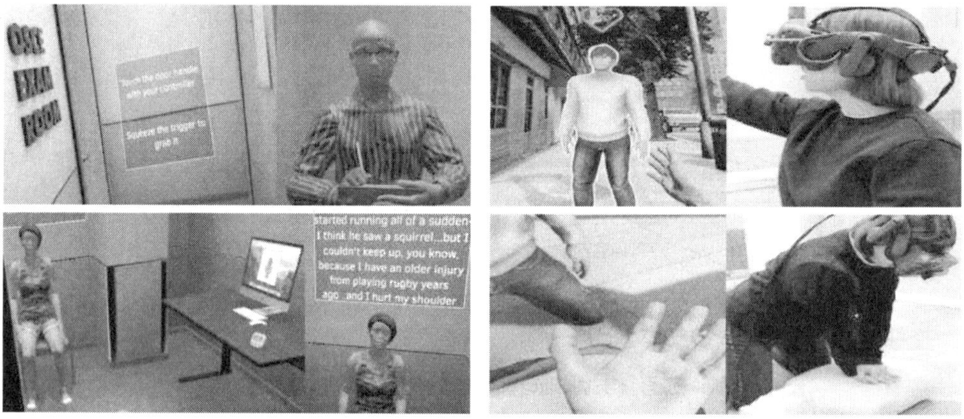

(a) 메타휴먼을 활용한 OSCE Exam Simulator (b) 가상 심폐소생 훈련

출처 : Cognitive Projections VR OSCE Exam Simulator, https://www.youtube.com/watch?v=V0L6ruwTRRs; 헬스조선, 심폐소생술, '가상현실' 활용하면 효과적, https://m.health.chosun.com/column/column_view.jsp?idx=9558

[그림 13-3] 메타버스를 활용한 의료교육 사례

기존 오프라인 대학에 메타버스 기술을 활용하여 교육생산성을 높이거나, 모든 대학생활이 메타버스에서 이루어지는 '메타버스 대학' 설립을 구상해야 한다.

행정적인 측면에서 기존 2D기반의 '전자정부'를 3D기반 '가상정부'로 진화시켜 누구나 쉽게 가상에서도 실제와 같은 행정서비스를 받을 수 있도록 하고, 단순 반복 업무는 가상 아바타를 활용하는 등의 혁신행정 아이디어를 모색해야 한다.

의료적인 측면에서 비대면 시대에 적합한 의료훈련 및 자격시험 등에 메타버스 도입방안을 검토해야 한다. 현 모의환자, 마네킹을 활용한 방식에서 메타휴먼을 활용한 진료수행평가(CPX), 임상술기(OSCE) 등 세부 적용방안을 모색해야 한다.

13-2 메타버스의 진화전략

1. 메타버스의 연구분야

R&D분야의 Mission 기반의 정책목표 해결, 메타버스 진화를 고려한 메타버스 기술 Road Map을 [그림 13-4]처럼 연도별 및 서비스 유형별로 구축해야 한다.

정책목표 해결을 위해 복합범용기술(XR+D.N.A) 관점에서 기술로드맵을 구성해야 한다. 또한 메타버스의 진화패턴을 고려하여 오감전달이 가능한 지능형 메타버스 구현을 위한 기술경쟁력 강화방안을 모색해야 한다.

[그림 13-4] 메타버스의 진화패턴

2. 정부의 정책수립 및 대응체계 확립 필요

가상국가 구현을 통해 데이터 기반의 정책수립 및 예견적 대응체계 확립이 필요하다. [그림 13-5]처럼 싱가포르는 Virtual Singapore를 통해 다양한 국가정책 이슈를 시뮬레이션 결과로 예측하고 이를 정책수립에 활용하고 있다.

국내도 신산업으로서 XR 기술 투자와 정책적 지원을 지속적으로 확대해 왔으며, 최근 '가상융합경제발전 전략' 발표를 통해 콘텐츠 산업 육성 정책을 국가 차원의 경제전략 정책으로 격상하고 있다.

앞으로 메타버스의 폭넓은 확산을 촉진하기 위해서는 기존 정책과의 조화, 추진 중인 디지털 뉴딜, 한국판 뉴딜 정책 실행계획에 XR 활용 비중 확대, 메타버스 시대에 대응한 정책 고도화가 필요하다.

Virtual Experimentation　　Virtual Test Bedding　　Planning and Decision Making

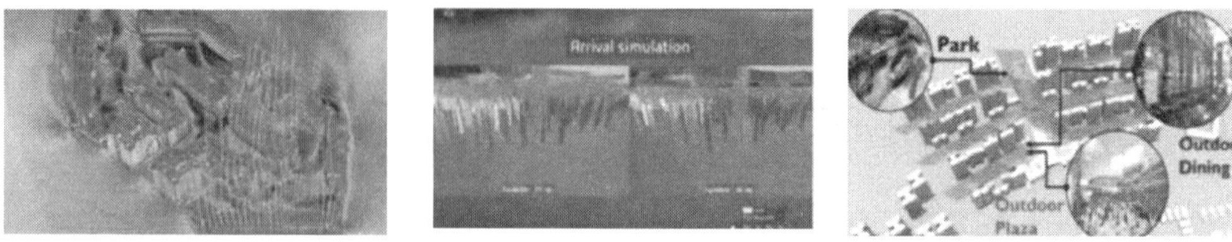

공기흐름분석　　건물 대피 시뮬레이션　　그림자를 고려한 단지 조성

[그림 13-5] 가상 싱가포르 활용사례

3. 새로운 경제활동을 관리를 위한 인프라 개발

미래에 전개될 메타버스 산업에서 이루어질 경제활동은 현실세계의 경제활동을 대체하기도 하지만 새로운 비즈니스 모델을 통해 가상공간에서만 이루어지는 경제활동이 가능하므로 이를 관리할 수 있는 제도와 기관 및 관리 솔루션에 대한 기술개발이 필요하다.

4. 메타버스 실무인력 양성

1) 필요성

메타버스와 함께 성장하는 MZ세대와 미래세대에게 메타버스는 일상생활과 경제활동의 '생활터전'으로 자리 매김할 것으로 예상된다.

메타버스는 다양한 신규업종을 창출할 것이고, 이로 인해 수많은 일자리가 탄생할 것으로 전망되어 이에 대한 대비가 필요하다.

2) 인력양성 분야

메타버스는 S/W와 H/W 등 다양한 학제 간 융복합 기술이 필요하다.

메타버스는 VR · AR 및 XR 기술을 기본으로 가상공간을 구성하고, 상호작용을 하기 위한 IoT, 센서, 5G 네트워크, 블록체인, 디지털트윈, 인공지능, 빅데이터,

클라우드 플랫폼, 3D 콘텐츠 등과 같은 기술이 필요하며, 컴퓨터 공학과 디스플레이 장치 등 매우 다양한 분야의 융합기술이 필요하다.

상기의 기술들은 각기 독립된 분야로 인력양성이 되고 있지만 메타버스 기술인력은 기본적으로 요구하는 기술을 보유한 인력이 메타버스에서 추가적으로 요구되는 직무기술에 대한 교육훈련(예 플러스 자격)을 통해 양성하는 것이 바람직해 보인다.

메타버스의 차별화된 기술인 콘텐츠를 이용자가 생성·공유·거래할 수 있는 플랫폼 기술과 가상의 환경에서 IP·NFT와 결합을 통한 새로운 비즈니스 관리기술, 그리고 미래 메타버스를 겨냥한 스마트 디바이스에 대한 기술개발 등에 중점을 둔 메타버스만의 융복합형 플러스 인력양성 계획이 필요하다.

학습 13

수행 내용

재료 · 자료

- 메타버스 관련 자료

기기(장비 · 공구)

- 컴퓨터, 문서작성 프로그램, 프린터, 주변기기

안전 · 유의사항

- 메타버스 관련 장비의 안전 및 유의사항을 숙지한다.

수행 순서

01 메타버스의 사회와 기술적인 현안에 대하여 분석하라.

1. 오픈 메타버스

가상화폐, 아바타, 객체, 플랫폼 등의 자유로운 이동이 가능한 이용자 중심의 오픈 메타버스 생태계 구축의 필요성이 부상하고 있다.

- 영국 기업인 크루서블(Crucible)은 인간중심의 기술 개발과 이용자 주권 확립을 기업 철학으로 삼고 오픈 메타버스를 구축할 수 있는 Emergence SDK를 개발하는 한편, 오픈 메타버스 구축을 위한 컨소시엄인 「Blueprints for the Open Metaverse」 운영하고 있다.

2. 법 · 제도 · 규범

메타버스 내에서도 현실세계의 법 · 제도 · 사회 규범을 그대로 적용할 수 있는지의 여부, 그 논의와 결정을 이끌고 갈 메타버스 거버넌스 구축에 대한 논의가 필요하다.

- 메타버스 내에서 유통되는 콘텐츠의 소유권, 아바타를 통한 불법적 행위, 논플레이어 캐릭터(NPCs, Non-Player Characters)에 대한 인격권 부여, 광고 · 사기 등의 이슈가 존재한다.

3. 데이터 윤리

시선, 뇌파, 생체신호 등 민감한 개인정보 수집의 범위가 확장되고 통제권을 행사할 수 있는 개인정보에 대한 확인이 어려워지면서 개인정보 수집 · 활용 및 보호에 대한 법적 · 윤리적 이슈가 부상하고 있다.

- 몰입형 기술의 대표 기업을 대상으로 한 설문에서 관련 기술 및 콘텐츠의 개발 시 이용자 보호와 데이터 보안이 가장 우려되는 법적 위험으로 조사된다.

4. 수용 · 다양성

XR 기술이 여가 · 레저의 목적을 넘어 공공 서비스에 활용될 계획이 확대됨에 따라 이용자들의 다양성에 따른 수용성 확보 및 포용적 서비스 도입의 필요가 제기되고 있다.

- 엔터테인먼트 소프트웨어 협회(ESA : Entertainment Software Association)의 CEO인 스탠리피에르-루이스(Stanley Pierre-Louis)는 차별 없는 이용자의 유입을 위해 업계 인력의 다양성 확보, 포용적 리더십 및 기업문화 형성의 중요성이 강조되고 있다.

5. 메타버스 노동

메타버스 내 아이템 제작 · 판매, 가상세계 규율 관리, 가상 부동산 투자 · 거래 등 새로운 유형의 노동이 생겨나면서 노동권의 보장과 납세의 의무와 같은 노동현안이 발생되고 있다.

- 1990년대 AOL(American Online)의 채팅방에서 모니터 활동을 하던 커뮤니티 리더들은 활동에 대한 대가를 받기 위해 AOL을 상대로 소송했으며, 2010년 AOL이 총 1,500만달러를 지급하는데 합의, 현재에도 디지털 노동의 개념과 가치에 대한 논쟁은 지속되고 있다.

02 메타버스의 놀라운 미래에 대한 전환전략에 대하여 분석하라.

'놀라운 미래(Surprising Future)'를 대비한 [그림 13-6]처럼 개인, 기업 및 정부측면에서 메타버스 전환(Metaverse Transformation)전략이 필요하다. 메타버스가 가져올 변화의 폭과 깊이가 매우 크고메타버스 안에서 보내는 시간이 증대될 전망이다.

이에 메타버스 시대, 새로운 기회 발굴을 위해 경제주체의 다각적인 노력이 필요하다. 개인적인 측면에서의 전략은 메타버스 시대에 부상하는 새로운 직업, 창업, '부캐' 인생에서 새로운 기회를 발굴하고 활용할 수 있을 것이다.

기업적인 측면에서의 전략은 메타버스 시대의 생산성 혁신방안을 모색하고, 협력 사업 모델을 발굴해야 한다. 메타버스 업무 플랫폼을 활용한 일하는 방식의 혁신, 전 산업과 가치사슬별 메타버스 환경을 활용한 생산성 혁신방안을 탐색해야 한다.

정부적인 측면에서 전략은 메타버스를 활용한 공공 · 사회혁신 방안을 검토하고, 다가올 메타버스 시대의 위험요소를 점검할 필요가 있다.

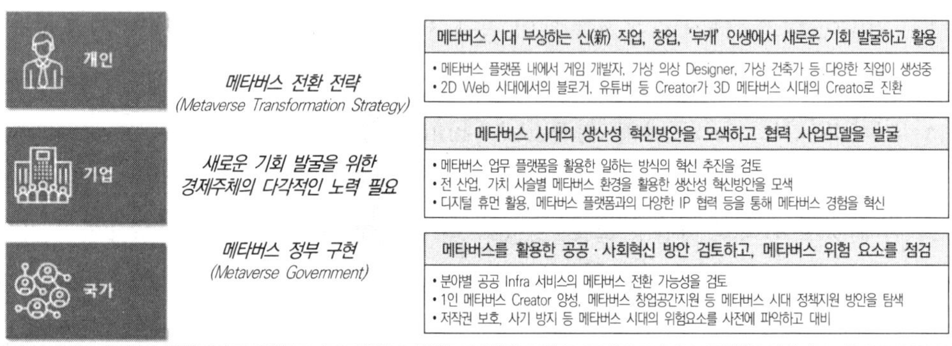

[그림 13-6] 메타버스 전환전략

1. 메타버스 전환전략이 필요

'놀라운 미래'를 대비한 메타버스 전환(Metaverse Transformation)전략이 필요하다. 메타버스 發 변화의 폭과 깊이가 매우 크고, 향후 메타버스 안에서 보내는 시간이 증대될 전망이다.

Roger James Hamilton 미래학자는 2024년에 우리는 현재의 2D 인터넷 세상보다 3D 가상세계에서 더 많은 시간을 보낼 것이라고 했다. 앞으로의 20년은 공상과학이나 다름없을 것이고, 분명히 제5의 물결인 메타버스의 시대가 오고 있다.

메타버스의 영향력이 게임, 생활 · 소통 등 B2C 분야를 넘어 B2C, B2G 등 경제 전반으로 확대되어 감에 따라 새로운 기회 발굴을 위해 경제주체의 다각적인 노력이 필요하다.

메타버스 시대의 새로운 일자리 창출, 산업과 사회혁신 방안이 빠른 시일에 점차적으로 계획을 모색해야만 한다.

2. 개인적으로 새로운 기회 창출

메타버스 시대에 부상하는 新 직업, 창업, '부캐' 인생에서 새로운 기회를 발굴하고 활용해야만 한다.

메타버스 플랫폼 내에서 게임 개발자, 가상 의상 Designer, 가상 건축가 등 다양한 직업이 생성중이다. ROBLOX 내에는 700만 명의 Creator가 STUDIO를 활용하여 전업 혹은 부업으로 게임을 개발하고 있으며, 제페토에도 6만명의 Creator가 메타버스 내에서 경제활동을 하는 중이다.

제페토 스튜디오는 출시 한달 만에 매출 8억원을 올렸고, 누적 창작자만 6만명이다. 다니던 직장을 그만두고 전업 제페토 의상 디자이너가 된 사람, 아바타들이 놀 수 있는 Map을 만들어 유통하는 가상 건축가도 생겼으며, 이들은 순수익을 올리고 있다. 현실에서 입을 수 없는 옷을 내리만족으로 (캐릭디에) 입히기 위해서 옷을 계속해서 구입하는 것 같다.

렌지, 가상 의류 디자이너는 과거의 메타버스가 이 디자이너에게는 게임의 공간이었는데, 지금은 남들이 출근하듯이 접속을 하고, 현재 그렇게 월 1,500만 원 정도 평균 매출을 올리고 있다.

2D Web 시대에서의 블로거, 유튜버 등 Creator가 3D 메타버스 시대의 Creator로 진화하고 있다.

유튜브가 유튜버라는 새로운 직업을 만들고, 개인들에게 기회의 장(場)이 되었던 것처럼, 메타버스 플랫폼에서도 개인이 만들어가는 혁신은 지속될 것으로 본다. '제페토'와 CJ ENM의 1인 창작자 지원 사업인 다이아 TV가 제휴를 맺고 다이아 TV 유튜버의 제페토 진출, 제페토 내 Influencer의 유튜버 진출 등 상호협력을 추진하고 있다.

3. 기업의 생산성 혁신방안과 협력 사업모델 구축

메타버스 시대의 생산성 혁신방안을 모색하고, 협력 사업모델을 발굴해야만 한다. 현재 다수의 Global 기업들이 메타버스 업무 플랫폼을 활용중이며, 일하는 방식의 혁신에 이를 활8하는 방안을 검토하ㄱ 추진하고 있다.

[그림 13-7] 메타버스 업무 플랫폼 Teamflow를 활용 중인 Global 기업

전 산업, 가치사슬별 메타버스 환경을 활용한 생산성 혁신방안을 모색해야만 한다. 국방, 교육, 유통 등 산업별 메타버스 경험 디자인을 통해 생산성을 혁신해야만 한다. 록히드 마틴은 2024년을 목표로 추진중인 NASA의 달 착륙 아르테미스 프로젝트(Artemis) 임무를 수행할 유인 우주선 오리온(Orion) 조립에 AR Glass 홀로렌즈 2를 사용 중이며, 이로 인해 작업에 투입되는 시간과 비용도 절감하고 있다.

월마트는 사내교육시 VR을 활용하여 기존 방식보다 교육시간을 80% 단축하고 있다. 디지털휴먼 활용, 메타버스 플랫폼과의 다양한 IP 협력 등을 통해 메타버스 경험을 혁신해야만 한다. 고객응대, 홍보 등 다양한 측면에서 디지털휴먼 활용방안을 검토해야만 한다. 기업 보유 IP를 메타버스 플랫폼과 협력하여 홍보하거나, 새로운 디지털 자산으로 재구성하여 판매하는 등 다양한 협력방안을 강구해야만 한다.

4. 정부입장에서의 공공 사회 혁신방안 모색

메타버스를 활용한 공공·사회혁신 방안을 검토하고, 다가올 메타버스 시대의 위험요소를 점검해야만 한다. 분야별 공공 Infra·서비스의 메타버스 전환 가능성을 검토하고, 정책효과를 제고하는 등 메타버스 정부(Metaverse Government) 전환방안을 모색해야만 한다. 메타버스 민원관리, 과학관, 도서관, 미술관, 국립대학, 공공의료 등 메타버스 시대에 국민들에게 혁신적인 공공서비스를 제공할 수 있는 방안을 고려해야만 한다.

1인 메타버스 Creator 양성 강화, 메타버스 창업공간 지원확대 등 메타버스 시대에 적합한 새로운 정책지원 방안을 탐색하고, 메타버스 시대의 위험요소를 사전에 파악하고 대비해야만 한다.

NFT 등 블록체인 기술사용에 소비되는 에너지 절감, NFT 자산을 대상으로 한 투기/해킹/사기 가능성 대응과 위작·저작권 이슈에 대응한 보증시스템, 검수·인증시스템 등 보완책 논의도 필요하다.

디지털휴먼 기술의 부정적 활용을 방지할 수 있는 법·제도 및 사회적 합의를 도출하고, 공익적 활용을 확산시킬 수 있는 프로젝트 마련 등의 정책지원이 필요하다.

예를 들면 사용자 몰입을 저해하지 않는 한도에서, 디지털휴먼 영상에 가상적으로 만들어졌음을 알리는 마크/표시 의무화 등이다.

03 메타버스에 대한 최근 이슈 사례에 대하여 분석하라.

메타버스는 가상과 현실이 상호작용하며 공진화하고 그 속에서 사회 · 경제 · 문화활동이 이루어지면서 가치를 창출하는 세상이다. 본격화되는 메타버스에 대한 최근 이슈는 다음과 같다.

1. 게임을 넘어서 경제로(Beyond Game, Toward Economy)

메타버스 적용범위가 게임 · 생활 · 소통서비스를 넘어 업무(Work) 플랫폼으로 확산중이다. 이미 다수의 메타버스 업무(Work) 플랫폼이 존재하며 비대면 시대에 맞이 급성장하고 있고, 혁신적인 업무 플랫폼이 지속적으로 등장할 예정이다.

또한 기존 게임과 메타버스 플랫폼 제작에 활용되었던 게임엔진이 전 산업과 사회분야로 확산 · 적용되어 메타버스의 영향력이 확대될 전망이다.

2. 메타버스 기기의 확대(Expanding Metaverse Device)

메타버스 경험을 지원 및 확대하는 기기에 VR HMD가 본격 가세하였다. 기존의 메타버스 경험은 PC, 모바일, 콘솔을 중심으로 이루어졌으나, 최근Oculus Quest2의 판매량이 급증하며 VR 대중화 시대를 예고하고 있다. 또한 '22년 이후부터 VRHMD에 이어, AR Glass도 메타버스 경험을 지원하는 핵심기기로 부상할 전망이다. 이는 손목밴드, 반지, 장갑 등 다양한 메타버스 경험기기들이 지속적으로 개발 · 출시되면서 혁신이 가속화될 것으로 보인다.

3. 디지털휴먼의 성장(Growing Digital Human)

다양한 메타버스 서비스가 확산되면서 디지털휴먼(Digital Human) 활용이 증가하고 있다. 과거에는 디지털휴먼 제작에 많은 비용 · 시간, 전문기술이 필요하였으나 최근 AI, Cloud, CG 등의 기술발전으로 디지털휴먼 제작의 기술적 제약이 완화되면서 이용이 증가하고 있다. 디지털휴먼의 활용분야는 엔터테인먼트, 유통, 교육, 금융, 방송, 교육 등 전 산업으로 확대되고 있다.

4. 다양한 IP와 협력하는 메타버스(IP×Metaverse)

메타버스 플랫폼 기업들은 여러 지식재산권(IP : Intellectual Property) 사업자와 제휴·협력 관계를 맺으면서 사업분야를 급속히 확장중이다.

IP 사업자가 자사 IP를 기반으로 새로운 메타버스 플랫폼을 직접 구축하는 사례도 증가하고 있다. 향후 IP 사업자와 제휴를 확대하려는 메타버스 플랫폼 기업과 자체 메타버스 플랫폼을 구축하고자 하는 IP 사업자 간의 주도권 확보를 위한 연합·경쟁이 예상된다.

5. NFT와 결합하는 메타버스(NFT×Metaverse)

'대체 불가능한 토큰(Non-Fungible Token)'의 약어인 NFT는 메타버스의 다양한 사용자 창작 콘텐츠(UGC : User Generated Contents)에 희소성·소유권 부여가 가능하다. 메타버스 사용자는 NFT를 활용해 자신의 디지털 창작물을 상품화하여 이를 암호화폐 등 대가를 받고 판매하여 수익을 창출하고, 다른 창작활동에 재투자 할 수 있다. NFT의 장점과 메타버스에서의 활용·투자가치에 대한 관심이 높아지고 있으나, NFT 활용이 활성화되면서 저작권 침해 등의 위험요인도 존재한다.

04 메타버스 시대를 앞당길 XR 하드웨어 시장에 대하여 분석하라.

IT 하드웨어 측면에서는 AR, VR, MR 등 확장현실(XR) 기술이 기반이 된다. 초기 시장은 게임 등 엔터테인먼트에 주로 이용되는 VR HMD가 XR 하드웨어 시장을 주도하고 있고, AR은 모바일을 활용한 소프트웨어 시장중심으로 성장했다. 향후 AR 글라스 등 신제품 출시를 통해 하드웨어 시장점유율을 높일 것이다.

Apple은 2022년에 VR 헤드셋을 출시하고, 2023년에 AR 글라스를 출시할 것으로 예상되며 이는 XR 기기시장 성장의 기폭제가 될 것이다. Counterpoint에 따르면 XR 하드웨어 시장은 향후 5년간 두 자릿수 성장세를 보일 것으로 전망한다.

디바이스 방식에 따른 구분으로는 대표적으로 고글형태의 HMD(Head Mount Display)가 있으며, 빛 차단 및 높은 몰입감 등의 특징으로 주로 VR 기기에 사용된다. 몰입감은 뛰어나지만 디바이스를 머리에 차고 있어 이동 및 무게에 대한 부담이 있다.

휴대성을 강조한 Hand-Held 방식은 가볍고 이동이 용이한 소형 디바이스를 가리킨다. 대표적으로 AR 글라스 및 스마트 콘택트렌즈 등이 있다.

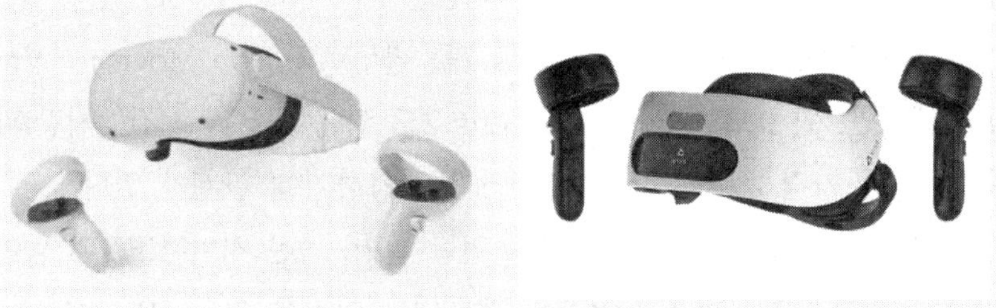

(a) Facebook의 Oculus Quest 2　　(b) HTC의 Vive Focus plus

[그림 13-8] 독립형 VR 디바이스

초기 XR 하드웨어 시장은 VR 기기 주도로 성장했고, VR 헤드셋이 총 XR 기기 출하량의 90% 이상을 차지하고 있다. Sony의 PlayStation VR과 같이 콘솔 및 PC에 연결하여 사용하는 연결형 VR 기기가 게임시장 위주로 성장했고, 최근에는 디자인과 사양, 기능이 발전함에 따라 독립형(Stand-alone) 폼팩터 채택이 증가하는 추세다.

[그림 13-6]처럼 독립형 VR HMD는 Facebook의 Oculus Quest 2와 HTC의 Vive Focus plus가 양강 구도를 형성하고 있다. 이 외에도 HP의 Reverb VR G2, Pico의 Neo 2, 삼성전자 오디세이 등이 경쟁하고 있다.

특히 지난해 출시한 Oculus Quest 2가 VR 기기성장을 주도하는 모습이다. 전작 대비 향상된 컴퓨팅 성능과 디스플레이 기술, 가벼운 무게(503g)를 내세우면서 299달러의 합리적 가격으로 XR 기기 대중화를 이끌 것으로 기대된다.

HTC는 최근 전문가용 신제품 Vive Focus 3를 1,300달러에 출시하며 VR 기기 하이엔드 시장을 공략하고 있다. 5K의 고해상도와 넓은 시야각뿐 아니라 마그네슘 합금 프레임을 통해 내구성을 강화했다.

한편 지금까지 VR HMD 사용은 대부분 게임 산업에 제한됐다. 향후 시장성장을 위해서는 게임뿐만 아니라 학교 및 교육 센터 등을 위한 다양한 콘텐츠 개발이 당면 과제이다.

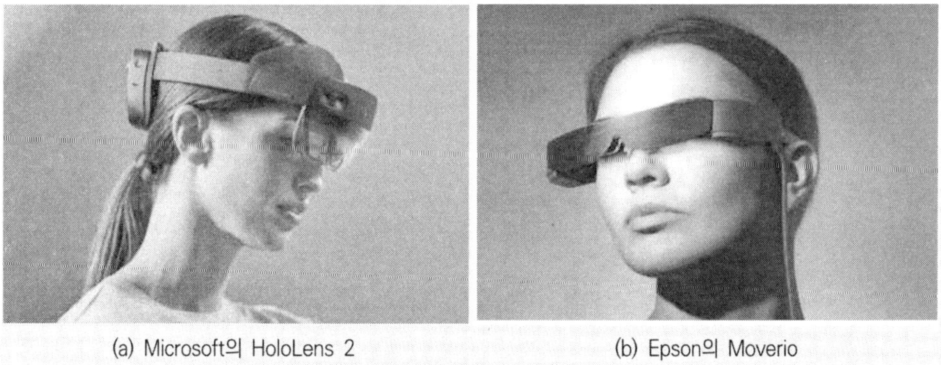

(a) Microsoft의 HoloLens 2　　(b) Epson의 Moverio

[그림 13-9] AR 기기

AR 기기는 아직 하드웨어 시장에서 큰 비중을 차지하지 못하고 있다.

[그림 13-7]처럼 Microsoft의 HoloLens 2를 필두로 Epson Moverio, Vuzix M100 등이 상용화됐지만, 완성도가 높은 HoloLens 2도 짧은 배터리 시간(2시간)과 500만원을 상회하는 높은 가격 등으로 일반 소비자가 사용하기에 한계가 있다.

기술적으로는 디스플레이 출력 지연으로 인한 멀미, 좁은 시야각(FOV) 등이 AR 글라스 대중화를 늦추고 있다. 현재 상용화된 제품의 시야각은 평균 50° 정도로 사람의 눈 시야각 115°에 비해 좁기 때문에 넓은 시야각 구현기술이 필수적이다.

다만 주요 기술 발전과 함께 AR 글라스 시장의 성장 가능성은 높다. HMD 형태 대비 가볍고 스마트폰과 같은 높은 휴대성을 가지며, Smart Watch처럼 주요 Wearable 기기로 자리 잡을 가능성이 높다.

이에 Apple, Lenovo, Qualcomm, Oppo 등 빅테크 기업들이 AR 글라스 출시를 준비하고 있고, Smart Watch 등 다른 Wearable 기기와 마찬가지로 Apple의 제품 출시가 AR 글라스 시장 개화의 중요한 분기점이 될 것이다. Apple은 이를 위해 오래전부터 기업인수, 인력 및 특허 확보 등 다방면으로 준비해 온 것으로 알려진다. AR 글라스 렌즈 업체 Akonia 인수에 이어 VR 하드웨어, 3D 센싱 등 다수의 관련 기업을 인수했고, 수백명 규모의 AR팀을 구성했다. 앞서 언급한 대로 Apple은 2022년 VR 헤드셋에 이어 2023년에 AR 글라스를 선보일 전망이다.

학습활동.13 교수 · 학습 방법

교수 방법

- 메타버스의 미래와 진화에 대한 관련 용어, 구성, 방식 이해 정도를 파악한 후 수업을 진행한다.
- 교수자의 주도로 메타버스의 미래와 진화 등의 내용을 PPT 자료로 제시한 후 설명한다.
- 가능하면 사전에 개인별 학습 자료를 준비하여 모든 학생이 참여할 수 있는 문제 해결식 수업, 협력 수업이 가능하도록 한다.
- 메타버스의 미래와 진화 전 과정을 작업의 순서에 따라 단계적으로 실습이 이루어질 수 있도록 지도한다.
- 교재를 통해 수입을 준비하는데 있어서 필요한 모든 정보나 팁, 힌트 등 도움이 될 만한 내용들을 확인할 수 있다.
- 학생들이 만들게 될 각 모델들은 수업시간에 중점적으로 다뤄질 부분과 어휘, 질문, 답을 포함하고 있으며 또한 탐구할만한 추가적인 아이디어들도 포함하고 있다.

학습 방법

- 메타버스의 미래와 진화에 대한 관련 용어를 숙지하고, 메타버스의 미래와 진화에 대해 이해한다.
- 메타버스 미래와 진화의 각 단계별 중점 사항을 체계적으로 학습한다.
- 메타버스 미래와 진화의 수행순서의 전 과정을 실습한다.
- 메타버스 미래와 진화의 내용을 이해한다.
- 메타버스의 미래와 진화를 이해하고 숙달이 될 때까지 학습한다.

학습활동.13 평가 및 피드백

평가 준거

- 평가자는 피평가자가 수행 준거 및 평가 내용에 제시되어 있는 내용을 성공적으로 수행할 수 있는 지를 평가해야 한다.

학습내용	평가항목	성취수준		
		상	중	하
메타버스의 미래와 진화	메타버스의 개요를 이해할 수 있다.			

학습 13

평가 방법

• 작업 포트폴리오

학습내용	평가항목	성취수준		
		상	중	하
메타버스의 미래와 진화	메타버스의 미래와 진화를 이해할 수 있다.			

• 필기시험

학습내용	평가항목	성취수준		
		상	중	하
메타버스의 미래와 진화	메타버스의 미래와 진화를 이해할 수 있다.			

• 체크리스트를 통한 관찰

학습내용	평가항목	성취수준		
		상	중	하
메타버스의 미래와 진화	메타버스의 미래와 진화를 이해할 수 있다.			

• 피드백

1. 작업 포트폴리오
   - 제출한 보고서를 평가한 후 주요 사항에 대하여 표시하여 돌려준다.
2. 필기시험
   - 평가 결과 성적이 저조한 학생은 보고서 제출 기회를 부여한다.
3. 체크리스트를 통한 관찰
   - 실습 과정에서 평가한 후 개선해야 할 사항 등을 정리하여 돌려둔다.

참 | 고 | 문 | 헌

- 강민구, 비대면 융합산업 발전과 디지털 대전환, KISA report, 2021.07.
- 강지영, 인공지능기반 이상감지기술, 월간 SW중심사회, SPRi, 2021.4.
- 고선영 외, 메타버스의 개념과 발전방향, 정보처리학회지, 제28권 제1호, 2021.03.
- 관계부처 합동, 가상융합경제 발전잔략, 2020.12.10.
- 김경영, 4년 뒤 시장 규모만 315조원...'메타버스' 공들이는 SK텔레콤, https://www.techm.kr/news/, 2021.5.01.
- 김광우, 메타버스는 차세대 플랫폼 혁명, tech42, https://www.tech42.co.kr, 2021.5.18.
- 김도향, 기업 비즈니스 영역으로 부상한 미래공간 메타버스, 통상뉴우스, https://tongsangnews.kr/webzine/2106/special_2.html, 2021.06.
- 김동준, 300조 시장 메타버스, 이동3사 미래 먹거리로 급부상, 뉴데일리경제, http://biz.newdaily.co.kr/site/data/html/2021/06/03/2021060300158.html, 2021.6.3.
- 김병필, 인공지능 개척시대, 메타버스 속 인공지능, 중앙일보, 2021,5.17.
- 김봉수, 메타버스가 뭐죠, 아시아경제, https://www.asiae.co.kr/, 2021.06.06.
- 김상균 · 신병호, 메타버스 새로운 기회, 메가북스, 2021.
- 김상돈, 증강현실과 가상현실 그리고 디지털트윈, science time, 2021.6.15.
- 김서희, 가상현실의 확장 메타버스 도래, 2021 글로벌 ICT이슈 레포트, 2021.
- 김우용, 맥스트, 과기정통부 'XR 메타버스 프로젝트' 주관사 선정, https://zdnet.co.kr/, 2021.5.14.
- 김정호, 메타버스, 차세대 빅데이터 플랫폼 (1) 주목받는 이유, 테크데일리(TechDaily), http://www.techdaily.co.kr, 2021.5.24.
- 김종득, 인천시, 'XR 메타버스 프로젝트' 시동, 현대일보, http://www.hyundaiilbo.com
- 김태영, 메타버스 '급부상... 신한카드, AI 비즈니스 전략' 주목, 시장경제, http://www.meconomynews.com, 2021.3.22.
- 김하늬, 메타버스의시대, 핵심은 데이터, 공학저널, http://www.engjournal.co.kr, 2021.5.20.
- 김학준 외, 메타버스 새로운 디지털 전쟁터, 키움증권 리서치 센터, 2021.5.17.
- 김현정, 새로운 미래공간이 된 메타버스, 사이언스타임즈, 2021.3.31.
- 남현숙, 미국 VR · AR 기술정책의 진화, https://spri.kr/posts/view/22823?code=industry_trend, 2019.
- 노중호, 5차산업혁명의 실체를 분석한다, 노블사이언스, http://www.nobelscience.net, 2017.10.6.
- 대체불가토콘, 게임의 메타버스화 촉진할 블록체인경계의 핏줄, 글로벌 게임산업 동향, 한국콘텐츠진흥원, 2021.3.
- 라도삼, 비트의 문명, 네트의 사회, 서울 : 커뮤니케이션북스, 1999.
- 류철균, 가상세계형 SNS 개발 컨셉 설계, KTF 전략보고서, 2007.
- 리본소프트, https://www.rebornsoft.co.kr/빅데이터 플랫폼
- 메타버스, 코로나19 · 비대면 시대 맞이해 차세대 플랫폼 부상ICT Brief, IITP, 2021.5.17.
- 문지웅, 1700조 시장'이라는데 수혜주 찾기는 어렵고…메타버스 펀드가 뜬다, https://www.mk.co.kr/, 2021.6.28.
- 박경일, 메타바스 새로운 기회, 로봇신문, 2021.05.16.
- 박지혜, 다기오는 메타버스 시대 차세대 콘텐츠산업의 방향과 시사점, KIER, 산업경제, 2021.05.
- 박진호, K-인공지능 콘텐츠로 디지털 문화유산 한류 이룰 것, AI타임즈, 2021.3.23.
- 백승은, AI로 의상 디자인 가상 착장까지 ETRI패션상품 기술 개발, 2021.4.01.

학습 13

• 서정욱 외, XR 콘텐츠 UI/UX 디자인 평가 가이드라인 및 체계 개발 보고서, 2020.12.17.
• 세종대학교, 메타버스 자율트윈 핵심기초연구보고서, 2021.5.19.
• 손상영, 플랫폼 경쟁이론의 정책적 시사점, KISDI 이슈리포트(08-06), 정보통신정책연구원, 2008.
• 송해리, 이동3사 기회의 땅 메타버스로간다, http://www.inews24.com/view/1373376, 2021.6.6.
• 신동형, 메타버스 개념 이해, tech42.co.kr, 2021.05.04.
• 신정아, 뉴미디어와 스토리두잉, 칠월의 숲, 2009.
• 안필용, Beyond DX, 2019.
• 여명숙, 사이버스페이스의 존재론과 그 심리철학적 함축, 이화여자대학교 철학과 박사학위논문, 1998.
• 오수연, 메타버스, 어디까지 뻗어나갈까…313조원 시장 열린다, https://www.ajunews.com/, 2021.6.15.
• 오현주, 메타버스가 다시오고 있다. nia, 2021.03.
• 우운택, 강상융합세계 선도를 위한 디지터트윈 기반 DNA_XR전략, 한국문화정보원, 2021.01.
• 이동재, 점점 늘어나는 국내 메타버스 활용 사례...글로벌 300조원 시장 열린다, https://www.hellot.net/news, 2021.6.28.
• 이상엽, XR의 기술개요와 동향, 정보통신기술진흥센터, iitp, 2018.12.19.
• 이영호 외 4, 보건의료 분야 가상증강현실 기술동향, IITP, 2021.5.26.
• 이자연, 가상증강현실(AR · VR)산업의 발전방향과 시사점, KIET, 2019.02.
• 이종관, ESG, 메타버스 그리고 AI; 5차혁명? 한경닷컴, https://www.hankyung.com/it/article/202106166511i, 2021.6.17.
• 이진규. 메타버스와 프라이버시, 그리고 윤리-논의의 시작을 준비하며, 2021.3.2.
• 이채리, "가상현실의 비실재론적 현실성", 과학철학, Vol.6, No.2, 2003.
• 임용준 · 김진웅, 가상 · 증강 및 혼합현실을 위한 디지털 홀로그래피 기술 연구동향, IITP, 2018.12.26.
• 임일곤, 5G 메타버스 타고 실생활로 달려온다, http://news.bizwatch.co.kr/, 2021.6.30.
• 장한영, AI기반 메터버스에서 누구나 디지털뮤지션이 될 수 있다, 인공지능신문, http://www.aitimes.kr, 2021.5.21.
• 정득영 · 김상태 · 김연배, 디지털트윈의 기술정의와 세부적 발전 5단계 모델, 정보통신기획평가원, 2021.2.10.
• 정상희, 플랫폼 비즈니스와 메타버스, 글로벌경제신문, https://www.getnews.co.kr/news/, 2021.6.30,
• 정한영, AI 기반 메타버스에서는 누구나 디지털 뮤지션이 될 수 있다!, 인공지능신문, http://www.aitimes.kr), 2021.05.24.
• 조혜진, 메타버스 금융시장, 도입 용이성과 효과성 고려 후 선정해야, 산업일보, http://www.kidd.co.kr/news/222814, 2021.6.22.
• 주영재, 현실과 독같은 디지털 트윈 아바타의 세계, 메타버스 각광, 주간경향 1417호, https://weekly.khan.co.kr/, 2021.3.08.
• 차종환, 5G만난 디지털트윈, 메타버스 이정표 세우다, 정보통신신문, 2021.3.16.
• 최아름, 메타버스, 일놀이 문화 크게 바꿀 것, 정보통신신문, http://www.koit.co.kr, 2021.04.30.
• 최영일, 5G 빅데이터 트래픽 초고속 전송기술, IITP, 2019.8.7.
• 최창현, 플랫폼이란, 2014.06.
• 최필식, 메타버스와 상화작용 위한 하드웨어의 진화, 2021 KISA Report, 한국인터넷진흥원, 2021,
• 카메츠 아츠시, "멀티버스시대로 향하는 가상세계", 도쿄 : 지적자산창조, 8월호, 2007.
• 콘텐츠부, 조선일보, https://biz.chosun.com/industry, 2021.5.18.
• 플랫폼전문가그룹(Platform Advisory Group), 플랫폼을 말하다 v1.5, 클라우드북스, 2013.

- 한상기, 메타버스를 위한 소프트웨어 플랫폼, 2021 KISA Report, 한국인터넷진흥원, 2021.
- 한혜원, 메타버스 내 가상 세계의 유형 및 발전방향 연구, 디지털콘텐츠학회 논문지, 제9권 제2호, 2008.6.2.
- 해시넷, http://wiki.hash.kr/
- 현대자동차그룹. VR technology for mobility development. https://www.youtube.com/watch?v=Wdawq_s1Zzg, 2019.12.18.
- Accenture, A responsible future for immersive technologies. https://www.accenture.com/us-en/insights/technology/responsible-immersive-technologies, 2019.5.15.
- Alan JS Han, 3D Audio의 현재와 미래, http://www.alanjshan.com/3d-audio/
- AR MR XR, The Metaverse is coming : Nvidia Omniverse. https://www.youtube.com/watch?v=IcuGpLLeGWM, 2020.10.6.
- Betsy Book, "Moving Beyond the Game: Social Virtual Worlds", State of play 2 Conference, http://www.virtualworldsreview.com, 2004.10.
- Bill Gates, 이규행 역, 미래로 가는 길, 서울 : 삼성출판사, 1997.
- Boost VC, Perkins Coie, & XR Association. 2020 augmented and virtual reality survey report. https://www.perkinscoie.com/images/content/2/3/231654/2020-AR-VR-Survey-v3.pdf, 2020.
- David Gelernter, Mirror Worlds, New York: Oxford University Press, 1993.
- Dean Takahashi, Crucible is creating agents to keep the metaverse open, 2021.1.27.
- Dean Takahashi. Tim Sweeney : The open metaverse requires companies to have enlightened self-interest, https://venturebeat.com/2021/01/27/tim-sweeney-the-open-metaverse-requires-companies-to-have-enlightened-self-interest/, 2021.1.27.
- Edward Castronova, "The Right to Play", http://www.nyls.edu/pdfs/castronova.pdf, 2003.
- Erica Naone, "Creating a Web of Worlds", Technology Review, MIT, 2008.1.11.
- ETRI, AI 디자이너 모델 생성기술개발, 2021.4.1.
- Gartner, Gartner top 10 strategic technology trends for 2019. https://www.gartner.com/smarterwithgartner/gartner-top-10-strategic-technology-trends-for-2019/, 2018.10.15.
- Genies(n.d.), Celebrity avatars. http://avatars.genies.com/celebrity-avatars/
- https://doooob.tistory.com/231, 두우우부, 블록체인과 메타버스
- https://ko.wikipedia.org/wiki/
- https://luniverse.io/metaverse-and-blockchain/
- https://ty3026.tistory.com/129 케이, 메타버스 그리고 NFT, 새로운 세계가 열린다.
- https://venturebeat.com/2021/01/27/crucible-is-creating-agents-to-keep-the-metaverseopen/
- https://www.ajunews.com/view/20210512155443174
- ITBear, 승상현실 AR 네비 등장!! U+l 배비게이션, https://www.youtube.com/watch?v=a7RuuizGnlQ, 2020.8.11.
- James Paul Gee, What video games have to teach us about leaning and literacy, St. Martin's Griffin, 2007.
- Jane McGonigal, Reality is broken : Why games make us better and how they can change the world, Penguin Books, 2011.
- Jean Baudrillard, "the Perfect Crime", Selected Writi ngs, California: Standford University Press, 2001.

학습
13

- John Smart, Jamaais Cascio, Jerry Paffendorg, Meta verse Roadmap, acceleration studies foundations, 「Metaverse Roadmap Summit」, SRI International Menlo Park, Canada, 2006.5.5.~6, SRI, www.metaver seroadmap.org
- John Smart, Jamis Cascio, & Jerry Paffendorf. Metaverse Roadmap Overview. Acceleration Studies Foundation, http://www.metaverseroadmap.org/overview/, 2007.
- Kevin Westcott, Jeff Loucks, Kevin Downs et al. Digital media trends survey, 14th edition. https://www2.deloitte.com/us/en/insights/industry/technology/digital-media-trends-consumption-habits-survey/summary.html, 2020.6.23.
- Lauren Kirchner. AOL settled with unpaid "volunteers" for $15 million. https://archives.cjr.org/the_news_frontier/aol_settled_with_unpaid_volunt.php, 2011.2.10.
- LG CNS, 사람이 눈 앞에 있는데 비대면? 가상융합(XR)이 온다!, https://blog.lgcns.com/2454, 2021.1.5.
- Marie-Laure Ryan, Narrative as Virtual Reality, Baltimore : The Johns Hopkins University Press, 2003.
- Michael Heim, 여명숙 옮김, 가상현실의 철학적 의미, 서울 : 책세상, 1997.
- Michael Spring, "가상현실과 종합적 정보전달", Sandra K. Helsel & Judith Roth, 노용덕 옮김, 가상현실과 사이버스페이스, 서울 : 세종대학교 출판부.
- Neal Stephenson, Snow Crash, Bantam Books, 1992.
- Neal Town Stephenson, 김장환 옮김, 스노우크래쉬(Snow Crash), 서울 : 새와 물고기, 1996.
- Nicholas Negroponte, being digital, New York : Random House, 1995.
- North. Snow Crash, Bantam Books, 1992.
- Paul Jackson, "the Real Business of Virtual World", Forrester Research, http://www.forrester.com/Rese arch/Document/Excerpt/0,7211,40701,00.html, 2007.3.23.
- Peter Lewis, "Metaphor in Visualization", Working Paper, Department of Information Science, Pennsylvania: University of Pittsburgh, 1989.
- Pierre Levy, 권수경 옮김, 집단지성, 서울 : 문학과지성사, 2002.
- Pierre Levy, 전재연 옮김, 디지털 시대의 가상현실, 서울 : 궁리, 2002.
- SMTOWN. SM 신인 걸그룹 aespa, 11월 17일 데뷔 확정! 싱글 'Black Mamba' 전격 공개!, https://www.smtown.com/artist/newsDetail/4154, 2020.11.2.
- S-Oil 공식블로그, 현실보다 더한 현실, 디지털트윈, https://story.s-oil.com/, 2021.6.09.
- Unity(n.d.), What is AR, VR, MR, XR, 360?, https://unity3d.com/what-is-xr-glossary
- VentureBeat, The Metaverse is coming, https://www.youtube.com/watch?v=rbhC6wokNGc, 2020.4.29.
- VT Staff. The blockchain-based virtual world that can help usher in the metavrse. https://venturebeat.com/2021/02/04/the-blockchain-based-virtual-world-thatcan-help-usher-in-the-metaverse/, 2021.2.4.
- William Gibson, 김창규 옮김, 뉴로맨서(Neuromancer), 서울 : 황금가지, 2005.

저자약력

남 상 엽
- 공학박사
- 삼성종합기술원 정보시스템연구소 근무
- 모토로라반도체통신 기술연구소 근무
- 국제대학교 교수(현재)

강 민 구
- 공학박사(연세대 전자공학과)(1994)
- 삼성전자연구소 근무(1995~1987)
- 한신대학교 교수(2000~현재)

서 정 욱
- 공학박사(연세대학교 전기전자공학과)
- 한국전자기술연구원 책임연구원 근무 (2001~2014)
- 남서울대학교 교수 근무(2014~2020)
- 한신대학교 교수(2020~현재)

정 세 미
- 한국능률협회 전문위원 역임
- 한국오라클 교육센터 근무
- SPC그룹 비알코리아 던킨사업본부 근무
- 주식회사 듀잇 대표(현재)

정 득 영
- 서울대학교 (박사과정)
- 한국방송통신전파진흥원 R&D기획본부 주임연구원 근무(2011~2014)
- 정보통신기획평가원 R&D기획본부 책임연구원(2014~현재)

고 대 화
- KPMG 근무(한국공인회계사)
- SBSi 총괄상무이사 근무
- 올리브나인 대표이사 근무
- 코탑미디어 대표이사(현재)

메타버스 기술

2021년 9월 30일 1판 1쇄 발행

저 자 남상엽 · 강민구 · 서정욱
정세미 · 정득영 · 고대화

발행인 남 승 우

발행처 도서출판 상尙 학學 당堂

서울특별시 동작구 사당로9가길 6
TEL : 02) 595-1692~4
FAX : 02) 595-1394
E-mail : namdoo6@unitel.co.kr
신고 : 2-155호 (1968. 11. 29)

정가 33,000원

ISBN 978-89-6587-217-7 93560

〈디자인〉 편집 엄해숙 / 표지 토틀컴